Lehrbuch
der
Geometrie.

Erster Band,

die

Elementar-Geometrie, algebraische Geometrie, analytische Geometrie und Goniometrie enthaltend,

bearbeitet

von

Dr. D. C. L. Lehmus,

Professor an der Königl. vereinigten Artillerie- und Ingenieur-Schule und Lehrer der Mathematik an dem Haupt-Bergwerks-Eleven-Institut.

Zweite Auflage
der neuen ganz umgearbeiteten Ausgabe vom Jahr 1826, mit einigen (durch * bezeichneten) Zugaben.

Mit neun Kupfertafeln.

Berlin, 1840.
Bei Georg Reimer.

Vorrede

zur Ausgabe vom Jahre 1826.

Im Jahre 1818 erschien die erste Ausgabe dieses Lehrbuchs (unter dem Titel: Lehrbuch der Geometrie. Erster Band, den ersten Abschnitt der Geometrie der Ebenen enthaltend; bearbeitet von D. C. Lehmus D. P. Berlin, 1818.) in der Realschul-Buchhandlung. Da diese vergriffen ist, und ich in meinen Vorträgen über dieses Lehrbuch auf so manche Mängel desselben stieß, so bearbeitete ich diese neue, nach meiner Ansicht verbesserte Ausgabe.

Einleitung.

§. 1. 1. Ein Ort im Raume, ohne Ausdehnung gedacht, heißt ein Punkt.

2. Denkt man sich einen Punkt bewegt, so heißt die Bahn desselben eine Linie.

Eine Linie heißt gerade, wenn der sie beschreibende Punkt in einer Richtung fortgeht.

Eine Linie heißt eine krumme Linie oder Curve, wenn der sie beschreibende Punkt seine Richtung stetig ändert.

3. Denkt man sich eine Linie bewegt, jedoch, wenn sie eine gerade ist, nicht in der Richtung, in welcher sie liegt, so heißt die Bahn derselben eine Fläche.

Eine Fläche heißt eine ebene Fläche oder Ebene, wenn die gerade Verbindungslinie jeder 2 Punkte derselben ganz in die Fläche fällt.

4. Denkt man sich eine Fläche bewegt, jedoch, wenn sie eine Ebene ist, nicht in der Richtung gerader Linien in ihr, so heißt die Bahn derselben ein Körper.

§. 2. Nach §. 1. wird also ein begränzter Körper durch Flächen; eine begränzte Fläche durch Linien, und eine begränzte Linie durch zwei Punkte begränzt.

§. 3. Die Geometrie ist die Wissenschaft von den Gränzen der Räume und von den begränzten Räumen selbst, blos in Beziehung auf ihre Größe und ihre Form.

§. 4. Die Gegenstände der Geometrie heißen gleich (=), wenn sie in der Größe; ähnlich (∼), wenn sie in der Form; congruent ($\cong$), wenn sie in Größe und Form übereinstimmen.

§. 5. Denkt man sich eine gerade begränzte Linie, in einer Ebene um ihren einen Endpunkt herumbewegt, bis sie wieder in ihren ursprünglichen Ort ist, so heißt die Bahn, welche der andere Endpunkt durchläuft, eine Kreislinie oder Peripherie; jedes Stück derselben ein Bogen; die durch die Peripherie begränzte Ebene, eine Kreis-Ebene; die beschreibende Linie, der Halbmesser oder Radius; der feste Endpunkt derselben, der Mittelpunkt des Kreises; jede gerade Linie, welche zwei Punkte der Peripherie zu Endpunkten hat, eine Sehne; jede Sehne, welche durch den Mittelpunkt des Kreises geht, ein Durchmesser; jedes Stück der Kreis-Ebene, begränzt von einem Bogen und einer Sehne, Kreisabschnitt; und wenn die Sehne ein Durchmesser ist, Halbkreis; jedes Stück der Kreis-Ebene, begränzt von einem Bogen und zwei Halbmessern, ein Kreisausschnitt. Kreise in einer und derselben Ebene, welche denselben Mittelpunkt haben, heißen concentrisch; liegen aber ihre Mittelpunkte in verschiedenen Orten derselben Ebene; so heißen sie excentrisch, und die gerade Verbindungslinie zwischen je zwei Mittelpunkten heißt die Centrale.

§. 6. Denkt man sich einen Halbkreis um seinen begränzenden Durchmesser herumbewegt, bis dieser Halbkreis wieder an seinem ursprünglichen Ort sich befindet, so heißt die durchlaufene Bahn eine Kugel; die von dem Bogen des Halbkreises (der halben Peripherie) durchlaufene Bahn aber, die Kugelfläche.

§. 7. Eine Kreis-Ebene, oder auch schlechthin ein Kreis ist also ein ebener Flächenraum, begränzt von einer krummen Linie, die überall von einem innerhalb der Begränzung liegenden Punkt (Mittelpunkt) gleichweit absteht.

Eine Kugel ist ein körperlicher Raum von einer Fläche so begränzt, daß dieselbe überall von einem innerhalb der Begränzung liegenden Punkt (Mittelpunkt) gleichweit absteht.

§. 8. Die Geometrie wird abgetheilt in die Niedere und Höhere.

Die Niedere beschäftigt sich nur mit Räumen, deren Größen und Formbestimmung blos von der geraden und Kreis-Linie abhängig ist; die Höhere mit der Größen- und Formbestimmung der zahllosen Menge der übrigen Curven, und heißt daher auch die Curvenlehre.

Die Niedere Geometrie zerfällt in drei Abtheilungen: in die Geometrie der Ebenen, in die Sphärik und in die beschreibende Geometrie oder Projektionslehre.

Die Geometrie der Ebenen hat es nur mit Größen und Formbestimmungen der Räume in Ebenen und mit den Körpern zu thun, welche von Ebenen begränzt sind, außer diesen Körpern gehören auch noch die Kugeln und diejenigen hierher, welche von solchen Flächen begränzt sind, die in eine Ebene gelegt werden können und durch die gerade und die Kreis-Linie bestimmbar sind.

Die Sphärik beschäftigt sich blos mit Kreislinien auf einer Kugelfläche und Räumen auf derselben, welche von Kreislinien begränzt sind, hat es aber im engeren Sinn nur mit solchen Bogen auf der Kugelfläche zu thun, welche in Ebenen liegen, die durch den Mittelpunkt der Kugel gehen.

Die Projectionslehre handelt von der Lage der Punkte, Linien, Flächen und Körper gegen Ebenen, deren Lage willkührlich angenommen, aber festgesetzt ist.

Jeder dieser 3 Theile wird wieder abgetheilt in den zeichnenden und construirenden und in den rechnenden Theil, und hienach zerfällt die Geometrie der Ebenen in die Elementar-Geometrie; in die algebraische Geometrie; in die analytische Geometrie; und in die Goniometrie.

In der Elementar-Geometrie werden die Grundwahrheiten der Wissenschaft aufgestellt und synthetisch bewiesen, dann auch diejenigen geometrischen Aufgaben gelöst, deren Lösung durch bloße Construction sich unmittelbar aus den bewiesenen Lehrsätzen ergiebt.

In der algebraischen Geometrie werden Raumgrößen durch Rechnung und algebraische Formeln bestimmt, insofern die Bestimmung blos von der Größe gegebener graden Linien abhängig ist.

In der analytischen Geometrie werden Constructionen aus der Zergliederung der in der algebraischen Geometrie hergeleiteten Formeln, abgeleitet.

In der Goniometrie werden Raumgrößen durch Rechnung und algebraische Formeln bestimmt, insofern die Bestimmung nicht blos von der Größe gegebener gerader Linien, sondern auch von Kreisbogen abhängig ist. Sie zerfällt in die ebene und körperliche Goniometrie, je nachdem die Linien in einer oder in verschiedenen Ebenen liegen.

Die Geometrie zerfällt auch noch in die Longimetrie, welche sich nur mit Linien; in die Planimetrie, welche sich mit begränzten ebenen Flächen, und in die Stereometrie, welche sich mit begränzten Körpern beschäftigt. Die Anwendung der geometrischen Lehren auf Form und Größen-Bestimmung von Theilen der Oberfläche unserer Erde, heißt: practische Geometrie oder Feldmeßkunst.

§. 9. Nach dem vorigen § ergiebt sich für die ersten beiden Abtheilungen der Geometrie der Ebenen, nemlich für Longimetrie und Planimetrie, folgende Uebersicht, welche zugleich die Inhalts-Anzeige dieses Bandes darstellt:

I.

Die Elementar-Geometrie.

A. Die Longimetrie.

§. 10. 1. Zwei gerade Liuien, welche zwei Punkte gemeinschaftlich haben, fallen ganz in einander, oder decken sich der Richtung nach.

2. Eine gerade Linie ist ihrer Richtung nach gegeben, wenn die Lage zweier Punkte derselben gegeben ist.

3. Jede zwei Punkte kann man sich durch eine gerade Linie verbunden denken.

4. Liegt ein Punkt nicht in der Richtung einer geraden Linie, so sagt man: er liegt außerhalb derselben.

5. Zwei sich durchschneidende Linien haben nur einen einzigen Punkt gemein.

6. Eine begränzte Linie wird durch 2 Buchstaben bezeichnet, welche man an ihre beiden Endpunkte setzt.

Anmerk. Da in diesem Band von keinen andern krummen Linien als der Kreislinie die Rede sein wird, so soll, wenn blos Linie gesagt wird, immer gerade Linie gemeint sein.

§. 11. Hat man 2 gerade Linien, **ab**, **cd**, **Fig. 1** und will ihre Summe, Differenz oder ihren Quotienten (ihr Produkt ist nach arithmetischen als bekannt vorausgesetzten Begriffen, ein Unding) anzeigen, so bedient man sich der gewöhnlichen Zeichen der Arithmetik:

so wäre $ab + cd$ die angezeigte Summe
$ab - cd$ die angezeigte Differenz
$ab : cd$ der angezeigte Quotient.

Da die Summe sowohl wie die Differenz zweier Linien selbst wieder eine Linie ist, so kann die wirkliche Darstellung dieser Linien $ab + cd$ und $ab - cd$ verlangt werden. Denkt man sich, um diese Forderungen zu erfüllen,

1. ab verlängert, und in der Verlängerung bf = cd gemacht, so ist ab + cd = ab + bf = af, also af die verlangte Summe,

2. auf ab von einem der Endpunkte aus, bg = cd gemacht, so ist ab — cd = ab — bg = ag, also ag die verlangte Differenz.

Von der wirklichen Darstellung des Quotienten zweier Linien, als Linie kann nie die Rede sein, weil der Quotient zweier Linien, keine Linie, sondern eine abstrakte Zahl ist.

§. 12. Lehrsatz. Denkt man sich die Peripherie irgend eines Kreises in eine beliebige Anzahl (etwa in n) gleiche Theile (Bogen) getheilt, und aus jedem Theilpunkt einen Halbmesser gezogen, so sind sämmtliche entstehende Kreis-Ausschnitte congruent.

Beweis. Ist m **Fig. 2.** der Mittelpunkt des Kreises, und sind cd, ab zwei von den n gleichen Bogen, so sind mc, md, ma, mb, nach §. 7. einander als Halbmesser gleich. Denkt man sich nun den Kreisausschnitt mcd in seiner Ebene bleibend, um m gedreht bis mc auf ma fällt, so muß blos bewiesen werden, daß dann auch d auf b und Bogen cd auf Bogen ab fällt, also die Ausschnitte sich decken. Hiervon überzeugt man sich aber leicht indirect: da nemlich, wegen Gleichheit aller Halbmesser eines und desselben Kreises, d sowohl wie jeder andere Punkt des Bogens cd, nothwendig in die Peripherie fallen muß; so könnte d nur rechts oder links b in derselben zu liegen kommen, wenn man annehmen wollte: d träfe nicht auf b! Beides wäre aber, da nach der Voraussetzung cd = ab ist, dem Grundsatz widersprechend: der Theil ist kleiner wie das Ganze.

§. 13. Lehrsatz. Denkt man sich zwei oder auch mehrere concentrische Kreise, und die Peripherie eines derselben in n gleiche Theile getheilt, so werden, wenn man aus jedem Theilungspunkt den Halbmesser zieht und nöthigenfalls bis in die Peripherie der übrigen Kreise verlängert, für jeden dieser Kreise, die abgeschnittenen Bogen, so wie die zugehörigen Kreis-Ausschnitte congruent.

Beweis. Ist (Fig. 3.) die Peripherie des Kreises zum Halbmesser ma in n gleiche Theile ac, cf u. s. w. getheilt, so decken sich nach §. 12. die Kreis-Ausschnitte mac, mcf u. s. w. Denkt man sich also mac so auf mcf gelegt, daß ma auf mc und mc auf mf zu liegen kommt, so muß b auf d und d auf g fallen, weil mb, md, mg als Halbmesser eines Kreises gleich groß sind, und aus eben diesem Grunde muß auch jeder Punkt des Bogens bd einen Punkt des Bogens dg treffen, so daß also die n Bogen bd, dg u. s. w. und auch die zugehörigen n Kreisausschnitte mbd, mdg u. s. w. unter einander congruent sind.

§. 14. Lehrsatz. Schneiden sich zwei gerade unbegrenzte Linien am, bm (Fig. 4) in einem Punkt m und man denkt sich aus m als Mittelpunkt zwei concentrische Kreise, welche jene Linien in c, f, d, g schneiden, so muß, wenn cd der nte Theil seiner Peripherie p ist, auch fg der nte Theil seiner Peripherie P sein.

Beweis. Denkt man sich die Peripherie p in ihre n gleichen Theile cd, dk u. s. w. abgetheilt, so werden nach §. 13. auch die zugehörigen Bogen fg, gh u. s. w. der Peripherie P unter einander congruent, also auch gleich, und da ihre Anzahl ebenfalls $= n$ werden muß, so folgt

$$n \,.\, fg = P$$

also $fg =$ dem nten Theil von P.

§. 15. Lehrsatz. Bogen concentrischer Kreise, von Halbmessern abgeschnitten, die je zwei und zwei in eine Richtung fallen, verhalten sich wie die zugehörigen Peripherieen.

Beweis. Nach §. 14. hat man, wenn

$n \,.\, cd = p$ ist (Fig. 4.); auch

$n \,.\, fg = P$ und hieraus

folgt $cd : fg = p : P$

oder auch $cd : p = fg : P$.

§. 16. Erklärungen. 1. Schneiden sich zwei gerade Linien in einem Punkt m (Fig. 4.) und man denkt sich in der Ebene, in welcher sie liegen, aus m mit einem beliebigen Halbmesser mc einen Kreis beschrieben, bezeichnet die Länge der Peripherie desselben durch p und die Länge des zwischen den geraden Linien abgeschnittenen Bogens cd durch b, so bestimmt das Verhältniß des Bogens b zur ganzen Peripherie p, die Abweichung der beiden Linien mc, md von einander, und diese Abweichung wird der von beiden Linien gebildete Winkel genannt: die Linien mc, md selbst heißen die Schenkel des Winkels, und ihr Schneidungspunkt, die Spitze oder der Scheitelpunkt desselben.

2. Man bezeichnet einen Winkel gewöhnlich durch 3 Buchstaben, von welcher der eine an die Spitze, der andere an irgend eine andere Stelle des einen Schenkels, der 3te an irgend eine andere Stelle des andern Schenkels gesetzt wird, dadurch, daß man diese 3 Buchstaben ohne irgend ein Verbindungszeichen so neben einander schreibt, daß der an der Spitze, in die Mitte zu stehen kommt. So würde der Winkel, den ma, mb in Fig. 4. bilden, durch cmd, auch durch cmb oder dma u. s. w. auszudrücken sein. Bequemer ist es, einen Winkel blos durch einen nahe an der Spitze, zwischen seinen Schenkeln gesetzten Buchstaben anzudeuten, und diese Bezeichnung soll gewöhnlich hier

gebraucht werden. Wo Verwechslungen statt finden können, drückt man noch das Wort Winkel durch die Figur $\angle$ aus, und so würde der Winkel **gmf** in **Fig. 4.** durch $\angle \alpha$ oder auch schlechtweg α, am kürzesten bezeichnet werden können. Wo gar keine Zweideutigkeit statt finden kann, bezeichnet man einen Winkel auch blos durch den an seiner Spitze stehenden Buchstaben, z. B. durch **m** den Winkel **amb Fig. 4.**

3. Ist $\frac{b}{p} = \frac{1}{4}$; so nennt man den Winkel einen rechten Winkel, wofür in der Folge durchaus der Buchstabe **R** gebraucht werden wird.

4. Zwei Winkel, welche einen Schenkel gemeinschaftlich haben, und deren beide andere Schenkel in eine gerade Linie fallen, heißen Neben-Winkel.

5. Unter Normallinie versteht man jeden Schenkel eines rechten Winkels in Beziehung auf den andern Schenkel. Denkt man sich aus einem Punkt a, der außerhalb einer geraden Linie **bc** liegt, eine Normale auf **bc**, so sagt man: die Normale ist auf **bc** gefällt; denkt man sich aber aus einem Punkt a, in der geraden Linie **bc** gelegen, eine Normale auf **bc**, so sagt man: die Normale ist auf **bc** errichtet.

6. Denkt man sich aus den beiden Endpunkten a, b einer geraden Linie **ab**, Normalen auf eine andere in derselben Ebene liegende gerade Linie **cd** gefällt, so heißt das Stück von **cd**, welches zwischen den Normalen liegt, die Projection von **ab** auf **cd**.

7. Zwei Winkel, welche eine gemeinschaftliche Spitze haben, und von welchen die Schenkel des einen die Verlängerungen der Schenkel des andern sind, heißen Scheitel- oder Vertikal-Winkel.

8. Jeder Winkel, kleiner wie **R**, heißt ein spitzer Winkel.

9. Jeder Winkel größer wie **R** und kleiner wie **2R** heißt ein stumpfer Winkel.

10. Jeder Winkel, der kein rechter ist, heißt ein schiefer Winkel.

11. Jeder Winkel kleiner wie **2R** heißt hohl, größer wie **2R** erhaben.

12. Ein Winkel, der einen andern zu einem rechten ergänzt, heißt sein Complement

13. Ein Winkel, welcher einen andern zu **2R** ergänzt, heißt sein Supplement.

14. Jede 2 sich schneidende Linien, deren Richtungen nicht über ihren Durchschnittspunkt hinaus verlängert sind, bilden zwei Winkel, die zusammen **4R** betragen, und von welchen der eine die Ergänzung des andern heißen soll.

15. Was in §. 11. über Summe, Differenz und Quotienten zweier Linien gesagt wurde, gilt auch für Summe, Differenz und Quotienten zweier Winkel, so ist z. B. Fig. 4.

α) $\angle amb + \angle bmh = \angle amh$

β) $\angle amh - \angle bmh = \angle amb$

γ) $\angle amh : \angle bmh =$ einer abstracten Zahl,

und zwar hier, wenn $\angle amb = bmh$ gedacht wird, gleich 2.

§. 17. Lehrsatz. Die Summe aller Winkel in einer Ebene auf einer Seite einer geraden Linie, in welcher die allen gemeinschaftliche Spitze liegt, ist immer $= 2R$.

Beweis. Denkt man sich z. B. drei Winkel amc, cmd, dmb (Fig. 5.) und beschreibt aus der gemeinschaftlichen Spitze m mit einem beliebigen Halbmesser einen Kreis, dessen Peripherie $= p$ sein mag, so ist

kh das Maaß zu $\angle amc$

hg das Maaß zu $\angle cmd$

und gf das Maaß zu $\angle dmb$

folglich $kh + hg + gf$ oder $\frac{p}{2}$ das Maaß zur Summe, also diese Summe selbst $= \frac{4R}{2} = 2R$.

§. 18. Lehrsatz. Wenn 2 oder mehrere Winkel, welche durchaus je zwei und zwei einen gemeinschaftlichen Schenkel, alle aber eine gemeinschaftliche Spitze haben, zusammen 2R betragen, so fallen die beiden äußersten Schenkel in eine gerade Linie, oder

Behauptung. ab und bc bilden eine gerade Linie (Fig. 6.)

Voraussetzung. $\alpha + \beta + \gamma + \delta = 2R$.

Beweis. Bildeten ab und bc keine gerade Linie, so müßte die Verlängerung von ab über b hinaus, oberhalb oder unterhalb bc fallen, und der Winkel ϱ, welchen bf und die erwähnte Verlängerung von ab bilden würde, wäre kleiner oder größer wie δ, und man hätte nach §. 17.

$$\alpha + \beta + \gamma + \varrho = 2R.$$

Nach der Voraussetzung ist aber

$\alpha + \beta + \gamma + \delta = 2R$; folglich wäre auch

$\alpha + \beta + \gamma + \varrho = \alpha + \beta + \gamma + \delta$

also auch $\varrho = \delta$

d. h. der Theil dem Ganzen gleich, welches ein Widerspruch ist, so daß also die Verlängerung von ab nicht oberhalb und nicht unterhalb bc, folglich auf bc fallen muß.

§. 19. Lehrsatz. Wenn zwei oder mehrere Winkel, je zwei und zwei einen Schenkel gemeinschaftlich, alle aber einen und denselben Scheitelpunkt haben, und ihre Summe ist $= 4R$, so fallen die beiden äußersten Schenkel in einander.

Beweis. Er ist ganz nach §. 18. zu führen.

§. 20. Lehrsatz. Scheitelwinkel sind sich gleich, oder

Behauptung. $\alpha = \beta$ (Fig. 7.)

Voraussetzung. ab und cd sind gerade Linien, die sich in m schneiden.

Beweis. $\left.\begin{array}{l}\alpha + \gamma = 2R \\ \beta + \gamma = 2R\end{array}\right\}$ §. 17.

also $\alpha + \gamma = \beta + \gamma$

aber $\gamma = \gamma$

daher $\alpha = \beta$.

§. 21. Lehrsatz. Wenn man aus einem Punkt m einer geraden Linie ab (Fig. 8.) auf den beiden Seiten derselben gleiche Winkel amd, bmc anträgt, so bilden cm und md eine gerade Linie.

Beweis. Wollte man annehmen, die Verlängerung mf von cm, über m hinaus, fiele nicht in md, so wäre amf größer oder kleiner wie amd, aber amf = cmb nach §. 20. Nach der Voraussetzung ist aber amd = bmc und hieraus, und aus amf = bmc folgte dann amd = amf, d. h. der Theil gleich dem Ganzen, welches ein Widerspruch ist. Es muß daher die Verlängerung von cm über m hinaus in md fallen, wenn $\angle$amd = $\angle$bmc ist.

§. 22. Grundsätze. 1. Gleiche Winkel haben gleiche Ergänzungen zu 1, 2 auch 4R.

2. Winkel, die gleiche Ergänzungen zu 1, 2 oder 4R haben, sind einander gleich.

B. Die Planimetrie.

Erstes Kapitel.

Von der Congruenz der Dreiecke.

§. 23. Erklärungen. 1. Jede von Linien begränzte und ganz eingeschlossene Fläche heißt eine Figur; geradlinigt, wenn sie nur von geraden; krumlinigt, wenn sie nur von krummen; vermischtlinigt, wenn sie theils von geraden, theils von krummen Linien begränzt ist.

2. Jede eine Figur begränzende Linie heißt eine **Seite** derselben; die Summe der begränzenden Linien heißt der **Umfang** der Figur.

3. Jede geradlinigte Figur heißt ein **Dreiseit**, **Vierseit** u. s. w. (oder auch: **Dreieck**, **Viereck** u. s. w.), je nachdem die Anzahl der begränzenden Seiten drei, vier u. s. w. ist. Hat die Figur mehr als vier Seiten, so heißt sie **Vielseit**, **Vieleck** oder **Polygon**.

4. Jeder Punkt der Begränzung einer geradlinigten ebenen Figur, worinnen 2 Seiten derselben zusammenstoßen, heißt eine **Ecke**.

5. Jede gerade Linie von einer Ecke einer Figur zu einer andern nicht zunächst anliegenden Ecke, heißt **Diagonale**.

6. Eine geradlinigte ebene Figur heißt **regulär**, wenn alle Seiten derselben gleich groß, und alle Umfangswinkel einander gleich sind; **irregulär**, wenn dies nicht der Fall ist.

7. Ein Dreieck heißt **gleichseitig**, wenn alle drei Seiten desselben gleich groß sind; **gleichschenklich**, wenn nur zwei derselben einander gleich sind; **ungleichseitig**, wenn alle drei verschiedene Größen haben; **gleichwinklig**, wenn alle drei Umfangswinkel desselben einander gleich sind.

8. Denkt man sich eine Seite einer geradlinigten Figur verlängert, so heißt der außerhalb derselben entstehende Winkel **äußerer Winkel**; sein Nebenwinkel in der Figur heißt **innerer anliegender**; die übrigen Umfangswinkel der Figur aber heißen, **innere gegenüberliegende Winkel**.

9. In congruenten Figuren heißen sowohl die Seiten als die Winkel, welche beim Decken der Figuren auf einander passen, **homolog** oder **gleichliegend**, so daß also in congruenten Figuren sowohl homologe Seiten, als auch homologe Winkel einander gleich sind.

10. Eine geradlinigte Figur wird durch bloßes Nebeneinanderschreiben der Buchstaben, welche an ihre Ecken gesetzt sind, bezeichnet.

11. Was in §. 11. über Summe, Differenz und Quotienten zweier Linien gesagt ist, gilt auch für Figuren, so ist z. B. Fig. 9.

α. abc + adf = facbd.

β. abcd — afg = bfgdc.

γ. abcd : afg = einer abstrakten Zahl, welche angiebt, wie oft der ebene Raum afg in dem abcd enthalten ist.

Erster Satz von der Congruenz der Dreiecke.

§. 24. Lehrsatz. Dreiecke sind congruent, wenn sie zwei Seiten und den von ihnen gebildeten Winkel gleich haben, oder

Behauptung: $abc \cong dfg$. Fig. 10.

Voraussetzungen: 1) $ab = df$

2) $ac = dg$

3) $\angle cab = \angle gdf$.

Beweis. Denkt man sich den Winkel gdf auf den gleichen cab deckend gelegt, so muß, wenn d auf a liegt, nothwendig f auf b und g auf c fallen, weil $ab = df$ und $ac = dg$ ist. Wenn aber f auf b und g auf c liegt, so fällt auch gf auf cb und es decken sich also unter den stattfindenden Voraussetzungen beide Dreiecke, d. h. sie sind congruent.

§. 25. Folgerungen. Aus §. 24. folgt:

$$\left.\begin{array}{r} cb = gf \\ \angle acb = \angle dgf \\ \angle abc = \angle dfg \end{array}\right\} \text{§. 23. 9.}$$

§. 26. Lehrsätze, deren Wahrheit sogleich aus §. 24. folgt.

Erster. Im gleichschenkligten Dreieck sind die Winkel an der 3ten Seite einander gleich.

Zweiter. Wenn in einem Dreieck zwei Winkel gleich groß sind, so sind auch die ihnen gegenüber liegenden Seiten einander gleich.

Beweis zu 1. Man denke sich aus der Spitze des Winkels, welchen die gleichen Schenkel einschließen, eine gerade diesen Winkel in zwei gleiche Theile theilende, Linie, und dieselbe bis zum Durchschnittspunkt mit der dritten Seite des Dreiecks verlängert, so entstehen nach §. 24. zwei congruente Dreiecke, und aus ihnen ergiebt sich nach §. 25. die Gleichheit der Winkel an der dritten Seite des gleichschenkligten Dreiecks, als homologe Winkel congruenter Dreiecke.

Beweis zu 2. Ist im Dreieck abc Fig. 11. $\angle cab = \angle cba$, so können die ihnen gegenüberliegenden Seiten cb und ca entweder gleich oder ungleich sein. Aus der Annahme, sie wären ungleich, etwa $cb > ca$ folgte dann, daß ein Theil von cb, etwa bf mit ca gleich sein könnte, und hieraus folgte ferner, wenn man sich fa gezogen denkt, weil

$ac = bf$, nach der Annahme,

$ab = ab$

und $cab = fba$, nach der Voraussetzung ist,

daß $\triangle cab \cong \triangle fba$ sein müßte, welches ein Widerspruch ist. Es können also, wenn $\angle cab = \angle cba$ ist, die ihnen gegenüberliegenden Seiten cb, ca nicht ungleich sein, folglich sind sie einander gleich.

§. 27. Zusatz. Aus §. 26. folgt sogleich, daß jedes $\left\{\begin{matrix}\text{gleichseitige}\\ \text{gleichwinkligte}\end{matrix}\right\}$ Dreieck nothwendig auch $\left\{\begin{matrix}\text{gleichwinkligt}\\ \text{gleichseitig}\end{matrix}\right\}$ also eine reguläre Figur sein muß.

Zweiter Satz von der Congruenz der Dreiecke.

§. 28. Lehrsatz. Dreiecke siud congruent, wenn sie alle drei Seiten gleich haben, oder

Behauptung. abc $\cong$ dfg. **Fig. 10.**

Voraussetzungen: 1) ab = df
2) ac = dg
3) bc = fg.

Beweis. Denkt man sich beide Dreiecke mit einer ihrer gleichen Seiten etwa ab, df an einander gelegt, so wie es die **Figuren 12** und **13.** darstellen, so können, je nachdem die Lage der Seiten es bedingt, dreierlei Fälle statt finden:

1stens die gerade Verbindungslinie der Punkte c, g schneidet die auf einander gepaßten gleichen Seiten ab, df zwischen ihren Endpunkten. **Fig. 12.**

2tens sie schneidet die Verlängerung. **Fig. 13.**

3tens sie trifft die auf einander liegenden Eckpunkte.

Im 1sten Fall folgt aus der Voraussetzung ac = dg, nach §. 26. 1, daß

$\angle$dgc = $\angle$acg ist, und aus der cb = gf aus demselben Grund, daß auch $\angle$fgc = $\angle$bcg ist. Aus beiden Folgerungen entspringt nach dem Grundsatz: Gleiches zu Gleichem addirt, giebt gleiche Summen, die neue Wahrheit

$$\angle dgf = \angle acb$$

und nimmt man hiezu die Voraussetzungen

dg = ac und

gf = cb, so folgt nun die Congruenz der Dreiecke abc und dfg aus §. 24.

Im 2ten Fall bleibt der Beweis ganz derselbe, nur kommt an die Stelle des im 1sten Fall gebrauchten Grundsatzes, der: Gleiches von Gleichem subtrahirt, giebt gleiche Reste: in Anwendung.

Im 3ten Fall erhellet die Wahrheit blos aus §. 24.

§. 29. Folgerungen. Aus §. 28. folgt:

$$\left.\begin{array}{l}\angle cab = \angle gdf \\ \angle abc = \angle dfg\end{array}\right\}\text{ Fig. 10.}$$

§. 30. Lehrsatz. In jedem Dreieck ist jeder äußere Winkel größer wie jeder der inneren, ihm gegenüberliegenden, oder:

Behauptung. $\angle cbd > acb$ und auch
$\angle cbd > cab$ Fig. 14.

Voraussetzung. abd ist eine gerade Linie.

Beweis. 1stens für den Fall, daß der äußere und der innere gegenüber liegende Winkel cbd und acb eine Seite des Dreiecks cb zum gemeinschaftlichen Schenkel haben.

Man denke sich cb in f in zwei gleiche Theile getheilt, ziehe af und mache in der Verlängerung von af, fg = af und verbinde dann noch g mit b, so ist

$$bf = cf$$
$$fg = af$$
$$\angle bfg = \angle afc \quad \text{§. 20.}$$

also $\triangle bfg \cong \triangle afc$ §. 24.

folglich auch $\angle fbg = \angle acf$ oder acb.

Es ist aber $\angle cbd > \angle fbg$; daher
$\angle cbd > \angle acb$.

2tens. Für den 2ten Theil der Behauptung, $\angle cbd > cab$, verlängere man cb über b hinaus, so ist $\angle abh > \angle cab$ nach dem 1sten Fall. Ferner ist abh = cbd (§. 20.); also auch cbd > cab.

Dritter Satz von der Congruenz der Dreiecke.

§. 31. Lehrsatz. Dreiecke sind congruent, wenn sie eine gleiche Seite und zwei gleiche Winkel haben, welche: entweder beide der gleichen Seite anliegen, oder: von welchen einer ihr anliegt, der andere ihr gegenüberliegt, oder:

1stens Behauptung. $abc \cong dfg$ Fig. 10.

Voraussetzungen: 1) $ab = df$
2) $\angle bac = \angle fdg$
3) $\angle abc = \angle dfg$.

2tens Behauptung. $abc \cong dfg$ Fig. 10.

Voraussetzungen: 1) $ab = df$
2) $\angle bac = \angle fdg$
3) $\angle acb = \angle dgf$.

Beweis zu 1. Denkt man sich df auf ab gepaßt, so daß d auf a und f auf b fällt, so muß auch dg der Richtung nach, auf ac fallen, weil $\angle fdg = \angle bac$ ist, und es fragt sich nur, ob g auf c trifft. Wollte man nun annehmen, g träfe nicht auf c, sondern auf irgend einen andern Punkt h der Richtung ac, so hätte man

$$ah = dg \quad \text{Annahme.}$$

$$\left.\begin{aligned} ab &= df \\ \angle hab &= gdf \end{aligned}\right\} \text{Voraussetzung,}$$

also $\triangle hab \cong gdf$ §. 24.

folglich auch $\angle hba = \angle gfd$ §. 25.

Es ist aber, nach der Voraussetzung

$$\angle cba = \angle gfd$$

und demnach wäre auch

$$\angle hba = \angle cba$$

welche Folgerung dem Satz: der Theil ist kleiner wie das Ganze: widerspricht. Es muß daher g auf c fallen, und demnach ist auch

$$ac = dg$$
$$cb = gf$$
$$\text{und } \angle abc = \angle dgf$$

Beweis zu 2. Denkt man sich df auf ab gepaßt, so daß d auf a und f auf b fällt, so muß auch dg der Richtung nach, auf ac fallen, weil $\angle fdg = \angle bac$ ist, und es fragt sich nur, ob g auf c trifft. Wollte man nun annehmen, g träfe nicht auf c, sondern auf irgend einen andern Punkt h der Richtung ac, so hätte man

$$dg = ah \quad \text{Annahme.}$$

$$\left.\begin{aligned} df &= ab \\ \angle gdf &= \angle hab \end{aligned}\right\} \text{Voraussetzung.}$$

also $\triangle gdf \cong \triangle hab$ (§. 24.)

folglich auch $\angle dgf = \angle ahb$. (§. 25.)

Nach der Voraussetzung ist aber

$$\angle dgf = \angle acb$$

und es wäre also auch

$$\angle acb = \angle ahb$$

welche Folgerung, da hcb nach der Annahme ein Dreieck ist, dem Lehrsatz §. 30. widerspricht. Es muß also g auf c fallen, und mithin sind die Dreiecke bei den angegebenen Voraussetzungen congruent, also auch

$$ac = dg$$
$$bc = fg$$
$$\text{und } \angle abc = \angle dfg.$$

Vierter und letzter Satz von der Congruenz der Dreiecke.

§. 32. Lehrsatz. Dreiecke sind congruent, wenn sie einen gleichen Winkel haben, die denselben gegenüberstehenden Seiten, und noch ein paar andere gleich groß sind, die, diesen letztern Seiten, gegenüberstehende Winkel aber zusammen mehr oder weniger wie 2R betragen, d. h. nicht Supplementswinkel sind, oder

Behauptung. $\triangle abc \cong \triangle dfg$ Fig. 10.

Voraussetzung. 1) $\angle abc = \angle dfg$

2) $ac = dg$

3) $ab = df$

4) $\angle acb + \angle dgf \gtrless 2R.$

Beweis. Denkt man sich ab auf df gepaßt, so daß a auf d und b auf f fällt, so muß auch bc der Richtung nach, auf fg fallen, weil $\angle abc = \angle dfg$ ist, und es fragt sich nur, ob c auf g trifft. Wollte man nun annehmen, c träfe nicht auf g, sondern auf irgend einen andern Punkt h der Richtung fg, so hätte man

$$\left.\begin{array}{r} ab = df \\ \angle abc = \angle dfh \end{array}\right\} \text{Voraussetzung.}$$

und $bc = fh$ also

$\triangle abc \cong \triangle dfh$ (§. 24.)

folglich auch:

$$\left.\begin{array}{r} ac = dh \\ \text{und } \angle acb = \angle dhf \end{array}\right\} \text{(§. 25.)}$$

Nach der Voraussetzung ist aber

$$ac = dg$$

und es wäre also auch

$$dh = dg$$

daher auch: $\angle dgh = \angle dhg$ (§. 26. 1.)

Denkt man sich nun h zwischen f und g liegend, so folgt aus

dgh oder $dgf = dhg$ und

$acb = dhf$, daß auch

$dgf + acb = dhg + dhf$, oder

$dgf + acb = 2R$ wäre (§. 17.)

welches gegen die Voraussetzung ist, so daß also c nicht zwischen f und g fallen kann.

Denkt man sich aber h in der Verlängerung von fg über g hinaus, so folgt

aus dhg oder dhf oder $acb = dgh$ und

$dgf = dgf$,

daß auch $acb + dgf = dgh + dgf$, oder

$acb + dgf = 2R$ wäre (§. 17.)

welches derselbe Widerspruch ist, so daß also c auch nicht in die Verlängerung von fg, über g hinaus fallen kann. Es muß daher nothwendig c auf g fallen, und folglich sind die Dreiecke congruent, also auch

$$bc = fg$$
$$\angle cab = gdf$$
und $acb = dgf$.

§. 33. Zusatz. In einem einzigen Fall, wo

1) $\angle abc = \angle dfg$
2) $ac = dg$
3) $ab = df$

und 4) $\angle acb + \angle dgf$ gleich $2R$ ist, nemlich in dem, wo $\angle acb = \angle dgf = R$ ist,

findet die Congruenz dennoch statt, denn in diesem Fall folgt sie aus:

$$ab = df$$
$$\angle abc = \angle dfg$$
und $\angle acb = \angle dgf$,

oder aus: $ac = dg$
$$\angle abc = \angle dfg$$
$$\angle acb = \angle dgf$$

ganz nach §. 31. 2., so daß also diese scheinbare Ausnahme keine Ausnahme ist, sondern einen andern Satz, nemlich den §. 31. 2. ausdrückt.

Zweites Kapitel.

Von den wichtigsten Eigenschaften der Dreiecke.

§. 34. Lehrsatz. In jedem Dreieck ist die Summe je zweier Winkel desselben kleiner wie **2R**.

Beweis. Bezeichnen α, β, γ die 3 Winkel des Dreiecks, und δ den Nebenwinkel zu γ, so ist

$$\delta > \alpha \quad (\S.\ 30.)$$
$$\gamma = \gamma$$
also $\delta + \gamma > \alpha + \gamma$.
Es ist aber $\delta + \gamma = 2R$ (§. 17.)
also auch $\alpha + \gamma < 2R$.

§. 35. Zusatz. Jedes Dreieck muß also zwei spitze Winkel haben, der dritte kann dann entweder auch spitz oder $= R$ oder stumpf sein. Im 1sten Fall heißt das Dreieck spitzwinklicht, im 2ten rechtwinklicht, im 3ten stumpfwinklicht. Im rechtwinklichten Dreieck heißen die beiden Seiten, welche den rechten Winkel einschließen, Catheten, die aber, welche ihm gegenüberliegt, Hypotenuse.

§. 36. Lehrsatz. In jedem Dreieck steht der größeren Seite auch der größere Winkel gegenüber, oder

Behaupt. $\alpha > \beta$ Fig. 15.

Voraussſ. ab > ac

Beweis. Weil ab > ac ist, so muß es einen Theil von ab geben, der gerade gleich ac ist; es sei af dieser Theil, also af = ac, so folgt nach §. 26. 1.

$$\angle afc = \angle acf.$$

Es ist aber nach §. 30.

$$\angle afc > \beta$$

also auch $\angle acf > \beta$.

Da nun auch $\alpha >$ acf ist, da acf nur einen Theil von α bildet, so folgt

$$\alpha > \beta.$$

§. 37. Lehrsatz. In jedem Dreieck abc steht dem größeren Winkel auch die größere Seite gegenüber, oder

Behaupt. ab > ac

Voraussſ. $\angle c > \angle b$.

Beweis. Es sind, bei der angegebenen Voraussetzung, nur 3 Fälle möglich

1) ab = ac
2) ab < ac
3) ab > ac.

Widersprechen die Folgerungen aus den beiden erstern der Voraussetzung, so kann nur der 3te statt finden.

Es folgt aber, aus ab = ac, daß dann auch $\angle c = \angle b$ sein müßte (§. 26. 1.), welches der Voraussetzung widerspricht, so daß also ab und ac nicht gleich sein können, wenn c > b ist.

Ferner folgt aus ab < ac, daß dann auch c < b sein müßte (§. 36.), welches der Voraussetzung ebenfalls entgegen ist, so daß also ab nicht kleiner wie ac sein kann, wenn c > b ist. Es kann also ab nur größer wie ac sein, wenn c > b ist.

§. 38. Zusatz. 1. Im stumpfwinklichten Dreieck ist also die dem stumpfen Winkel gegenüber liegende Seite die größte, im rechtwinklichten die Hypotenuse.

2. Im ungleichseitigen Dreieck müssen die Winkel, welche den kleineren Seiten gegenüber liegen, nothwendig spitz sein.

§. 39. Lehrsatz. Dreiecke sind congruent, wenn sie 2 paar gleiche Seiten und die Winkel gleich haben, welche den größeren von beiden gegenüber liegen.

Beweis. Nach §. 36 sind die den kleineren Seiten gegenüber liegenden Winkel kleiner wie die, welche den größeren gegenüber liegen, also nach §. 34 nothwendig spitz, daher ihre Summe kleiner wie **2R**, und es finden also die Voraussetzungen §. 32, folglich auch die Congruenz statt.

§. 40. Zusatz. Der Lehrsatz §. 39 ist also nur ein besonderer Fall des Lehrsatzes §. 32, und es wäre daher unvollständig, wenn man blos den §. 39 und nicht den allgemeinen §. 32 aufstellen wollte.

§. 41. Lehrsatz. Die Summe je zweier Seiten eines Dreiecks ist größer wie die dritte, oder

Behauptung. $ac + cb > ab$.

Beweis. Man verlängere einen der beiden Summanden ac, oder cb, etwa bc Fig. 16 über c hinaus, und mache die Verlängerung $cd = ac$, so daß also $bd = ac + cb$ wird, so hat man, weil $cd = ca$ ist, $\angle cda = \angle cad$, folglich

$$cad + cab > cda \text{ oder}$$
$$bad > bda; \text{ also}$$
$$bd > ab; \text{ oder}$$
$$ac + cb > ab.$$

§. 42. Lehrsatz. Wenn man sich in einem Dreiecke aus der Spitze eines seiner 3 Winkel eine gerade Linie gezogen denkt, welche die gegenüberliegende Seite des Dreiecks zwischen ihren Endpunkten schneidet und es sind von folgenden vier Bestimmungsstücken:

1. Gleichheit der Seiten, welche Schenkel des getheilten Winkels sind,
2. Gleichheit der Stücke, in welche die 3te Seite getheilt wurde,
3. Gleichheit der Theile des getheilten Winkels,
4. Gleichheit der Winkel, welche die theilende Linie mit der dritten Seite bildet,

zwei gegeben oder festgesetzt, so müssen auch die übrigen beiden statt finden.

Diese Bestimmungen liefern folgende sechs Lehrsätze:

I. Die gerade Verbindungslinie der Mitte der dritten Seite eines gleichschenklichten Dreiecks mit der gegenüber liegenden Ecke, halbirt den Winkel daselbst, und steht auf der dritten Seite normal, oder:

Behaupt. $\left\{ \begin{array}{l} \alpha = \beta \\ \gamma = \delta \end{array} \right\}$ Fig. 17.

Voraussf. $\left\{ \begin{array}{l} bd = dc \\ ab = ac \end{array} \right.$

Beweis. Er ergiebt sich unmittelbar aus §. 28.

II. Die Linie, welche den Winkel, den die gleichen Schenkel eines gleichschenklichten Dreiecks bilden, halbirt, halbirt auch, gehörig verlängert, die 3te Seite des Dreiecks, und steht auf ihr normal, oder

Behaupt. $\begin{cases} bd = dc \\ \gamma = \delta \end{cases}$

Voraussf. $\begin{cases} ab = ac \\ \alpha = \beta \end{cases}$

Beweis. Er folgt ganz aus §. 24.

III. Die Normale auf die 3te Seite eines gleichschenklichten Dreiecks, aus der ihr gegenüber liegenden Ecke gefällt, halbirt den Winkel dieser Ecke und die 3te Seite, oder:

Behaupt. $\begin{cases} \alpha = \beta \\ bd = dc \end{cases}$

Voraussf. $\begin{cases} \gamma = \delta \\ ab = ac \end{cases}$

Beweis. Er stützt sich unmittelbar auf §. 39 oder §. 32.

IV. Wenn die Halbirungslinie eines Winkels eines Dreiecks die Mitte der gegenüber liegenden Seite trifft, so steht sie auch auf ihr normal, und die beiden andern Seiten des Dreiecks sind gleich groß, oder:

Behaupt. $\begin{cases} \gamma = \delta \\ ab = ac \end{cases}$

Voraussf. $\begin{cases} \alpha = \beta \\ bd = dc \end{cases}$

Beweis. (§. 32.)

V. Wenn die Normale auf der Mitte einer der drei Seiten eines Dreiecks errichtet, die gegenüber liegende Ecke trifft, so halbirt sie auch den Winkel daselbst, und die ihn einschließenden beiden Seiten sind einander gleich, oder:

Behaupt. $\begin{cases} \alpha = \beta \\ ab = ac \end{cases}$

Voraussf. $\begin{cases} \gamma = \delta \\ bd = dc \end{cases}$

Beweis. (§. 24.)

VI. Wenn die Halbirungslinie eines Winkels eines Dreiecks die gegenüber liegende Seite normal trifft, so halbirt sie dieselbe auch, und die beiden andern Seiten sind einander gleich, oder:

Behaupt. $\begin{cases} bd = dc \\ ab = ac \end{cases}$

Voraussf. $\begin{cases} \alpha = \beta \\ \gamma = \delta \end{cases}$

Beweis. (§. 31. 1.)

§. 43. Lehrsatz. Die Normale auf der Mitte der 3ten Seite eines gleichschenklichten Dreiecks errichtet, muß gehörig verlängert die gegenüberliegende Ecke treffen, oder:

Behaupt. a liegl in df (Fig. 18.).

Voraussf. $\begin{cases} \angle bdf = \angle fdc = R \\ bd = dc \\ ab = ac \end{cases}$

Beweis Wollte man annehmen, a läge außerhalb df (§. 10. 4.), so würde die gerade Linie ad nicht mit df zusammen fallen, also $\angle$adc größer oder kleiner wie fdc oder R sein. Nach §. 42. I wäre aber adc = adb = R, woraus der Widerspruch erhellet, so daß also a in df liegen muß.

Anmerkung. Dieser Satz kann auch folgendergestalt ausgedrückt werden: der Mittelpunkt eines Kreises liegt in der Normale auf der Mitte einer Sehne desselben errichtet.

§. 44. Lehrsätze, deren Beweise sehr leicht zu finden sind.

1. Wenn die 3 Winkel eines Dreiecks ungleich sind, so sind es auch die 3 Seiten und umgekehrt.

2. Im gleichschenklichten Dreieck sind die Winkel an der 3ten Seite nothwendig spitze Winkel.

3. Der Halbmesser eines Kreises bildet mit einer durch seinen Endpunkt in der Peripherie gezogenen Sehne immer einen spitzen Winkel.

4. Wenn eine Seite eines Dreiecks nicht die größeste ist, so ist ihr gegenüber liegender Winkel ein spitzer.

5. Die Normale ist die kürzeste unter allen Linien, wodurch ein Punkt mit einer geraden Linie zu verbinden ist. Sie heißt daher die Entfernung des Punktes von der Linie.

6. Jeder Punkt der Halbirungslinie eines Winkels ist von seinen beiden Schenkeln gleichweit entfernt.

7. Die Normale aus jedem Punkt eines der beiden Schenkel eines spitzen Winkels auf die Richtung des andern Schenkels gefällt, trifft den andern Schenkel selbst: ist der Winkel aber stumpf, so trifft sie die Verlängerung desselben auf der entgegengesetzten Seite: ist er ein rechter, so trifft sie den Scheitelpunkt selbst.

§. 45. Sind bei zwei Dreiecken nur 2 Paar der 6 Begränzungsstücke als gleich, ein drittes Paar aber als ungleich festgesetzt, so läßt sich hieraus auf die übrigen Begränzungsstücke schließen. Es ergeben sich eilf hierher gehörige Sätze, von denen der folgende §. einige zur Uebung enthält.

§. 46. **Lehrsätze.** 1. Wenn zwei Dreiecke zwei Seiten gleich haben, der eingeschlossene Winkel im erstern aber größer ist als im 2ten, so ist auch die 3te Seite im 1sten größer als die 3te Seite im 2ten Dreieck, oder

Behaupt. $bc > fg$ Fig. 10.

Voraussj. $\begin{cases} ab = df \\ ac = dg \\ \angle a > \angle d \end{cases}$

Beweis. Denkt man sich ab auf df gepaßt, so daß a auf d und b auf f fällt, so muß, weil $a > d$ ist, die Seite ac außerhalb des Dreiecks dfg fallen, und dann kann bc entweder auf fg (der Richtung nach) oder diesseits fg oder auch jenseits fg zu liegen kommen.

Für die erste Lage erhellet die Wahrheit von selbst.

Für die zweite (Fig. 19.) ergiebt sich, wenn man sich die Linie cg denkt, aus

$ac = dg$, daß auch
$\angle acg = \angle agc$ sein muß. (§. 26. 1.)
Es ist aber $fcg < acg$, also auch
$fcg < agc$.
Da nun $fgc > agc$, so ist auch
$fgc > fcg$ und also
$bc > fg$. (§. 37.)

Für die dritte (Fig. 20.) denke man sich ac über c und dg über g hinaus verlängert, so ist

$ac = dg$
also $agc = acg$ (§. 26. 1.)
also $cgk \doteq hcg$ (§. 22. 1.)
Es ist aber $cgb > cgk$, also
$cgb > hcg$
ferner $hcg > gcf$
folglich $cgb > gcf$
und also $bc > fg$ (§. 37.)

2. Wenn 2 Dreiecke zwei Seiten gleich haben, die 3te im ersten aber größer ist, als die 3te im zweiten Dreieck, so ist auch der gegenüberliegende Winkel im ersten größer als der im zweiten, oder

Behauptung. $\angle a > d$ Fig. 10.

Voraussetzung. $\begin{cases} ab = df \\ ac = dg \\ bc > fg \end{cases}$

Beweis. Er folgt leicht indirect aus dem vorigen Satz und §. 24.

3. Wenn eine Seite eines Dreiecks größer ist als die eines andern, die anliegenden beiden Winkel aber gegenseitig gleich sind, so sind auch die den gleichen Winkeln gegenüberliegenden Seiten ungleich, und zwar im ersten Dreieck größer als im zweiten, oder

Behaupt. $\begin{cases} ac > dg \\ bc > fg \end{cases}$ Fig. 10.

Vorauss. $\begin{cases} ab > df \\ a = d \\ b = f \end{cases}$

Beweis. Legt man ab der Richtung nach auf df, so daß a auf d zu liegen kommt, so muß, weil $ab > df$ ist, b in die Verlängerung von af fallen, ac aber der Richtung nach auf dg treffen, weil $a = d$ ist. Wollte man nun annehmen, c fiele zwischen d und g oder auf g, so würde man auf einen Widerspruch gegen §. 30. stoßen, und es muß also c in die Verlängerung von dg über g hinaus treffen, d. h. es ist $ac > dg$.

Eben so erhellet, daß $bc > fg$ ist, wenn man ab so auf df sich gelegt denkt, daß b auf f fällt.

4. Wenn zwei Dreiecke zwei Seiten gleich haben, der der größeren von beiden gegenüberliegende Winkel aber im ersten Dreieck größer ist als im zweiten, so ist die 3te Seite des ersten Dreiecks kleiner als die 3te des 2ten, und dieselbe Vergleichung findet zwischen den ihnen gegenüberliegenden Winkeln statt, oder:

Behaupt. $\begin{cases} bc < fg \\ a < d \end{cases}$ Fig. 10.

Vorauss. $\begin{cases} ab = df \\ ac = dg \\ ab > ac, \text{ also auch } df > dg \\ c > g \end{cases}$

Beweis. Denkt man sich ac auf dg gepaßt, so daß a auf d, c auf g fällt, so muß cb außerhalb des Dreiecks dgf fallen, weil $c > g$ ist, und b fällt entweder in die Richtung von df oder unterhalb df oder oberhalb df; die erste Annahme widerspricht der Voraussetzung $ab = df$. Die 2te in Fig 21. dargestellte giebt, da nach §. 44. 4, $\angle dfg$ spitz, also um so mehr akg spitz (§. 30.) also akb stumpf, folglich $ab > dk$, also um so mehr $ab > df$ sein müßte, ebenfalls einen Widerspruch gegen die Voraussetzung $ab = df$, und es kann also nur b oberhalb df zu liegen kommen. Aus dieser in Fig. 22. dargestellten Lage erhellet nun gleich unmittelbar $a < d$, und hieraus nach Nr 1. $gf > bc$

§. 47. Sind bei zwei Dreiecken nur ein paar Begränzungsstücke als gleich, für 2 andere Paare aber Ungleichheiten festgesetzt, so sind die übrigen, davon abhängigen Bestimmungen unterworfen. Von den ungemein vielen Fällen, die hier aufgezählt werden könnten, enthält der folgende §. den bemerkbarsten.

§. 48. Lehrsatz. Wenn in zwei Dreiecken eine Seite des einen so groß ist, wie eine Seite des andern, die anliegenden Winkel einzeln genommen aber in dem einen Dreieck größer als in dem andern, so ist auch die Summe der beiden andern Seiten im ersten Dreieck größer als im andern, oder

Behaupt. $ac + cb > dg + gf$

Vorauss. $\left\{\begin{array}{l} ab = df \quad \text{Fig. 10.} \\ a > d \\ b > f \end{array}\right.$

Beweis. Man denke sich ab auf df gepaßt, so wird g den Voraussetzungen gemäß, innerhalb abc fallen; verlängert man nun dg bis die Verlängerung die Seite bc in k schneidet, so ist

$$\left.\begin{array}{l} ac + ck > ag + gk \\ kb + gk > gb \end{array}\right\} \text{§. 41.}$$

also auch die Summe links größer wie die rechts, d. h.

$$ac + cb > dg + gf.$$

Anmerkung. Hieraus folgt auch, daß wenn man sich innerhalb des Dreiecks abc von a bis b eine gegen ab gekrümmte durchaus concave Curve vorstellt, diese nothwendig kleiner sein muß, wie $ab + cb$.

Drittes Kapitel.

Von den Parallel-Linien und noch zweien davon abhängigen Eigenschaften der Dreiecke.

§. 49. Erklärungen. Wenn zwei in einer Ebene liegende Linien ab, cd (Fig. 23.) von einer 3ten ef durchschnitten werden, so bilden sich an den beiden Durchschnittspunkten acht Winkel α, β, γ, δ, μ, ϱ, φ, λ und es heißen:

1) jede zwei, welche innerhalb beider Linien auf einer Seite der durchschneidenden Linie liegen, **innere Winkel**, z. B. β, γ und auch ϱ, φ;
2) jede zwei, welche außerhalb beider Linien, auf einer Seite der durchschneidenden Linie liegen, **äußere Winkel**, z. B. α, δ und μ, λ;
3) jede zwei, der eine außerhalb, der andere innerhalb beider Linien, auf einerlei Seite der durchschneidenden Linie liegend, **Gegenwinkel**, z. B. α und γ, β und δ, μ und φ, λ und ϱ;
4) jede zwei, innerhalb der beiden Linien, auf verschiedenen Seiten der durchschneidenden Linie liegend, **innere Wechselwinkel**, z. B. β und φ, γ und ϱ;
5) jede zwei, außerhalb der beiden Linien, auf verschiedenen Seiten der durchschneidenden Linie liegend, **äußere Wechselwinkel**, z. B. α und λ; δ und μ.

§. 50. **Erklärungen.** 1) Zwei gerade Linien in einer Ebene, welche, so weit man sie auch auf beiden Seiten verlängern mag, doch nirgends zusammentreffen, oder sich nie schneiden, heißen **Parallel-Linien**. Das Zeichen der Parallelität zweier Linien ist ‡.

2) Zwei nicht parallele, also sich schneidende Linien, heißen **convergirend**, in Beziehung auf die Richtung, nach welcher sie zusammenlaufen;

divergirend, in Beziehung auf die Richtung, nach welcher sie auseinander laufen. So heißen (Fig. 24.) die sich in a schneidenden Linien: cb und fd convergirend, bc und df divergirend.

§. 51. **Lehrsatz.** Wenn von folgenden fünf Bestimmungen:

1) Die Summe zweier inneren Winkel ist $= 2R$;
2) Die Summe zweier äußeren Winkel ist $= 2R$;
3) Ein Paar Gegenwinkel sind einander gleich;
4) Ein Paar innere Wechselwinkel sind gleich groß;
5) Ein Paar äußere Wechselwinkel sind gleich groß;

eine gegeben oder festgesetzt ist, so müssen alle für **jedes** Paar statt finden.

Von diesen fünf sehr leicht zu beweisenden Sätzen soll hier nur der erste ausgeführt werden. In Beziehung auf ihn hat man:

Behauptung.
$$\varrho + \varphi = 2R$$
$$\mu + \lambda = 2R$$
$$\alpha + \delta = 2R$$

$\alpha = \gamma$

$\beta = \delta$

$\mu = \varphi$

$\varrho = \lambda$

$\beta = \varphi$

$\gamma = \varrho$

$\alpha = \lambda$

$\mu = \delta$

Voraussetzung. $\beta + \gamma = 2R$

Beweis. $\beta + \varrho = 2R$ } §. 17.

$\gamma + \varphi = 2R$ }

also $\beta + \gamma + \varrho + \varphi = 4R$ Grundsatz.

$\beta + \gamma = 2R$ Vorauss.

daher I. $\varrho + \varphi = 2R$ Grunds.

Ferner $\beta = \mu$ } §. 20.

$\gamma = \lambda$ }

also $\beta + \gamma = \mu + \lambda$ Grunds.

$\beta + \gamma = 2R$ Vorauss.

folglich II. $\mu + \lambda = 2R$ Grunds.

Dann $\varrho = \alpha$

$\varphi = \delta$

also $\varrho + \varphi = \alpha + \delta$

$\varrho + \varphi = 2R$. I.

Demnach III. $\alpha + \delta = 2R$

Ferner $\alpha + \beta = 2R$

$\beta + \gamma = 2R$

---

also $\alpha + \beta = \beta + \gamma$

aber $\beta = \beta$ folglich

IV. $\alpha = \gamma$

Dann $\gamma + \delta = 2R$

$\gamma + \beta = 2R$

demnach $\gamma + \delta = \gamma + \beta$

$\gamma = \gamma$ also

V. $\beta = \delta$

Ferner $\beta = \mu$

$\beta = \delta$ nach V.

folglich $\mu = \delta$

dann $\delta = \varphi$; daher

VI. $\mu = \varphi$

Weiter: $\alpha = \varrho$

$\gamma = \lambda$

$\alpha = \gamma$ nach IV; also

VII. $\varrho = \lambda$

Dann: $\beta = \mu$

$\mu = \varphi$ nach VI, folglich

VII. $\beta = \varphi$

Ferner: $\gamma = \lambda$

$\lambda = \varrho$ nach VII, also

IX. $\gamma = \varrho$

Dann $\gamma = \lambda$

$\alpha = \gamma$ nach IV, demnach

X. $\alpha = \lambda$

Endlich $\varphi = \delta$

$\varphi = \mu$ nach VI, also

IX. $\mu = \delta$

§. 52. **Lehrsatz.** Wenn von folgenden 12 Bestimmungen:

1) $\varrho + \varphi \gtrless 2R$

2) $\beta + \gamma \lessgtr 2R$

3) $\mu + \lambda \lessgtr 2R$

4) $\alpha + \delta \gtrless 2R$

5) $\mu \lessgtr \varphi$

6) $\lambda \lessgtr \varrho$

7) $\beta \lessgtr \delta$

8) $\gamma \lessgtr \alpha$

9) $\beta \lessgtr \varphi$

10) $\varrho \gtrless \gamma$

11) $\alpha \gtrless \lambda$

12) $\delta \gtrless \mu$

eine gegeben oder festgesetzt ist, so müssen auch die übrigen statt finden.

Von diesen 12 sehr leicht zu beweisenden Sätzen folgt hier blos vom 12ten der **Beweis**, und zwar für die Voraussetzung $\delta > \mu$:

$\delta = \varphi$
$\delta > \mu$ Vorauss.
also $\varphi > \mu$
$\varrho = \varrho$
also $\varphi + \varrho > \mu + \varrho$
$\mu + \varrho = 2R$, daher
I. $\varphi + \varrho > 2R$.
Ferner: $\varrho + \beta = 2R$
$\varphi + \gamma = 2R$
daher $\varphi + \varrho + \beta + \gamma = 4R$
$\varphi + \varrho > 2R$ (I.) also
II. $\beta + \gamma < 2R$ Grunds.
Dann $\beta = \mu$
$\gamma = \lambda$, also
$\beta + \gamma = \mu + \lambda$
$\beta + \gamma < 2R$ (II.) folglich
III. $\mu + \lambda < 2R$
Weiter $\varrho = \alpha$
$\varphi = \delta$, daher
$\varphi + \varrho = \alpha + \delta$
$\varphi + \varrho > 2R$ (I.) daher
IV. $\alpha + \delta > 2R$
Dann $\delta = \varphi$
$\delta > \mu$ Voraussetzung, also
V. $\mu < \varphi$
Ferner: $\lambda + \varphi = 2R$
$\varrho + \varphi > 2R$ (I.)
daher $\lambda + \varphi < \varrho + \varphi$
$\varphi = \varphi$, also
VI. $\lambda < \varrho$
Dann $\mu = \beta$
$\delta > \mu$ Vorauss., also auch
VII. $\beta < \delta$
Weiter $\varrho = \alpha$
$\lambda = \gamma$
$\lambda < \varrho$ (VI.), also
VIII. $\gamma < \alpha$
ferner: $\beta = \mu$
$\mu < \varphi$ (V.) daher
IX. $\beta < \varphi$
dann: $\alpha = \varrho$
$\gamma < \alpha$ (VIII.), also
X. $\varrho > \gamma$
Endlich $\lambda = \gamma$
$\gamma < \alpha$ (VIII.), also auch
XI. $\alpha > \lambda$.

§. 53. **Lehrsatz.** Wenn 2 Linien in einer Ebene convergiren, so ist auf der convergirenden Seite einer, beide durchschneidenden Linie die Summe der inneren Winkel immer kleiner als zwei rechte, oder

Behauptung. $\beta + \gamma < 2R$ Fig. 23.

Voraussetzung. ba und dc convergiren.

Beweis. Convergiren ba und dc, schneiden sich also in irgend einem Punkte g links von ef, so bildet sich ein Dreieck, in welchem β, γ und der bei g entstehende, die Winkel sind, und es ist also, nach §. 34.

$$\beta + \gamma < 2R$$

§. 54. **Zusatz.** Es finden also, wenn ba und dc Fig. 23. convergiren, die 12 Ungleichungen §. 52. (die oberen Uugleichheitszeichen verstanden) sämmtlich statt.

§. 55. **Lehrsatz.** Wenn zwei Linien in einer Ebene divergiren, so ist auf der divergirenden Seite einer, beide durchschneidenden Linie die Summe der inneren Winkel immer größer als 2R, oder

Behauptung. $\beta + \gamma > 2R$ Fig. 23.

Voraussetzung. ba und dc divergiren.

Beweis. Nach der Voraussetzung convergiren ab und cd, schneiden sich also in irgend einem Punkte h rechts von ef, und es entsteht daher ein Dreieck, in welchem ϱ, φ und der bei h entstehende Winkel die 3 Winkel sind.

Hieraus folgt nach §. 34, daß

$\varrho + \varphi < 2R$ und daraus, nach §. 52.

$\beta + \gamma > 2R.$

§. 56. **Zusatz.** Es finden also, wenn ba und dc Fig 23. divergiren, die 12 Ungleichungen §. 52. (die untern Ungleichheitszeichen verstanden) sämmtlich statt.

§. 57. **Grundsatz.** Wenn zwei Linien in einer Ebene parallel sind, und man durchschneidet sie durch eine dritte, so muß die Summe der innern Winkel entweder größer oder kleiner oder gleich zweien rechten sein, und zwar muß, *mag von diesen 3 Gesetzen bestehen, welches da wolle, doch nothwendig eben dasselbe, welches auf der einen Seite der durschneidenden Linie statt finden mag, auch auf der andern Statt finden.*

§. 58. **Lehrsatz.** Wenn zwei Linien parallel sind, und man durchschneidet sie durch eine dritte, so ist die Summe der inneren Winkel gleich 2R, oder

Behauptung. $\begin{cases} \beta + \gamma = 2R \\ \varrho + \varphi = 2R. \end{cases}$

Voraussetzung. $ab \ddagger cd$.

Beweis. Es sind nur 3 Fälle möglich: entweder ist die Summe der innern Winkel größer oder kleiner oder gleich $2R$. Wollte man nun annehmen,

$$\beta + \gamma > 2R \text{ und also auch}$$
$$\varrho + \varphi > 2R \text{ §. 57.}$$

so folgte $\beta + \gamma + \varrho + \varphi > 4R$.

Es ist aber $\gamma + \varphi = 2R$ §. 17.

also wäre $\beta + \varrho > 2R$

welches §. 17. widerspricht, so daß also die Summe der innern Winkel nicht größer wie $2R$ sein kann, wenn die Linien parallel sind.

Wollte man ferner annehmen

$$\beta + \gamma < 2R \text{ also auch}$$
$$\varphi + \varrho < 2R \text{ §. 57.}$$

so hätte man

$$\beta + \gamma + \varphi + \varrho < 4R.$$

Es ist aber $\gamma + \varphi = 2R$ §. 17.

und also wäre auch $\beta + \varrho < 2R$

welches §. 17. widerspricht, so daß also die Summe der inneren Winkel nicht kleiner wie $2R$ sein kann, wenn die Linien parallel sind. Wenn aber bei der Voraussetzung $ab \ddagger cd$ die Summe der inneren Winkel nicht größer und nicht kleiner wie $2R$ sein kann, so muß sie $= 2R$ sein.

§. 59. Zusatz. Es finden also für zwei Parallel-Linien, wenn sie von einer 3ten durchschnitten werden, sämmtliche fünf Bestimmungen in §. 51. statt.

§. 60. Lehrsatz. Wenn zwei Linien von einer dritten durchschnitten sind, und es ist die Summe zweier inneren Winkel kleiner wie $2R$, so convergiren die beiden Linien auf dieser Seite, oder:

Behauptung. ab und cd convergiren.

Voraussetzung. $\varrho + \varphi < 2R$ Fig. 23.

Beweis. Es sind nur 3 Fälle möglich, entweder ab und cd divergiren, oder sie sind parallel oder sie convergiren.

Aus der Annahme ab und cd divergiren folgt aber $\varrho + \varphi > 2R$ §. 55, welches gegen die Voraussetzung ist, so daß also ab und cd nicht divergiren können, wenn $\varrho + \varphi < 2R$ ist.

Aus der Annahme: $ab \ddagger cd$ folgt nach §. 58, daß $\varrho + \varphi = 2R$ sein müßte, welches ebenfalls gegen die Voraussetzung ist, so daß also ab und cd nicht parallel sein können, wenn $\varrho + \varphi < 2R$ ist.

Es kann also nur der 3te Fall statt finden, d. h. ab und cd convergiren.

§. 61. Zusatz. Da aus jeder der letzten 11 Ungleichungen in §. 52. (die untern Zeichen verstanden) die $\varrho + \varphi < 2R$ abgeleitet werden kann, so folgt also aus jeder einzelnen dieser Ungleichungen, daß die Linien auf der Seite, wo ϱ und φ liegen, convergiren müssen.

§. 62. Lehrsatz. Wenn 2 Linien von einer dritten durchschnitten sind, und es ist die Summe zweier innern Winkel größer wie 2R, so divergiren die Linien auf dieser Seite, oder

Behaupt. ab und cd divergiren.

Voraussſ. $\varrho + \varphi > 2R$. Fig. 23.

Beweis. Aus $\varrho + \varphi > 2R$ folgt
$\beta + \gamma < 2R$ §. 52.

und hiernach convergiren nach §. 60. ba und dc, d. h. ab und cd divergiren.

§. 63. Zusatz. Da aus jeder der letzten 11 Ungleichungen in §. 52. (die obern Zeichen verstanden) die $\varrho + \varphi > 2R$ abzuleiten ist, so folgt also aus jeder einzelnen dieser Ungleichungen, daß die Linien auf der Seite, wo φ und ϱ liegen, divergiren müssen.

§. 64. Lehrsatz. Wenn 2 Linien von einer 3ten durchschnitten werden, und es ist die Summe zweier innern Winkel gleich 2R, so sind die Linien parallel, oder

Behaupt. ab ‡ cd Fig. 23.

Voraussſ. $\varphi + \varrho = 2R$.

Beweis. Es sind nur 3 Fälle möglich: entweder convergiren die Linien auf der Seite, wo φ und ϱ liegen, oder sie divergiren auf derselben, oder sie sind parallel. Aus der Annahme, daß sie convergiren, folgt aber nach §. 53, $\varphi + \varrho < 2R$, welches gegen die Voraussetzung ist. Aus der Annahme, daß sie auf dieser Seite divergiren, folgt nach §. 55, $\varphi + \varrho > 2R$, welches ebenfalls gegen die Voraussetzung ist. Es müssen daher die Linien parallel sein, wenn $\varphi + \varrho = 2R$ ist.

§. 65. Zusatz. Da aus jeder der übrigen vier Bestimmungen in §. 51. die $\varphi + \varrho = 2R$ abzuleiten ist, so findet also die Parallelität statt, wenn eine der fünf Bestimmungen in §. 51. gegeben ist.

§. 66. Lehrsatz. Wenn zwei Linien mit einer dritten in derselben Ebene parallel sind, so sind sie auch unter sich parallel, oder

Behaupt. cd ‡ fg Fig. 25.

Voraussſ. $\begin{cases} \text{cd ‡ ab} \\ \text{fg ‡ ab.} \end{cases}$

Beweis. Aus cd ‡ ab folgt:

$$\beta = \alpha \quad \text{§. 59.}$$

Eben so, aus fg ‡ ab,

$$\alpha = \gamma$$

und aus beiden Folgerungen entspringt

$$\gamma = \beta.$$

Hieraus aber nach §. 65.

$$cd \ddagger fg.$$

§. 67. Lehrsatz. Parallellinien sind überall gleichweit von einander entfernt.

Beweis. Sind ab und cd Fig. 26. Parallellinien, und man wählt in der einen, etwa in cd, ein paar beliebige Punkte f, g und denkt sich aus denselben die Normalen fh, gk auf ab gefällt, so soll bewiesen werden, daß $fh = gk$ ist (§. 44. 5.).

Weil hk ‡ fg, so ist

$\angle khf + hfg = 2R$; da nun aber

$khf = R$, so folgt

$hfg = R$; also auch

$hfg = gkh$.

Denkt man sich nun hg gezogen,

so ist $\angle hgf = \angle ghk$ (§. 59.)

und hierzu $hg = hg$, so hat man nach §. 31. 2.

$$\triangle hgf \cong \triangle ghk$$

also auch $fh = gk$

Anmerkung. Der umgekehrte Satz: wenn von einer Linie zwei mit ihr parallele auf einerlei Seite derselben liegende, gleich weit entfernt sind, so fallen beide in eine zusammen, ist sehr leicht indirect zu beweisen.

§. 68. Zusatz. Aus der Lehre von den Parallellinien folgen noch nachstehende zwei wichtige Eigenschaften jedes Dreiecks.

§. 69. Lehrsatz. In jedem Dreieck ist die Summe aller drei Winkel gleich 2R und jeder äußere Winkel eines Dreiecks ist gleich der Summe der beiden inneren gegenüberliegenden.

Beweis. Denkt man sich in Beziehung auf das Dreieck abc Fig. 27. aus einer der Ecken, etwa aus c eine Parallellinie fg mit der gegenüberliegenden Seite ab, so ist in Beziehung auf die, beide schneidende Linie ac, nach §. 59:

$$\delta = \alpha$$

in Bezug auf die, beide schneidende Linie cb aber, ebenfalls nach §. 59: $\varrho = \gamma$

folglich auch $\delta + \varrho = \alpha + \gamma$,

hierzu $\beta = \beta$ addirt,

giebt $\delta + \beta + \varrho = \alpha + \beta + \gamma$.

Nach §. 17. ist aber

$$\delta + \beta + \varrho = 2R,$$

folglich auch $\alpha + \beta + \gamma = 2R$,
wie bewiesen werden sollte.

Verlängert man nun ac über c hinaus, so wird bch ein äußerer Winkel des Dreiecks, und aus

$$\delta = \mu \text{ (§. 20.) und}$$
$$\varrho = \varrho \text{ folgt}$$
$$\delta + \varrho = \mu + \varrho = bch.$$

Es ist aber schon bewiesen, daß

$$\delta + \varrho = \alpha + \gamma \text{ ist, und}$$

es folgt also $bch = \alpha + \gamma$, wie ebenfalls bewiesen werden sollte.

Viertes Kapitel.

Von den Parallelogrammen und ihrer Vergleichung mit den Dreiecken.

§. 70. **Erklärungen.** Ein Viereck heißt ein **Parallelogramm**, wenn beide Paar gegenüberstehende Seiten desselben mit einander parallel sind; das Zeichen dafür ist $\#$. Sind nur ein paar Seiten parallel, so heißt das Viereck ein **Trapez**. Jedes andere Viereck wird auch häufig **Trapezoid** genannt.

Die Entfernung zweier parallelen Seiten eines Parallelogramms heißt die **Höhe**, diese Seiten selbst aber, die **Grundlinien** desselben. Beim Trapez nennt man die parallelen Seiten, die **Grundlinien** und ihre Entfernung die **Höhe** desselben. Beim Dreieck nennt man die Entfernung jeder Ecke von der Richtung der gegenüberliegenden Seite die **Höhe**, und diese Seite selbst die **Grundlinie** des Dreiecks.

§. 71. **Lehrsatz.** In jedem Viereck, also auch in jedem Parallelogramm, ist die Summe aller vier Winkel immer $= 4R$.

Beweis. Denkt man sich eine der beiden Diagonalen des Vierecks, so erhellet die Wahrheit der Behauptung sogleich aus §. 69.

§. 72. **Lehrsatz.** In jedem Parallelogramm sind die gegenüberstehenden Seiten von gleicher Größe, so wie auch die einander gegenüber stehenden Winkel, oder

Behaupt. ab = cd Fig. 28.
ac = bd
∠bac = ∠cdb
∠acd = ∠abd.

Voraussſ. ab ‡ cd
ac ‡ bd

Beweis. Denkt man sich eine der Diagonalen, etwa bc, so ist ∠abc = dcb, weil ab ‡ cd, §. 59.
und ∠acb = cbd, weil ac ‡ bd, § 59.
hierzu bc = bc, so folgt, nach §. 31. 1.
△abc ≅ bcd und hieraus die Gleichheit der homologen Seiten und Winkel derselben, nämlich
ab = cd
ac = bd
∠cab = cdb.
Ferner aus abc = bcd
und cbd = acb; auch, wenn man addirt,
abd = acd.

§. 73. Zusatz. Der Lehrsatz im vorigen §. kann auch folgendergestalt ausgedrückt werden, entweder: die Diagonale theilt das Parallelogramm in zwei congruente Dreiecke; oder auch: Parallelen zwischen Parallelen sind gleich groß.

§. 74. Erklärungen. Ein Parallelogrramm heißt insbesondere ein Rechteck oder Oblong, wenn es lauter rechte Winkel, ein Rhombus oder eine Raute, wenn es lauter gleiche Seiten, und ein Quadrat, wenn es lauter rechte Winkel und lauter gleiche Seiten hat. Jedes andere Parallelogramm wird auch öfters Rhomboid oder länglichte Raute genannt.

§. 75. Wählt man von den 6 Bestimmungen in §. 72, nämlich ab ‡ cd, ac ‡ bd, ab = cd, ac = bd, ∠bac = cdb, ∠acd = abd, je zwei als festgesetzt, so ergeben sich folgende 15 Fälle:

1) ab ‡ cd und ac ‡ bd Fig. 28.
2) ab ‡ cd und ab = cd
3) ab ‡ cd und ac = bd
4) ab ‡ cd und ∠a = ∠d
5) ab ‡ cd und ∠b = c
6) ac ‡ bd und ab = cd
7) ac ‡ bd und ac = bd
8) ac ‡ bd und a = d
9) ac ‡ bd und b = c
10) ab = cd und ac = bd
11) ab = cd und a = d

12) ab = cd und b = c
13) ac = bd und a = d
14) ac = bd und b = c
15) a = d und b = c.

Diese reduciren sich auf sieben, weil 2 mit 7, 3 mit 6, 4 mit 5, 8 und 9, und 11 mit 12, 13 und 14 übereinstimmt, oder dasselbe festsetzt.

Unter diesen sieben übrig bleibenden Fällen sind fünf, bei welchen die übrigen 4 Bestimmungen, aus den beiden festgesetzten, als nothwendige Folge abgeleitet werden können. In Beziehung auf die 2 übrigen aber sind bei den festgesetzten zwei Bestimmungen die übrigen vier nicht nothwendige Folgerungen. Der nächstfolgende §. enthält die ersten fünf Lehrsätze, der nachfolgende erläutert die beiden letzten Fälle.

§. 76. Lehrsätze. I. In jedem Parallelogramm sind die gegenüberstehenden Seiten und Winkel gleich. Nr. 1. vor. §.

II. Wenn in einem Viereck ein paar Seiten gleich und auch parallel sind, so ist das Viereck ein Parallelogramm. Nr. 2 und 7. vor. §.

III. Wenn in einem Viereck ein paar Seiten parallel und ein paar gegenüberstehende Winkel gleich sind, so ist das Viereck ein Parallelogramm. Nr. 4, 5, 8 u. 9. vor. §.

IV. Wenn in einem Viereck die gegenüberstehenden Seiten einander gleich sind, so ist das Viereck ein Parallelogramm. Nr. 10. vor. §.

V. Wenn in einem Viereck die gegenüberstehenden Winkel einander gleich sind, so ist dasselbe ein Parallelogramm. Nr. 15. vor. §.

Beweis zu I. siehe §. 72.

Beweis zu II.

Voraussz. ab ‡ cd Fig. 28.
ab = cd.
Aus ab ‡ cd folgt
$\angle abc = \angle bcd$ §. 59.
hierzu ab = cd Voraussz.
und bc = bc, so hat man
$\triangle abc \cong \triangle bcd$ §. 24.
also auch $\angle acb = \angle cbd$,
folglich ac ‡ bd §. 65.

daher, weil ab ‡ cd vorausgesetzt ist, abcd ein Parallelogramm, und dann finden auch nach §. 72. die übrigen Bestimmungen:

$ac = bd$
$a = d$
$b = c$ statt.

Beweis zu III.
Voraussf. $ab \ddagger cd$
$\angle a = d.$
Aus $ab \ddagger cd$ folgt nach §. 59.
$\angle abc = bcd.$
Hierzu $a = d$, so ergiebt sich
$\angle acb = cbd$ §. 69 und 22;
und also ist $ac \ddagger bd$,
folglich $abcd$ ein #.

Beweis zu IV.
Hier folgt aus $\left.\begin{array}{l} ab = cd \\ ac = bd \end{array}\right\}$ **Voraussf.**
und $bc = bc$, daß
$\triangle abc \cong \triangle bcd$ §. 28.
also auch $\angle abc = bcd$
und $\angle acb = cbd$,
folglich auch $\left.\begin{array}{l} ab \ddagger cd \\ \text{und } ac \ddagger bd \end{array}\right\}$ §. 65.
daher $abcd$ ein # ist.

Beweis zu V.
$\left.\begin{array}{l} \text{Aus } a = d \\ \text{und } b = c \end{array}\right\}$ **Voraussf.**
folgt $a + b = c + d$
daher, weil $a + b = a + b$ ist,
$2a + 2b = a + b + c + d$. Es ist aber
$a + b + c + d = 4R$
daher $2a + 2b = 4R$
folglich $a + b = 2R$
also $ac \ddagger bd$.
Ferner ist $b = c$ **Voraussf.**
$a = a$
also $a + b = a + c$
aber $a + b = 2R$, wie schon bewiesen ist,
daher auch $a + c = 2R$, also
$ab \ddagger cd$, folglich
abc ein #.

§. 77. **Lehrsätze.** I. Wenn in einem Viereck ein Paar Seiten ‡, das andere Paar aber gleich sind, so ist das Viereck nicht nothwendig ein Parallelogramm. §. 75. Nr. 3 und 6.

II. Wenn in einem Viereck ein Paar gegenüberliegende Seiten und auch ein Paar gegenüberliegende Winkel einander gleich sind, so ist das Viereck nicht nothwendig ein Parallelogramm. §. 75. Nr. 11, 12, 13 und 14.

Beweis zu I. Denkt man sich Fig. 29. ein Paar Parallellinien ab, cd; wählt in der einen, etwa in ab, zwei beliebige Punkte d, f, fällt aus diesen auf cd die Normalen dg, fh; macht $gr = ht$, und zieht dr und ft, so ist in dem Viereck dftr, df ‡ rt, und, weil nach §. 24 und 67. $\triangle rgd \cong fht$ ist, auch $dr = ft$. Demohngeachtet ist aber dftr kein Parallelogramm, weil rd und tf nicht parallel, sondern convergirend sein müssen, indem sowohl $\angle drg$, als auch $\angle htf$, ein spitzer Winkel, ihre Summe also $< 2R$ ist. (§. 60.)

Beweis zu II. Man denke sich ein gleichschenklichtes Dreieck abc Fig. 30, und zwar $ab = bc$; nehme in der 3ten Seite ac einen Punkt d beliebig, jedoch nicht die Mitte von ac, ziehe bd und denke sich das $\triangle dbc$ so gelegt, daß d auf b, b auf d und c auf f fällt, so hat man

$$\angle a = \angle c \quad \text{§. 26. 1.}$$
$$c = f$$
$$\text{also auch } a = f,$$
$$\text{ferner } ab = bc$$
$$bc = df$$
$$\text{also auch } ab = df$$

und es sind also in dem Viereck adfb die gegenüberliegenden Seiten ab und df, so wie auch die gegenüberliegenden Winkel a und f einander gleich, das Viereck aber ist kein Parallelogramm, denn, nach der Voraussetzung ist d nicht die Mitte von ac, also $\angle bcd \lesseqgtr R$ (§. 42. I. und §. 35). Nun ist aber $dbf = bdc$;

also auch $$dbf \lesseqgtr R; \text{ daher}$$

$$bdc + dbf \lesseqgtr 2R$$

und folglich convergiren oder divergiren dc und bf, also auch ad und bf.

Noch leichter läßt sich zeigen, daß ab und df nicht parallel sind.

§. 78. **Lehrsatz.** Die Diagonalen eines Parallelogramms halbiren sich.

Beweis. Aus der vorausgesetzten Parallelität der gegenüberliegenden Seiten des Vierecks abcd Fig. 31. ergiebt sich leicht die Congruenz der Dreiecke adf und cbf und daraus dann $df = bf$; $af = fc$.

§. 79. **Lehrsatz.** Im Rhombus, so wie im Quadrat, stehen die Diagonalen auf einander normal.

Beweis. Ist abcd Fig. 31. ein Rhombus oder auch ein Quadrat, so ist bc = cd; nach dem vorigen §. ist aber bf = fd, und somit nach §. 42. I. bfc = dfc = R.

§. 80. Lehrsatz. Parallelogramme sind congruent, wenn sie 2 anliegende Seiten und den von ihnen eingeschlossenen Winkel gleich haben.

Beweis. Er ergiebt sich sehr leicht durch das Aufeinanderlegen, so wie §. 24.

§. 81. Zusatz. Also sind Rauten congruent, wenn sie eine Seite und einen Winkel, Rechtecke, wenn sie zwei anliegende Seiten, Quadrate, wenn sie eine Seite gleich haben.

§. 82. Lehrsatz. Wenn man durch die Mitte einer der beiden Diagonalen eines Parallelogramms sich eine Parallele mit einem Paar seiner Seiten denkt, und diese Linie verlängert, bis sie die beiden andern Seiten schneidet, so theilt sie das Parallelogramm in zwei congruente Parallelogramme.

Beweis. Aus §. 31. ergiebt sich die Congruenz der beiden sich bildenden Dreiecke, und dann findet man die nach §. 80. erforderlichen Bestimmungsstücke für die Cohgruenz der beiden enstandenen Parallelogramme sehr leicht auf mancherlei Weise.

§. 83. Lehrsatz. Wenn man durch einen beliebigen Punkt einer der Diagonalen eines Parallelogramms sich zwei Parallelen mit den 4 Seiten desselben denkt, so entstehen 4 #, von welchen die beiden, durch welche die Diagonale nicht geht (sie heißen die Ergänzungen an der Diagonale), gleich groß sind.

Beweis. Er ergiebt sich sehr leicht, wenn man den §. 73. dreimal und dann den Grundsatz: Gleiches von Gleichem subtrahirt giebt gleiche Reste, zweimal in Anwendung bringt.

§. 83.* Zusatz. Der umgekehrte Satz: Legt man zwei gleiche und zugleich gleichwinkliche Parallelogramme so an einander, daß ein paar gleiche Winkel beider als Scheitelwinkel erscheinen, und verlängert dann die vier Schenkel der diesen gleichen Winkeln gegenüberliegenden beiden Winkel, so liegen die beiden sich ergebenden Schneidungspunkte und der Scheitelpunkt der beiden Verticalwinkel in einer geraden Linie: ist leicht indirect zu beweisen.

§. 84. Lehrsatz. Parallelogramme von gleichen Grundlinien und gleichen Höhen sind sich gleich, oder:

Behaupt. #abcd = #fghk. Fig. 32.

Voraussf. { ab = fg
die Entfernung der Parallelen ab und cd ist eben so groß, wie die der Parallelen fg und hk.

Beweis. Denkt man sich fg und ab gepaßt, so daß f auf a und g auf b fällt, so müssen, wenn man das $\# fghk$ auf dieselbe Seite von ab legt, auf welcher abcd liegt, die beiden Linien cd und hk in eine Richtung fallen (§. 67. Anmerkung), und es können dreierlei Lagen entstehen:

1. Eine Seite des einen Parallelogramms wird Diagonale des andern. Fig. 33.

2. Eine Seite des einen Parallelogramms fällt ganz in das andere, ohne Diagonale zu sein. Fig. 34.

3. Eine Seite des einen Parallelogramms fällt zum Theil außerhalb des andern. Fig. 35.

Beweis zu 1. Fig. 33.

$$\left.\begin{array}{r} \triangle acd \cong abd \\ \triangle abd \cong bdk \end{array}\right\} \text{§. 73.}$$

$$\text{also } acd + abd = abd + bdk \text{ oder}$$

$$\# abcd = \# fghk.$$

Beweis zu 2. Fig. 34.

$$ac = bd \text{ §. 72.}$$

$$ac \ddagger bd \text{ Vorauss.}$$

$$\text{also } \angle ach = bdk \text{ §. 59.}$$

$$fh \ddagger gk$$

$$\text{also } \angle fhc = gkd \text{ §. 59.}$$

$$\text{folglich } \triangle ach \cong gdk \text{ §. 31. 2.}$$

$$abdh = abdh$$

$$\text{also } ach + abdh = gdk + abdh \text{ oder}$$

$$\# abcd = \# fghk.$$

Beweis zu 3. Fig. 35.

$$\triangle ach \cong gdk; \text{ wie in 2. zu erweisen.}$$

$$dnh = dnh$$

$$\text{also } ach - dnh = gdk - dnh \text{ oder}$$

$$acdn = gnhk$$

$$\text{ferner } \triangle abn = \triangle abn; \text{ folglich}$$

$$acdn + abn = gnhk + abn \text{ oder}$$

$$\# abcd = \# fghk.$$

§. 85. Lehrsatz. Ein Parallelogramm ist doppelt so groß als ein Dreieck, wenn beide eine gleiche Seite, und diese gleichen Seiten, als Grundlinien betrachtet, auch gleiche Höhen haben, oder

Behaupt. $\# abcd = 2. \triangle fgh$ Fig. 36.

Vorauss. $\left\{\begin{array}{l} ab = fg \end{array}\right.$
die Entfernung zwischen ab und cd ist eben so groß als die Normale von h auf die Richtung von fg.

Beweis. Man denke sich aus g eine Parallele mit fh und aus h eine mit fg, und bezeichne beider Durchschnittspunkt, etwa mit k, so ist fghk ein # und nach § 84:

#abcd = #fghk.

Es ist aber $\triangle$fgh $\cong$ $\triangle$ghk §. 73.

und fgh = fgh, also

fgh + fgh = ghk + fgh oder

2 . $\triangle$fgh = #fghk

daher #abcd = 2 . $\triangle$fgh

und also auch $\triangle$fgh = $\frac{\#abcd}{2}$.

§. 86. Lehrsatz. Dreiecke von gleichen Grundlinien und gleichen Höhen sind sich gleich.

Beweis. Denkt man sich beide Dreiecke zu Parallelogrammen ergänzt (wie §. 85.), welche die gleichen Grundlinien der Dreiecke zu Seiten haben, so sind diese nach §. 84. einander gleich, also auch ihre Hälften, nämlich die beiden Dreiecke (§. 85).

Anmerkung.* Die Beweise dieser Sätze von Gleichheit der Figuren sind mit denen von Gerwien und von Holleben zu vergleichen. Siehe Crelle's Journal X. Bd. 3. Heft vom Jahr 1833.

§. 87. Lehrsatz. Ein Parallelogramm ist gleich einem Dreieck, wenn das letztere mit dem # gleiche Grundlinie aber die doppelte Höhe, oder gleiche Höhe aber die doppelte Grundlinie hat; oder:

Behauptung für den 1sten Fall.

$\triangle$fgh = #abcd Fig. 36.

Voraussf. { fg = ab; und die Normale von h auf fg ist doppelt so groß, wie die Entfernung zwischen ab und cd.

Beweis. Man passe fg auf ab, so daß f auf a und g auf b, das $\triangle$fgh aber auf dieselbe Seite von ab fällt, auf welcher das #abcd liegt. Fig. 37. stelle diese zu denkende Lage dar: nun denke man sich ad über d hinaus verlängert, und aus h eine Parallele mit gf, bis sie diese Verlängerung in k schneidet, gezogen, so wird $\triangle$fgk = $\triangle$fgh (§. 86.), und es ist also blos zu beweisen, daß #abcd = $\triangle$fgk ist. Fällt man zu dem Ende eine Normale aus k auf fg, (Km) welche dc in n schneiden mag, und nach §. 59. nothwendig auch auf dc normal sein muß, so ist nm die Höhe des #abcd und km die des Dreiecks fgk, wenn ab oder fg als Grundlinie betrachtet wird, und also nach der Voraussetzung: km = 2.nm

hiervon nm = nm subtrahirt,

so bleibt kn = nm.

Es ist aber, wenn dr normal auf ab gedacht wird,

$dr = nm$ (§. 73.)

folglich auch $kn = dr$.

Da nun $\angle knd = \angle drf = R$

und $\angle kdn = \angle dar$ (§. 59.)

so hat man $\triangle kdn \cong \triangle dar$

also auch $kd = da$.

Weil nun $ad = bc$

so ist auch $kd = bc$

und nun folgt sogleich nach dem dritten Satz der Congruenz der Dreiecke, daß

$\triangle kdp \cong \triangle bcp$ ist.

Addirt man hierzu:

$adpg = adpg$, so

entsteht: $\angle fgk = \# abcd$.

Behauptung für den 2ten Fall.

$\triangle fgh = \# abcd$

Voraussſ. { $fg = 2 . ab$. Die Normale von h auf fg ist = der Entfernung zwischen ab und cd.

Beweis. Man denke sich ab der Richtung nach auf fg gelegt, so daß a auf f fällt, so muß nach §. 67. Anmerkung, h in die Richtung von dc treffen, wenn das # auf dieselbe Seite von fg gelegt gedacht wird, auf welcher sich das $\triangle fgh$ befindet. Es stelle Fig. 38. diese Lage vor; denkt man sich nun d mit g durch eine gerade Linie verbunden, so ist $\triangle adg = fgh$ (§. 86.), und es bleibt nur zu beweisen, daß $\triangle fgd = \# abcd$ ist. Betrachtet man nun bei beiden ad als Grundlinie, so muß gezeigt werden, daß die Normale gk von g auf ad doppelt so groß ist, als die rk oder bn zwischen ad und bc, denn dann erhellet die Wahrheit des Lehrsatzes aus dem ersten Fall. Es ist aber

$fg = 2 . ab$ (Voraussſ.)

und $ab = ab$

also $bg = ab$

und hieraus, so wie aus der Geichheit der Winkel bei b und g mit denen bei a und b in den Dreiecken brg und anb ergiebt sich ihre Congruenz, also auch:

$rg = nb$.

Es ist aber $kr = nb$, also auch die Summe

$gk = 2 . bn$, wie zu zeigen war.

§. 88. Lehrsatz. Wenn man sich durch die 4 Ecken eines Vierecks Parallelen mit den Diagonalen desselben denkt, so bilden dieselben ein Parallelogramm, welches doppelt so groß wie das Viereck ist.

Beweis. Aus §. 66 und 70. folgt sogleich, daß ein # entsteht, und aus §. 85., zweimal in Anwendung gebracht, erhellet, daß dasselbe doppelt so groß als das Viereck selbst ist.

§. 89. Lehrsatz. Wenn man auf den beiden Schenkeln eines Winkels, vom Scheitelpunkt aus, beliebige Längen abträgt, so sind die beiden Rechtecke, von welchen jedes, eine dieser Längen, und die Projektion der andern auf dieselbe zu Seiten haben, einander gleich.

Beweis. Sind ab, ac die auf den Schenkeln eines Winkels bac (Fig. 39.) beliebig groß abgeschnittenen Stücke, cd normal auf ab, also ad die Projection von ac auf ab; ferner bg normal auf ac, also ag die Projection von ab auf ac; dann ∠bae = R, ae = ab und ef ‡ ad, df ‡ ae, also cdf eine gerade Linie; ebenfalls cak = R; ak = ac und kh ‡ ac, gh ‡ ak, also bgh eine gerade Linie, so ist die

Behaupt. #adfe = #gakh. Man ziehe die Hülfslinien ce und bk, so ist

∠cab = cab
∠bae = cak = R
also ∠cae = bak
ferner: ae = ab
und ca = ak, folglich
△cae ≌ bak; also auch
2.cae = 2.bak
Aber #adfe = 2.cae (§. 85.)
und #gakh = 2.bak, folglich auch
#adfe = #gakh.

Anmerk. Ist ∠bac stumpf, so bleibt der Beweis ganz derselbe.

§. 90. Lehrsatz. Bei jedem rechtwinklichen Dreieck ist das Quadrat über der Hypotenuse gleich der Summe der Quadrate über beiden Catheten.

Beweis. Ist abc Fig. 40. ein bei a rechtwinkliches Dreieck, und sind bdfc, acgh, abnk die Quadrate über seinen drei Seiten, so wird, wenn man aus a mit bd und cf die Parallele am bis p zieht,

#mpfc = acgh }
und #mpdb = abnk } §. 89.

also auch, wenn man addirt:

bcfd = acgh + abnk.

Anmerk. Dieser Satz heißt nach seinem Erfinder Pythagoras der pythagoräische Lehrsatz.

Ist das Dreieck zugleich gleichschenklich und bezeichnet man das Quadrat der Hypotenuse durch Q, das jeder der Catheten durch q, so hat man Q = 2q.

§. 91. Lehrsatz. In jedem Dreieck ist das Quadrat über einer der 3 Seiten, welche einem spitzen Winkel gegenüber liegt, gleich der Summe der beiden Quadrate über den beiden andern Seiten des Dreiecks, weniger denen beiden gleichen Rechtecken, von welchen jedes eine der beiden andern Seiten und die Projection der andern auf ihr zu Seiten hat.

Beweis. Ist abc (Fig. 41.) ein bei a spitzwinklichtes Dreieck und sind bcde, acfg, abkh die Quadrate über den drei Seiten bc, ac, ab, ferner an, br, cp die drei Höhen des Dreiecks verlängert, bis sie die gegenüberliegenden Seiten der Quadrate de, fg, hk in m, t, q schneiden, so ist

bnmd = bkqp §. 89.
und cnme = cftr §. 89.
oder bnmd = bkha — apqh
und cnme = acfg — artg,

also auch, wenn man addirt

bcde = acfg + bkha — apqh — artg
oder bcde = acfg + bkha — (apqh + artg)
oder bcde = acfg + bkha — 2.apqh
oder auch bcde = acfg + bkha — 2.artg (§. 89.)

§. 92. Lehrsatz. In jedem stumpfwinkligen Dreieck ist das Quadrat der Seite, welche dem stumpfen Winkel gegenüber liegt, gleich der Summe der Quadrate der beiden andern Seiten und den beiden gleichen Rechtecken, von welchen jedes eine dieser Seiten und die Projection der andern auf ihr zu Seiten hat.

Beweis. Er ist ganz eben so, wie der im vorigen §., nur fallen die Projectionen auf die entgegengesetzten Verlängerungen der den stumpfen Winkel einschließenden Seiten (§. 44. 7.), und die im Lehrsatz erwähnten Rechtecke kommen im Beweise nicht als Subtrahenden, sondern als Summanden vor.

Anmerk.* Die Lehrsätze §. 90. 91 und 92 sind auch in folgenden einzigen Lehrsatz zusammenzufassen: In jedem Dreieck ist das Quadrat jeder Seite gleich der Summe der beiden Rechtecke, von welchen jedes eine der beiden andern Seiten und die Projection der ersteren auf sie zu Seiten hat.

§. 93. Lehrsatz. Ist bei einem Dreieck das Quadrat über einer der Seiten gleich der Summe der Quadrate der beiden andern, so ist der von ihnen eingeschlossene Winkel ein rechter, ist es größer, so ist er stumpf; ist es aber kleiner, so ist er spitz.

Beweis für den ersten Fall. Ist bei dem Dreieck abc (Fig. 42.) das Quadrat über bc so groß wie die Summe der beiden über ac und ba, und man denkt sich $\angle baf = R$ und af = ac, so ist das Quadrat über bf gleich der Summe der beiden über af und ab (§. 90.), folglich, der Voraussetzung gemäß, das Quadrat über bc so groß wie das über bf, daher auch beide congruent, folglich

$$bf = bc.$$

$$\text{Hierzu } af = ac$$

$$\text{und } ab = ab, \text{ so folgt}$$

$$\triangle abf \cong \triangle abc$$

$$\text{daher } \angle bac = baf.$$

$$\text{Es ist aber } baf = R; \text{ daher auch}$$

$$\angle bac = R.$$

Bweis für den 2ten Fall. Wollte man hier annehmen, der Winkel wäre ein rechter, oder auch ein spitzer, so würde man nach §. 90. und 91. auf Widersprüche gegen die Voraussetzung stoßen; es muß derselbe also nothwendig ein stumpfer sein.

Beweis für den 3ten Fall. Er ist, so wie der im 2ten Fall, leicht indirect zu führen.

Fünftes Kapitel.

Von der Inhaltsbestimmung der Parallelogramme und Dreiecke.

§. 94. Lehrsatz. Der Quotient zweier rechtwinkligen Parallelogramme, welche eine gleiche Seite haben, ist gleich dem der zugehörigen ungleichen Seiten, oder:

$$\text{Rechtecke von gleichen} \left\{\begin{matrix}\text{Grundlinien}\\ \text{Höhen}\end{matrix}\right\}$$

$$\text{verhalten sich wie ihre} \left\{\begin{matrix}\text{Höhen}\\ \text{Grundlinien}\end{matrix}\right\}$$

Beweis. 1stens für den Fall, wenn die ungleichen Seiten commensurabel sind, d. h, eine gemeinschafttiche Einheit = e haben.

Sind abcd und fghk (Fig. 43.) Rechtecke, für welche ad = fk ist, und besteht ab aus n, und fg aus m solchen Einheiten e, unter n und m ganze Zahlen verstanden, so wird, wenn man sich die Abtheilung der n gleichen Theile auf ab und der m gleichen Theile auf fg wirklich vorgenommen vorstellt, und aus allen Theilpunkten Parallelen mit ad und fk gezogen denkt, das Parallelogramm abcd in n und das fghk in m untereinander durchaus gleiche Parallelogramme getheilt erscheinen (§. 84). Bezeichnet man nun den ebenen Raum eines jeden dieser gleichen Parallelogramme, etwa durch p, so hat man

$$abcd = n.p$$
$$fghk = m.p$$
folglich $abcd : fghk = n : m$

Nun ist aber der Bedeutung der Buchstaben gemäß

$$ab = n.e$$
$fg = m.e$, also auch

$ab : fg = n : m$, und aus beiden Proportionen ergiebt sich:

$$abcd : fghk = ab : fg,$$

wie bewiesen werden sollte.

2tens für den Fall, wenn die ungleichen Seiten incommensurabel sind.

Man denke sich das kleinere Rechteck auf das größere gepaßt, so wie es die Figur 44 darstellt, so sind nur 3 Fälle möglich, entweder $\frac{abcd}{fghk} > \frac{ab}{fg}$ oder $\frac{abcd}{fghk} < \frac{ab}{fg}$; oder $\frac{abcd}{fghk} = \frac{ab}{fg}$, und kann man zeigen, daß die Annahmen: der erste oder der 2te finde statt, auf Widersprüche führen, so muß der 3te eintreten.

Wollte man annehmen, daß $\frac{abcd}{fghk} > \frac{ab}{fg}$ wäre, so müßte der kleinere Bruch $\frac{ab}{fg}$ durch Vergrößerung seines Zählers ab um irgend eine Länge br, dem größeren $\frac{abcd}{fghk}$ gleich gemacht werden können, und man hätte, ar für $ab + br$ geschrieben, $\frac{abcd}{fghk} = \frac{ar}{fg}$.

Denkt man sich nun fg in so viele gleiche Theile getheilt, als erforderlich sind, damit wenigstens ein Theilungspunkt zwischen b und r, etwa in v falle, und stellt sich vw pararallel mit bc gezogen vor, so hat man, da fv und fg commensurabel sind,

$$\frac{avwd}{fghk} = \frac{av}{fg}; \text{ folglich auch}$$
$$\frac{abcd}{fghk} : \frac{avwd}{fghk} = \frac{ar}{fg} : \frac{av}{fg}; \text{ oder}$$
$$\frac{abcd}{avwd} = \frac{ar}{av}.$$

Diese Folgerung drückt aber einen offenbaren Widerspruch aus, indem der erste Bruch ächt, also kleiner wie Eins, der zweite aber unächt, also größer wie Eins ist, und es kann also $\frac{abcd}{fghk}$

nicht größer wie $\frac{ab}{fg}$ sein. Vollkommen auf dieselbe Weise überzeugt man sich, daß $\frac{abcd}{fghk}$ nicht kleiner wie $\frac{ab}{fg}$ sein kann, und hat also die nothwendige Folgerung $\frac{abcd}{fghk} = \frac{ab}{fg}$.

§. 95. Lehrsatz. Parallelogramme von gleichen $\left\{\begin{matrix}\text{Grundlinien}\\ \text{Höhen}\end{matrix}\right\}$ verhalten sich wie ihre $\left\{\begin{matrix}\text{Höhen}\\ \text{Grundlinien}\end{matrix}\right\}$.

Beweis. 1stens für gleiche Grundlinen. Ist bei den beiden #abcd und fghk (Fig. 45.) ab = fg, und man betrachtet diese Linien als die Grundlinien, verlängert dc und hk und denkt sich auf diese Richtungen aus a, b, f und g die Normalen at, br, fw und gv gefällt, so sind die ersten beiden, jede die Höhe des #abcd; jede der letzten beiden aber die Höhe vom #fghk, und man soll beweisen, daß $\frac{abcd}{fghk} = \frac{at}{fw}$ ist.

$$\left.\begin{array}{ll}\text{Nun ist aber} & abcd = abrt \\ \text{und} & fghk = fgvw\end{array}\right\} \text{§. 84.}$$

$$\text{also auch} \quad \frac{abcd}{fghk} = \frac{abrt}{fgvw}.$$

Ferner ist, nach §. 94, weil ab = fg;

$$\frac{abrt}{fgvw} = \frac{at}{fw}, \text{ folglich auch}$$

$$\frac{abcd}{fghk} = \frac{at}{fw}.$$

2tens für gleiche Höhen. Für diesen Fall ist der Beweis ganz so wie der vorige, durch rechtwinklichte Parallelogramme zu führen.

§. 96. Lersätze. 1) Dreiecke von gleichen Grundlinien verhalten sich wie ihre zugehörigen Höhen.

2) Dreiecke von gleichen Höhen verhalten sich wie ihre zugehörigen Grundlinien.

3) Zwei Parallelogramme, welche einen gleichen Winkel haben, verhalten sich wie die Produkte der diese gleichen Winkel einschließenden Seiten.

4) Zwei Parallelogramme, in welchen ein Winkel des einen Supplements-Winkel von einem des andern ist, verhalten sich wie die Produkte der diese Winkel einschließenden Seiten.

5) Zwei Dreiecke, welche einen gleichen Winkel haben, verhalten sich wie die Produkte der diese gleichen Winkel einschließenden Seiten.

6) Zwei Dreiecke, in welchen ein Winkel des einen Supplements-Winkel von einem des andern ist, verhalten sich wie die Produkte der diese Winkel einschließenden Seiten.

7) Parallelogramme verhalten sich wie die Produkte aus Grundlinie in Höhe.

8) Dreiecke verhalten sich wie die Produkte aus Grundlinie in Höhe.

Anmerkung. In den Sätzen 3 bis 8 ist der Ausdruck: Produkt zweier Linien: welcher nach §. 11. ohne Sinn ist, nur eine eingeführte Redensart, und soll heißen: das Produkt der beiden abstrakten Zahlen, welche ausdrücken, wie oft die willkührlich gewählte Längen-Einheit genommen werden muß, um die Längen dieser Linien zu erhalten. In diesem Sinne ergeben sich auch diese Produkte in den folgenden Beweisen.

Beweis. Bezeichnen D, d die Größen der ebenen Räume beider zu vergleichenden Dreiecke; H, h die Größen ihrer Höhen in Beziehung auf die gleichen, als Grundlinien betrachteten Seiten, und man denkt sich die beiden Parallelogramme, welche eben diese gleiche Seite, zu ihnen als Grundlinien aber die Höhen der Dreiecke H, h haben, und versteht unter P, p die Größen ihrer ebenen Räume, so hat man nach §. 85.

$$P = 2D$$

und $P = 2d$; also

$$\frac{P}{p} = \frac{D}{d}$$

aber $\frac{P}{p} = \frac{H}{h}$ (§. 95.); daher auch

$$\frac{D}{d} = \frac{H}{h}.$$

Beweis zu 2. Er ist ganz so, wie der 1, zu führen.

Beweis zu 3. Wenn abcd und afgh (Fig. 46.) diese Parallelogramme, mit ihren gleichen Winkeln bei a aufeinander gelegt, darstellen, und man ergänzt durch Verlängerung von dc und fg das Parallelogramm afpd, so hat man:

$$\frac{abcd}{afpd} = \frac{ab}{af} \text{ (§. 95.) und}$$

$$\frac{afpd}{afgh} = \frac{ad}{ah} \text{ (§. 95.)}$$

also auch:

$$\frac{abcd}{afpd} \cdot \frac{afpd}{afgh} = \frac{ab}{af} \cdot \frac{ad}{ah}; \text{ oder}$$

$$\frac{abcd}{afgh} = \frac{ab \cdot ad}{af \cdot ah}.$$

Beweis zu 4. Denkt man sich beide Parallelogramme mit ihren sich zu 2R ergänzenden Winkeln abc, fbh (Fig. 47.) aneinander gelegt, und ad, so wie auch gh, bis zum Durchschnittspunkt verlängert, so ergiebt sich die Wahrheit eben so, wie in 3.

Beweis zu 5. Ist ganz wie der in 3, mit Hülfe von §. 85, zu führen.

Beweis zu 6. Ist wie in 4.

Beweis zu 7. Bezeichnen P, p die ebenen Räume beider #; G, g ihre Grundlinien, H, h ihre zugehörigen Höhen, und man denkt sich ein drittes # von der Grundlinie G und Höhe h und setzt dessen Inhalt $= \pi$; so ist

$$\left.\begin{array}{l} \frac{P}{\pi} = \frac{H}{h} \\ \text{und} \quad \frac{\pi}{p} = \frac{G}{g} \end{array}\right\} \text{§. 95.}$$

also auch:

$$\frac{P}{\pi} \cdot \frac{\pi}{p} = \frac{H}{h} \cdot \frac{G}{g}; \text{ oder}$$

$$\frac{P}{p} = \frac{G \cdot H}{g \cdot h}.$$

Beweis zu 8. Er ist ganz aus 7., so wie der in 1. aus §. 95. zu entnehmen.

§. 97. Erklärung. Unter Inhalt oder Größe des ebenen Raumes irgend einer Figur A soll in der Folge die abstrakte Zahl verstanden werden, welche angiebt, wie oft die als Einheit gewählte ebene Figur E in A enthalten ist. Als Einheit E gelte aber durchaus der ebene Raum des Quadrats, dessen Seite der willkührlich anzunehmenden aber festzusetzenden Längen-Einheit gleich ist.

§. 98. Lehrsatz. Bei jedem Parallelogramm bestimmt das Produkt aus der Anzahl Längen-Einheiten der Grundlinie in die Anzahl Längen-Einheiten der Höhe, die Anzahl der, diese Längen-Einheit zur Seite habenden, Quadrate, welche das Parallelogramm in sich aufnehmen kann.

Beweis. Ist ab die Längen-Einheit, also der ebene Raum des Quadrats abcd Fig. 48. die Einheit E für die Bestimmung des Inhalts anderer ebenen Räume: bezeichnet ferner α die abstrakte Zahl, welche angiebt, wie oft ab in der Grundlinie fg des Parallelogramms fgkr, und h die abstrakte Zahl, welche angiebt, wie oft ab in der zugehörigen Höhe (pq) desselben, ferner n die abstrakte Zahl, welche angiebt, wie oft abcd oder E in dem ebenen Raum des # fgkr enthalten ist, so hat man nach §. 96. 7:

$$\frac{fgkr}{abcd} = \frac{fg \,.\, pq}{ab \,.\, bc}; \text{ oder}$$

$$n = \frac{fg}{ab} \,.\, \frac{pq}{bc}; \text{ oder}$$

$$n = \frac{fg}{ab} \,.\, \frac{pq}{ab}; \text{ oder}$$

$$n = \alpha \,.\, h.$$

§. 99. Zusatz. Aus dem im vorigen §. bewiesenen Satz: $\frac{fgkr}{E} = \alpha \,.\, h$, folgt, daß $fgkr = \alpha \,.\, h \,.\, E$ ist; d. h. das Produkt $\alpha \,.\, h$, als abstrakte Zahl, giebt an, wieviel mal der Raum E = abcd genommen werden muß, um fgrk auszufüllen, oder gleich zu sein. Gewöhnlich schreibt man blos:

$$fgkr = fg \,.\, pq$$

und drückt dieses Gesetz wörtlich (aber in einem leicht mißzudeutenden Sinn, wie in der Anmerkung §. 96. schon erwähnt ist) so aus: Der Inhalt eines Parallelogramms ist gleich dem Produkt aus seiner Grundlinie in seine Höhe.

Wenn in der Folge dieser Wort-Ausdruck gebraucht wird, so ist immer der Sinn nach der Anmerkung §. 96. zu verstehen.

§. 100. Lehrsatz. Der Inhalt jedes Dreiecks ist gleich dem halben Produkt aus seiner Grundlinie in seine Höhe.

Beweis. Die Wahrheit der Behauptung ergiebt sich unmittelbar aus §. 85. und §. 99.

§. 101. Zusatz. Bezeichnen a, b die Längen der parallelen Seiten eines Trapezes und h die Höhe desselben in derselben Längen-Einheit ausgedrückt, so wird, wenn man sich eine der Diagonalen dieses Trapezes denkt, dadurch dasselbe in zwei Dreiecke getheilt, von welchen das eine den Inhalt $\frac{ah}{2}$, das andere den $\frac{bh}{2}$ haben wird, so daß also der Inhalt dieses Trapezes

$= \frac{a+b}{2} . h$ ist, d. h. der Inhalt jedes Trapezes wird gefunden, wenn man das arithmetische Mittel der parallelen Seiten mit der Höhe desselben multiplicirt.

§. 102. Nach den Sätzen §. 99. und 100. lassen sich nun in dem §. 99. angegebenen Sinn manche der bisherigen Sätze recht bequem durch Buchstaben darstellen, z. B.

1stens bezeichnen a, b, c die Seiten eines rechtwinklichten Dreiecks, und zwar a die Hypotenuse, so ist nach §. 90.

$$a^2 = b^2 + c^2.$$

2tens. Bezeichnet a die Seite eines Dreiecks, welche einem spitzen Winkel gegenüber liegt, b und c die beiden andern Seiten; d aber die Projektion von b auf c, f die von c auf b, so ist nach §. 91.

$$a^2 = b^2 + c^2 - 2.c.d. \quad \text{Eben so:}$$
$$a^2 = b^2 + c^2 - 2.b.f.$$

3tens. Liegt aber a einem stumpfen Winkel gegenüber, und behalten die übrigen Zeichen ihre Bedeutung, so ist nach §. 92. $a^2 = b^2 + c^2 + 2cd$. Eben so

$$a^2 = b^2 + c^2 + 2bf.$$

§. 103. Auch manche, in der Arithmetik als allgemein gültig anerkannte Sätze führen, wenn man unter den Buchstaben die Längen von Linien versteht, zu neuen geometrischen Wahrheiten. Bezeichnen z. B. a und b Linien, so sind folgende bekannten Wahrheiten sehr leicht im geometrischen Sinn auszudrücken:

1. $(a+b)^2 = a^2 + b^2 + 2ab.$
2. $(a-b)^2 = a^2 + b^2 - 2ab.$
3. $a^2 - b^2 = (a+b).(a-b).$
4. $\left(\frac{a+b}{2}\right)^2 - \left(\frac{a-b}{2}\right)^2 = ab$

u. s. w.

Anmerk. Mit Hülfe des 2ten Satzes $(a-b)^2 = a^2 + b^2 - 2ab$, beweist man den Satz §. 90. sehr leicht, wenn man über jeder der 4 Seiten eines Quadrates innerhalb desselben congruente rechtwinklichte Dreiecke sich verzeichnet denkt.

§. 104. Mancherlei interessante Wahrheiten lassen sich aus den bisherigen Sätzen ableiten. Die wichtigsten folgen zum Schluß dieses Kapitels in den folgenden Paragraphen.

§. 105. Lehrsatz. Bei jedem Parallelogramm ist die Summe der Quadrate beider Diagonalen gleich der Summe der Quadrate der vier Seiten, oder: wenn p, q die Diagonalen, a, b die Seiten bezeichnen, so ist die

Behauptung. $p^2 + q^2 = 2a^2 + 2b^2$.

Beweis. Bezeichnet d die Projection von b auf a, so ist nach §. 91. und 92.

$$p^2 = a^2 + b^2 \mp 2ad \text{ und}$$
$$q^2 = a^2 + b^2 \pm 2ad; \text{ also}$$
$$p^2 + q^2 = 2a^2 + 2b^2.$$

§. 106. Lehrsatz. Bezeichnen a, b zwei Seiten eines Dreiecks, d die gerade Verbindungslinie der Ecke, welche a und b bilden, mit der Mitte der gegenüberliegenden Seite, und $2 . c$ diese Seite selbst, so ist immer

$$a^2 + b^2 = 2c^2 + 2d^2.$$

Beweis. Bezeichnet n die Projection von d auf c, so ist nach §. 91. und 92.

$$a^2 = c^2 + d^2 \mp 2cn \text{ und}$$
$$b^2 = c^2 + d^2 \pm 2cn; \text{ also}$$
$$a^2 + b^2 = 2c^2 + 2d^2.$$

§. 107. Lehrsatz. Die Summe der Quadrate aller vier Seiten jedes Vierecks ist gleich der Summe der Quadrate beider Diagonalen desselben und dem der doppelten Verbindungslinie ihrer beiden Mittelpunkte.

Beweis. Bei der in Fig. 49. angedeuteten Bezeichnung hat man, wenn man noch $DE = z$ und $BE = y$ setzt, nach §. 106, im Dreieck ADC:

$$c^2 + d^2 = 2z^2 + 2 . \left(\frac{p}{2}\right)^2$$

und im Dreieck ABC:

$$a^2 + b^2 = 2y^2 + 2 . \left(\frac{p}{2}\right)^2; \text{ also}$$

$$a^2 + b^2 + c^2 + d^2 = 2z^2 + 2y^2 + p^2.$$

Ferner im Dreieck BED:

$$z^2 + y^2 = 2n^2 + 2 . \left(\frac{q}{2}\right)^2; \text{ also}$$

auch $2z^2 + 2y^2 = 4n^2 + q^2$; oder

$$2z^2 + 2y^2 = (2n)^2 + q^2; \text{ daher}$$
$$a^2 + b^2 + c^2 + d^2 = p^2 + q^2 + (2n)^2;$$

wie zu beweisen war.

§. 107.* Zusatz. Es kann hier auch noch folgender Satz angeführt werden. In jedem Viereck (auch wenn die vier Endpunkte nicht in einer Ebene liegen) ist die Summe der Quadrate beider Diagonalen gleich der doppelten Summe der Quadrate der beiden Linien, welche die Mittelpunkte der gegenüberliegenden Seiten verbinden.

Ist nemlich ABCD das Viereck, und bezeichnen E, F, G, H die Mittelpunkte der 4 Seiten AB, BC, CD und DA, so hat man $AC^2 + AB^2 = 2.AF^2 + \frac{BC^2}{2}$;

$$BD^2 + CD^2 = 2.DF^2 + \frac{BC^2}{2};$$

$$2.AF^2 + 2.FD^2 = 4FH^2 + AD^2;$$

$$AD^2 + AC^2 = 2.AG^2 + \frac{CD^2}{2};$$

$$BD^2 + BC^2 = 2BG^2 + \frac{CD^2}{2};$$

$2.AG^2 + 2.BG^2 = 4.EG^2 + AB^2$; und aus der Summe dieser 6 Gleichungen erhellet die Wahrheit. Sie geht auch, weil EFGH ein Parallelogramm ist, aus §. 105 hervor, indem

$HE = FG = \frac{1}{2}BD$ und
$EF = GH = \frac{1}{2}AC$ ist.

Sechstes Kapitel.

Von der Proportionalität der Linien.

§. 108. Lehrsatz. Denkt man sich mit einer Seite eines Dreiecks innerhalb eine Parallele, und diese verlängert, bis sie die Richtungen der beiden andern Seiten schneidet, so verhalten sich die eine Seite und ihre Theile wie die andere und ihre gleichliegenden Theile, oder

Behauptungen:
1) $ab : ad = ac : af$ (Fig. 50.)
2) $ab : db = ac : fc$, also
auch: 3) $ad : db = af : fc$, oder
in einer Darstellung:
$ab : ad : db = ac : af : fc$.

Voraussetzungen. $df \ddagger bc$.

Beweis. Denkt man sich in dem Trapez fdbc die beiden Diagonalen dc und fb, so hat man
$\triangle fdb = \triangle fdc$ (§. 86.)
Addirt man hierzu
$\triangle adf = \triangle adf$, so
entsteht: $\triangle abf = \triangle adc$, und also
ist auch $\frac{abf}{adf} = \frac{adc}{adf}$.

Es ist aber nach §. 96. 2.:

$$\frac{abf}{adf} = \frac{ab}{ad} \text{ und}$$

$$\frac{adc}{adf} = \frac{ac}{af}, \text{ folglich}$$

auch 1) $ab:ad = ac:af.$

Aus $abf = adc$ und

$dbf = fdc$ folgt

$$\frac{abf}{dbf} = \frac{adc}{fdc}. \text{ Es ist aber}$$

$$\frac{abf}{dbf} = \frac{ab}{db} \text{ und}$$

$$\frac{adc}{fdc} = \frac{ac}{fc}; \text{ daher auch:}$$

2) $ab:db = ac:fc.$

Ferner: Aus $adf = adf$

und $dbf = fdc$ folgt

$$\frac{adf}{dbf} = \frac{adf}{fdc}. \text{ Es ist aber}$$

$$\frac{adf}{dbf} = \frac{ad}{db} \text{ und}$$

$$\frac{adf}{fdc} = \frac{af}{fc}, \text{ also}$$

3) $ad:db = af:fc.$

§. 109.

Anmerkung. Aus den bekannten Sätzen der Lehre von den Proportionen:

$$a + b : b = c + d : d \text{ und}$$
$$a - b : b = c - d : d, \text{ wenn}$$
$$a : b = c : d \text{ ist,}$$

folgen, wenn eine der 3 Proportionen in §. 108. erst erwiesen ist, die beiden andern augenblicklich.

§. 110. Lehrsatz. Wenn eine der drei Proportionen in §. 108. statt findet, so müssen auch die Linien df und bc parallel sein.

Beweis. Von diesen drei Behauptungen finde hier nur der Beweis eines Falles Platz, da die beiden andern daraus leicht zu entnehmen sind. Es sei also:

Behauptung. $fd \ddagger bc.$

Voraussetzung. $ab:ad = ac:af.$

Beweis. Wollte man annehmen: fd wäre nicht parallel mit bc, so müßte eine aus f mit cb parallel gedachte Linie ab links oder rechts d in irgend einem Punkt r schneiden, und es wäre

ar $\gtrless$ ad und nach §. 108.

ab : ar = ac : af.

Hiermit die Voraussetzung:

ab : ad = ac : af verbunden, giebt die Folgerung ar = ad, welche dem Grundsatz: der Theil ist kleiner wie das Ganze, widerspricht.

Es kann also die Parallele aus f mit cb die Linie ab nicht rechts und nicht links d treffen, muß also in d fallen, wenn

ab : ad = ac : af ist.

§. 111. Lehrsatz. Wenn man in einem Dreieck mit einer seiner Seiten eine Parallele zieht, und sie bis zu den beiden andern Seiten verlängert, so verhalten sich die parallelen Linien wie ihre Abstände von der gegenüberliegenden Ecke, auf einer der übrigen beiden Seiten gemessen gedacht, oder

Behauptung. bc : df = ab : ad.

Voraussetzung. df ‡ bc.

Beweis. Man denke sich dg ‡ ac, so ist nach §. 108.

bc : cg = ab : ad.

Weil aber df ‡ bc und dg ‡ ac, so ist (§. 73.)

cg = df; also

bc : df = ab : ad.

§. 112. Zusatz. Der umgekehrte Satz ist nicht nothwendig wahr, denn denkt man sich df = dk, und setzt die Proportion

bc : df = ab : ad voraus, so ist auch die:

bc : dk = ab : ad nothwendig wahr, und es müßte sowohl df als dk mit bc parallel sein, welches unmöglich ist. Nur in dem Fall kann man aus bc : df = ab : ad die Folgerung df ‡ bc ziehen, wenn $\angle$acb = R ist; für diesen besonderen Fall hat man

Behauptung. df ‡ bc.

Voraussf. $\begin{cases} \text{bc : df = ab : ad} \\ \angle\text{acb = R.} \end{cases}$

Beweis. Wollte man annehmen, df wäre nicht parallel mit bc, so müßte eine andere Linie, aus d gezogen, mit bc parallel sein. Es sei dk diese Linie, so ist

bc : dk = ab : ad (§. 111.).

Hiermit ist die erste Voraussetzung verbunden, giebt $dk = df$. Es ist aber dk ‡ bc; also

$\angle dkf = bca$; daher, weil nach der 2ten Voraussetzung

$bca = R$ ist, so müßte auch

$dkf = R$, folglich

$dk < df$ (§. 38.) sein, welche Folgerung der $dk = df$ widerspricht, so daß also df selbst mit bc parallel sein muß.

§. 113. **Lehrsatz.** Wenn von folgenden drei Bestimmungen:

1) Parallelität zweier Linien;
2) Proportionalität der Theile, in welche diese beiden Linien nach einerlei Richtung eingetheilt gedacht werden;
3) Zusammentreffen der geraden Verbindungslinien zusammengehöriger Theilpunkte in einem und demselben Durchschnittspunkt;

zwei gegeben oder festgesetzt sind, so muß die dritte nothwendig auch statt finden.

Es ergeben sich hieraus 3 Lehrsätze.

I. **Behaupt.** $ag : gb = dh : hf$. (Fig. 51.)

Voraussetzung. ad, gh, bf schneiden sich in einem Punkt: df ‡ ab.

Beweis. Wird der Durchschnittspunkt von ad, gh und bf durch k bezeichnet, so hat man

$ag : dh = gk : hk$ (§. 111.)

und auch $gb : hf = gk : hk$;

also $ag : dh = gb : hf$

oder $ag : gb = dh : hf$.

II. **Behauptung.** df ‡ ab.

Voraussetzung. ad, gh, bf schneiden sich in einem Punkt k: $ag : gb = dh : hf$.

Beweis. Wollte man annehmen, df wäre nicht parallel mit ab, so müßte eine andere durch d zu denkende Linie existiren, welche ‡ ab wäre. Man bezeichne den Durchschnittspunkt derselben mit der Richtung gh durch r, den mit der Richtung bf durch t (so daß also r und t beide oberhalb oder beide unterhalb df zu denken sind), so hätte man nach I.

$ag : gb = dr : rt$, und hieraus und aus der zweiten Voraussetzung folgte

$dh : hf = dr : rt$

also auch hr ‡ ft (§. 110.)

oder hg ‡ fb,

welches der Voraussetzung, daß gh und bf in k sich schneiden, entgegen ist. Es muß also bei den statt findenden Voraussetzungen df ‡ ab sein.

III. Behaupt. ad, gh und bf schneiden sich in einem und demselben Punkt.

Vorauss. df ‡ ab,

ag : gb = dh : hf jedoch, ohne daß ag = dh und gb = hf ist, für welchen Fall ad, gh und bf nach §. 76. II. unter einander parallel sein würden.

Beweis. Wollte man annehmen, ad und gh schnitten sich in irgend einem Punkt p; gh und bf aber in einem andern q, so hätte man, der ersten Voraussetzung gemäß,

ag : dh = gp : hp (§. 111.) und
gb : hf = gq : hq.

Es ist aber nach der 2ten Voraussetzung

ag : gb = dh : hf oder
ag : dh = gb : hf, und es müßte also auch
gp : hp = gq : hq, folglich auch
gp — hp : hp = gq — hq : hq; oder
gh : hp = gh : hq, d. h.
hp = hq sein,

welches ein Widerspruch gegen den Grundsatz ist: der Theil ist kleiner wie das Ganze.

Demnach können sich also gh und bf in keinem Punkt schneiden, der oberhalb oder unterhalb des Schneidungspunktes von ad und gh fiele, alle 3 Richtungen müssen folglich bei den statt findenden Voraussetzungen in einen Punkt zusammenlaufen.

§. 114. Lehrsatz. Die Linie, welche einen Winkel eines Dreiecks halbirt, theilt, gehörig verlängert, die gegenüberliegende Seite in zwei Stücke, welche sich so wie die anliegenden beiden andern Seiten verhalten, oder

Behauptung. ad : db = ac : cb (Fig. 52.)

Voraussetzung. ∠acd = dcb.

Beweis. Denkt man sich bc über c hinaus verlängert, und die Verlängerung cf = ca gemacht, dann f mit a durch eine gerade Linie verbunden, so ist

∠caf = cfa
also 2 . caf = caf + cfa; aber
acb = caf + cfa
acb = 2 . caf.

Nach der Voraussetzung ist aber

acd = dcb; also

$$acb = 2.acd;$$ daher
$$2.acd = 2.caf;$$ also auch
$$acd = caf,$$ folglich
$$cd \ddagger af,$$ demnach
$$ad:db = fc:cb$$ (§. 108.)
oder, weil $fc = ac$ ist,
$$ad:db = ac:cb.$$

§. 115. Zusatz. Der umgekehrte Satz: wenn $ad:db = ac:cb$ ist, so muß auch $\angle acd = dcb$ sein, ist entweder auf dieselbe Weise oder auch sehr leicht indirect zu beweisen.

§. 116. Lehrsatz. Drei oder mehrere parallele Linien schneiden von Linien, welche sie durchschneiden, proportionale Stücke ab, oder

Behaupt. $ab:bc = df:fg$ Fig. 53.

Voraussi. $ad \ddagger bf \ddagger cg.$

Beweis. Bezeichnet z den Durchschnittspunkt der Linien ac und dg, so hat man
$$ab:df = bz:fz$$
und $bc:fg = bz:fz,$
also auch $ab:df = bc:fg$ oder
$$ab:bc = df:fg.$$

§. 117. Lehrsatz. Wenn die zwischen zwei parallele Linien fallenden Stücke zweier, diese Parallelen durchschneidenden Linien proportional abgetheilt werden, so wird die gerade Verbindungslinie der Theilungspunkte parallel mit den beiden parallelen Linien, oder:

Behaupt. $bf \ddagger ad$ und cg (Fig. 53.).

Voraussi. $ad \ddagger cg$
$$ab:bc = df:fg.$$

Beweis. Sind ac und dg parallel, so fällt die Wahrheit ins Auge, denn dann wird $ac = dg$ und aus der zweiten Voraussetzung entspringt, daß dann auch $ab = df$, also abfd ein Parallelogramm wird.

Sind aber ac und dg nicht parallel, sondern schneiden sich in irgend einem Punkt z, so hat man
$$ac:dg = cz:gz.$$
Es folgt aber aus der Voraussetzung sogleich
$$ac:bc = dg:fg$$ oder
$$ac:dg = bc:fg,$$
und also hat man $bc:fg = cz:gz;$ oder
$$bc:cz = fg:gz;$$ also nach §. 110.
$$bf \ddagger cg.$$

§. 118. Zusatz. Aus §. 117. folgt sogleich: daß die gerade Verbindungslinie der Mittelpunkte beider nicht parallelen Seiten eines Trapezes die mittlere arithmetische Proportionale zwischen den parallelen Seiten ist, denn: ist adcg (Fig. 53.) ein Trapez, und zwar ad ‡ cg; ferner ab = bc und df = fg, so hat man $\frac{ab}{bc} = \frac{df}{fg} = 1$, also bf ‡ ad und cg, folglich wenn man ck ‡ br ‡ gd sich gezogen denkt, △abr ≌ △bck (§. 31.); und also ar = bk; oder

$$ad - bf = bf - cg,$$

oder auch $bf = \frac{ad + cg}{2}$, wie bewiesen werden sollte.

§. 119. Lehrsatz. Wenn man sich die 4 Seiten eines Vierecks halbirt denkt, und die benachbarten Halbirungspunkte durch 4 gerade Linien verbunden, so bilden diese ein Parallelogramm, welches halb so groß wie das Viereck ist.

Beweis. Sind E, F, G, H die Mittelpunkte der vier Seiten AB, BC, CD, DA des Vierecks ABCD (Fig. 54.), so hat man AE = EB, also $\frac{AE}{EB} = 1$; ferner CF = FB, also $\frac{CF}{FB} = 1$; folglich $\frac{AE}{EB} = \frac{CF}{FB}$, daher EF ‡ AC (§. 110.).

Eben so erhält man HG ‡ AC, und demnach ist auch EF ‡ HG (§. 66.). Auf demselben Weg findet man HE ‡ GF, und also ist HEFG ein Parallelogramm.

Nun ist ferner: △BKF : NKF = BK : NK
= BC : FC
= 2 : 1 und
△KFC : KFM = KC : KM
= BC : BF
= 2 : 1, also
BKF + KFC : NKF + KFM = 2 : 1 oder
BKC : NKMF = 2 : 1, folglich

$$NKMF = \frac{BKC}{2}.$$

Eben so ergeben sich noch drei solche Vergleichungen und aus allen vieren die Wahrheit der zweiten Behauptung.

Siebentes Kapitel.

Von der Aehnlichkeit der Dreiecke.

§. 120. **Erklärung.** Man nennt gradlinigte ebene Figuren **ähnlich**, wenn die auf einander folgenden Seilen der einen dasselbe fortlaufende Verhältniß bilden, wie die auf einander folgenden Seiten der andern, und wenn zugleich alle von proportionalen Seiten gebildete Umfangs-Winkel gegenseitig gleich sind.

Sowohl proportionale Seiten ähnlicher Figuren, als auch von proportionalen Seiten eingeschlossene (also gleiche) Winkel derselben nennt man **homolog** oder **gleichliegend**. Eben so werden die Diagonalen, welche die Ecken homologer Winkel verbinden, auch homolog genannt.

Sind z. B. ABC und abc zwei Dreiecke, und ist in Beziehung auf sie AB : BC : AC = ab : bc : ac und ∠A = ∠a, ∠B = ∠b und ∠C = ∠c, so heißen die Dreiecke ähnlich, und AB, ab; BC, bc; AC, ac heißen homologe Seiten; A, a; B, b; C, c aber homologe Winkel.

§. 121. **Lehrsatz.** Denkt man sich in einem Dreieck mit einer seiner Seiten eine Parallele, und diese verlängert, bis sie die beiden andern Seiten trifft, so schneidet sie ein Dreieck ab, welches mit dem ersteren ähnlich ist; oder:

Behauptung. △adf ∾ △abc. Fig. 50.

Voraussetzung. df ‡ bc.

Beweis. Aus §. 108. folgt sogleich

ad : af = ab : ac,

und aus §. 111.

df : bc = ad : ab oder
ad : df = ab : bc; also
ad : df : af = ab : bc : ac.

Da nun auch

∠fad = ∠cab
∠afd = ∠acb §. 59. und
∠adf = ∠abc §. 59. ist, so sind nach §. 120.

beide Dreiecke adf und abc ähnlich.

§. 122. So wie in §. 24. 28. 31. und 32. sich aus weniger als fünf bestimmenden Stücken die Congruenz der Dreiecke ableiten ließ, so sind auch weniger als fünf Bestimmungen hinreichend, um aus ihnen die Aehnlichkeit der Dreiecke abzuleiten. Der folgende §. enthält die jenen vier Sätzen §. 24. 28. 31.

und 32. correspondirenden vier Sätze von der Aehnlichkeit der Dreiecke.

§. 123. **Lehrsätze.** Dreiecke sind ähnlich:

I. wenn sie zwei Seiten proportional und den eingeschlossenen Winkel gleich haben;

II. wenn sie alle 3 Seiten proportional haben;

III. wenn sie zwei gleiche Winkel haben;

IV. wenn sie zwei Seiten proportional und einen Winkel gleich haben, welche gleichen Winkel einem Paar dieser proportionalen Seiten gegenüber liegen, die den andern beiden proportionalen Seiten gegenüber liegenden Winkel aber nicht Supplements-Winkel sind.

Beweise.

ad I. **Behaupt.** $\triangle abc \sim \triangle dfg$ (Fig. 55.).

Voraussetzung. $ab:ac = df:dg$
$\angle bac = \angle fdg$.

Beweis. Denkt man sich, wenn ab größer wie df gedacht wird, auf ab, von a aus, df abgetragen, etwa $ak = df$ gemacht und dann $kr \ddagger bc$, so hat man nach §. 108.

$$ab:ac = ak:ar.$$

Nach der Voraussetzung ist aber

$ab:ac = df:dg$; also
$ak:ar = df:dg$.
Da nun $ak = df$ ist, so ist
also auch $ar = dg$, und hierzu die 2te Voraussetzung $\angle kar = \angle fdg$, so folgt nach §. 24.
$\triangle kar \cong \triangle fdg$,
also auch $kar \sim fdg$.

Es ist aber nach §. 121.
$\triangle kar \sim bac$,
folglich auch $\triangle abc \sim \triangle dfg$.

ad II. **Behaupt.** $abc \sim dfg$ (Fig. 55.).

Voraussʃ. $ab:bc:ac = df:fg:gd$.

Beweis. Denkt man sich $ak = df$, und $kr \ddagger bc$, so hat man (nach §. 108.)

$$ab:bc:ac = ak:kr:ra.$$

Hieraus und aus der Voraussetzung folgt, weil
$ak = df$ ist, daß auch
$kr = fg$ und

ra = gd, folglich, nach §. 28.,
$\triangle akr \cong dfg$ sein muß. Da nun aber
(nach §. 121.) $\triangle akr \sim \triangle abc$ ist, so ist auch
$\triangle dfg \sim abc$.

ad III. Behaupt. $\triangle abc \sim dfg$ (Fig. 55.).

Voraussetzung. $\angle a = \angle d$
$\angle b = \angle f$.

Beweis. Denkt man sich $ak = df$ und $kr \ddagger bc$, so
ist auch $\angle akr = abc$;
aber $\angle abc = dfg$ (2te Voraussf.)
also $akr = dfg$; hierzu
$\angle a = \angle d$
und $ak = df$, so folgt
nach §. 31.: $\triangle akr \cong \triangle dfg$.
Es ist aber $akr \sim abc$ (§. 121.),
folglich auch $dfg \sim abc$.

ad IV. Behaupt. $abc \sim dfg$ (Fig. 55.).

Voraussf. $\begin{cases} ab:ac = df:dg \\ \angle b = \angle f \\ \angle c+g \gtrless 2R. \end{cases}$

Beweis. Denkt man sich $ak = df$ und $kr \ddagger bc$, so ist
$\angle akr = abc$,
aber $abc = dfg$ (2te Voraussf.)
also auch $akr = dfg$.

Aus $kr \ddagger bc$ folgt ferner:
$ab:ac = ak:ar$,
und hieraus, verbunden mit der 1sten Voraussetzung und damit, daß $ak = df$ ist, folgt $ar = dg$. Man hat also
$ak = df$
$\angle akr = dfg$
und $ar = dg$.
Weil nun $ark = acb$
und $dgf = dgf$, so folgt
$ark + dgf = c + g$.

Es ist aber (nach der 3ten Voraussetzung):
$c + g \gtrless 2R$, folglich auch
$ark + dgf \gtrless 2R$.

Demnach (nach §. 32.) $\triangle ark \cong dgf$.

Nach §. 121. ist ferner, weil kr ‡ bc ist,

$\triangle$ark $\sim$ acb; folglich auch

abc $\sim$ dfg.

§. 124. Zusatz. Der 3te Satz §. 123. schließt folgenden öfters in Anwendung kommenden interessanten Satz in sich:

Wenn die (nöthigenfalls verlängerten) Seiten eines Dreiecks die Richtungen der Seiten eines andern unter gleichen Winkeln schneiden, alle 3 rechts oder alle 3 links liegend gedacht, den Standpunkt im Dreieck angenommen, so sind die beiden Dreiecke ähnlich.

Wenn (Fig. 56. sowohl wie Fig. 57.) in Beziehung auf die Dreiecke ABC und abc die Richtungen von AB und ab in D, die von BC und bc in E, und die von AC und ac in F sich unter den gleichen Winkeln α schneiden, und man verlängert ac bis G in AB, so hat man in den beiden Dreiecken

GAF und GaD:

$\angle G = \angle G$ und

$\angle F = \angle D = \alpha$,

folglich auch A = a.

Denkt man sich auch erforderlichen Falls cb bis H in AB verlängert, so hat man in den Dreiecken

HEB und HDb

$\angle H = H$ und

$\angle E = D$,

folglich auch B = b; und aus A = a und B = b folgt nach III. §. 123. die Aehnlichkeit der Dreiecke ABC und abc.

§. 125. Zusatz. Der 4te Satz §. 123. schließt folgenden in sich: Wenn 2 Dreiecke zwei Seiten proportional und die den größeren von beiden gegenüberliegenden Winkel gleich haben, so sind sie ähnlich.

Da die den kleinern der proportionalen Seiten gegenüberliegenden Winkel spitz sein müssen, so ist ihre Summe kleiner wie 2R, und die Aehnlichkeit folgt aus IV. §. 123. (s. §. 39 und 40.).

§. 126. Die folgenden Paragraphen dieses Kapitels enthalten noch einige hierher gehörige wichtige Gesetze.

§. 127. Lehrsatz. In ähnlichen Dreiecken verhalten sich homologe Seiten wie homologe Höhen derselben.

Beweis. Sind abc, dfg Fig. 58. ähnliche Dreiecke; ab, bc homolog df, fg und ck normal auf ab, gr normal auf df, also ck, gr homologe Höhen, so sind die Dreiecke ack, dgr nach §. 123. III. ähnlich, folglich

$$ac:dg = ck:gr$$

also auch $ab:df = ck:gr$

und eben so für die Höhen auf die übrigen homologen Seiten.

§. 128. **Lehrsatz.** Die Inhalte ähnlicher Dreiecke verhalten sich wie die Quadrate homologer Seiten, also auch homologer Höhen.

Beweis. Sind die Dreiecke abc und dfg (Fig. 58.) ähnlich, und zwar $\angle a = \angle d$, $\angle b = \angle f$ u. s. w., so ist nach §. 96. 5.

$$abc:dfg = ab.ac:df.dg,$$

und da nun auch wegen der vorausgesetzten Aehnlichkeit

$ab:df = ac:dg$ ist, so folgt:

$$ab.abc:df.dfg = ab.ac^2:df.dg^2,$$

oder: $abc:dfg = ac^2:dg^2$.

Anmerkung. Man kann den Beweis auch mit Hülfe von §. 96. 8. und §. 127. führen.

§. 129. **Lehrsatz.** Das rechtwinkliche Dreieck wird durch die Normale aus der Spitze des rechten Winkels auf die Hypotenuse in zwei Dreiecke getheilt, welche unter sich und dem Ganzen ähnlich sind.

Beweis. Ist acb (Fig. 58.) bei c rechtwinklich und ck normal auf ab, so hat man

$$\angle acb = akc = R$$

und $\angle a = a$,

also 1) $\triangle acb \sim akc$.

Ferner: $\angle acb = ckb = R$

$\angle b = \angle b$,

folglich 2) $\triangle acb \sim ckb$.

Aus 1) und 2) folgt nun mittelbar

$$akc \sim ckb.$$

Es läßt sich diese Aehnlichkeit aber auch unmittelbar zeigen, da nämlich $akc = R$, so ist auch

$kac + ack = R$ (§. 69.).

Nach der Voraussetzung ist aber auch

acb oder $ack + kcb = R$;

folglich $kac + ack = ack + kcb$,

also auch $kac = kcb$

und hierzu $\angle k = k$,

so folgt 3) $\triangle akc \sim \triangle ckb$.

§. 130. Zusatz. Aus dem vorigen §. folgen eine Menge von Proportionen, z. B. aus $acb \sim akc$:

$$ac : cb = ak : kc$$
$$ac : ab = ak : ac$$
$$ab : bc = ac : ck:$$

ferner aus $acb \sim ckb$,

$$ab : bc : ac = bc : bk : ck;$$

und aus $akc \sim ckb$:

$$ak : kc : ac = kc : bk : bc.$$

Von diesen Proportionen kommen insbesondere folgende stetige vorzüglich häufig in Anwendung:

$$\text{I.} \begin{cases} ak : ac = ac : ab \text{ und} \\ bk : bc = bc : ba, \end{cases}$$

d. h. jede Cathete ist mittlere Proportionale zwischen ihrer Projection auf der Hypotenuse und der Hypotenuse.

$$\text{II.} \quad ak : kc = kc : kb,$$

d. h. die Normale aus der Spitze des rechten Winkels auf die Hypotenuse ist mittlere Proportionale zwischen den von ihr abgeschnittenen Stücken (Abscissen) der Hypotenuse.

Bildet man in den Proportionen I. und II. die Produkte der äußeren und inneren Glieder, so hat man

$$ac^2 = ak . ab$$
$$bc^2 = bk . ba$$
$$kc^2 = ak . kb;$$

und in dieser Form wird der häufigste Gebrauch dieser Gesetze gemacht.

§. 131. Zusatz. Aus $\left.\begin{array}{l} ac^2 = ak . ab \\ \text{und } bc^2 = kb . ab \end{array}\right\}$ vor. §.

folgt sogleich $ac^2 + bc^2 = (ak + kb) . ab$
$= ab^2$,

wodurch der Satz §. 90. sehr kurz erwiesen ist.

§. 132. Lehrsatz. Verbindet man die 3 Eckpunkte eines Dreiecks mit einem beliebig gewählten Punkt innerhalb desselben durch gerade Linien und verlängert dieselben, bis sie die gegenüberliegenden Seiten schneiden, so werden diese dadurch so abgetheilt, daß das Produkt der 3 rechts liegenden Stücke (aus einem Standpunkt innerhalb betrachtet) eben so groß ist wie das der drei links liegenden Stücke (s. Anmerk. §. 96.).

Beweis. Ist (Fig. 59.) m der beliebig gewählte Punkt, so hat man:

$$\triangle agc : cgb = ag : gb \quad (\S.\ 96.\ 2.)$$
und $agm : mgb = ag : gb$ (§. 96. 2.)

also auch $\dfrac{agc - agm}{cgb - mgb} = \dfrac{ag}{gb}$

oder $\dfrac{amc}{bmc} = \dfrac{ag}{gb}$. Eben so erhält man

$\dfrac{bmc}{amb} = \dfrac{fc}{af}$ und

$\dfrac{amb}{amc} = \dfrac{bd}{dc}$; folglich ist

$$\frac{amc}{bmc} \cdot \frac{bmc}{amb} \cdot \frac{amb}{amc} = \frac{ag}{gb} \cdot \frac{fc}{af} \cdot \frac{bd}{dc}$$ oder

$$1 = \frac{ag \,.\, fc \,.\, bd}{gb \,.\, af \,.\, dc}$$

also $gb \,.\, af \,.\, dc = ag \,.\, fc \,.\, bd$

wie zu beweisen war.

§. 132.* Zusatz. Verbindet man **Fig. 59.** f mit d und bezeichnet p den Durchschnittspunkt dieser geraden Linie mit cg, zieht dann auch aus f und d Parallelen mit ab bis zu ihren Durchschnittspunkten q, r mit cg, so hat man

$$fq : fc = ag : ac;\quad fm : fq = bm : bg;$$
$$dr : dc = bg : bc;\quad dm : dr = am : ag;$$

und das Produkt dieser vier Gleichungen giebt

$fm \,.\, dm : cf \,.\, cd = am \,.\, bm : ac \,.\, bc$ oder

$\triangle dfm : \triangle abm = \triangle cdf : \triangle abc$, woraus

auch $mp : mg = cp : cg$; also auch

$mg - mp : mg = pg : cg$ folgt, ein Gesetz,

welches im Praktischen öfters Anwendung findet, indem dasselbe die Länge cg bestimmt, wenn in der Richtung derselben m beliebig gewählt und p dieser Wahl entsprechend ermittelt ist.

§. 133. Lehrsatz. Denkt man sich jede der drei Seiten eines Dreiecks in zwei solche Theile getheilt, für welche das Produkt der drei rechts liegenden Stücke eben so groß ist, wie das der drei links liegenden Stücke, und verbindet dann die Theilungspunkte mit den gegenüberliegenden Ecken des Dreiecks durch gerade Linien, so schneiden sich alle drei in einem und demselben Punkt.

Beweis. Ist (**Fig. 60.**) $gb \,.\, af \,.\, cd = ag \,.\, fc \,.\, bd$, und man wollte annehmen: cg träfe den Schneidungspunkt p von ad und bf nicht, sondern ginge rechts vorbei, so verbinde man c mit p durch eine gerade Linie und verlängere sie bis k in ab, so wäre nach dem vorigen §.

$$kb \,.\, af \,.\, cd = ak \,.\, fc \,.\, bd,$$

und dividirte man nun diese Gleichung durch die vorausgesetzte, so entstände

$$\frac{gb}{kb} = \frac{ag}{ak},$$

welches ein Widerspruch wäre, indem der erste Bruch ächt, der zweite unächt ist.

Es kann also, wenn $gb \,.\, af \,.\, cd = ag \,.\, fc \,.\, bd$ ist, cg nicht rechts p vorbeigehen.

Eben so wird gezeigt, daß cg nicht links p vorbeigehen kann, und folglich muß p in cg liegen.

§. 134. Zusatz. Aus dem vorigen §. ergeben sich nun sehr leicht folgende drei und noch mehrere ähnliche Sätze:

1) Die 3 geraden Linien aus den 3 Ecken eines Dreiecks nach den Mittelpunkten der gegenüberliegenden Seiten schneiden sich in einem Punkt.

2) Die 3 Linien, welche die 3 Winkel eines Dreiecks halbiren, schneiden sich in einem Punkt.

3) Die drei Höhen eines Dreiecks schneiden sich in einem Punkt.

Die Wahrheit von Nr. 1. erhellet sogleich aus §. 133.

In Beziehung auf Nr. 2. hat man, wenn ad, bf, cg (Fig. 60.) die Halbirungslinien der drei Winkel vorstellen, nach §. 114.

$$ag : gb = ac : bc$$
$$bd : dc = ab : ac$$
$$cf : af = bc : ab$$

und wenn man das Produkt bildet, so ergiebt sich

$$ag \,.\, bd \,.\, cf = gb \,.\, dc \,.\, af,$$

und hieraus folgt nach §. 133, daß sich alle 3 Linien in einem Punkt schneiden.

In Beziehung auf Nr. 3 hat man, wenn ad, bf, cg (Fig. 60.) die 3 Höhen vorstellen, nach §. 89.

$$bg \,.\, ab = bd \,.\, bc$$
$$cd \,.\, bc = cf \,.\, ac$$
$$af \,.\, ac = ag \,.\, ab;$$

also, wenn man das Produkt bildet:

$$bg \,.\, cd \,.\, af = bd \,.\, cf \,.\, ag$$

u. s. w. wie in Nr. 2.

Ist das Dreieck stumpfwinklig, wie etwa Fig. 61. abc bei c, so fallen die Normalen bf, ad auf ac, bc außerhalb des Dreiecks; die Richtungen bf, ad müssen sich aber, weil $\angle$fba und dab spitze Winkel sind, nach §. 60. schneiden. Es sei r der Durchschnittspunkt, so ist der Winkel arb nothwendig spitz, und denkt man sich nun die Normale rk und r auf ab, so müssen sich nach dem eben geführten Beweis die drei Höhen bd, af und rk des Dreiecks abr nothwendig in einem Punkt schneiden, d. h. es muß c in rk liegen. Da nun cg ‡ rk ist, weil beide auf ab normal sind, so fallen cg und rk, da sie den Punkt c gemeinschaftlich haben, in einander, und es liegt also r in gc, die 3 Höhen ad, bf und cg des Dreiecks abc schneiden sich also in dem Punkt r.

§. 135. Lehrsatz. Denkt man sich in einem Viereck ABCD Fig. 62. auf eine seiner Seiten AB = a, aus den beiden andern Ecken C, D die Normalen CE = b und DF = c und auch aus dem Durchschnittspunkt G der durch diese Ecken C, D gelegten Diagonalen CB, DA die Normale GH = d gefällt, so ist der Inhalt des Vierecks

$$= \frac{a \cdot b \cdot c}{2d}.$$

Beweis. Man denke sich aus C eine Parallele mit AD, bis sie die Richtung von BD in K schneidet, und dann AK gezogen, so ist

$\triangle$ ADK = $\triangle$ ADC und
hierzu ABD = ABD addirt, so entsteht
$\triangle$ ABK = dem Viereck ABCD,

Es ist aber, wenn man sich die Normale KP auf AB = a denkt,

$$\triangle ABK = \frac{a \cdot PK}{2},$$

$$\text{also auch } ABCD = \frac{a}{2} \cdot PK.$$

Da nun DF : PK = BD : BK,
und BD : BK = BG : BC;
ferner BG : BC = GH : CE;
so ist auch DF : PK = GH : CE, oder
c : PK = d : b,

$$\text{also } PK = \frac{bc}{d}; \text{ folglich}$$

$$\frac{a}{2} \cdot PK = \frac{a}{2} \cdot \frac{bc}{d}; \text{ aber}$$

$$ABCD = \frac{a}{2} . PK;$$

daher auch $ABCD = \frac{abc}{2d}$.

Achtes Kapitel.

Von den Vielecken.

§. 136. Erklärung. Wenn in der Ebene einer geradlinigen Figur ein Punkt existirt, der die Eigenschaft hat, daß sämmtliche gerade Verbindungslinien desselben mit den Ecken der Figur gleich lang sind, so nennt man diesen Punkt den Mittelpunkt der Figur.

§. 137. Lehrsatz. Jedes Dreieck hat einen Mittelpunkt, und zwar liegt derselbe im Durchschnittspunkt der Normalen, auf der Mitte zweier Seiten des Dreiecks errichtet gedacht.

Beweis. Ist (Fig. 63.) $ad = db$, $bf = fc$, $adm = bfm = R$, so müssen sich erstens beide Normalen dm, fm nothwendig schneiden, weil $\angle fdm < R$, auch $dfm < R$, folglich $fdm + dfm < 2R$ ist.

Zweitens müssen ma, mb, mc gleich lang werden, weil, wie sich leicht beweisen läßt, $\triangle adm \cong \triangle bdm$ und $bfm \cong cfm$, folglich $ma = mb$ und $mb = mc$ ist.

§. 138. Zusatz. Denkt man sich aus m auf ac eine Normale, so trifft sie die Mitte von ac (§ 42 III.), und hieraus läßt sich nun folgender Lehrsatz leicht indirect beweisen: Die Normalen, auf die Mitte der drei Seiten eines Dreiecks errichtet, schneiden sich nothwendig in einem und demselben Punkt.

§. 139. Lehrsatz. Jedes reguläre Vieleck hat einen Mittelpunkt, und zwar liegt derselbe im Durchschnittspunkt der Normalen auf der Mitte zweier, einander nicht gegenüberliegender Seiten errichtet.

Beweis. Ist abcd (Fig. 64.) ein Theil des Umfangs eines regulären Vielecks: $af = fb$, $cg = gd$ und $afm = cgm = R$, so daß sich also (§. 137.) beide Normalen nothwendig schneiden müssen, so ist, wenn man ab und dc bis zu ihrem Durchschnittspunkt k verlängert, $\angle abc = bcd$, weil das Vieleck der Voraussetzung gemäß regulär ist, daher sind auch ihre Supplemente cbk, bck einander gleich, folglich auch $bk = ck$; aber $ab = cd$, weil das Vieleck regulär ist, folglich auch $bf = cg$ als die Hälften, daher auch $kf = kg$, hierzu $mk = mk$ und $\angle mfk = \angle mgk$, so folgt $\triangle mfk \cong mgk$, und also ist auch $mf = mg$. Nun ergiebt sich leicht die Congruenz der vier Dreiecke afm, bfm, cgm und dgm, und daraus $ma = mb = mc = md$.

§. 140. Zusatz. 1) Denkt man sich die Normalen auf der Mitte zweier benachbarten Seiten errichtet, so wird der Beweis noch einfacher.

2) Man kann den Lehrsatz §. 139. auch folgendergestalt ausdrücken:

Jedes reguläre Vieleck hat einen Mittelpunkt, und zwar liegt derselbe im Durchschnittspunkt der Halbirungslinien zweier einander nicht gegenüberliegender Umfangs-Winkel desselben.

Für diesen Satz wird der Beweis sehr einfach, wenn man sich 2 benachbarte Winkel halbirt denkt.

3) Indirect folgt nun leicht die Wahrheit folgender 2 Behauptungen:

α) Die Normalen, auf der Mitte aller Seiten eines regulären Vielecks errichtet, schneiden sich alle in einem Punkt.

β) Die Halbirungslinien aller Umfangs-Winkel eines regulären Vielecks schneiden sich sämmtlich in einem Punkt.

4) Der Mittelpunkt eines regulären Vielecks ist von allen Seiten desselben gleich weit entfernt.

§. 141. Lehrsatz. Jedes reguläre Vieleck ist gleich einem Dreieck, welches den Umfang des regulären Vielecks zur Grundlinie, und die Normale aus dem Mittelpunkt desselben auf eine seiner Seiten zur Höhe hat.

Beweis. Hat das reguläre Vieleck n Seiten, ist die Länge jeder $= a$, also der Umfang p des regulären Vielecks $= na$; bezeichnet ferner h jede der Normalen aus dem Mittelpunkt auf eine der n Seiten (§. 140. 4.), und man denkt sich aus dem Mittelpunkt nach allen n Ecken gerade Linien, so bilden sich n congruente Dreiecke, und der Inhalt eines jeden ist $= \frac{ah}{2}$, folglich der Inhalt aller, also der Inhalt des regulären Vielecks selbst $= n \cdot \frac{ah}{2}$; oder p für na geschrieben $= \frac{ph}{2}$, wie zu beweisen war.

§. 142. Lehrsatz. Bezeichnet S die Summe der Umfangs=Winkel eines m Ecks, so ist die Summe M der Umfangs=Winkel eines m + 1 Ecks = S + 2R.

Beweis. Bezeichnen a, b, c drei auf einander folgende Eckpunkte eines m + 1 Ecks, und man denkt sich die Diagonale ac, so wird durch sie das m + 1 Eck in ein m Eck und ein Dreieck getheilt. Fällt nun das Dreieck abc außerhalb des m Ecks, so erhellet die Wahrheit der Behauptung von selbst; fällt es aber innerhalb des m Ecks wie Fig. 65, so hat man cb über b hinaus verlängert gedacht, und den erhabenen Winkel abc durch α bezeichnet,

$\alpha = 2R + abk$; oder (nach §. 30.)

$\alpha = 2R + bac + bca$; ferner

$$fab + bac = fac$$
$$dcb + bca = acd$$
$$cdh = cdh$$
u. s. w.
$$gfa = gfa,$$

also wenn man addirt, und die Summanden bac, bca beiderseits subtrahirt,

$$\alpha + bcd + cdh + \text{u. s. w.} + gfa + fab$$
$$= fac + acd + cdh + \text{u. s. w.} + gfa + 2R;$$
oder:
$$M = S + 2R.$$

§. 143. Lehrsatz. Die Summe aller Umfangs=Winkel jedes n Ecks ist = (n — 2) 2R.

Beweis. Für jedes Dreieck ist nach §. 69.

die Summe der 3 Umfangs=Winkel = 2R;

also nach §. 142.

fürs Viereck die Summe aller Umfangs=Winkel

$$= 2R + 2R = 2 . 2R$$

und eben so fürs Fünfeck

$$= 2 . 2R + 2R = 3 . 2R;$$

fürs Sechseck

$$= 3 . 2R + 2R = 4 . 2R$$
u. s. w.

also überhaupt fürs n Eck = (n — 2) . 2R.

§. 144. Lehrsatz. Bezeichnet man die auf einander folgenden Winkel eines n Ecks durch α, β, γ, δ u. s. w., denkt sich dann die Seiten entweder alle rechts, oder alle links (aus einem Standpunkt innerhalb der Figur betrachtet) verlängert, und bezeichnet die Winkel, welche jede Verlängerung mit der folgenden Seite bildet, durch a, b, c, d u. s. w., so ist, wenn man diejenigen dieser Winkel, welche außerhalb der Figur fallen, positiv, diejenigen, welche innerhalb fallen, negativ nimmt, die algebraische Summe N dieser Winkel a, b, c, d u. s. w., allemal = 4R.

Beweis. Es ist die algebraische Summe jeder zwei solcher Winkel wie $\alpha + a$, $\beta + b$ u. s. w. immer = 2R; daher $\alpha + \beta + \gamma + \delta +$ u. s. w. $+ a + b + c + d +$ u. s. w. $= n . 2R$.

Nach §. 143. ist aber

$$\alpha + \beta + \gamma + \delta + \text{u. s. w.} = n . 2R - 4R,$$

folglich, wenn man subtrahirt,

$$N = 4R.$$

§. 145. Lehrsatz. Die Anzahl aller möglichen Diagonalen jedes n Ecks ist

$$= \frac{n . (n - 3)}{2}.$$

Beweis. Aus jeder Ecke sind n — 3 Diagonalen möglich, und da n Ecken statt finden, so wäre also die Anzahl aller = n . (n — 3). Da aber bei dieser Abzählung jede Diagonale zweimal gezählt ist, so bleibt die wirkliche Anzahl nur

$$= \frac{n . (n - 3)}{2}.$$

§. 146. Lehrsatz. Die Anzahl Bestimmungsstücke für jedes n Eck ist = 2n — 3.

Beweis. Denkt man sich aus einer Ecke alle n — 3 Diagonalen gezogen, so entstehen n — 2 Dreiecke. Zu Bestimmung des ersten sind nach den Sätzen der Congruenz der Dreiecke drei Stücke erforderlich, für jedes der folgenden n — 3 Dreiecke aber allemal nur noch zwei Stücke, weil das 3te, als gemeinschaftliche Seite mit dem vorhergehenden Dreieck, schon durch dieses bestimmt ist. Man bedarf also für diese n — 3 Dreiecke (n — 3) . 2 oder 2n — 6 Bestimmungsstücke. Addirt man hierzu die 3, welche das erste Dreieck erfordert, so hat man die Anzahl aller erforderlichen Bestimmungsstücke = 2n — 3.

Anmerkung. Es ist nicht immer leicht zu beurtheilen, ob eine vorgelegte Aufgabe die nöthige Anzahl Bestimmungsstücke enthält, also zu untersuchen, ob dieselbe unbestimmt, bestimmt oder überbestimmt ist, in welchem letztern Fall sie Widersprüche enthalten kann. Es ist hierzu erforderlich, die Figur als ein Vieleck von so viel Seiten zu betrachten, als Endpunkte gegebener oder gesuchter Linien in ihr vorkommen, wo es denn sehr wohl sich zeigen kann, daß von einem Dreieck die Rede zu sein scheint, und doch, wenn man die Aufgabe ganz allgemein ausspricht, von einem Viereck, Fünfeck u. s. w. die Rede ist. Ist z. B. zu Bestimmung der fehlenden Größen des Dreiecks cdk (Fig. 235.) gegeben: cf, gd, $\angle\alpha$, $\angle\beta$, $\angle\gamma$, so scheint diese Aufgabe überbestimmt zu sein, indem von einem Dreieck die Rede ist, und 5 Größen gegeben sind. Betrachtet man dieselbe aber allgemein, so heißt sie: aus 2 gegenüberliegenden Seiten (cf, gd) eines Fünfecks, den beiden Winkeln (cfg, dgf in unserm besondern Fall jeder = 2R), welche sie mit der unbekannten, zwischen ihnen liegenden Seite bilden, und den 3 Winkeln α, β, γ, welche an der ihr gegenüberliegenden Ecke die Seiten und Diagonale bilden, also aus sieben Bestimmungsstücken, das Fünfeck zu bestimmen. Ist ferner, als Beispiel, von Bestimmung der Seiten und Winkel des Dreiecks hmk Fig. 236. die Rede, wenn in Beziehung auf die durch die Ecken und einem innerhalb des Dreiecks liegenden Punkt g gelegten und bis zu den Seiten verlängerten Linien gegeben wäre: gh, gi, gk, gl, gm, gn, so wäre die allgemeine Aufgabe folgende: zu Bestimmung eines Sechsecks h, n, m, l, k, i ist gegeben: die Bedingung, daß die 3 Diagonalen, welche die gegenüberliegenden Ecken verbinden, sich in einem Punkt schneiden; die Größe dreier Umfangs-Winkel bei i, n, l (in unserm besondern Fall jeder = 2R) und die Längen der Stücke der Diagonalen aus ihrem Schneidungspunkt bis zu den Ecken. Man sieht, daß diese Aufgabe überbestimmt ist, da sie 10 Bedingungen aufstellt, und doch zu einem Sechseck nur 9 erforderlich sind.

§. 147. Zusatz. In Folge von §. 146. läßt sich eine große Anzahl von Sätzen für die Congruenz der Vierecke, Fünfecke, Sechsecke u. s. w. bilden, um so mehr, wenn man auch die Diagonalen und Winkel, welche sie unter sich, oder mit Seiten der Figur bilden, als Bestimmungsstücke benutzt. Hierdurch würde aber eine unnöthige Aufhäufung von Lehrsätzen entstehen, deren Aufzählung und Beweisführung um so mehr überflüssig ist, da in den Anwendungen die Bestimmung der fehlenden Stücke doch am zweckmäßigsten immer durch Rechnung erfolgt, und aus dieser dann hervorgeht, ob die Aufgabe eine oder mehrere Antworten gestattet.

§. 148. Lehrsatz. Gleichliegende Dreiecke in ähnlichen Figuren sind ähnlich.

Beweis. Denkt man sich die Vielecke **ABCDEFG** und **abcdefg** **Fig. 66.** ähnlich, und zwar $\angle$ **A** = **a**, **B** = **b** ꝛc., und **AB** : **BC** ꝛc. = **ab** : **bc** ꝛc., so folgt die Aehnlichkeit der gleichliegenden Dreiecke **ABC**, **abc**; ferner **CDE**, **cde** u. s. w., ganz aus §. 123. I., und hieraus dann auch leicht **ACE** $\sim$ **ace** u. s. w.

§. 149. Zusatz. Aus §. 148. folgt leicht:

1) In ähnlichen Figuren verhalten sich homologe Diagonalen wie homologe Seiten derselben.

2) Die Umfänge ähnlicher Figuren verhalten sich wie homologe Seiten oder Diagonalen derselben.

§. 150. Lehrsätze. Die Inhalte **F**, **f** ähnlicher, geradliniger Figuren verhalten sich wie die Quadrate homologer Seiten oder Diagonalen derselben.

Beweis. Denkt man sich beide Figuren durch homologe Diagonalen in ähnliche Dreiecke zertheilt, und bezeichnet deren Inhalte durch A, a; B, b; C, c u. s. w., ferner die Längen zweier homologen Seiten oder Diagonalen durch α, β; so hat man nach §. 128, 148. und 149. 1.

$$A : a = \alpha^2 : \beta^2$$
$$B : b = \alpha^2 : \beta^2$$
$$C : c = \alpha^2 : \beta^2$$

u. s. w.

also, weil $A + B + C + \ldots\ldots = F$
und $\alpha + \beta + c + \ldots\ldots = f$ ist;

$$F : f = \alpha^2 : \beta^2.$$

§. 151. Lehrsatz. Bezeichnen a, b, c die 3 Seiten eines rechtwinkligen Dreiecks, und zwar a die Hypotenuse, und denkt man sich 3 geradlinige, ähnliche Figuren, zu welchen a, b, c als homologe Seiten oder Diagonalen gehören, und bezeichnet deren Inhalte durch A, B, C, so ist allemal $A = B + C$.

Beweis. Nach dem pythagoraischen Lehrsatz (§. 90.) ist

$$a^2 = b^2 + c^2.$$

Es ist aber nach §. 150.

$B : C = b^2 : c^2$; also auch
$B + C : C = b^2 + c^2 : c^2$; oder
$B + C : C = a^2 : c^2$.

Ferner ist nach §. 150.

$A : C = a^2 : c^2$; also
auch $B + C : C = A ; C$; folglich
$B + C = A$.

§. 152. Lehrsatz. Bezeichnen A, B, C die Inhalte ähnlicher, geradliniger Figuren, a, b, c homologe Seiten derselben, und ist

$$A = B + C,$$

so muß auch das mit a, b, c als Seiten zu bildende Dreieck rechtwinklig sein, dergestalt, daß der rechte Winkel der Seite a gegenüberliegt.

Beweis. Aus $B : C = b^2 : c^2$ folgt

$$B + C : C = b^2 + c^2 : c^2.$$

Nach der Voraussetzung ist aber

$B + C = A$, folglich auch
$A : C = b^2 + c^2 : c^2$.

Da nun auch $A \sim C$, also

$A : C = a^2 : c^2$, so hat man
$b^2 + c^2 : c^2 = a^2 : c^2$; daher auch
$a^2 = b^2 + c^2$,

und also ist nach §. 93. der Winkel, welcher a gegenüberliegt, ein rechter.

§. 153. Zusatz. Da jede geradlinige Figur in Dreiecke auch in Trapeze zu zerlegen ist, so erfordert also die Inhaltsbestimmung derselben keine weiteren Lehren, sondern sie reducirt sich auf §. 100. und 101.

Neuntes Kapitel.

Vom Kreis.

§. 154. Erklärungen. Zu den schon in §. 5. angegebenen hierher gehörigen Wortbegriffen sind noch folgende zu bemerken.

Der Winkel, welchen zwei Halbmesser eines Kreises am Mittelpunkt desselben bilden, heißt Mittelpunktswinkel, der, welchen zwei Sehnen in der Peripherie des Kreises bilden, heißt Peripherie-Winkel. Die auf dem Endpunkt eines Halbmessers in der Peripherie errichtete Normale heißt die Tangente dieses Punktes der Peripherie, und man kann sich hiernach in jedem Punkt der Peripherie eine Berührungslinie oder Tangente denken, so wie man sich auch aus jedem Punkt außerhalb eines Kreises zwei Tangenten an demselben vorzustellen im Stande ist. Zum rechten Winkel als Mittelpunktswinkel heißt sowohl der Bogen, als auch der Kreisausschnitt, ein Quadrant. Ist der Winkel $= \frac{2}{3}R$, so heißen beide Sextanten. Liegen alle Ecken einer Figur in der Peripherie eines Kreises, so sagt man: die Figur liegt in dem Kreis, oder: der Kreis liegt um die Figur. Sind sämmtliche Seiten einer Figur Tangenten eines Kreises, so sagt man: die Figur liegt um den Kreis, oder: der Kreis liegt in der Figur.

§. 155. Lehrsätze, deren Wahrheit sehr leicht erkannt wird, deren Beweise deshalb nicht ausgeführt, sondern nur kurz angedeutet sind.

I. Kreise zu gleichen Halbmessern oder zu gleichen Durchmessern sind congruent.

Beweis. Denkt man sich Mittelpunkt auf Mittelpunkt gelegt, so läßt sich leicht indirect zeigen, daß die Begränzungen auf einander fallen müssen.

II. Congruente Kreise haben gleiche Halbmesser, und also auch gleiche Durchmesser.

Beweis. Denkt man sich die Kreise deckend auf einander gelegt, so ist blos zu zeigen, daß auch der Mittelpunkt p des einen mit dem Mittelpunkt q des andern zusammenfallen muß. Wollte man nun annehmen, p träfe nicht auf q, so denke man sich die gerade Linie pq beiderseits bis zu ihren Durchschnitten n, k mit der Peripherie verlängert, so folgt

$$qn = qk = \frac{nk}{2}$$

$$pn = pk = \frac{nk}{2}$$

also wäre auch $pn = qn$, welches ein Widerspruch ist.

III. Der Durchmesser theilt den Kreis in zwei congruente Theile.

Beweis. Er ist wie der in I.

IV. Gleiche Sehnen in einem oder in gleichen Kreisen sind gleichweit von ihrem Mittelpunkt entfernt.

Beweis. Denkt man sich die Halbmesser nach den Endpunkten der Sehnen, so erhält man congruente Dreiecke und in ihnen die Entfernungen der Sehnen vom Mittelpunkt als homologe Höhen.

V. Sehnen, welche in einem oder in gleichen Kreisen gleichweit vom Mittelpunkt abstehen, sind gleich.

Beweis. Er folgt leicht aus §. 39.

VI. Zu gleichen Winkeln am Mittelpunkt in einem oder in gleichen Kreisen gehören gleiche Sehnen, gleiche Bogen, congruente Ausschnitte und congruente Abschnitte.

Beweis. Er ist sehr leicht zu finden, so wie auch die Beweise der zugehörigen umgekehrten Sätze.

VII. Zu ungleichen Winkeln am Mittelpunkt in einem oder in gleichen Kreisen gehören ungleiche Sehnen, Bogen u. s. w.

Beweis. Ist nach §. 46. 1. sehr leicht zu führen. Eben so einfach sind die Beweise der hierher gehörigen umgekehrten Sätze.

VIII. Drei Punkte, welche nicht in einer geraden Linie liegen, sind immer in der Peripherie eines Kreises denkbar, oder: jedes Dreieck liegt in einem Kreis, d. h. es hat einen Mittelpunkt.

Beweis. §. 137.

IX. Die Tangente hat nur einen einzigen Punkt mit der Peripherie des Kreises gemein, alle übrigen Punkte derselben liegen außerhalb der Peripherie.

Beweis. Bezeichnet a den Mittelpunkt des Kreises, b irgend einen Punkt in seiner Peripherie, und man denkt sich auf ab in b eine Normale errichtet, und in dieser, so nahe an b als man will, einen Punkt c gewählt, diesen mit a durch eine gerade Linie verbunden, und den Durchschnittspunkt derselben mit der Peripherie durch d bezeichnet, so ist

$$ac > ab \quad §.\ 38.\ 1;$$
$$\text{aber } ab = ad$$
$$\text{also } ac > ad.$$

X. Jedes reguläre Vieleck liegt in und um einen Kreis.

Beweis. Er folgt aus §. 139. und 140. 4.

XI. Eine gerade Linie kann einen Kreis in derselben Ebene nur in zwei Punkten schneiden.

Beweis. Wollte man annehmen, die gerade Linie schnitte den Kreis außer in 2 Punkten a, b, noch in einem dritten c, so denke man sich den Mittelpunkt m des Kreises mit den drei Punkten a, b, c durch gerade Linien verbunden, welche dann als Halbmesser desselben Kreises einander gleich sein müßten. Dann wären aber die entstehenden Dreiecke gleichschenklig, folglich auch die Winkel an der 3ten Seite einander gleich, und aus der Vergleichung dieser Winkel erhält man einen Widerspruch gegen §. 30.

XII. Zwei nicht parallele Tangenten eines Kreises, bis zu ihrem Durchschnittspunkt verlängert, sind gleich, und die gerade Linie, welche diesen Durchschnittspunkt mit dem Mittelpunkt des Kreises verbindet, ist normal auf der, beide Berührungspunkte der Tangenten verbindenden Sehne und halbirt sie.

Beweis. Bezeichnet m den Mittelpunkt des Kreises, ferner a und b die Berührungspunkte der beiden Tangenten und c ihren Durchschnittspunkt, so ist nach §. 39.

$$\triangle mac \cong mbc,$$
$$\text{also } ac = bc$$
$$\text{und } \angle acm = \angle mcb,$$

folglich steht cm normal auf ab und halbirt auch ab (§. 42. II.).

XIII. Wenn zwei Kreise in einer Ebene in einem beiden Peripherien zugehörigen Punkt eine gemeinschaftliche Tangente haben, so berühren sie sich in diesem Punkt, d. h. ihre Peripherien haben nur diesen einzigen Punkt gemein, und dieser liegt mit den Mittelpunkten beider Kreise in einer geraden Linie.

§. 156. Lehrsatz. Die Peripherien zweier in einer Ebene liegenden Kreise durchschneiden sich, wenn die Centrale c kleiner ist als die Summe beider Halbmesser a, b, und größer wie ihre Differenz.

Beweis. Aus der Voraussetzung (wenn $a > b$ gedacht wird) $c > a - b$ folgt:

$$c + b > a,$$

und hieraus erkennt man, daß ein Punkt der Peripherie des kleinern Kreises außerhalb der Peripherie des größeren liegt, d. h., daß nicht einer in dem andern liegt. Da nun die Annahme: die Kreise lägen ganz aus einander, die Folgerung $c > a + b$ liefert, und diese der Voraussetzung entgegen ist, so können sie nicht ganz auseinander liegen. Eben so folgte aus der Annahme: sie berühren sich, daß $c = a + b$ sein müßte, welches ebenfalls der Voraussetzung widerspricht, so daß sie sich also auch nicht berühren können. Da nun der kleinere Kreis nicht in dem größeren liegt, da sie auch nicht ganz aus einander liegen, und da sie sich nicht berühren, wenn

$$c < a + b \text{ und}$$
$$c > a - b \text{ ist,}$$

so müssen sie sich, wenn diese beiden Voraussetzungen statt finden, nothwendig durchschneiden.

§. 157. Lehrsatz. Die Centrale halbirt die gemeinschaftliche Sehne zweier in einer Ebene liegender, sich durchschneidender Kreise, und steht auf ihr normal.

Beweis. Er folgt leicht aus der Congruenz zweier Paar Dreiecke (wie §. 155. XII.).

§. 158. Lehrsatz. In einem oder in gleichen Kreisen liegt die größere Sehne näher am Mittelpunkt als die kleinere.

Beweis. Bezeichnet r den Halbmesser, 2a die größere, 2b die kleinere Sehne, c die Entfernung des Mittelpunkts von 2a, e die von 2b, so ist die

Behaupt. $c < e$, und die
Voraussf. $a > b$.

Aus $r^2 = a^2 + c^2$ und
$r^2 = b^2 + e^2$ §. 90. und 102.
folgt $a^2 + c^2 = b^2 + e^2$.

Aus der Voraussetzung aber

$$a^2 > b^2,$$

und hieraus, wenn man subtrahirt,

$$c^2 < e^2, \text{ also auch}$$

$$c < e.$$

§. 159. Zusatz. 1. Der umgekehrte Satz: je näher in einem oder in gleichen Kreisen eine Sehne am Mittelpunkt liegt, desto größer ist sie, kann eben so erwiesen werden, und aus diesem Satz folgt dann auch, daß der Durchmesser die größte Sehne desselben Kreises ist, welche Wahrheit auch sehr leicht aus §. 41. folgt.

§. 160. Lehrsatz. Der Mittelpunktswinkel α ist doppelt so groß wie der Peripherie-Winkel β, welcher mit ihm in demselben Kreis denselben Bogen ab zwischen seinen Schenkeln abschneidet, d. h. auf demselben Bogen steht.

Beweis. Es finden dreierlei Fälle statt:

1. Ein Schenkel des Mittelpunkts-Winkels fällt in einen Schenkel des Peripherie-Winkels (Fig. 67.).

2. Die Schenkel des Peripherie-Winkels schließen die des Mittelpunkts-Winkels ein (Fig. 68.).

3. Ein Schenkel des Peripherie-Winkels schneidet einen des Mittelpunkts-Winkels (Fig. 69.).

Im 1sten Fall hat man

$$mb = mc,$$

$$\text{also } \angle mbc = \beta;$$

$$\text{folglich } mbc + \beta = 2\beta.$$

$$\text{Es ist aber (§. 69.) } \alpha = mbc + \beta;$$

$$\text{folglich auch } \alpha = 2\beta.$$

Im 2ten Fall denke man sich die Hülfslinie cm bis f verlängert, so ist nach dem 1sten Fall

$$\angle amf = 2 . acf$$

$$\text{und } \angle fmb = 2 . fcb \text{ also auch die Summe}$$

$$\alpha = 2\beta.$$

Im 3ten Fall hat man blos die Differenz statt der Summe zu nehmen.

§. 161. Zusatz. Aus dem vorigen §. folgen leicht noch nachstehende Wahrheiten.

1. Die Hälfte des Bogens, worauf ein Peripherie-Winkel steht, ist sein Maaß (§. 16.).

2. Alle Peripherie-Winkel auf gleichen Bogen in einem oder in gleichen Kreisen sind einander gleich.

3. Zu gleichen Peripherie-Winkeln in einem oder in gleichen Kreisen gehören auch gleiche Bogen und gleiche Sehnen (§. 155. VI.).

4. Der Peripherie-Winkel, dessen zwischen seinen Schenkeln abgeschnittener Bogen die halbe Peripherie, dessen Sehne also der Durchmesser ist, ist = R; ist der Bogen größer, so ist er > R; ist er kleiner wie die halbe Peripherie, so ist er kleiner wie ein rechter.

5. Parallele Sehnen eines Kreises schneiden gleiche Bogen ab (aus 3.).

§. 162. Lehrsatz. Denkt man sich über einer geraden Linie ab, auf einer und derselben Seite von ab, mehrere Dreiecke abc, abd, abe u. s. w. (Fig. 70.), in welchen die Winkel bei c, d, e u. s. w. einander gleich sind, so liegen die Punkte a, b, c, d, e u. s. w. in der Peripherie eines und desselben Kreises.

Beweis. Denkt man sich nach §. 155. VIII. den Kreis um a, b, c, so trifft seine Peripherie entweder den Punkt d, oder d fällt außerhalb oder innerhalb derselben. Wollte man annehmen, d fiele außerhalb, so verbinde man den Durchschnittspunkt k von ad und der Peripherie mit b durch eine gerade Linie. Dann hat man nach §. 161. 2.:

$$\angle c = akb.$$

Nach der Voraussetzung ist aber

$$\angle c = d, \text{ und also wäre auch}$$
$$\angle akb = \angle d,$$

welches ein Widerspruch gegen §. 30. ist.

Auf denselben Widerspruch stößt man bei der Annahme, d fiele innerhalb der Peripherie, und also muß d in die Peripherie fallen, wenn d = c ist.

Für die übrigen Punkte e u. s. w. bleibt der Beweis derselbe.

§. 163. Zusatz. Wenn man also über der Hypotenuse eines rechtwinklichen Dreiecks als Durchmesser einen Kreis beschreibt, so geht die Peripherie durch die Spitze des rechten Winkels.

§. 164. Lehrsatz. Die Summe jeder 2 einander gegenüberliegenden Winkel eines Vierecks im Kreise ist immer 2R.

Beweis. Diese Summe hat nach §. 161. 1. die Hälfte der Peripherie zu ihrem Maaß, ist also = 2R.

§. 165. Lehrsatz. Wenn in einem Viereck die Summe zweier einander gegenüberliegender Winkel = 2R ist, so hat dasselbe einen Mittelpunkt, d. h. es liegt in einem Kreis.

Beweis. Er ist ganz wie der in §. 162.

§. 166. Lehrsatz. Bei jedem Vieleck von einer geraden Anzahl Seiten, welches in einem Kreis liegt, ist die Summe des 1sten, 3ten, 5ten u. s. w. Umfangs-Winkels so groß wie die Summe des 2ten, 4ten, 6ten u. s. w.

Beweis. Man hat z. B. für ein Achteck (Fig. 71.) bei der in der Figur bemerkten Bezeichnung

$$\angle hab \text{ oder } a = \frac{\beta+\gamma+\delta+\varepsilon+\mu+\varrho}{2} \quad (\S.\ 160.)$$

$$\text{ferner } c = \frac{\delta+\varepsilon+\mu+\varrho+\varphi+\alpha}{2};$$

$$e = \frac{\mu+\varrho+\varphi+\alpha+\beta+\gamma}{2}$$

$$g = \frac{\varphi+\alpha+\beta+\gamma+\delta+\varepsilon}{2}; \text{ also}$$

$$a+c+e+g = \frac{3(\alpha+\beta+\gamma+\delta+\varepsilon+\mu+\varrho+\varphi)}{2}$$

$$= \frac{3\,.\,4R}{2} = 6R.$$

Nach §. 143. ist aber:

$$a+b+c+d+e+f+g+h = 12R; \text{ daher auch}$$
$$b+d+f+h = 6R, \text{ folglich}$$
$$a+c+e+g = b+d+f+h.$$

§. 167. Zusatz. Der Lehrsatz §. 166. schließt den §. 164. in sich. Letzterer ist umgekehrt auch nothwendig wahr (siehe §. 165.), ersterer nicht; denn denkt man sich z. B. über der Sehne bh einen Winkel ba^1h kleiner wie bah, und etwa über der Sehne bd einen Winkel $bc^1d > bcd$, so läßt sich die neue Lage sehr wohl so denken, daß $a^1+c^1 = a+c$ ist, und dann bleibt noch die Summe $a^1+c^1+e+g =$ der $b+d+f+h$; aber die durch die Punkte b, d, f, h, e, g gelegt gedachte Peripherie wird a^1 und c^1 nicht in sich aufnehmen.

§. 168. Lehrsatz. Jedes Dreieck liegt um einen Kreis, dessen Mittelpunkt im Durchschnittspunkt der Halbirungslinien zweier Winkel des Dreiecks liegt.

Beweis. Halbirt im Dreieck abc Fig. 72. am den Winkel bei a, bm den bei b, und man fällt aus beider Halbirungslinien Durchschnittspunkt m (nach §. 60. müssen sie sich schneiden), die Normalen mg, mk, mf auf ab, bc, ac, so folgt aus §. 31.

$$\triangle amg \cong amf$$
$$\text{und } bmg \cong bmk,$$
$$\text{und hieraus } mg = mf = mk.$$

Für den aus m mit mg = mf = mk beschriebenen Kreis werden also ab, bc und ac Tangenten.

§. 169. Zusatz. 1) Außer diesem Kreis giebt es noch drei Kreise, von welchen jeder eine Seite des Dreiecks und die Verlängerungen der beiden andern berührt. Der Mittelpunkt von jedem liegt im Durchschnittspunkt der Halbirungslinien zweier äußeren Winkel, welche eine Seite des Dreiecks zum gemeinschaftlichen Schenkel haben.

2) Verbindet man m mit c durch eine gerade Linie, so halbirt sie den Winkel bei c.

3) Die Halbirungslinien der drei Winkel eines Dreiecks schneiden sich nothwendig in einem und demselben Punkt (siehe §. 134. 2.).

4) Die Halbirungslinien zweier äußern Winkel eines Dreiecks und des dritten innern schneiden sich nothwendig in einem und demselben Punkt.

§. 170. Lehrsatz. Bei jedem Vieleck von einer geraden Anzahl Seiten, welches um einen Kreis liegt, ist die Summe der 1sten, 3ten, 5ten u. s. w. Seite so groß wie die Summe der 2ten, 4ten, 6ten u. s. w.

Beweis. Man hat z. B. für ein Sechseck (Fig. 73.), wenn m den Mittelpunkt des darinnen liegenden Kreises vorstellt, so daß also die Normalen mg, mh, mi, mk, ml, mn auf die Seiten ab, bc, cd, de, ef, fa als Halbmesser gleich groß sind, nach §. 155. XII.:

$$ag = an$$
$$gb = bh$$
$$ci = ch$$
$$id = dk$$
$$el = ek$$
$$lf = fn;$$

also auch, wenn man addirt (oder bei erhabenen Winkeln theilweis subtrahirt):

$$ab + cd + ef = bc + de + fa,$$

wie zu beweisen war.

§. 171. Zusatz. Der umgekehrte Satz ist nicht nothwendig wahr, und nur beim Viereck läßt sich die Nothwendigkeit zeigen (siehe den folgenden §.).

§. 172. Lehrsatz. Wenn die beiden Summen der gegenüberliegenden Seiten eines Vierecks gleich groß sind, so läßt sich in dasselbe ein Kreis legen.

Beweis. Ist bei dem Viereck abcd (Fig. 74 u. 75.)

$$ab + cd = bc + ad,$$

und man denkt sich die Winkel bei b und c halbirt, und aus dem Durchschnittspunkt dieser Halbirungslinien Normalen auf die Richtungen ab, bc, cd gefällt, so werden diese (§. 169. 1.) gleich groß und geben den Halbmesser des Kreises, der von ab, bc und cd tangentirt wird. Wollte man nun annehmen, ad würde nicht Tangente dieses Kreises, so müßte doch für diesen Kreis eine durch a gehende 2te (denn ab ist die eine durch a) Tangente existiren, und nimmt man an, diese schnitte die Richtung von cd in irgend einem Punkt f, so hätte man dann, nach §. 170.:

$$ab + cf = bc + af.$$

Nach der Voraussetzung ist aber

$$bc + ad = ab + cd,$$

und folglich müßte auch

$$ad + cf = af + cd,$$

also auch, je nachdem f rechts oder links d träfe,

$$ad = af + df$$

oder $ad + df = af$ sein.

Beide Folgerungen widersprechen aber §. 41. Die durch a gehende Tangente des Kreises, für welche ab, bc und cd Tangenten sind, muß also nothwendig den Punkt d treffen, wenn $ab + cd = bc + da$ ist.

§. 173. Lehrsatz. Der Winkel, welchen zwei Sehnen eines Kreises bilden, ist, wenn sie sich innerhalb des Kreises schneiden, gleich der Summe; schneiden sie sich aber außerhalb, gleich der Differenz der beiden Peripherie-Winkel, welche auf denen zwischen den Sehnen abgeschnittenen Bogen stehen, oder

Behaupt. $\begin{cases} \alpha = \beta + \gamma & \text{(Fig. 76.)} \\ \alpha = \beta - \gamma & \text{(Fig. 77.)} \end{cases}$

Beweis. Er folgt sogleich aus §. 161. 2. und §. 69.

§. 174. Lehrsatz. Der Winkel, welchen eine Tangente eines Kreises mit einer Sehne desselben, welche von ihrem Berührungspunkt ausgeht, bildet, ist gleich dem Peripherie-Winkel im gegenüberliegenden Kreis-Abschnitt.

Beweis. Ist ab (Fig. 78.) eine Tangente in a; ac eine Sehne durch a, so ist die Behauptung $\alpha = \beta$. Man ziehe durch a den Durchmesser amf, und dann cf, so ist

fca = R §. 161. 4.;
also caf + afc = R §. 69.
aber caf + α = R §. 154.
also afc = α
aber afc = β §. 161. 2.
daher $\alpha = \beta$.

Eben so folgt umgekehrt aus $\alpha = \beta$, daß für den Kreis durch a, c und die Winkelspitze von β, ab die Tangente in a ist.

§. 175. **Lehrsatz.** Schneiden sich zwei Sehnen rechtwinklicht, und man zieht die vier Halbmesser nach ihren Endpunkten, so sind die gegenüberliegenden Winkel am Mittelpunkt Supplements-Winkel, oder

Behauptung. cma + bmd = 2R (Fig. 79.).

Voraussetzung. cd durchschneidet ab unter einem rechten Winkel.

Beweis. ∠cma = 2.cda
∠bmd = 2.bad
also cma + bmd = 2.(cda + bad).
Aber afd = R; also auch
cda + bad = R; daher
cma + bmd = 2R.

§. 176. **Lehrsatz.** Wenn zwei Kreise einander berühren, und man zieht durch den Berührungspunkt zwei gerade Linien, welche jede der zwei Peripherien in noch einen Punkt schneiden, so sind die zwei Sehnen, welche diese Durchschnittspunkte verbinden, einander parallel.

Beweis. Ist (Fig. 80. und 81.) a der Berührungspunkt beider Kreise, bc die Tangente durch a für beide Kreise, so ist in Beziehung auf die durch a gelegten zwei Linien, welche die Kreise schneiden, zu beweisen, daß df ‡ gh ist.

Für Fig. 80. hat man nun nach §. 174.
∠bag = ahg und
∠fac = adf;
aber bag = fac; also auch
ahg = adf,
folglich hg ‡ df.

Für Fig. 81. hat man nun nach §. 174.
bag = ahg

und $baf = adf$; also
$ahg = adf$,
folglich $hg \ddagger df$.

§. 177. Lehrsatz. Wenn man durch den gemeinschaftlichen Punkt der Peripherien zweier Kreise zwei gerade Linien legt, welche jede der beiden Peripherien in noch einen Punkt schneiden, und es werden die Sehnen, welche diese Durchschnittspunkte verbinden, mit einander parallel, so haben beide Peripherien nur diesen einen Punkt gemein, d. h. sie berühren sich, oder: sie haben an diesem Punkt eine gemeinschaftliche Tangente.

Beweis. Der Beweis dieses Satzes, welcher ein umgekehrter des in §. 176. ist, ist ganz ähnlich dem in §. 176., und wird auf §. 21. zurückzuführen sein.

§. 178. Lehrsatz. Wenn man auf den Endpunkten des Durchmessers eines Kreises Normalen errichtet, und diese Tangenten auf einerlei Seite des Durchmessers verlängert, bis sie von der Tangente eines auf derselben Seite beliebig gewählten Punktes in der Peripherie geschnitten werden, so trifft die gerade Verbindungslinie dieses beliebig gewählten Punktes mit dem Durchschnittspunkt der Diagonalen des entstehenden Trapezes, gehörig verlängert, den erwähnten Durchmesser normal.

Beweis. Ist (Fig. 82.) ab ein Durchmesser, sind af, bd Tangenten in a, b; fd eine Tangente in dem beliebig gewählten Punkt c; g der Durchschnittspunkt der Diagonalen ad, bf, so ist $bd \ddagger af$, also $\triangle agf \sim gbd$, daher
$fg : gb = fa : bd$;
aber $fa = fc$ und $bd = cd$ (§. 155. XII.)
folglich $fg : gb = fc : cd$,
daher $cg \ddagger db$;
aber $dba = R$ (Voraussf.),
also auch $cha = R$.

§. 179. Zusatz. Aus dem vorigen §. folgt auch leicht indirekt, daß die beiden Diagonalen und die Normale aus c auf dem Durchmesser sich in einem und demselben Punkt durchschneiden müssen.

§. 180. Lehrsatz. Wenn man aus dem einen Endpunkt einer Sehne einen Durchmesser zieht, und aus dem andern Endpunkt eine Normale darauf fällt, so ist

1) die Sehne mittlere Proportionslinie zwischen ihrer Projection auf diesen Durchmesser und dem Durchmesser selbst;
2) die Normale mittlere Proportionallinie zwischen beiden Stücken oder Abscissen dieses Durchmessers.

Beweis. Ist (Fig. 83.) cd ein Durchmesser und ab normal auf cd, so soll

1) cb : ca = ca : cd,
2) cb : ba = ba : bd sein.

Da Winkel cad (nach §. 161. 4.) = R ist, so folgen beide Proportionen sogleich aus §. 130.

§. 181. Lehrsatz. Schneiden sich zwei Sehnen eines Kreises, so ist das rechtwinklige Parallelogramm, dessen Seiten die Abstände vom Durchschnittspunkt der Sehnen bis zu den Durchschnittspunkten der einen Sehne mit der Peripherie sind, eben so groß wie das andere, eben so in Beziehung auf die andere Sehne bestimmte Rechteck.

Beweis. 1. Für den Fall, wenn die Sehnen sich innerhalb des Kreises schneiden (Fig. 84.). Denkt man sich die Hülfslinien ac, bd, so ist $\angle$ acf = fbd und caf = fdb (§. 161. 2.), also $\triangle$ acf $\sim$ $\triangle$ dbf;

folglich af : cf = df : bf,
daher auch fa . fb = fc . fd.

2. Für den Fall, wenn sie sich außerhalb des Kreises schneiden (Fig. 85.).

Aus $\angle$ fad = $\angle$ fcb (§. 161. 2.)
und $\angle$ f = $\angle$ f
folgt $\triangle$ fad $\sim$ fcb; also
fa : fd = fc : fb,
daher auch fa . fb = fc : fd.

Anmerkung. Der umgekehrte Satz: wenn fa . fb = fc . fd (Fig. 84 und 85.) ist, übrigens ab und cd gerade Linien sind, so liegen die vier Punkte a, c, b, d in der Peripherie eines Kreises, beweist sich sehr leicht nach §. 162.

§. 182. Zusatz. Ist eine der beiden Sehnen, etwa cd, ein Durchmesser, so ist auch nothwendig

fc + fd > fa + fb.

Für Fig. 84. erkennt man die Wahrheit unmittelbar aus §. 159.

Für Fig. 85. hat man

fa . fb = fc . fd, also auch
fc : fa = fb : fd; folglich
fc − fa : fc = fb − fd : fb.

Es ist aber fc > fb (denn da der Winkel cbd = R, so ist cbf > R) und also muß auch

fc − fa > fb − fd sein.

Weil nun fd + fa = fd + fa, so folgt durch Addition:

fc + fd > fa + fb.

§. 183. Lehrsatz. Schneiden sich eine Tangente und eine verlängerte Sehne desselben Kreises, so ist das Quadrat des abgeschnittenen Stücks der Tangente so groß wie das Rechteck, dessen Seiten die Abstände vom Durchschnittspunkt der verlängerten Sehne und Tangente bis zu den Durchschnittspunkten der Sehne mit der Peripherie sind.

Beweis. Ist (Fig. 86.) af die Tangente in a, cd eine Sehne, f der Durchschnittspunkt der verlängerten Sehne mit der Tangente, so ist

$$\angle fad = \angle acd \text{ §. 174.}$$
$$\angle f = \angle f;$$
also $\triangle fad \sim fca$, folglich
$$fd : fa = fa : fc;$$
also auch $fa^2 = fd.fc$, wie zu beweisen war.

§. 184. Zusatz. Ist m die Mitte von cd, also $cm = md$, und $fd = fm - md = fm - mc$, so wie $fc = fm + mc$, so folgt aus $fa^2 = fd.fc$ der Satz:
$$fa^2 = fm^2 - mc^2.$$

Der Beweis des umgekehrten Satzes zu §. 183.: wenn $fa^2 = fd.fc$ ist, so liegen a, d, c in der Peripherie des Kreises, für welchen fa in a Tangente ist, ergiebt sich, wenn man durch a einen Durchmesser legt, leicht aus §. 154. und 161. 4.

§. 185. Lehrsatz. Wenn man durch einen beliebigen Punkt c innerhalb eines Kreises (Fig. 87.) drei oder mehrere Sehnen $a'b'$, $a''b''$, $a'''b'''$ u. s. w. legt, und an ihren Endpunkten sich die für jede Sehne gleichen Tangenten (§. 155. XII.) vorstellt, welche sich in d', d'', d''' u. s. w. schneiden, so liegen diese Durchschnittspunkte in einer geraden Linie.

Beweis. Ist m der Mittelpunkt des Kreises, und man legt durch c eine auf cm normale Sehne ab und denkt sich auch an ihren Endpunkten a, b die sich in d schneidenden gleichen Tangenten, so hat man, weil $mb'd' = R$ und $meb' = R$ (§. 155. XII.)

$$(mb')^2 = me.md' \text{ (§. 130.)}$$
und eben so: $mb^2 = mc.md$,
daher $me.md' = mc.md$;
also $mc : me = md'.md$,
und also, weil $\angle m = \angle m$;
$$\triangle mce \sim \triangle md'd,$$
daher $\angle mec = \angle mdd'$.
Es ist aber $mec = R$;
daher auch $mdd' = R$. Eben so erhält man
$$mdd'' = R;\ mdd''' = R \text{ u. s. w.}$$

und hieraus erhellet, daß d, d', d'', d''' u. s. w. in eine gerade Linie fallen, welche von mc normal getroffen wird.

§. 186. Lehrsatz. Wenn man sich außerhalb eines Kreises eine gerade Linie l denkt, in dieser nach Belieben mehrere Punkte d', d'' rc. wählt (Fig. 88.), aus jedem die gleichen Tangenten d'a', d'b'; d''a'', d''b'' u. s. w. an den Kreis sich gezogen vorstellt, und die zusammengehörigen Berührungspunkte a'b', a''b'' u. s. w. durch Sehnen verbindet, so schneiden diese Sehnen sich alle in einem und demselben Punkte.

Beweise. Ist m der Mittelpunkt des Kreises, und denkt man sich md normal auf die gerade Linie l außerhalb des Kreises, stellt sich dann aus dem Durchschnittspunkt d die Tangenten da = db und die zugehörige Sehne ab construirt vor, welche md in c rechtwinklig schneidet, so muß gezeigt werden, daß die Sehnen a'b', a''b'' u. s. w. alle auch durch c gehen. Wollte man nun annehmen, c läge nicht in a'b', sondern die gerade Linie a'c träfe verlängert nicht den Punkt b', sondern einen andern Punkt k der Peripherie, so würde auch die in k zu denkende Tangente die a'd' in einen Punkt f außerhalb l treffen, und dann wäre nach §. 185.

$$\angle mdf = R.$$

Es ist aber mdd' = R, und somit erhielte man, gegen den Satz: der Theil ist kleiner als das Ganze, die widersprechende Folgerung: mdf = mdd', woraus die Wahrheit der Behauptung hervorgeht.

§. 187. Lehrsatz. Bezeichnet r die Größe des Halbmessers eines Kreises, a die Seite des regulären Sechsecks, b die des regulären Vierecks, c die des regulären Dreiecks in diesem Kreis, so ist

1) $a = r$, also auch $a^2 = 1 \cdot r^2$;
2) $b^2 = 2 \cdot r^2$;
3) $c^2 = 3 \cdot r^2$.

Beweis. ad 1). Der Mittelpunkts-Winkel zur Sehne a ist $= \frac{4R}{6} = \frac{2}{3}R$, folglich die Summe der beiden übrigen Winkel des Dreiecks, dessen Seiten r, r, a sind $= 2R - \frac{2}{3}R = \frac{4}{3}R$, und da beide gleich groß sein müssen, weil es die gegenüberliegenden Seiten r, r sind, so ist jeder auch $= \frac{2}{3}R$, folglich das Dreieck gleichwinklig, also auch gleichseitig, daher a = r.

ad 2) Der Mittelpunkts-Winkel zur Sehne b ist $= \frac{4R}{4} = R$; folglich nach dem pythagoräischen Lehrsatz

$$b^2 = r^2 + r^2; \text{ oder}$$
$$b^2 = 2r^2.$$

ad 3) Sind df, fg Fig. 89. Seiten eines regulären Sechsecks, also $dg = c$ Seite des regulären Dreiecks in demselben Kreis, so ist, wenn m seinen Mittelpunkt vorstellt, das Viereck $mdfg$ ein Parallelogramm, also (nach §. 105.).

$$dg^2 + mf^2 = md^2 + df^2 + fg^2 + mg^2$$
$$\text{oder } c^2 + r^2 = r^2 + r^2 + r^2 + r^2;$$
$$\text{also } c^2 = 3 . r^2.$$

§. 188. Lehrsatz. Der Inhalt jedes Dreiecks ist gleich dem Produkt seiner 3 Seiten, dividirt durch den doppelten Durchmesser des um das Dreieck gelegten Kreises.

Beweis. Ist (Fig. 90.) abc das Dreieck, m der Mittelpunkt des darum liegenden Kreises, cg ein Durchmesser, so ist

$$\angle agc = \angle abc \text{ (§. 161. 2.)}$$
$$\text{und } \angle gac = R \text{ (§. 161. 4.).}$$

Denkt man sich nun ad normal auf bc, so ist auch

$$\angle adb = R;$$
$$\text{daher } gac = adb;$$
$$\text{also } \triangle gac \sim bda;$$
$$\text{folglich } gc : ac = ab : ad;$$
$$\text{daher } ad = \frac{ab . ac}{gc};$$
$$\text{also } \frac{ad . bc}{2} = \frac{ab . ac . bc}{2 . gc}.$$

§. 189. Zusatz. Bezeichnen a, b, c die 3 Seiten eines Dreiecks, α, β, γ die zugehörigen Höhen und d den Durchmesser des Kreises um dieses Dreieck, so aht man nach §. 188.:

$$\frac{a\alpha}{2} = \frac{abc}{2d};$$
$$\text{oder } \alpha = \frac{bc}{d}.$$
$$\text{Eben so ist } \beta = \frac{ac}{d}$$
$$\text{und } \gamma = \frac{ab}{d},$$
$$\text{folglich } \alpha + \beta + \gamma = \frac{ab + ac + bc}{d}$$
$$\text{und auch } d = \frac{ab + ac + bc}{\alpha + \beta + \gamma}.$$

§. 190. Lehrsatz. Das Quadrat derjenigen Linie, welche einen Winkel eines Dreiecks halbirt und bis zur gegenüberliegenden Seite verlängert ist, und das Rechteck, dessen Seiten die entstandenen Theile dieser Seite sind; diese beiden ebenen Räume sind zusammengenommen eben so groß wie das Rechteck, dessen Seiten die beiden andern Seiten des Dreiecks sind, oder:

Behaupt. $cd^2 + ad.db = ac.cb$ (Fig. 91.).

Voraussf. $\angle acd = \angle dcb$.

Beweis. Denkt man sich den Kreis ums Dreieck und verlängert cd bis zum Durchschnittspunkt f mit der Peripherie und zieht bf, so ist

$$\angle cad = cfb \text{ und}$$
$$\angle acd = fcb;$$
$$\text{also } \triangle acd \sim \triangle fcb,$$
$$\text{folglich } ca:dc = cf:bc,$$
$$\text{daher } ac.bc = cd.cf.$$
$$\text{Es ist aber } cf = cd + df;$$
$$\text{also } cd.cf = cd^2 + cd.df;$$
$$\text{weil aber } cd.df = ad.db \text{ (§. 181.) ist,}$$
$$\text{so folgt } cd.cf = cd^2 + ad.db;$$
$$\text{also } cd^2 + ad.db = ac.bc.$$

§. 191. Zusatz. Daß der Satz §. 190, umgekehrt, nicht nothwendig wahr ist, erhellet schon daraus, daß fürs gleichschenkliche Dreieck, nämlich für $ac = cb$, die Gleichung

$$cd^2 + ad.db = ac.cb$$

für jeden Ort des Punktes d zwischen a und b statt findet, nicht blos für den aus $\angle acd = \angle dcb$ bestimmten. Man hat nämlich, weil die Projection von ac oder cb auf ab gleich $\frac{ab}{2}$ ist, $cd^2 = ac^2 + ad^2 - 2ad.\frac{ab}{2}$; oder $cd^2 + ad.ab = ac^2 + ad^2$, oder $ad + db$ für ab geschrieben,

$$cd^2 + ad.db = ac^2 = ac.cb.$$

§. 192. Lehrsatz. Bei jedem Viereck, welches in einem Kreis liegt, ist das Produkt der beiden Diagonalen gleich der Summe der Produkte der einander gegenüberliegenden Seiten des Vierecks (Fig. 92.).

Beweis. Setzt man der Kürze halber $AB = a$, $BC = b$, $CD = c$, $DA = d$, $AC = p$, $BD = q$; denkt sich $AE = CD$ gemacht und BE gezogen, so hat man

$$\angle ABF = \angle DBC$$
$$\text{und } \angle BAF = \angle BDC,$$
$$\text{also } \triangle ABF \sim DBC;$$
$$\text{folglich } a:AF = q:c,$$
$$\text{daher } AF.q = a.c.$$

$$\begin{aligned}
\text{Eben so } \angle BCF &= \angle BDA, \\
\angle CBF &= \angle ABD, \\
\text{daher } \triangle BCF &\sim BDA, \\
\text{also } b : CF &= q : d; \\
\text{folglich } CF \,.\, q &= b \,.\, d. \\
\text{Demnach } (AF + FC) \,.\, q &= a \,.\, c + b \,.\, d \\
\text{oder } p \,.\, q &= a \,.\, c + b \,.\, d
\end{aligned}$$

§. 193. Lehrsatz. Ist in einem Viereck das Produkt der Diagonalen gleich der Summe der Produkte der gegenüberliegenden Seiten, also $pq = ac + bd$, so liegt das Viereck in einem Kreis, d. h. es ist $\angle ADB = \angle ACB$.

Beweis. Nimmt man an, daß ADB und ACB nicht gleich wären, und legt den $\angle ACB$ an AD in D, so würde CB nicht in die Richtung DB fallen, also, wenn nun auch an AD in A der Winkel BAC angelegt wird, beide neuen Schenkel sich in einem Punkt G schneiden, der nicht in die Richtung BD fiele, so daß also die drei Punkte B, D und G als Eckpunkte eines Dreiecks zu betrachten wären. Es wären aber dann die Dreiecke ADG und ACB ähnlich, also auch $AB : AG = AC : AD$, folglich, weil auch die Gleichheit der eingeschlossenen Winkel BAG und CAD leicht hervorgeht, auch $\triangle BAG \sim \triangle CAD$, und hieraus $ac = p \,.\, BG$; aus der Aehnlichkeit der ersteren beiden Dreiecke folgt aber $bd = p \,.\, DG$, und die Summe beider Gleichungen lieferte die $ac + bd = p \,.\, (BG + DG)$, welche, mit der Voraussetzung $ac + bd = pq$ verglichen, die Folgerung

$$q \text{ oder } BD = BG + DG$$

geben würde, die nach §. 41. einen Widerspruch ausdrückt, so daß also die Winkel ADB und ACB nicht verschieden sein können, wenn $ac + bd = pq$ ist.

Die Sätze in §. 192 und 193., so wie der im folgenden §. 194., heißen die Ptolemäischen.

§. 194. Lehrsatz. Bei jedem Viereck im Kreise verhalten sich beide Diagonalen wie die Summe der Produkte der in ihren Endpunkten zusammenstoßenden Seiten, oder

Behauptung. $p : q = ad + bc : ab + cd.$

Beweis. Nach §. 188. ist, wenn h den Durchmesser des Kreises ums Viereck bezeichnet,

$$ABC = \frac{abp}{2h},$$

$$ACD = \frac{cdp}{2h};$$

$$\text{also } ABCD = \frac{(ab + cd)p}{2h}.$$

$$\text{Ferner } ABD = \frac{adq}{2h},$$

$$BDC = \frac{bcq}{2h};$$

$$\text{folglich } ABCD = \frac{(ad + bc)q}{2h};$$

daher, wenn man beide Werthe für ABCD einander gleich setzt,

$$(ab + cd)p = (ad + bc)q;$$

und hieraus

$$p : q = ad + bc : ab + cd.$$

§. 195. Zusatz. Der umgekehrte Satz ist nicht nothwendig wahr, denn denkt man sich etwa die fünf Linien a, b, c, d, p willkührlich (doch mit Rücksicht auf §. 41.) gewählt, so ist dadurch nach §. 146. ein Viereck, also auch die Größe von q bestimmt, und es wäre nun bloßer Zufall, wenn für diesen Werth von q auch $\frac{p}{q} = \frac{ad + bc}{ab + cd}$ sich ergäbe.

§. 196. Lehrsatz. Zwischen zwei concentrischen Kreisen, so nahe sie auch an einander liegen mögen, ist im Größeren immer noch ein reguläres Vieleck denkbar, dessen Seiten die Peripherie des Kleineren weder schneiden noch berühren.

Beweis. Denkt man sich in irgend einem Punkt der Peripherie des kleineren Kreises eine Tangente, so wird diese, gehörig verlängert gedacht, eine Sehne des größeren Kreises, und mit dieser Sehne kann man sich nun unendlich viele parallele Sehnen vorstellen, welche noch weiter vom Mittelpunkt entfernt, also kleiner sind. Entspricht nun die erste Sehne, welche zugleich Tangente des kleineren Kreises ist, einem Mittelpunkts-Winkel α, so wird jede der übrigen erwähnten Sehnen nach §. 46. 2. einem kleineren Mittelpunkts-Winkel angehören, und unter diesen immer kleiner werdenden Winkeln muß, da ihre Anzahl unendlich groß ist, wenigstens einer β existiren, für welchen $\frac{4R}{\beta}$ gleich einer ganzen Zahl n ist, und dessen Sehne ist dann Seite eines regulären n Ecks, dessen Seiten die Peripherie des kleineren Kreises weder schneiden noch berühren.

§. 197. Lehrsatz. Zwischen zwei concentrischen Kreisen, so nahe sie auch an einander liegen mögen, ist um den Kleineren immer noch ein reguläres Vieleck denkbar, dessen Ecken innerhalb der Peripherie des Größeren liegen, ohne in dieselbe zu fallen.

Beweis. Er ist dem in §. 196. ganz ähnlich.

§. 197.* Lehrsätze. 1) Die gerade Linie ist der kürzeste Weg zwischen zwei Punkten.

2) Zwischen denselben Endpunkten ist bei zwei sich nicht durchschneidenden und nicht aus convex in concav (oder umgekehrt) übergehenden Curven die umschließende größer als die umschlossene.

3) Denkt man sich in irgend einem Punkt A der Peripherie eines Kreises zum Mittelpunkt M eine Tangente, zieht aus M nach irgend einem zweiten Punkt B derselben die Gerade MB, welche die Peripherie zwischen M und B in C schneidet, fällt dann aus C die Normale auf AM, und bezeichnet ihren Endpunkt in AM durch D, so ist der Bogen AC kleiner als AB und größer als CD.

Die Beweise zu 1. und 2. ergeben sich leicht indirect, und der zu 3. folgt dann aus 1. und 2.

§. 198. Lehrsatz. Die Ebenen zweier Kreise verhalten sich wie die Quadrate ihrer Durchmesser oder Halbmesser.

Beweis. Bezeichnet F den Inhalt der größeren Kreis-Ebene, R ihren Halbmesser, f den Inhalt der kleineren Kreis-Ebene, und r ihren Halbmesser, so ist die

Behauptung. $F : f = R^2 : r^2$; oder

$$F = \frac{R^2}{r^2} . f.$$

Angenommen:

1stens. Es wäre $F > \frac{R^2}{r^2} . f$,

so müßte doch eine Kreis-Ebene F' existiren, die $= \frac{R^2}{r^2} . f$ wäre, und dann hätte man $F > F'$. Denkt man sich nun beide Kreis-Ebenen F und F' concentrisch und in F (§. 196.) ein reguläres Vieleck, dessen Seiten die Peripherie von F' weder berühren noch schneiden, und bezeichnet den Inhalt dieses Vielecks durch Q; denkt sich dann auch in f ein reguläres Vieleck von eben so viel Seiten, und bezeichnet dessen Inhalt durch q, so sind Q und q ähnlich, und man hat (nach §. 150.)

$$Q : q = R^2 : r^2,$$

$$\text{also } Q = \frac{R^2}{r^2} . q.$$

Dividirt man nun diese Gleichung durch die angenommene

$$F' = \frac{R^2}{r^2} . f, \text{ so entsteht}$$

$$\frac{Q}{F'} = \frac{q}{f},$$

welche Folgerung einen Widerspruch darstellt, indem F′ ein Theil von Q, also $\frac{Q}{F'}$ größer wie Eins, und q ein Theil von f, also $\frac{q}{f}$ kleiner wie Eins ist.

Hieraus folgt also, daß F nicht größer wie $\frac{R^2}{r^2} . f$ sein kann.

Angenommen:

2tens. Es wäre $F < \frac{R^2}{r^2} . f$, so müßte doch eine Kreis-Ebene f′ existiren, die $= \frac{R^2}{r^2} . f$ wäre, und dann hätte man

$$F < f'.$$

Denkt man sich nun beide Kreis-Ebenen F und f′ concentrisch und um F (§. 197.) ein reguläres Vieleck, dessen Ecken innerhalb der Peripherie von f′ fallen, und bezeichnet den Inhalt dieses regulären Vielecks durch P, denkt sich dann auch um f ein reguläres Vieleck von eben so viel Seiten, und bezeichnet dessen Inhalt durch p, so sind P und p ähnlich, und nach §. 150. ist

$$P : p = R^2 : r^2,$$

$$\text{also } P = \frac{R^2}{r^2} . p;$$

Dividirt man nun diese Gleichung durch die angenommene

$$f' = \frac{R^2}{r^2} . f, \text{ so entsteht}$$

$$\frac{P}{f'} = \frac{p}{f},$$

welche Folgerung auch einen Widerspruch darstellt, indem P ein Theil von f′, also $\frac{P}{f'}$ kleiner wie Eins, und f ein Theil von p, also $\frac{p}{f}$ größer wie Eins ist.

Hieraus folgt demnach, daß F nicht kleiner wie $\frac{R^2}{r^2}.f$ sein kann, und es muß daher $F = \frac{R^2}{r^2}.f$, folglich $F : f = R^2 : r^2$ sein.

§. 199. Zusatz. Die beiden Sätze §. 151 und 152. gelten, dem vorigen §. gemäß, also nun auch für Kreise und Kreis-Ausschnitte zu gleichen Mittelpunkts-Winkeln, und für Halbkreise folgt dann, wenn man sowohl vom Halbkreis über der Hypotenuse, als von der gleichgroßen Summe der Halbkreise der beiden Catheten, die beiden Kreisabschnitte (Fig. 94.) subtrahirt, daß die beiden mondförmigen Figuren zusammen genommen dem rechtwinkligen Dreieck gleich sind.

§. 200. Lehrsatz. Der ebene Raum F jeder Kreis-Ebene ist gleich dem eines Dreiecks, dessen Grundlinie gleich der Peripherie P dieses Kreises, und dessen Höhe gleich dem Halbmesser R desselben ist, oder

Behauptung. $F = \frac{P.R}{2}$.

Beweis. Es sind nur 3 Fälle möglich:

1stens $F < \frac{PR}{2}$;

2tens $F > \frac{PR}{2}$;

3tens $F = \frac{P.R}{2}$.

Kann man nun zeigen, daß die beiden ersten Fälle, wenn man sie annimmt, auf Widersprüche führen, so muß immer der dritte statt finden.

Aus der Annahme $F < \frac{PR}{2}$ kann man nämlich folgern, daß ein anderer Kreis existiren müßte, dessen Inhalt F′ gleich $\frac{PR}{2}$ wäre, und dann hätte man $F' > F$.

Denkt man sich nun F′ und F concentrisch und um F ein reguläres Viereck, dessen Ecken die Peripherie zu F′ noch nicht treffen, setzt den Umfang desselben = B, seinen Inhalt = D, so hat man (§. 141.)

$$D = \frac{BR}{2}.$$

Diese Gleichung durch die Annahme

$$F' = \frac{PR}{2} \text{ dividirt,}$$

$$\text{giebt } \frac{D}{F'} = \frac{B}{P},$$

welche Folgerung einen Widerspruch darstellt, indem $\frac{D}{F'}$ ein ächter und $\frac{B}{P}$ ein unächter Bruch ist (§. 48. Anmerk.).

Aus der Annahme $F > \frac{PR}{2}$ folgt, wenn man $f = \frac{PR}{2}$, also

$$F > f \text{ setzt,}$$

sich beide Kreise F und f concentrisch, und um f, wozu der Halbmesser r heißen mag, ein reguläres Vieleck vom Inhalt b und Umfang d vorstellt, dessen Ecken die Peripherie von F noch nicht treffen, daß

$$b = \frac{dr}{2} \text{ ist.}$$

$$\text{Hiermit } f = \frac{PR}{2} \text{ verbunden,}$$

$$\text{giebt } \frac{b}{f} = \frac{dr}{PR}.$$

Es ist aber $d < P$
und $r < R$,
also $dr < PR$;

folglich $\frac{dr}{PR}$ ein ächter Bruch.

Da nun $b > f$ (§. 48. Anmerk.) also $\frac{b}{f}$ ein unächter Bruch ist, so spricht die aus der Annahme $F > \frac{PR}{2}$ entstandene Folgerung $\frac{b}{f} = \frac{dr}{PR}$ einen Widerspruch aus, und es muß folglich, da F nicht größer und nicht kleiner wie $\frac{PR}{2}$ sein kann, nothwendig $F = \frac{PR}{2}$ sein.

§. 201. Lehrsatz. Die Peripherien P, p zweier Kreis-Ebenen F, f verhalten sich wie ihre Durchmesser D, d oder wie ihre Halbmesser R, r.

Beweis. Es ist nach §. 200. $F = \frac{PR}{2}$ und $f = \frac{pr}{2}$; also

$$F : f = PR : pr.$$

Da nun auch nach §. 198.

$F : f = R^2 : r^2$, so folgt
$PR : pr = R^2 : r^2$, oder
$P : p = R : r$, oder auch,
da $D = 2R$ und $d = 2r$ ist,
$P : p = D : d$.

§. 202. Lehrsatz. Zwischen dem Quadrat-Inhalt A eines regulären Vielecks um einen Kreis, und dem Inhalt a eines ähnlichen Vielecks in demselben, ist der Inhalt b des regulären Vielecks von doppelt so viel Seiten in eben diesem Kreis die mittlere Proportionalfläche, oder

Behauptung. $A : b = b : a$.

Beweis. Ist die Seitenzahl von A, also auch die von $a = n$, folglich die von $b = 2n$, so besteht A aus n; a auch aus n; b aber aus 2n congruenten Dreiecken. Stellt Fig. 95. diese Dreiecke dar, so daß

$A = n . pmg$,
$a = n . htm$,
$b = 2n . bcm$ ist,

so kann man, weil $\angle pmc = cmg$ ist, auch schreiben:

$A = n . 2 . pmc$
$a = n . 2 . hkm$
$b = 2n . hcm$,

und es folgt dann:

1) $A : b = pmc : hcm$
$= pm : hm$ (§. 96. 2.)
$= cm : km$ (§. 108.)
2) $b : a = hcm : hkm$
$= cm : km$ (§. 96. 2.).

Beide Proportionen 1) und 2) geben die Folgerung:

$$A : b = b : a.$$

§. 203. Lehrsatz. Bezeichnet n eine ganze Zahl, und zwar wenigstens 3, so verhält sich der Inhalt a jedes regulären n Ecks in einem Kreis k zur halben Summe der Inhalte desselben und des regulären 2n Ecks (b) in k, wie der Inhalt B des regulären 2n Ecks um k zum Inhalt A des regulären n Ecks um k, oder:

Behaupt. $a:\frac{a+b}{2} = B:A.$

Beweis. Ist (Fig. 95.) $\angle pmq = qmc = cmd = dmg$, ferner, wie im vorigen §.:

ht eine der n Seiten von a
hc eine der 2n Seiten von b
pg eine der n Seiten von A,

also, der angegebenen Winkel-Halbirung gemäß,

qd eine der 2n Seiten von B,

so hat man

$$a = n.hmt = n.2.hmk$$
$$b = 2n.hcm$$
$$A = n.pmg = n.2pmc$$
$$B = 2n.qmd = 2n.2.qmc;$$

und hieraus, wie im vorigen §.:

$a:b = km:cm$; also auch
$a:b = km:hm$ (weil $hm = cm$)
$= cm:pm$ (§. 108.)
$= cq:pq$ (114.);

folglich

1) $a:a+b = cq:cp.$

Ferner $B:A = 2.qmc:pmc$, oder

2) $B:2A = qmc:pmc$
$= cq:cp;$

also aus 1. und 2.:

$$a:a+b = B:2A, \text{ oder}$$
$$a:\frac{a+b}{2} = B:A.$$

§. 204. Zusatz. Betrachtet man a und A als gegeben oder bekannt, so folgt aus den beiden vorigen Paragraphen:

1. $b = \sqrt{a.A}$

2. $B = \frac{2aA}{a+\sqrt{aA}}.$

Nun ist für $n = 4$, wenn r den Halbmesser des zugehörigen Kreises bezeichnet, nach §. 187.:

$$a = 2.r^2,$$

und also aus §. 90. Anmerk.:

$$A = 2.2.r^2 = 4r^2;$$

folglich der Inhalt des regulären Achtecks in demselben Kreis

$$= \sqrt{2}r^2.4:r^2 = 2r^2.\sqrt{2},$$

und der des regulären Achtecks um denselben

$$= \frac{2.2r^2.4r^2}{2r^2+\sqrt{2r^2.4.r^2}} = \frac{8}{1+\sqrt{2}}.r^2$$
$$= 8(\sqrt{2}-1).r^2.$$

Eben so erhält man $2r^2.\sqrt{2}$ für a und $8(\sqrt{2}-1).r^2$ für A gesetzt, den Inhalt des regulären 16 Ecks im Kreis $= \sqrt{2r^2.\sqrt{2}.8(\sqrt{2}-1).r^2} = 4r^2.\sqrt{2-\sqrt{2}}$, und den des regulären 16 Ecks um diesen Kreis zum Halbmesser r,

$$= \frac{2.2r^2.\sqrt{2}.8.(\sqrt{2}-1).r^2}{2r^2.\sqrt{2}+4r^2.\sqrt{2-\sqrt{2}}}$$
$$= 16.r^2.\frac{2-\sqrt{2}}{2\sqrt{2-\sqrt{2}}+\sqrt{2}}$$
$$= 16.r^2\,\frac{1-\sqrt{2}+\sqrt{20-14\sqrt{2}}}{3-2\sqrt{2}}$$
$$= 16.r^2.[-1-\sqrt{2}-\sqrt{4+2\sqrt{2}}].$$

Setzt man nach den beiden Formeln für b und B diese Arbeit fort und berechnet diese Ausdrücke, so erhält man folgende Tabelle, in welcher der Factor r^2 weggelassen ist.

Inhalt des regulären	in dem Kreis	um den Kreis
4 Ecks.	2	4
8 „	2,82843	3,31371 ....
16 „	3,06145	3,18261 ....
32 „	3,12144	3,15173 ....
64 „	3,13655	3,14400 ....
128 „	3,14027	3,14227 ....
256 „	3,14127	3,14177 ....
512 „	3,14152	3,14164 ....
1024 „	3,14158	3,14160 ....

u. s. w.

Je weiter man diese Tabelle fortführt, desto unbedeutender ergiebt sich die Verschiedenheit der Inhalte eines regulären Vielecks in, und eines von eben so viel Seiten um den Kreis. Da nun die Kreis-Ebene F selbst größer ist als der Inhalt eines regulären Vielecks in ihr, und kleiner als der Inhalt eines regulären Vielecks um dieselbe, d. h.

$$F > 3{,}14158\ldots.r^2 \text{ und zugleich}$$
$$F < 3{,}14160\ldots.r^2,$$

so kann man, wenn nur eine Genauigkeit von 2 Decimalstellen verlangt wird,

$$F = 3{,}14.r^2,$$

für 3 Decimalstellen

$$F = 3{,}141 . r^2,$$

für 4 Decimalstellen

$$F = 3{,}1415 . r^2,$$

und für 5 Decimalstellen

$$F = 3{,}14159 . r^2 \text{ setzen.}$$

§. 205. Lehrsatz. Bezeichnet r den Halbmesser eines Kreises, F den Quadrat-Inhalt seiner Ebene, d seinen Durchmesser, P seine Peripherie und π die Zahl 3,14159...., so ist

$$F = r^2\pi \text{ oder auch } = \frac{d^2 . \pi}{4}; \text{ und}$$

$$P = 2r\pi \text{ oder auch } = d\pi.$$

Beweis. Die erste Formel

$$F = r^2 . \pi$$

ist schon im vorigen §. hergeleitet.

Setzt man in dieselbe $\frac{d}{2}$ für r, so ergiebt sich die zweite.

$$F = \frac{d^2 . \pi}{4}.$$

Schreibt man aber, nach §. 200., in dieselbe $\frac{Pr}{2}$ für F, so kommt $\frac{Pr}{2} = r^2\pi$, und hieraus folgt die dritte, $P = 2r\pi$, woraus auch gleich die vierte abzuleiten ist, wenn man d für 2r schreibt.

Anmerkung. Mit der Formel $P = 2r\pi = 6{,}283 . r$ stimmt sehr nahe die Regel: die Peripherie ist gleich dreimal dem Durchmesser und dem fünften Theil der Sehne des Quadranten. Es ist nämlich die Sehne des Quadranten $= \sqrt{r^2 + r^2} = r . \sqrt{2} = 1{,}414 . r$, und hiervon der fünfte Theil $= 0{,}283 . r$ beinahe. Hierzu den dreifachen Durchmesser $= 6 . r$, so entsteht

$$6{,}283 . r,$$

welcher Ausdruck mit dem durch Rechnung bestimmten beinahe noch in der dritten Decimalstelle übereinstimmt.

Noch genauer ist folgende Construction, zu welcher die Figur leicht zu zeichnen ist.

Ist ABC ein Quadrant, so theile man den einen Halbmesser $AB = r$ in E in zwei gleiche Theile, den andern BC in acht gleiche Theile, nehme $CD = \frac{1}{8}r$, ziehe AD, mache in AD, $AF = AE = \frac{1}{2}r$, fälle aus F auf AB die Normale bis zu ihrem Durchschnittspunkt G mit AB, ziehe GD und damit aus F die Parallele bis zu ihrem Durchschnittspunkt N mit AB, so ist

$$AF : AD = AN : AG \text{ und}$$

$$AF : AD = AG : r; \text{ also}$$

$$AF^2 : AD^2 = AN : r; \text{ oder}$$

$$\left(\frac{r}{2}\right)^2 : r^2 + (\tfrac{7}{8}r)^2 = AN : r, \text{ woraus}$$

$$AN = \tfrac{16}{113} r \text{ folgt.}$$

Addirt man hierzu 3 . r und nimmt das Doppelte, so entsteht

$$2r \cdot \tfrac{355}{113},$$

welche gerade Linie die Peripherie ungemein scharf und zwar genau das Verhältniß von Metrius angiebt.

§. 206. Lehrsatz. Bezeichnet r den Halbmesser eines Kreises, α einen Mittelpunkts-Winkel in diesem Kreis, b die Länge des zugehörigen Bogens, und a den Quadrat-Inhalt der Ebene des Kreis-Ausschnitts zum Mittelpunkts-Winkel α, so ist

$$1)\ b = \frac{\alpha}{4R} \cdot 2r\pi$$

$$2)\ a = \frac{\alpha}{4R} \cdot r^2\pi.$$

Beweis. Nach §. 12 und 16. ist, wenn p die Peripherie dieses Kreises und F seinen Quadrat-Inhalt bezeichnet, $\frac{b}{p} = \frac{a}{F} = \frac{\alpha}{4R}$; und hieraus folgt:

$$b = \frac{\alpha}{4R} \cdot p \text{ und}$$

$$a = \frac{\alpha}{4R} \cdot F;$$

oder, wenn man aus §. 205. die Werthe für p und F schreibt:

$$1)\ b = \frac{\alpha}{4R} \cdot 2r\pi$$

$$2)\ a = \frac{\alpha}{4R} \cdot r^2\pi.$$

Anmerkung. Zur Berechnung der Länge von Kreisbögen kann man sich, wenn der zugehörige Mittelpunkts-Winkel nicht über $\frac{2}{3}$ R beträgt, folgender Näherungs-Methode bedienen, deren Begründung hier aber nicht beigebracht werden kann

Es ist der Bogen gleich seiner Sehne und dem dritten Theil des Unterschieds zwischen dieser Sehne und der Normale aus einem ihrer Endpunkte auf dem Halbmesser, zum andern Endpunkt gehörig.

§. 207. Zusatz. Dividirt man die Formel für a durch die für b, so entsteht

$$\frac{a}{b} = \frac{r}{2} \text{ und hieraus folgt}$$

$$a = \frac{b \cdot r}{2};$$

d. h. jeder Kreisausschnitt ist gleich einem Dreieck, dessen Grundlinie der zum Kreisausschnitt gehörige

Bogen und dessen Höhe der Halbmesser ist. (Siehe §. 200. zur Vergleichung.)

§. 208. Lehrsatz. Der Quadrat-Inhalt jedes Kreisabschnitts, welcher kleiner wie der Halbkreis ist, ist gleich dem Unterschied zweier Dreiecke, von welchen der Minuend den Bogen zur Grundlinie und den Halbmesser zur Höhe, der Subtrahend aber die Sehne zur Grundlinie und ihre Entfernung vom Mittelpunkt des Kreises zur Höhe hat.

Beweis. Ist Fig. 96. abc der von der Sehne ac abgeschnittene Kreisabschnitt, m der Mittelpunkt des Kreises, so ist

der Kreisabschnitt $abc + \triangle acm$

$=$ Kreisausschnitt $abcm$,

also: $abc = abcm - acm$,

woraus nach §. 207. und §. 100. die Wahrheit der Behauptung erhellet.

Anmerk. 1. Für Mittelpunkts-Winkel, welche höchstens $= \frac{2}{3}R$ sind, entspringt aus der Anmerkung zu §. 206. folgende sehr bequeme Näherungsregel zu Berechnung des zugehörigen Kreisabschnitts.

Ist nämlich Fig. 96. $af = fc$ und fb normal auf ac bis zum Durchschnittspunkt b mit dem, den Kreisabschnitt $abcf$ begränzenden Bogen, so ist näherungsweise:

Kreisabschnitt $abcf = \frac{2}{3} . ac . bf$.

Es ist nämlich, cp normal auf am gedacht:

$$\text{Bogen } abc = ac + \frac{ac - cp}{3} \text{ (§. 206. Anmerk.)}$$

$$\text{oder Bogen } abc = \frac{4 . ac - cp}{3}$$

$$\text{also Kreisausschnitt } abcm = \frac{4 . ac - cp}{3} . \frac{am}{2}$$

$$\text{(§. 207.); ferner } \triangle acm = \frac{am . pc}{2}$$

$$\text{oder} = \frac{ac . fm}{2} = \frac{ac . (am - bf)}{2}.$$

Daher Kreisabschnitt $abcf$

$$= \frac{4ac - cp}{3} . \frac{am}{2} - \frac{am . pc}{2}$$

$$= \tfrac{2}{3} am . (ac - pc).$$

$$\text{Es ist aber aus } \frac{am . pc}{2} = \frac{ac(am - bf)}{2};$$

auch $am . (ac - pc) = ac . bf$;

daher Kreisabschnitt $abcf = \frac{2}{3} . ac . bf$.

Anmerkung 2. Ist die Höhe bf des Kreisabschnitts nur ein sehr kleiner Theil der Sehne ac, also auch der Kreisabschnitt selbst nur ein sehr geringer Theil des ganzen Kreises, so kann man, wenn cd eine Sehne ist, deren Lage nicht viel von der Parallelität mit ac abweicht, und ok, an, ft normal auf de gefällt werden, tf aber bis zum Durchschnittspunkt g mit dem Bogen ac verlängert wird, den Raum fbg als ein bei b rechtwinkliges Dreieck betrachten, und zieht man dann kv parallel mit ca bis zum Durchschnittspunkt v mit an, so ergiebt sich leicht, daß $\triangle nkv \sim bfg$ und $kv = ac$ ist, und es folgt

$$nk : kv = bf : fg; \text{ oder}$$
$$nk : ac = bf : fg.$$

Hieraus ist $nk . fg = ac . bf$,

folglich auch näherungsweise

Kreisabschnitt $abcf = \frac{2}{3} nk . fg$.

Zehntes Kapitel.

Constructionen zu den Elementar-Aufgaben der Geometrie und einigen zusammengesetzteren.

§. 209. Aufgabe. Es ist ein Dreieck abc gegeben, man soll ein ihm congruentes zeichnen.

Auflösung. Man nehme eine der 3 Seiten des gegebenen Dreiecks, etwa ab, und trage sie vermittelst eines Zirkels auf einer geraden Linie in pq ab; beschreibe dann aus p mit ac und aus q mit bc Kreise, und verbinde den einen Durchschnittspunkt beider, r, mit p und q durch gerade Linien, so ist

$$\triangle pqr \cong \triangle abc.$$

Beweis. Die beiden construirten Kreise schneiden sich nach §. 41 und 156.; die Congruenz der Dreiecke aber folgt aus §. 28.

§. 210. Aufgabe. Einen Winkel zu construiren, welcher einem gegebenen gleich ist.

Auflösung. Man verbinde zwei, willkührlich in den Schenkeln des gegebenen Winkels gewählte Punkte durch eine gerade Linie, so daß ein Dreieck entsteht, und construire nach dem vorigen §. ein damit congruentes Dreieck, so ist der dem gegebenen Winkel homologe ihm gleich.

§. 211. Aufgabe. Durch einen gegebenen Punkt außerhalb einer gegebenen Linie eine Parallellinie mit ihr zu construiren.

Auflösung. Es sei ab **Fig. 97.** die gegebene Linie, c der gegebene Punkt; man wähle in ab einen Pnkt d willkührlich, ziehe cd und mache nach §. 210. $\angle dcf = \angle cdb$, so wird $cf \parallel ab$ (§. 65).

§. 212. Aufgabe. Es sind zwei Linien und ein Winkel $< 2R$ gegeben; man soll ein Dreieck construiren, welches diese Linien zu Seiten, und den gegebenen Winkel als den von ihnen eingeschlossenen Winkel enthält.

Auflösung. Man mache die Schenkel des gegebenen Winkels so lang wie die gegebenen Linien, und verbinde ihre Endpunkte durch eine gerade Linie.

§. 213. Aufgabe. Es sind drei gerade Linien gegeben, von welchen jede kleiner wie die Summe der beiden andern ist; man soll ein Dreieck zeichnen, welches diese drei Linien zu Seiten hat.

Auflösung. Sie ist wie die §. 209.

§. 214. Aufgabe. Es sind zwei Winkel, deren Summe $< 2R$ ist, und eine Linie gegeben; man soll ein Dreieck construiren, welches diese Linie als Seite und die gegebenen Winkel als Winkel erhält.

Auflösung. 1) Wenn die beiden Winkel der gegebenen Seiten anliegen sollen.

Man trage an den Endpunkten der gegebenen Linie als Schenkel auf einerlei Seite derselben die beiden Winkel an, und verlängere die entstandenen zweiten Schenkel bis zu ihrem Durchschnittspunkt. (§. 60.)

2) Wenn einer der beiden Winkel ihr gegenüberliegen soll.

Man mache ab (Fig. 98.) gleich der gegebenen Linie, bac = dem einen gegebenen Winkel, wähle d in ac beliebig, und mache $\angle adf =$ dem andern gegebenen Winkel, construire dann bg ‡ fd, so ist abg das verlangte Dreieck.

§. 215. Aufgabe. Es sind zwei Linien a, b und ein Winkel α gegeben, und zwar ist $a > b$; man soll ein Dreieck construiren, in welchem a und b Seiten sind, α aber der Seite a gegenüberliegt.

Auflösung. Man mache (Fig. 99.) $cd = b$, $\angle cdf = \alpha$; beschreibe aus c mit a ($> cd$) einen Kreis, und verbinde den Durchschnittspunkt g von df und der Peripherie mit c durch eine gerade Linie, so ist cdg das verlangte Dreieck.

§. 216. Zusatz. Ist a, b und der der kleineren von beiden b gegenüberliegende Winkel β gegeben, und man verfährt eben so: macht $ck = a$ (Fig. 100.), $\angle kct = \beta$ und beschreibt aus k mit b ($< ck$) einen Kreis, so schneidet er die Linie ct in zwei Punkten f und g, und sowohl $\triangle ckf$ als ckg enthält die gegebenen Stücke a, b, β. Für diesen Fall entstehen also zweierlei Dreiecke, cfk und cgk, in welchen $\angle cfk + cgk = 2R$. (§. 32.)

Ist $b <$ wie die Normale aus k auf ct, so existirt zu a, b, β kein Dreieck; ist aber $b =$ dieser Normale, so kann die Construction des Dreiecks nach §. 214. erfolgen.

§. 217. Aufgabe. Einen gegebenen Winkel in zwei gleiche Theile zu theilen.

Auflösung. Es sei abc der gegebene Winkel; man mache auf ba, bc die Linien bd, bf gleich groß, ziehe df und beschreibe sowohl aus d als auch aus f mit df als Halbmesser einen Kreis, und verbinde einen der beiden Durchschnittspunkte t dieser zwei Kreise mit b durch eine gerade Linie, so ist die Richtung dieser Linie die Halbirungslinie des gegebenen Winkels.

Beweis. Es ergiebt sich leicht, wenn man die Figur zeichnet, die Congruenz der beiden Dreiecke bdt und bft, und hieraus die Gleichheit der Winkel als homologe Winkel congruenter Dreiecke.

§. 218. Aufgabe. Eine gegebene gerade Linie zu halbiren.

Auflösung. Ist ab die gerade Linie, so beschreibe man aus a mit ab als Halbmesser und auch aus b mit ab als Halbmesser einen Kreis, und verbinde die beiden Durchschnittspunkte f, g dieser Kreise durch eine gerade Linie fg, welche ab in irgend einem Punkt c schneiden muß, dann hat man $ac = cb$.

Beweis. $\triangle afg \cong bfg$ (§. 28.)
also $\angle afc = \angle bfc$
$af = bf$
$fc = fc$
daher $\triangle afc \cong \triangle bfc$ (§. 24.)
folglich $ac = cb$. (§. 25.)

§. 219. Aufgabe. Aus einem gegebenen Punkt c in einer geraden Linie auf diese eine Normale zu errichten.

Auflösung. 1) Man mache in der Richtung der gegebenen Linie $ca = cb$; beschreibe dann aus a und b mit ab Kreise, und verbinde deren einen Durchschnittspunkt f mit c durch eine gerade Linie, so ist $\angle fca = fcb = R$.

Beweis. Er folgt aus §. 28.

2) Ist c der Endpunkt der Linie, und kann dieselbe über diesen Punkt hinaus nicht verlängert werden (Fig. 101.), so

nehme man cb willkührlich, bilde, mit Hülfe des Durchschnittspunkts a der aus c und b mit cb beschriebenen Kreise, das gleichseitige Dreieck abc, verlängere ba über a hinaus, mache ad = ba und ziehe cd, so ist $\angle$dcb = R.

Beweis. Siehe §. 161. 4.

§. 220. Aufgabe. Aus einem gegebenen Punkt auf eine gegebene Linie eine Normale zu fällen.

Auflösung. Es sei a (Fig. 102.) der gegebene Punkt, bc die gegebene Linie; man nehme auf der andern Seite dieser Linie willkührlich den Punkt d, beschreibe aus a mit ad einen Kreis, und halbire die von bc abgeschnittene Sehne fg desselben in k (§. 218.), so ist ak normal auf bc.

Beweis. §. 155. XI. und §. 28.

§. 221. Aufgabe. Durch drei gegebene Punkte, die nicht in einer geraden Linie liegen (d. h. um ein Dreieck), einen Kreis zu construiren.

Auflösung. §. 155. VIII. und §. 137.

§. 222. Aufgabe. Den Mittelpunkt eines vorhandenen Kreises durch Construction zu finden.

Auflösung. Man nehme in der Peripherie beliebig drei Punkte an u. s. w., nach §. 221.

§. 223. Aufgabe. In ein Dreieck einen Kreis zu beschreiben.

Auflösung. Siehe §. 168.

§. 224. Aufgabe. Um und in jedes reguläre Vieleck einen Kreis zu beschreiben.

Auflösung. Siehe §. 139 und 140. 4.

§. 225. Aufgabe. In einem Kreis ein reguläres 3, 6, 12, 24 u. s. w. Eck zu construiren.

Auflösung. Man trage den Halbmesser als Sehne in den Kreis, so bildet sich nach §. 187. das reguläre Sechseck.

Verbindet man dann die erste Ecke mit der 3ten, diese mit der 5ten und die 5te mit der ersten durch Sehnen, so entsteht das reguläre Dreieck. Halbirt man ferner die Mittelpunkts-Winkel des regulären Sechsecks, und verlängert die Halbirungslinien bis zur Peripherie, so geben diese Durchschnittspunkte und die Ecken des regulären Sechsecks die des regulären Zwölfecks, und eben so ergeben sich die des 24, 48, 96 u. s. w. Ecks.

§. 226. Aufgabe. In einem Kreis ein reguläres 4, 8, 16, 32 u. s. w. Eck zu beschreiben.

Auflösung. Man construire zwei sich normal durchschneidende Durchmesser, und verbinde die benachbarten Endpunkte durch gerade Linien, so hat man das reguläre Viereck oder Quadrat im Kreise; dann verfährt man weiter wie im vorigen §.

§. 227. Aufgabe. In einem Kreis ist ein reguläres Vieleck verzeichnet; man soll um den Kreis ein ähnliches Vieleck construiren.

Auflösung. Ist m der Mittelpunkt des Kreises, ab eine Seite des regulären Vielecks in demselben, so halbire man den Winkel amb, errichte auf dieser Halbirungslinie in ihrem Durchschnittspunkt mit der Peripherie eine Normale, und verlängere sie beiderseits bis zu ihren Durchschnittspunkten f, g mit den verlängerten Halbmessern ma, mb; so ist fg eine Seite des ähnlichen Vielecks um den Kreis u. s. w.

§. 228. Aufgabe. Durch einen gegebenen Punkt a eine Tangente an einen mit a in derselben Ebene liegenden Kreis zu construiren.

Auflösung. 1) Wenn a in der Peripherie liegt.

Ist m der Mittelpunkt des Kreises, so ziehe man ma und errichte auf ma in a eine Normale, so ist diese (§. 154.) die verlangte Tangente.

2) Wenn a außerhalb der Peripherie liegt.

Man halbire ma in n, beschreibe aus n mit nm = na einen Kreis, und verbinde einen der zwei Durchschnittspunkte beider Kreise mit a durch eine gerade Linie, so ist dies die verlangte Tangente.

Beweis. (§. 161. 4.)

§. 229. Aufgabe. Um einen gegebenen Kreis ein Viereck zu construiren, welches in einem (andern) Kreis liegt.

Auflösung. 1) Man zeichne in dem gegebenen Kreis (**Fig. 103.**), dessen Mittelpunkt in m liegen mag, zwei sich normal schneidende Sehnen ab, cd an einer beliebigen Stelle; construire in den Endpunkten a, b, c, d derselben Tangenten und verlängere sie, bis sie sich schneiden; so ist fghk ein solches Viereck.

Beweis. Weil die Winkel mbk, mdk u. s. w. rechte sind so ist nach §. 143.:

$$\alpha + \delta = 2R$$
und auch $\beta + \gamma = 2R$
also $\alpha + \beta + \gamma + \delta = 4R$
aber $\gamma + \delta = 2R$ (§. 175.)
daher $\alpha + \beta = 2R$

und folglich liegt nach §. 165. das Viereck gfkh in einem Kreis. (§. 165.)

2te Auflösung. Man beschreibe beliebig in dem Kreis ein Viereck, fälle aus dem Mittelpunkt auf dessen Seiten Normalen, verlängere sie bis zur Peripherie und ziehe durch die Durchschnittspunkte Tangenten, bis sie sich schneiden, so bilden diese ein solches Viereck.

§. 230. Aufgabe. In einem gegebenen Kreis zum Halbmesser r ein Viereck zu construiren, welches um einen Kreis liegt.

Auflösung. Mit einem beliebigen Halbmesser zeichne man einen Kreis (**Fig. 103.**), und um ihn, ganz nach §. 229., das auch in einem Kreis liegende Viereck fghk. Nun construire man nach §. 221. den Mittelpunkt n (**Fig. 104.**) dieses Vierecks fgnk (§. 165.), so daß also nf, ng, nh, nk gleich lang werden, und zeichne um n als Mittelpunkt mit dem gegebenen Halbmesser r den Kreis, in welchem das verlangte Viereck construirt werden soll, verlängere dann nöthigenfalls die Linien nf, ng, nh, nk, bis sie seine Peripherie in p, q, t, w schneiden, so ist pqtw ein solches Viereck.

Beweis. Da $nh = nk$ und $nt = nw = r$ ist, so ist
$$nh : nt = nk : nw,$$
folglich $tw \ddagger hk$. (§. 110.)
Eben so $qt \ddagger gh$, $pq \ddagger fg$ und $pw \ddagger fk$.

Bezeichnet man nun, der Kürze wegen, $nh = nk = nf = ng$ durch α, so hat man
$$tw : hk = r : \alpha; \text{ also}$$
$$\alpha . tw = r . hk \text{ und eben so}$$
$$\alpha . pq = r . fg$$
$$\alpha . qt = r . gh$$
$$\alpha . pw = r . fk;$$
daher auch $\alpha . (tw + pq) = r . (hk + fg)$ und
$$\alpha . (qt + pw) = r . (gh + fk);$$
folglich $\frac{tw + pq}{pt + pw} = \frac{hk + fg}{gh + fk}$.
Es ist aber fghk ein Viereck um einen Kreis, folglich
$$hk + fg = gh + fk \text{ (§. 170.)},$$
also auch $tw + pq = qt + pw$,

und daher liegt nach §. 172. in dem Viereck pqtw ein Kreis, dessen Mittelpunkt im Durchschnittspunkt der Halbirungslinien zweier benachbarten Winkel desselben liegt.

Anmerkung. In der Anmerk. zu §. 256. ist eine kürzere Auflösung enthalten.

§. 231. Aufgabe. Es ist in der Ebene eines Kreises ein Punkt a gegeben, man soll eine Sehne von gegebener Länge b in den Kreis legen, in deren Richtung a liegt.

Auflösung. Man trage an einer beliebigen Stelle eine Sehne von der Länge b in den Kreis, fälle aus dem Mittelpunkt eine Normale darauf, beschreibe mit dieser einen concentrischen Kreis, und construire an ihn durch a eine Tangente, so ist der Theil derselben, welcher Sehne des gegebenen Kreises ist, = b.

Die Aufgabe fordert eine Unmöglichkeit, wenn b größer wie der Durchmesser und, im Fall a im Kreis liegt, wenn b kleiner ist wie die Sehne durch a, auf welcher die Verbindungslinie des Mittelpunkts mit a normal steht, d. h. kleiner, als die kleinste Sehne durch a.

§. 232. Aufgabe. Durch einen in der Ebene eines Kreises gegebenen Punkt eine gerade Linie zu legen, von welcher sich im Kreise eine Sehne abschneidet, die einem gegebenen Peripherie-Winkel α zugehört.

Auflösung. An einer beliebigen Stelle trage man α als Peripherie-Winkel in den Kreis, so erhält man die Länge der dem Peripherie-Winkel α zugehörigen Sehne, und nun erfolgt die weitere Ausführung ganz nach dem vorigen §.

§. 233. Aufgabe. Eine begränzte gerade Linie in Theile nach gegebenem Verhältniß zu theilen.

Auflösung. Man setze an einem der Endpunkte der gegebenen Linie einen beliebigen Winkel an, verlängere den andern Schenkel ins Unbestimmte, und trage darauf von der Spitze aus so viele, beliebig große, gleiche Theile ab, als die Summe der Verhältniß-Zahlen beträgt, verbinde den letzten Punkt dieser Abtheilung mit dem andern Endpunkt der gegebenen Linie durch eine gerade Linie, und ziehe damit aus denen, den Verhältniß-Zahlen entsprechenden Theilungspunkten Parallelen, bis sie die abzutheilende Linie schneiden, so wird dadurch diese dem Verlangen gemäß abgetheilt sein. (§. 108.)

§. 234. Aufgabe. Zu drei gegebenen Linien a, b, c die vierte Proportionallinie zu construiren.

1ste Auflösung. Man bilde einen beliebigen Winkel (Fig. 105.); mache kd = a, df = b, kg = c; ziehe dg und parallel damit fh, so ist gh die verlangte vierte Proportional-Linie.

2te Auflösung. Man bilde einen beliebigen Winkel (Fig. 105.); mache kf = a, kd = b, kh = c; ziehe fh und parallel damit dg, so ist kg die verlangte Linie.

§. 235. Aufgabe. Zu zwei gegebenen Linien die mittlere arithmetische Proportionallinie zu zeichnen.

Auflösung. Sie ergiebt sich sogleich aus §. 118.

§. 236. Aufgabe. Zu zwei gegebenen Linien a, b die mittlere geometrische Proportionale zu construiren.

1ste Auflösung. Man mache eine gerade Linie = a+b, beschreibe darüber einen Halbkreis und errichte in ihm auf a+b in dem Zusammentreffungspunkt beider Linien eine Normale, so ist diese die verlangte Länge. (§. 180.)

2te Auflösung. Ist a > b, so beschreibe man über a einen Halbkreis, trage b auf a von einem seiner Endpunkte aus, errichte auf a im andern Endpunkt von b eine Normale bis in die Peripherie, so ist die Sehne, zu welcher b die Projection auf dem Durchmesser ist, die verlangte mittlere Proportionale. (§. 180.)

§. 237. Aufgabe. In einem gegebenen Dreieck den Punkt durch Construction zu finden, aus welchem man nach den drei Ecken des Dreiecks gerade Linien ziehen muß, damit durch sie das Dreieck in drei Dreiecke getheilt werde, die sich wie gegebene Zahlen n, m, r verhalten.

Auflösung. Man theile nach §. 233. eine der 3 Seiten des Dreiecks nach dem Verhältniß n : m : r ab, und ziehe aus den beiden Theilungspunkten mit den benachbarten Seiten des Dreiecks Parallelen; ihr Durchschnittspunkt ist der verlangte.

Beweis. Zieht man zur Hülfe die beiden Linien aus den Theilungspunkten nach der gegenüberliegenden Ecke des Dreiecks, so folgt die Wahrheit aus §. 96. 2. und §. 86.

§. 238. Aufgabe. Es ist ein Winkel abc (Fig. 106.) und in dem einen seiner Schenkel, etwa in bc, ein Punkt d gegeben; man soll einen Kreis construiren, den ab tangentirt, und dessen Peripherie in einer solchen Richtung den Punkt d trifft, daß die Tangente in d mit bd einen gegebenen Winkel α bildet.

Auflösung. Man mache bdf = α, dann fg = fd, $\angle$ fgm = R und fdm = R, so ist m der Mittelpunkt des verlangten Kreises, und mg = md der Halbmesser.

Beweis. Man denke sich gd gezogen, so ist gfd gleichschenklig, und daraus folgt dann, daß auch mgd gleichschenklig, d. h., daß mg = md ist.

§. 239. Aufgaben, deren Auflösungen sehr leicht zu finden sind.

I. Es sind 2 Winkel eines Dreiecks gegeben, den 3ten zu construiren.

II. Es ist ein Winkel eines gleichschenkligen Dreiecks gegeben, die beiden andern zu construiren.

III. Auf eine gegebene Linie ein Quadrat zu construiren.

IV. Aus zwei gegebenen Linien ein Rechteck zu construiren.

V. Aus zwei Linien und einem Winkel ein Parallelogramm zu construiren.

VI. Ein Dreieck zu construiren auf eine gegebene Linie, welches einem gegebenen Dreieck ähnlich ist.

VII. Auf eine gegebene Linie ein Vieleck zu construiren, welches einem gegebenen Vieleck ähnlich ist.

VIII. Ein Dreieck in Theile nach gegebenem Verhältniß abzutheilen.

IX. Es sind drei Winkel eines Vierecks gegeben, den vierten zu construiren.

§. 240. Aufgaben über Verwandlungen von Figuren, mit kurzen Anleitungen zu ihrer Auflösung und dem Beweise.

I. Ein Parallelogramm in ein anderes mit gegebenem Winkel zu verwandeln. (§. 84.)

II. Ein Dreieck in ein anderes mit gegebenem Winkel zu verwandeln. (§. 86.)

III. Ein Parallelogramm in ein anderes mit gegebener Seite = a zu verwandeln.

(Ist a größer wie die kleinste Höhe des gegebenen Parallelogramms, so kommt §. 84.; ist aber a kleiner, so kommt §. 83. in Anwendung.)

IV. Ein Parallelogramm in ein anderes mit gegebener Seite und gegebenem Winkel zu verwandeln. (I. und III.)

V. Ein Parallelogramm in ein Dreieck zu verwandeln. (§. 87.)

VI. Ein Dreieck in ein Parallelogramm zu verwandeln. (§. 87.)

VII. Ein Dreieck in ein anderes mit gegebener Seite = a zu verwandeln.

(Ist bcd [Fig. 107.] das gegebene Dreieck, so mache man cf = a; ziehe fb, parallel damit dg bis zum Durchschnittspunkt g mit der Richtung cb, und verbinde g mit f durch eine gerade Linie, so ist cgf das verlangte Dreieck. §. 86.)

VIII. Ein Dreieck in ein anderes mit gegebener Höhe zu verwandeln. (Ist auf VII. zurückzuführen.)

IX. Ein Dreieck in ein gleichschenkliges zu verwandeln. (§. 43.)

X. Ein Dreieck in ein gleichschenkliges mit gegebener Grundlinie oder 3ten Seite zu verwandeln. (VII. und IX.)

XI. Jede geradlinige Figur in ein Dreieck zu verwandeln.

(Kann man ein n Eck in ein n — 1 Eck verwandeln, so darf diese Operation nur wiederholt werden. Ist abcde [Fig. 108.] ein Theil des Umfangs eines Vielecks, ziehe man bd, durch c parallel damit cf bis zum Durchschnittspunkt f mit der Richtung ab [oder auch mit der ed], dann fd, so ist der Raum afde = dem abcde, und man hat eine Ecke weniger.)

XII. Jede geradlinige Figur in ein Dreieck oder auch in ein Parallelogramm mit einem gegebenen Winkel, gegebener Seite oder gegebener Höhe u. s. w. zu verwandeln.

(Ist aus dem Vorhergegangenen leicht zu entnehmen.)

XIII. Zwei oder mehrere geradlinige Figuren in ein Parallelogramm oder auch in ein Dreieck, etwa mit gegebener Seite, oder gegebener Höhe, oder in ein gleichschenkliges u. s. w. zu verwandeln.

(Wie in XII.)

XIV. Zwei oder auch mehrere Quadrate in eins zu verwandeln. (§. 90.)

XV. Die Differenz zweier Quadrate in ein Quadrat zu verwandeln. (§. 90.)

XVI. Ein Quadrat in zwei gleich große Quadrate zu verwandeln.

(Durch ein rechtwinkliges, gleichschenkliges Dreieck.)

XVII. Ein Parallelogramm, oder Dreieck, oder irgend eine andere geradlinige Figur, in ein Quadrat zu verwandeln.

(Die mittlere geometrische Proportionale zwischen Grundlinie und Höhe des Parallelogramms ist die Seite. (§. 180. und 130.)

XVIII. Zwei oder mehrere ähnliche, geradlinige Figuren in eine diesen ähnliche zu verwandeln.

(Durch wiederholte Anwendung von §. 151.)

XIX. Zwei oder mehrere Kreise in einen Kreis zu verwandeln. (§. 199.)

XX. Eine Differenz zweier Kreise in einen Kreis zu verwandeln. (§. 199.

XXI.* Einen Kreisbogen so in zwei Theile zu theilen, daß die den beiden Bogen zugehörigen Sehnen sich wie gegebene Linien oder Zahlen verhalten.

§. 241. Aufgabe. Man soll durch einen Punkt zwischen den Schenkeln eines Winkels eine gerade Linie so ziehen, daß die beiden Theile bis zu den Schenkeln ein gegebenes Verhältniß haben.

Auflösung. Ist abc der gegebene Winkel (Fig. 109.), d der gegebene Punkt, n : m das gegebene Verhältniß, so nehme man den Winkel cbt willkührlich (man kann ∠cba selbst benutzen), ziehe df ‡ ab, mache bg : gh = n : m, ziehe gf, damit ‡ hk, und dann durch k und d die gerade Linie kr, so ist sie die verlangte.

Beweis. bg : gh = n : m Constr.
hk ‡ gf Constr.
also bf : fk = n : m
fd ‡ br Constr.
daher rd : dk = n : m.

§. 242. Aufgabe. Aus der Grundlinie a, der Höhe h und dem Winkel an der Spitze α das zugehörige Dreieck zu construiren.

1ste Auflösung. Es sei bc = a (Fig. 110.); man mache cbd = α, bf = fc, ∠bfg = R, fg = h, dbm = R; beschreibe aus dem Durchschnittspunkt m mit mb = mc einen Kreis, ziehe durch g die Linie qp ‡ bc, dann qb und qc, oder pb und pc, so ist qbc (eben so pbc) das verlangte Dreieck.

Beweis. Es ist ∠bqc = cbd = α. (§. 174.)

2te Auflösung. Auf den einen Schenkel des gegebenen Winkels α zur Spitze A trage man eine beliebige Länge AB < a auf, schneide aus B mit a den 2ten Schenkel in C, beschreibe durch die drei Punkte A, B, C den Kreis, und ziehe in denselben in der Entfernung h, parallel mit BC = a, die Sehne DE auf derselben Seite von BC, wo α liegt, so ist sowohl BCD als auch BCE das verlangte Dreieck. Fällt die Parallele mit BC in der Entfernung h außerhalb des Kreises, so ist die Forderung nicht zu erfüllen.

Die erste Auflösung giebt auch leicht die Construction für die Aufgabe: Es ist ein Winkel eines Dreiecks, die durch seine Spitze gehende Höhe und das Verhältniß der Theile gegeben, in welche der Fußpunkt der Höhe die gegenüberliegende Seite theilt. Man construire nämlich zuvörderst ein dem verlangten ähnliches Dreieck, indem man eine beliebige Länge in dem gegebenen Verhältniß abtheilt u. s. w.

§. 243. Aufgabe. Es sind zwei Punkte a, b und eine gerade Linie cd gegeben; man soll in cd den Punkt construiren, der von a so weit wie von b absteht.

Auflösung. Man verbinde a mit b durch eine gerade Linie, halbire ab in f, errichte auf ab in f eine Normale und verlängere sie, bis von ihr cd durchschnitten wird. Der Durchschnittspunkt ist der verlangte.

Beweis. Ist leicht zu finden.

§. 244. Aufgaben. Ein Viereck zu construiren

1) aus 4 Seiten und einem Winkel;
2) aus 3 Seiten und den von ihnen eingeschlossenen Winkeln;
3) aus 3 Seiten und den beiden einander nicht gegenüberliegenden Winkeln, von welchen nur der eine von 2 gegebenen Seiten eingeschlossen ist;
4) aus 3 Seiten und 2 einander gegenüberliegenden Winkeln;
5) aus 3 Seiten und den beiden Winkeln, welche an der unbekannten Seite liegen;
6) aus zwei aneinander liegenden Seiten und drei Winkeln;
7) aus 2 gegenüberliegenden Seiten und 3 Winkeln.

Auflösungen. Zu 1, 2, 3 und 6 ergeben sie sich bei einigem Ueberlegen von selbst.

Zu 4. Die gegebenen Seiten mögen durch a, b, c; die beiden gegebenen Winkel durch α, β bezeichnet sein; man trage auf den Schenkeln von α (Fig. 111.) $df = a$, $dg = b$ ab, und ziehe fg; dann mache man den einen Schenkel von β, $hk = c$, nehme fg im Zirkel, setze denselben in k ein, und schneide mit dieser Eröffnung den andern Schenkel von β in p; beschreibe dann aus f mit c und aus g mit ph Kreisbogen, und verbinde deren Durchschnittspunkt r mit f und mit g, so ist dgrf das verlangte Viereck.

Anmerkung. Ist $c > fg$, so entstehen zwei der Forderung genügende Vierecke.

Zu 5. Bezeichnen a, b, c, α, β wieder die gegebenen Größen, so mache man (Fig. 112.) den einen Schenkel von α, $df = a$; nehme in dem andern den Punkt g beliebig, mache

$dgh = \beta$, $gh = c$, $hk \ddagger dg$; beschreibe aus f mit der Eröffnung b einen Kreisbogen, und aus seinem Durchschnittspunkt t mit hk ziehe man $tp \ddagger hg$ bis in dg, so ist ftpd das verlangte Viereck.

Zu 7. Bezeichnen hier a, b; α, β, γ die gegebenen Größen, so mache man (Fig. 113.) $cd = a$, $dcf = \alpha$, $cdg = \beta$; nehme in cf den Punkt f beliebig, mache $cfk = \gamma$, $fr = b$, $rv \ddagger fc$, und aus dem Durchschnittspunkt p von rv und dg ziehe man $pw \ddagger kf$, so ist cwpd das verlangte Viereck.

Eilftes Kapitel.

Constructionen schwererer Aufgaben.

§. 245. Sind die Bedingungen einer durch Construction aufzulösenden Aufgabe zusammengesetzter, so daß aus diesen Bestimmungen die Art und Weise der Ausführung nicht sogleich ins Auge fällt, so giebt es zweierlei Wege, die zum Ziel führen können. Der eine ist algebraisch, und von ihm ist im 13ten Kapitel die Rede, der andere hierher gehörige ist folgender: Man betrachte die Aufgabe als aufgelöst, denke sich, oder bilde sich wirklich nach dem Augenmaaß die den Bedingungen der Aufgabe entsprechende Figur, suche aus den als vorhanden vorausgesetzten Eigenschaften derselben neue auf, bis sich eine darbietet, an welche der Anfang der Ausführung anzuknüpfen ist.

In den folgenden sechs ersten Paragraphen dieses Kapitels und auch noch in einigen späteren, wo es dem Verfasser passend schien, ist der Vortrag so eingerichtet, als wenn die Construction so eben erst auf dem bezeichneten Weg erfunden würde, in den übrigen ist gewöhnlich blos kurz eine schon gefundene Auflösung angegeben, und es wird dem Anfänger überlassen, diese erst dann nachzusehen, wenn seine eigenen Bemühungen, die Auflösung selbst zu erfinden, erfolglos bleiben sollten. Der Beweis ist nur in den Fällen weggelassen, wo er leicht selbst gefunden werden kann; auch ist häufig die Construction ohne Figur angegeben.

§. 246. Aufgabe. Es sind drei gerade Linien a, b, c gegeben; man soll diese an einem bestimmten Punkt p unter solchen Winkeln anlegen, daß ihre anderen Endpunkte unter gleichen Abständen in eine gerade Linie fallen.

Auflösung. Man stelle sich vor, daß Fig. 114. der Forderung der Aufgabe genüge, daß nämlich $pf = a$, $ph = b$, pk = c, ferner fhk eine gerade Linie und fh = hk sei, so wird, wenn man sich ph über h hinaus verlängert, in dieser Verlängerung hr = hp gemacht, und r mit k durch eine gerade Linie verbunden denkt, Dreieck hkr ≌ dem hfp, also rk = pf = a sein. Hieraus erhellet, daß des Dreiecks prk seine 3 Seiten gegebene Linie sind, nämlich pr = 2b, pk = c und kr = a. Die Auflösung kann also mit der Bildung dieses Dreiecks beginnen, wie folgt:

Man mache (Fig. 115.) auf einer geraden Linie hr = hp = b, beschreibe aus p mit c und aus r mit a Kreise, verbinde ihren einen Durchschnittspunkt k mit p und h durch die geraden Linien kp, kh; verlängere kh über h hinaus, und mache die Verlängerung hf = hk. Zieht man dann fp, so ist die Aufgabe gelöst.

Sie ist übrigens, wie aus dem Bisherigen erhellet, nur dann auflösbar, wenn von den 3 Linien a, 2b und c die Summe je zweier größer ist wie die dritte.

§. 247. Es ist ein Kreis und in seiner Ebene an irgend einer Stelle eine begränzte gerade Linie = a gegeben; man soll einen zweiten Kreis construiren, der den gegebenen berührt und a als Sehne in sich aufnimmt.

Auflösung. Man stelle sich vor, daß Fig. 116. den Forderungen der Aufgabe genüge, daß nämlich der Kreis zum Mittelpunkt m der gegebene, cd = a, und der Kreis zum Mittelpunkt n der verlangte sei, welcher ersteren in irgend einem Punkt b berührt, so haben beide Kreise in b eine gemeinschaftliche Tangente, und denkt man sich diese bis zum Durchschnittspunkt f mit der verlängerten Sehne a ausgezogen, so ist nach §. 183.

$$fb^2 = fd \,.\, fc.$$

Denkt man sich nun ferner durch f und einen beliebigen Punkt g der Peripherie des gegebenen Kreises eine gerade Linie, welche diese Peripherie noch in einen zweiten Punkt h schneiden muß, so ist

$$\text{auch } fb^2 = fh \,.\, fg; \text{ also}$$

$$fd \,.\, fc = fh \,.\, fg,$$

und folglich liegen die vier Punkte c, d, h, g in der Peripherie eines Kreises. (§. 181. Anmerk.)

Hieraus erhellet nun, daß wenn man in der Peripherie des gegebenen Kreises einen Punkt g willkührlich wählt, dann durch c, d und g einen Kreis construirt, welcher den gegebenen in noch einem zweiten Punkt h schneiden wird, die Sehne gh sich mit der cd in denjenigen Punkt schneidet, aus welchem die Tangente an dem gegebenen Kreis diesen in dem Punkt berühren muß, durch welchen, so wie durch c und d, der verlangte Kreis zu legen ist.

Die Construction ist also folgende:

(Der Anfänger thut jedesmal am besten, sich die Figur, dem Text gemäß, allmählig selbst zu zeichnen.)

Es sei (Fig. 117.) der Kreis um m der gegebene, $cd = a$; man wähle in der Peripherie des gegebenen Kreises den Punkt g willkührlich, lege durch c, d und g einen Kreis (§. 221.), verlängere cd und die gemeinschaftliche Sehne gh bis zu beider Durchschnittspunkt f, und construire aus f an den gegebenen Kreis die beiden Tangenten fb, fb′ (§. 228.), so wird sowohl der durch c, d und b als auch der durch c, d und b′ nach §. 221. construirte Kreis der Forderung der Aufgabe genügen.

Beweis. Es ist

$$fg.fh = fc.fd,$$

ferner $fg.fh = fb^2$:

also $fb^2 = fc.fd$,

und hieraus folgt nach §. 184., daß für den Kreis durch c, d und b die Linie fb Tangente in b werden muß. Da nun fb auch Tangente für den gegebenen Kreis ist, so haben beide in b eine gemeinschaftliche Tangente, d. h. sie berühren sich in b. Daß übrigens cd Sehne des construirten Kreises geworden ist, fällt in die Augen. Dieser Beweis gilt sowohl für b als für b′.

Anmerkung. 1. Ist g zufällig so gewählt, daß der durch c, d und g gelegte Kreis den gegebenen berührt, so ist ersterer selbst der eine verlangte.

2. Ist g zufällig so gewählt, daß gh ‡ cd wird, so giebt die Normale, auf der Mitte von gh oder cd errichtet, in ihren Durchschnittspunkten mit der Peripherie des gegebenen Kreises die erforderlichen Punkte b und b′.

3.* Hier kann auch noch folgende Aufgabe gelöst werden. In einer Kreisperipherie sind 2 Punkte A, B so gewählt, daß die Tangenten an diesen Punkten sich irgendwo, in C, schneiden; man soll eine dritte Tangente, von gegebener Länge a zwischen AC und BC, an dieser Peripherie construiren. Macht man auf den Richtungen AC und BC, $AD = BE = a$, construirt dann einen zweiten, diese Richtungen in D und E berührenden Kreis, und zeichnet dann die dritte gemeinschaftliche Tangente, so ist der Theil von ihr zwischen AC und BC die verlangte Linie.

§. 248. Aufgabe. Es ist ein Kreis A und eine begränzte gerade Linie a in seiner Ebene gegeben; man soll denjenigen Punkt in der Peripherie von A construiren, für welchen die geraden Linien aus ihm nach den Endpunkten von a die Peripherie in zwei Punkten durchschneiden, deren gerade Verbindungslinie eine mit a parallele Sehne wird.

1ste Auflösung. Man stelle sich vor, daß Fig. 118. den Forderungen der Aufgabe Genüge leiste, daß nämlich der Kreis zum Mittelpunkt m der gegebene, bc = a und d der verlangte Punkt sei, für welchen die durch db und dc abgeschnittene Sehne fg mit bc eine parallele Lage habe, so würde die Aufgabe gelöst sein, wenn der Ort des Punktes g in der Peripherie den Bedingungen der Aufgabe entsprechend gefunden wäre; g aber wäre bekannt, wenn man die Lage der Tangente in g wüßte, und diese wäre wieder als gefunden zu betrachten, wenn man wüßte, an welcher Stelle diese Tangente die Richtung von bc = a durchschnitte. Man betrachte daher h als diesen Durchschnittspunkt, also hg als Tangente in g, so hätte man

$$\angle hgf = fdg. \quad (§. 174.)$$

Es wäre aber $\angle hgf = ghc$;
also wäre auch $\angle ghc = \angle bdc$.
Nun ist aber $\angle gch = \angle bcd$,
also wäre $\triangle gch \sim \triangle bcd$;
folglich auch $cg : ch = cb : cd$,
und daher $cg . cd = ch . cb$.

Es ist aber, wenn man die gerade Linie cm bis zu ihren Durchschnittspunkten p, r mit der Peripherie verlängert,

$$cg . cd = cp . cr,$$

folglich wäre auch:

$$cp . cr = ch . cb,$$

und hieraus erhellet, daß die vier Punkte b, r, h, b, von welchen die Lage der drei p, r, b gegeben ist, in der Peripherie eines Kreises liegen, und diese Eigenschaft eignet sich dazu, um daran die Construction anzuknüpfen.

Ist nämlich (Fig. 118.) bc = a, m der Mittelpunkt des gegebenen Kreises, so ziehe man cm und verlängere diese Richtung, bis man beide Durchschnittspunkte p, r erhält; dann lege man durch b, p, r einen Kreis, construire aus dem Durchschnittspunkt h seiner Peripherie mit bc an dem gegebenen Kreis eine Tangente hg, verbinde c mit g durch eine gerade Linie und verlängere sie, bis dieselbe den gegebenen Kreis in den zweiten Punkt d schneidet, so ist dieser der verlangte.

Beweis. Er kann dem Nachdenkenden, bei der gewählten Art des Vortrags, nicht entgehen.

2te Auflösung. Man construire, nach §. 247., einen Kreis, der A berührt und a als Sehne in sich aufnimmt, verbinde den Berührungspunkt mit den Endpunkten von a durch gerade Linien, und verlängere diese, bis sie die Peripherie schneiden, so sind diese Punkte die Endpunkte der verlangten Sehne.

§. 249. Aufgabe. Zu Verzeichnung eines Dreiecks ist gegeben die Summe der drei Seiten = a, einer der Winkel = α, und die durch die Spitze von α gehende Höhe = h.

Auflösung. Man stelle sich das Dreieck bcd (Fig. 119.) als das verlangte vor, setze also voraus, es wäre $\angle bdc = \alpha$; die Normale dk aus d auf bc wäre = h und, wenn man in der Verlängerung von bc, cf = cd und bg = bd sich vorstellt, so denke man sich gf = der gegebenen Summe a. Um nun aus den eben erwähnten, geforderten und in der Figur als schon vorhanden vorausgesetzten Eigenschaften neue abzuleiten, an welche die wirkliche, auszuführende Construction anzuknüpfen ist, so stelle man sich m als den Mittelpunkt des Kreises um g, d, f vor, so ist, weil mg = md = mf; dann auch $\angle mgd = \angle mdg$, mdf = mfd und mgf = mfg; da nun aber auch bgd = bdg und cdf = cfd ist, so folgt

$$mgf = mdb \text{ und}$$
$$mfg = mdc; \text{ daher}$$
$$\angle mdb = mdc,$$

also jeder $= \frac{\alpha}{2}$, folglich auch $mgf = mfg = \frac{\alpha}{2}$, und hieraus erhellet schon, daß, wenn man an den beiden Endpunkten einer Linie von der Länge a die Winkel $\frac{\alpha}{2}$ ansetzt, und aus dem Durchschnittspunkt der neuen Schenkel mit denselben einen Kreisbogen beschreibt, in diesem die Spitze des Winkels α liegen muß. Da nun ferner die Höhe h gegeben ist, so muß diese Spitze von α auch in einer mit a in der Entfernung h gezogenen Parallele liegen, und es bestimmen sich hierdurch zwei Punkte für diese Spitze. Die aus diesen Betrachtungen entspringende Construction ist also folgende.

Man mache (Fig. 120.) gf = a, $gfm = fgm = \frac{\alpha}{2}$, beschreibe aus m mit mg = mf den Kreisbogen gf, errichte auf a in einer beliebigen Stelle eine Normale pq, und trage darauf pq = h ab, ziehe qr ‡ gf, und aus einem der Durchschnittspunkte d oder d' mit der Peripherie ziehe man dg und df, halbire beide Linien und errichte auf ihnen in ihrer Mitte Normalen, bis sie gf in b und c schneiden, so ist dbc das verlangte Dreieck.

Beweis. Daß cd = cf und bd = bg, also bc + cd + db = gf = a, ferner die Normale aus d auf gf gleich b geworden ist, erhellet sogleich und es braucht nur noch gezeigt zu werden, daß $\angle bdc$ die Größe α erhalten hat. Man denke sich zu dem Ende die Linie dm gezogen, so ist

$$\angle mdg = mgd \text{ und}$$
$$bdg = bgd; \text{ also auch, wenn man}$$
subtrahirt, $mdb = mgb$, oder
$$mdb = \frac{\alpha}{2}.$$

Eben so ergiebt sich $mdc = \frac{\alpha}{2}$, und folglich ist $bdc = \alpha$.

§. 250. **Aufgabe.** Man soll eine geradlinige Figur in ein Dreieck verwandeln, welches einem gegebenen Dreieck ähnlich ist.

Auflösung. Nach §. 240. kann man sich, um die Forderung einfacher vor Augen zu haben, das gegebene Vieleck in ein Dreieck (XI.), und dieses dann (nach II. §. 240.) in ein anderes Dreieck verwandelt denken, welches mit dem gegebenen Dreieck einen gleichen Winkel hat, so daß man beide sich so auf einander gelegt vorstellen kann, daß die Schenkel des gleichen Winkels sich der Richtung nach decken. Es sei abc (Fig. 121.) das erhaltene, der gegebenen Figur gleiche Dreieck, und adf das, mit dem ein ähnliches, dem abc gleiches construirt werden soll, so ist nichts weiter erforderlich, als die Lage der Linie gh den beiden Bedingungen

1) $gh \ddagger df$
2) $agh = abc$

entsprechend zu bestimmen.

Man stelle sich vor, gh genüge diesen Bestimmungen, so wäre, wenn man $bk \ddagger df$ zieht, auch $gh \ddagger bk$, und also $\triangle agh \sim abk$;

$$\text{ferner } agh = abc, \text{ daher}$$
$$agh : abk = ah^2 : ak^2;$$
$$\text{also auch } abc : abk = ah^2 : ak^2.$$

Nun ist aber auch
$$abc : ahk = ac : ak,$$
und demnach wäre auch
$$ah^2 : ak^2 = ac : ak,$$
$$\text{woraus } ah^2 = ac \cdot ak \text{ folgt.}$$

Aus dieser Gleichung erhellet, daß ah mittlere geometrische Proportionallinie zwischen ac und ak ist, und da sowohl ac als ak gegebene Linien sind, so ersieht man aus dieser letzten Eigenschaft den Gang folgender Construction:

Man beschreibe über ac (Fig. 122., wo dieselben Buchstaben wie in 121. gebraucht sind) einen Halbkreis, ziehe $bk \ddagger df$, errichte auf ac in k eine Normale, verlängere sie bis zum Durchschnittspunkt r mit der Peripherie, beschreibe aus a mit ar den Bogen rh bis zum Durchschnittspunkt h mit ac, und ziehe aus h die Linie hg ‡ bk bis zum Durchschnittspunkt g mit der Richtung ab, so ist ahg das verlangte Dreieck.

Beweis. $agh : abk = ah^2 : ak^2$
$= ar^2 : ak^2$
$= ac . ak : ak^2$
$= ac : ak$
$= abc : abk$
also $agh = abc$.
Ferner gh ‡ df; also auch
$agh \sim adf$.

§. 251. Aufgabe. Es sind zwei Seiten a, b und der eingeschlossene Winkel $= \alpha$ und auch die zwei Winkel β, γ gegeben, welche an der α gegenüberliegenden Ecke von der Diagonale mit den Seiten gebildet werden. Man soll das zugehörige Viereck construiren.

Auflösung. Man denke sich das Viereck cdfg (Fig. 123) als das verlangte, setze also voraus, es sei $cd = a$, $df = b$, $\angle cdf = \alpha$, $\angle cgd = \beta$, $\angle dgf = \gamma$; stelle sich dann um dfg und auch um cdg die Kreise gelegt vor, und betrachte fk als Tangente in f, cn als Tangente in c, so hat man $\angle dfk = \gamma$ und $dcn = \beta$, und es liegt der Mittelpunkt zum Kreis um d, f, g im Durchschnittspunkt der Normale auf fk in f und auf fd in seiner Mitte errichtet, und eben so bestimmt sich der Mittelpunkt zum Kreis um c, d, g. Da nun die, diese beiden Mittelpunkte bestimmenden Größen gegebene sind, und g der zweite Durchschnittspunkt beider Kreise ist, so bestimmt sich, da cdf unmittelbar aufgetragen werden kann, der vierte Punkt g durch diese zu verzeichnenden Kreise, und der Gang der Construction ist gefunden. Man mache nämlich $\angle cdf = \alpha$, $dc = a$, $df = b$, $\angle dfk = \gamma$, $\angle dcn = \beta$; errichte auf kf in f eine Normale und auf df in der Mitte von df auch eine, und beschreibe aus dem Durchschnittspunkt t mit $tf = td$ einen Kreis; dann errichte man auch auf cn in c und auf cd in seiner Mitte Normalen, und beschreibe aus dem Durchschnittspunkt w beider mit $wc = wd$ ebenfalls einen Kreis. Der zweite Durchschnittspunkt beider (d ist der eine) giebt die vierte Ecke g des verlangten Vierecks cdfg.

Der Beweis dieser praktisch wichtigen (sogenannten Potenotschen) Aufgabe kann keine Schwierigkeit machen.

Eine zweite noch einfachere, leicht herzuleitende Construction ist folgende: man mache, nachdem cdf aufgetragen ist, oberhalb cf, $\angle cfv = \beta$, $\angle fcv = \gamma$, lege durch c, f und den Durchschnittspunkt v der construirten Schenkel fv, cv einen Kreis, ziehe dv und verlängere diese Richtung bis zum zweiten Durchschnittspunkt mit der Peripherie, so ist dieser der verlangte Punkt g.

Anmerkung. In dem besondern Fall, wenn $\alpha + \beta + \gamma = 2R$ ist, wird die Aufgabe unbestimmt; in der ersten Construction decken sich dann beide Kreise, geben also keinen Durchschnittspunkt, und in der zweiten fallen v und d zusammen.

§. 251.* Aufgabe. Es sind zu Verzeichnung eines Fünfecks **ABCDE** zwei anliegende Seiten **AB**, **BC**, der eingeschlossene Winkel **ABC** und dann noch die vier Winkel **BEA**, **BED**, **BDE** und **BDC** gegeben.

Auflösung. Ueber **AB** und **BC** verzeichne man auf der Seite des Winkels **ABC** gleichschenklige Dreiecke **ABF**, **BCG**; im ersteren die beiden Winkel bei **A** und **B** jeden $= R - AEB$ (unter **R** einen rechten Winkel verstanden), im letzteren jeden der beiden Winkel bei **B** und **C** gleich $R - BDC$; beschreibe aus **F** mit $FA = FB$ und aus **G** mit $GB = GC$ die Kreise; mache im ersteren den Bogen **BH** (als Fortsetzung des Bogens **AB** über **B** hinaus) dem Mittelpunkts-Winkel 2.**BED**, im letzteren den Bogen **BI** (als Verlängerung des Bogens **CB** betrachtet) dem Mittelpunkts-Winkel 2.**BDE** entsprechend; ziehe die Gerade **HI** und verlängere dieselbe bis zu ihren zweiten Durchschnittspunkten mit beiden Peripherien, so sind diese die verlangten Eckpunkte **D** und **E**.

§. 252. Aufgabe. Zu Verzeichnung eines Dreiecks ist gegeben: die Summe zweier Seiten = a, die dritte = b, und ein ihr anliegender Winkel $= \alpha$.

Auflösung. Man mache (Fig. 124.) $cdf = \alpha$, $cd = b$, $df = a$; ziehe fc, mache $fg = gc$ und $\angle fgh = R$; ziehe dann hc, so ist hcd das verlangte Dreieck.

§. 253. Aufgabe. Es ist zu Verzeichnung eines Dreiecks gegeben: die Summe zweier Seiten = a, die dritte = b, und der ihr gegenüberliegende Winkel $= \alpha$.

Auflösung. Man mache (Fig. 124.) $df = a$, $dfc = \frac{\alpha}{2}$, schneide fc aus d mit dem Halbmesser b in c, halbire cf in g und errichte die Normale gh auf fc, so ist chd das verlangte Dreieck.

Anmerkung. Es ergiebt sich noch ein Durchschnittspunkt c′, für welchen ein congruentes Dreieck entsteht.

§. 254. **Aufgabe.** Zu Verzeichnung eines Dreiecks ist gegeben: die Differenz zweier Seiten = a, der der kleineren von beiden gegenüberliegende Winkel = α und die dritte Seite = b.

Auflösung. Man mache (Fig. 125.) cdf = α, cd = b, dg = a; ziehe cg und errichte auf der Mitte von cg eine Normale, so ergiebt sich h, und es ist cdh das verlangte Dreieck.

§. 255. **Aufgabe.** Zu Verzeichnung eines Dreiecks ist gegeben: die Differenz zweier Seiten = a, der der größeren von beiden gegenüberliegende Winkel = α und die dritte Seite = b.

Auflösung. Man mache (Fig. 126.) cdf = α, cd = b, dg = a; ziehe cg u. s. w. wie im vorigen §., so ist cdh das verlangte Dreieck.

§. 256. **Aufgabe.** Zu Verzeichnung eines Dreiecks ist gegeben: die Differenz zweier Seiten = a, die dritte = b und der ihr gegenüberliegende Winkel = α.

Auflösung. Man mache (Fig. 127.) cdf = α, nehme dg = dh beliebig groß, hk = a, schneide aus k mit b als Halbmesser die Richtung hg in r, und ziehe rp ‡ cd bis zum Durchschnittspunkt p mit der Richtung fd, so ist prk das verlangte Dreieck.

Anmerkung. Die Aufgabe §. 230. löst sich nun auch auf folgendem kürzeren Wege: Man wähle in der Peripherie (Fig. 131.) drei beliebige Punkte c, d, f, und construire auf der andern Seite von cf ein Dreieck, in welchem der cf gegenüberliegende Winkel = 2R — cdf und die Differenz der ihn einschließenden Seiten = df — cd ist. Ist ckf dieses construirte Dreieck, so hat man ckf = 2R — cdf; also $\angle$ ckf + cdf = 2R, und daher liegt k in der Peripherie. Ferner hat man kf — ck = df — cd; also kf + cd = ck + df, und demnach liegt also cdfk um einen Kreis.

§. 257. **Aufgabe.** Zu Verzeichnung eines Dreiecks ist gegeben: die Summe zweier Seiten = a, die dritte = b und die Differenz α der beiden ihr anliegenden Winkel.

Auflösung. Man betrachte cdf (Fig. 128.) als das verlangte Dreieck, setze also voraus, es wäre fd + dc = a, fc = b und $\angle$ dcf — dfc = α, so wird, wenn man sich fd über b hinaus verlängert, dg = dc gemacht und gc gezogen denkt,

$$\angle cdg = dcf + dfc \text{ und}$$
$$2R = cdg + 2.dcg; \text{ also}$$
$$2R = dcf + dfc + 2.dcg.$$

Es ist aber

$$\alpha = dcf - dfc; \text{ folglich}$$
$$2R + \alpha = 2.dcf + 2dcg$$
$$= 2.gcf; \text{ daher}$$
$$gcf = R + \frac{\alpha}{2}.$$

Man mache also (Fig. 129.) $fc = b$, $fck = R$, $kcr = \alpha$; halbire kcr und schneide die Halbirungslinie aus f mit dem Halbmesser a in g, halbire cg und errichte auf cg in seiner Mitte eine Normale bis zum Durchschnittspunkt d mit $fg = a$, so ist cdf das verlangte Dreieck.

Beweis. Daß $cf = b$ und $cd + df = gd + df = gf = a$ geworden ist, fällt sogleich ins Auge, und es ist nur zu beweisen, daß $dcf - dfc = kcr = \alpha$ geworden ist. Es ist

$$gcd + dcf = R + \frac{\alpha}{2}; \text{ also}$$
$$2gcd + 2.dcf = 2R + \alpha$$
$$gdc - dcf = dfc; \text{ folglich,}$$
$$\text{weil } 2.gcd + gdc = 2R \text{ ist,}$$
$$dcf = \alpha + dfc \text{ und also}$$
$$dcf - dfc = \alpha.$$

§. 257.* Ziemlich übereinstimmend ist die Construction folgender Aufgabe: Es ist zu Verzeichnung eines Dreiecks gegeben: die Summe zweier Seiten $= a$, die Differenz der ihnen anliegenden Winkel $= \alpha$, und die Differenz d der Projectionen dieser beiden Seiten auf die dritte. Man mache nämlich $AB = a$, $\angle BAC = \frac{\alpha}{2}$; beschreibe aus B mit d einen Kreisbogen bis zum Durchschnittspunkt D mit dem Schenkel AC; errichte auf AD in der Mitte eine Normale bis zum Durchschnittspunkt E mit AB, und construire zuletzt aus E mit ED einen Kreisbogen bis zum zweiten Durchschnittspunkt F mit der Richtung BD, so ist EFB das verlangte Dreieck.

§. 258. Aufgabe. Zu Verzeichnung eines Dreiecks ist gegeben: eine Seite $= a$ und die Höhen b, c auf die beiden andern Seiten.

Auflösung. Man trage auf einer geraden Linie die Länge $df = a$ ab, beschreibe über df einen Halbkreis und schneide mit b und c aus d und f die Peripherie in den Punkten k, n; ziehe dann fk und dn und verlängere beide bis zum Durchschnittspunkt in r, so ist dfr das verlangte Dreieck.

§. 259. Aufgabe. Zu Verzeichnung eines Dreiecks sind folgende 3 Stücke gegeben: eine Seite $= a$, die Höhe darauf $= b$, und noch eine der beiden andern Höhen $= c$.

Auflösung. Man mache $df = a$, beschreibe über a einen Halbkreis, schneide aus d mit c seine Peripherie in n, ziehe fn bis zum Durchschnittspunkt k mit der in der Entfernung b mit a gelegten Parallele, so ist dfk das verlangte Dreieck.

§. 260. Aufgabe. Zu Verzeichnung eines Dreiecks sind folgende Stücke gegeben: ein Winkel = α, die Höhe a auf die gegenüberliegende Seite und die Höhe b auf einen der Schenkel von α.

Auflösung. Man construire fcg = α, wähle in einem seiner Schenkel cg beliebig einen Punkt h, errichte auf cg in h eine Normale hk = b, ziehe aus k eine Parallele mit gc bis zum Durchschnittspunkt d mit dem Schenkel cf, beschreibe über cd einen Halbkreis, und schneide dessen Bogen mit einem andern aus c mit a beschriebenen in t, ziehe dt und verlängere diese Richtung bis zum Durchschnitt mit cg in p, so ist cdp das verlangte Dreieck.

§. 261. Aufgabe. Es ist zu Verzeichnung eines Dreiecks ein Winkel = α, die Differenz der einschließenden Seiten = a, und die Höhe b auf die $\left\{\begin{matrix}\text{größere}\\ \text{kleinere}\end{matrix}\right\}$ von beiden gegeben.

Auflösung. Man mache $\angle$cdf = α, ziehe mit df in der Entfernung b eine Parallele bis zu ihrem Durchschnittspunkt g mit der Richtung dc, mache auf df die Linie dk = dg, dann kr $\left\{\begin{matrix}\text{in der Verlängerung von dk}\\ \text{zwischen d und k}\end{matrix}\right\}$ gleich a und ziehe gr, so ist dgr das verlangte Dreieck.

§. 262. Aufgabe. Die gegebenen Stücke zu Verzeichnung eines Dreiecks sind: die Summe zweier Seiten = a, und die Höhen b, c auf diese einzelnen Seiten.

Auflösung. Man trage auf einer geraden Linie df = b, fg = c ab; mache gdk = R, schneide aus g mit dem Halbmesser a die Normale dk in n, ziehe ng, errichte auf dg in f eine Normale bis zu ihrem Durchschnittspunkt m mit ng, mache auf nd von n gegen d, np = mg, und ziehe pm, so ist npm das verlangte Dreieck.

Beweis. Man stelle aus p auf ng die Normale pr, so ist $\triangle$npr $\cong$ mgf, also pr = gf = c. Daß die übrigen Bedingungen der Aufgabe durch die Construction erfüllt sind, fällt in die Augen, sobald man sich die Figur wirklich construirt.

§. 263. Aufgabe. Es ist die Summe aller drei Seiten = a, auch sind zwei Winkel α, β gegeben; man soll das Dreieck construiren.

Auflösung. Man mache bc = a, und auf einerlei Seite von bc; $\angle$bcd = α und cbf = β; halbire α durch cg und β durch bh; verlängere cg und bh bis zu beider Durchschnittspunkt in k, ziehe kn ‡ dc und km ‡ fb bis zu den Durchschnittspunkten n, m mit bc, so ist knm das gefoderte Dreieck.

Beweis. Es findet sich leicht, daß kn = nc und km = mb, also km + mn + nk = bc = a; ferner, daß ∠knm = dcb = α und kmn = fbc = β geworden ist.

§. 264. Aufgabe. Zu Verzeichnung eines Dreiecks kennt man: die Summe aller drei Seiten = a, einen Winkel = α und eine α gegenüberliegende Höhe = b.

Auflösung. Man nehme (Fig. 130.) cd = a, cdf = R, df = b, fg ‡ dc, cdk = α, cdn = $\frac{\alpha}{2}$, nm ‡ kd, np = pc, npr = R, so ist rnm das verlangte Dreieck.

§. 264.* Leicht construirt sich auch folgende Aufgabe: Zu Verzeichnung eines Dreiecks ABC sind dessen Winkel A, B, C und die Entfernungen a, b, c der Eckpunkte A, B, C von einem innerhalb der Ebene des Dreiecks liegenden Punkt P gegeben. Denkt man sich nämlich die Aufgabe gelöst und dann die Dreiecke ABP, BCP, ACP um AB, BC, CA gedreht, bis die diesen Seiten gegenüberliegenden Ecken P wieder in die Ebene des Dreiecks, in D, E, F fallen, so bilden die Punkte A, D, B, E, C, F die Eckpunkte eines Sechsecks, dessen Seiten a, b, b, c, c, a, und dessen Winkel in A, B, C doppelt so groß sind, als die gegebenen A, B, C des gesuchten Dreiecks, so daß aus diesen neun Stücken dieses Sechseck verzeichnet werden kann, und somit auch das verlangte Dreieck ABC und der Punkt P construirt ist.

§. 265. Aufgabe. Ein Dreieck parallel mit einer seiner Seiten nach gegebenem Verhältniß abzutheilen.

Auflösung. Ist abc das gegebene Dreieck (Fig. 132.) und soll ‡ mit ab etwa ein Theil, der = $\frac{3}{5}$abc ist, abgeschnitten werden, so theile man cb in 5 gleiche Theile (§. 233.), und nehme cd : cb = 3 : 5 oder cd = $\frac{3}{5}$cb, ziehe dann ad, so hat man:

acd : acb = cd : cb = 3 : 5
oder acd = $\frac{3}{5}$acb (§. 239. VIII.),

und es kommt blos noch darauf an, das Dreieck acd, welches die verlangte Größe hat, in ein anderes, welches ähnlich acb ist, zu verwandeln, d. h. für die Gränzlinie ad eine andere, welche ‡ ab ist, zu construiren. Zu dem Ende beschreibe man (ganz nach §. 250.) über cb einen Halbkreis, errichte die Normale df, mache cg = cf und ziehe gh ‡ ba, so ist cgh der verlangte Theil.

Beweis. Ganz nach §. 250.

§. 266. **Aufgabe.** Es sind zwei Punkte a, b und eine gerade Linie cd (Fig. 133.) gegeben; man soll in cd den Punkt f construiren, für welchen $\angle afc = bfd$ wird.

Auflösung. Man fälle aus a auf cd die Normale ag, verlängere ag über g hinaus, mache $gh = ag$; und ziehe hb, so ist der Durchschnittspunkt von hb und cd der verlangte Punkt f.

Beweis. $\triangle agf \cong hgf$; also $\angle afg = gfh$;
aber $gfh = bfd$; folglich
$\angle afc = bfd$.

Anmerkung. Wählt man in cd rechts oder links f einen andern Punkt k,

so ist $hk = ak$
$bk = bk$;
also $hk + bk = ak + bk$.
Da nun $hk + bk > bh$ (§. 41.),
so ist auch $hb < ak + bk$.
Es ist aber $hf = af$
und $bf = bf$;
also $hb = af + bf$;
folglich $af + bf < ak + bk$,
d. h. für den construirten Punkt f ist die Summe $af + bf$ ein Minimum.

§. 267. **Aufgabe.** Ueber einer gegebenen Linie a als Grundlinie ein Dreieck von gegebener Höhe h zu construiren, in welchem die Summe der beiden andern Seiten ein Minimum ist.

Auflösung. Man mache $cd = a$ (Fig. 134.), $ck = kd$, $ckr = R$, $kr = h$, und ziehe dann rc und rd, so ist rcd das verlangte Dreieck.

Beweis. Macht man durch r die Linie fg ‡ cd, so ist für den Punkt r

$$\angle crf = drg,$$

folglich $cr + rd$ ein Minimum. (§. 266.)

§. 268. **Aufgabe.** Zwischen zwei, wenig convergirenden Linien ab, cd, ohne sie bis zu ihrem Durchschnittspunkt zu verlängern, eine dritte zu construiren, welche den erwähnten Durchschnittspunkt trifft, und den Winkel, welche ab und cd daselbst bilden, halbirt.

Auflösung. Durch irgend einen Punkt f in ab ziehe man fk ‡ dc, mache fr und fa beliebig groß, und ft auf fk gleich fr, ziehe rt und verlängere diese Linie bis zu ihrem Durchschnittspunkt p mit cd, halbire rp in m und errichte auf rp in m eine Normale, so ist diese die verlangte Linie.

Beweis. ∠frt = ftr (§. 26. 1.), ftr = dpr (§. 59.), also frp = dpr u. s. w. (§. 43.)

§. 269. Aufgabe. Es sind in einer Ebene zwei, wenig convergirende Linien ab, cd gegeben; man soll, ohne diese Linien bis zu ihrem Durchschnittspunkt zu verlängern, durch einen Punkt p in derselben Ebene die gerade Linie construiren, in welcher der erwähnte Durchschnittspunkt von ab und cd liegt.

Auflösung. 1) Wenn p zwischen ab und cd liegt. Man ziehe (Fig. 135.) durch p die gerade Linie fg bis zu ihren Durchschnittspunkten f, g mit ab, cd; dann an einer beliebigen Stelle nk ‡ fg, zwischen ab und cd, ziehe gk, pr ‡ ab, rm ‡ cd, so wird pm die Richtung der verlangten Linie.

Beweis. pr ‡ ab, also gp : pf = gr : rk, rm ‡ cd; also gr : rk = nm : mk, daher gp : pf = nm : mk.

Da nun nk ‡ gf, so trifft pm nach §. 113. III. den Punkt, in welchen ab und cd zusammenlaufen.

2) Wenn p außerhalb ab und cd liegt. Man ziehe die gerade Linie pgf (Fig. 136.) damit ‡ nk; dann pk, gr ‡ ab; ferner rn, und durch p eine Parallele mit rn, so ist diese Parallele die verlangte Linie.

Beweis. Er ist eben so wie der für den ersten Fall.

§. 270. Aufgabe. Für zwei in einer Ebene liegende Kreise eine gemeinschaftliche Tangente zu construiren.

Auflösung. 1) Wenn die Tangente die Centrale in ihrer Verlängerung schneiden soll.

Man beschreibe über der Centrale ab (Fig. 137.) einen Halbkreis, mache die Sehne ad gleich der Differenz der Halbmesser beider Kreise, verlängere ad bis f und ziehe bg ‡ af, so ist fg die verlangte Tangente.

Beweis. Es ist ad = af — bg, oder
ad + bg = af.
Ferner ad + df = af; also
bg = df. Da nun auch
bg ‡ df,
so ist auch fg ‡ db.

Daher ∠afg = ∠adb, also, weil adb = R ist, auch afg = R, folglich auch bgf = R, demnach fg Tangente für beide Punkte f und g.

2) Wenn die Tangente die Centrale zwischen ihren Endpunkten schneiden soll.

Man beschreibe über der Centrale ab (Fig. 138.) einen Halbkreis, mache die Sehne ad gleich der Summe beider Halbmesser, ziehe bg ‡ afd, so ist fg die gemeinschaftliche Tangente.

Der Beweis ist wie im ersten Fall.

§. 271. Aufgabe. Es sind zwei Punkte a, b und eine gerade Linie cd gegeben; man soll durch a und b die Peripherie legen, für welche cd Tangente wird.

Auflösung. Man ziehe ab (Fig. 139.) und verlängere diese Richtung bis zum Durchschnittspunkt f mit der cd, beschreibe über af einen Halbkreis, errichte auf af in b eine Normale bis zu ihrem Durchschnittspunkt g mit der Peripherie, ziehe die Sehne fg und mache fk = fg, so ist k der Berührungspunkt in cd, und der durch a, b und k gelegte Kreis der verlangte.

Beweis. Es ist $fb:fg = fg:fa$, also $fg^2 = fb.fa$; aber $fk = fg$; daher $fk^2 = fb.fa$, und hieraus folgt die Richtigkeit nach § 184.

§. 272. Aufgabe. Es sind zwei Punkte a, b und eine gerade Linie cd gegeben; man soll in cd den Punkt construiren, für welchen die aus a und b nach ihm gezogenen geraden Linien den größtmöglichsten Winkel bilden.

Auflösung. Man construire den Punkt k in cd (Fig. 139.) ganz so wie im vorigen §., so ist k der verlangte Ort in cd, und Winkel akb ein Maximum.

Beweis. Da cd Tangente des construirten Kreises in k geworden ist, so liegt jeder Punkt in cd, k ausgenommen, außerhalb der Peripherie. Man denke sich in cd irgendwo rechts oder links von k einen Punkt p, ziehe ap und bp, und bezeichne den Schneidungspunkt von ap mit der Peripherie durch q, so ist $\angle aqb > apb$ und $aqb = akb$,

$$\text{also } akb > apb.$$

§. 273. Aufgabe. Ein gegebenes Vieleck in ein gleichschenkliges Dreieck mit einem gegebenen, von den gleichen Schenkeln eingeschlossenen Winkel = α zu verwandeln.

Auflösung. Man verwandle das gegebene Vieleck in ein Dreieck, und dieses in ein anderes mit dem gegebenen Winkel α. Es sei bac dieses Dreieck und der Winkel bei a = α (Fig. 140.). Nun construire man zu ab und ac die mittlere geometrische Proportionale, mache af sowohl wie ag ihr gleich und ziehe fg, so ist afg das verlangte Dreieck.

Beweis. Diese Construction ist ganz aus §. 250. entnommen, und der Beweis mit dem in diesem erwähnten §. vollkommen übereinstimmend. Man hat nämlich $bd \ddagger fg$ gezogen,

$$\triangle abd : afg = ad^2 : ag^2$$
$$= ab^2 : ab.ac$$
$$= ad : ac$$
$$\text{und } abd : abc = ad : ac$$
$$\text{also } afg = abc.$$

§. 274. Aufgabe. Von einem gegebenen Winkel α durch die kürzeste Linie ein Dreieck abzuschneiden, welches einem gegebenen Vieleck gleich ist.

Auflösung. Man verwandle das gegebene Vieleck in ein Dreieck mit dem Winkel α. Es sei abc (Fig. 140.) dieses Dreieck und der Winkel bei $a = \alpha$, und construire dann ganz so wie im vorigen §. die Linie fg, so ist afg das verlangte Dreieck und fg ein Minimum.

Beweis. Es muß gezeigt werden, daß $fg < bc$ oder überhaupt, daß fg kleiner ist, wie jede andere gerade Linie, welche einen Punkt des einen Schenkels von α mit einem des andern verbindend ein Dreieck, welches gleich afg ist, abschneidet. Hier folgt der Beweis, daß $fg < bc$.

Man ziehe $gh \ddagger bf$, so ist $abc = agf$;

$$\text{daher auch } \triangle pgc = pbf$$
$$pgc > pgh$$
$$\text{also } pbf > pgh.$$
$$\text{Aber } pbf \sim pgh; \text{ folglich}$$
$$pbf : pgh = pf^2 : pg^2,$$
$$\text{daher auch } pf > pg;$$

und folglich muß die Normale aus a auf fg zwischen p und f, etwa in n, die Linie fg treffen. Es ist also auch $an > ar$, und al normal auf cb gedacht, $ar > al$, also auch $an > la$.

Da nun $\triangle afg = abc$, oder

$$\frac{an.fg}{2} = \frac{al.bc}{2}$$

und $an > al$, so folgt, wenn man dividirt,

$$fg < bc.$$

§. 275. Aufgabe. Es ist ein Kreis zum Mittelpunkt m und in ihm eine Sehne ab gegeben, man soll parallel mit ab eine Linie von gegebener Länge e (kleiner wie der Durchmesser des Kreises) als Sehne in den Kreis legen.

Auflösung. Es bezeichne r den Halbmesser des Kreises; man verlängere nöthigenfalls ab, etwa über b hinaus; mache af = e, beschreibe über af mit r als Schenkel ein gleichschenkliges Dreieck ahf, und ziehe aus m bis in die Peripherie mt ‡ ah, mk ‡ hf, so ist tk die verlangte Sehne

Beweis. Er ergiebt sich leicht aus der Congruenz der Dreiecke ahf und tmk.

§. 276. Aufgabe. In einem gegebenen Kreis zum Mittelpunkt m und Halbmesser = r zwei Linien von gegebenen Längen a, b (jede kleiner wie 2r) unter einem gegebenen Winkel α als Sehnen einzutragen.

Auflösungen. 1) An einer beliebigen Stelle trage man cd = a (Fig. 141.) als Sehne ein, mache cdf = α und df = b, beschreibe über df mit r als Schenkel das gleichschenklige Dreieck fdg, ziehe mk ‡ gf, mt ‡ gd, dann kt, so ist kt = fd = b und auch kt ‡ fd, also der Winkel, den kt und cd bilden, = α.

2) An beliebigen Stellen trage man (Fig. 142.) cd = a und gh = b als Sehnen ein, mache cdf = α, mk normal auf gh, mt normal auf df; verlängere nöthigenfalls mt, und mache mp = mk; ziehe dann ql durch p normal auf mp, so ist ql die Lage und Größe der zweiten Sehne b zu der willkührlich gewählten Lage von cd = a.

Anmerkung. In dieser Aufgabe ist die vorige mit enthalten, wenn man α = Null setzt.

§. 277. Aufgabe. Ein Quadrat durch vier gerade Linien so zu zerschneiden, daß die Theile nöthigenfalls gehörig zusammengesetzt fünf gleiche Quadrate liefern.

Auflösung. Man halbire die 4 Seiten ab, bc, cd, da des gegebenen Quadrats (Fig. 143.) in f, g, h, k, und ziehe die Linien fc, gd, ha, kb, so ist rpmn ein Quadrat, und das △pcg, mit cg an die Seite gb des Trapezes pmgb angesetzt, giebt ein mit mnrp gleiches Quadrat, und eben so bilden sich die übrigen drei Quadrate.

Beweis. Aus der Congruenz der Dreiecke fbc, gcd, hda, kab ergiebt sich die Gleichheit homologer Winkel und Seiten in ihnen, und dann auch die Congruenz der kleinen Dreiecke fmb, gpc, hrd, kna unter sich, und ihre Aehnlichkeit mit fcb, gcd u. s. w. Daraus folgt dann, daß die Winkel bei n, m, p, r rechte sind, und daß

cf = gd = ha = kb,
ferner fm = gp = hr = kn,
so wie cp = dr = an = bm ist.

Durch Subtraction entsteht dann hieraus $pm = pr = rn = nm$, und also ist $nmpr$ ein Quadrat.

Verlängert man dann pg über g hinaus, macht $gt = pg$ und zieht bt, so ist $\triangle btg \cong cpg$ und $mptb$ ein mit $nmpr$ gleiches Quadrat, woraus die Richtigkeit der Auflösung erhellet.

§. 278. Aufgabe. Ein Dreieck in 3 gleiche Theile dergestalt zu theilen, daß die Theilungslinien in einem zu bestimmenden Punkt innerhalb des Dreiecks zusammenstoßen, die eine in einen der 3 Eckpunkte des Dreiecks auslaufe, die beiden andern aber mit den Seiten des Dreiecks, welche in dieser Ecke zusammentreffen, eine parallele Lage haben.

Auflösung. Man betrachte die Aufgabe als gelöst, nehme also an, daß in dem gegebenen Dreieck abc (Fig. 144.) $pg \ddagger cb$, $pf \ddagger ca$ und Dreieck fpg = Trapez $afpc$ = Trapez $bgpc$ sei, so ist

$$\triangle fpg \sim \triangle acb \text{ und}$$
$$\triangle fpg = \tfrac{1}{3} acb;$$

folglich auch
$$\triangle fpg : acb = pg^2 : cb^2, \text{ und}$$
$$\triangle fpg : acb = 1 : 3; \text{ also}$$
$$pg^2 : cb^2 = 1 : 3,$$

daher auch

$$\frac{cb^2}{3} \text{ oder } \frac{cb}{3} . cb = pg^2,$$

$$\text{oder } \frac{cb}{3} : pg = pg : cb,$$

d. h. es ist pg die mittlere geometrische Proportionale zwischen $\frac{cb}{3}$ und cb. Denkt man sich nun durch p die Linie $hk \ddagger ab$, so ist

1) $bk = pg$ und

2) müssen, wenn die Trapeze $afpc$, $bgpc$ gleich sind, die Dreiecke hpc und pkc, so wie die Parallelogramme $hpaf$ und $pkbg$ nothwendig einander gleich, also muß $pk = ph$ sein.

Hieraus folgt nachbemerkte Construction, wozu die Figur leicht zu zeichnen ist, da die Buchstaben, so wie in Fig. 144. in der Beschreibung, so weit sie ausreichen, beibehalten sind.

Man mache $br = rt = tc$, beschreibe über bc einen Halbkreis, errichte auf bc in r eine Normale, bis sie die Peripherie in w schneidet, ziehe bw und mache $bk = bw$; dann ziehe man $kh \ddagger ba$ bis zum Durchschnittspunkt h mit ac, halbire hk in p, ziehe pc und $pg \ddagger cb$. $pf \ddagger ca$, so ist die verlangte Theilung geschehen.

§. 279. Aufgabe. In ein Quadrat ein gleichseitiges Dreieck zu zeichnen, dessen eine Ecke mit einer des Quadrats zusammen fällt.

Auflösung. Es sei **abcd** (Fig. 145.) das gegebene Quadrat; man zeichne das gleichseitige Dreieck **bcf**, ziehe **af** und verlängere **af** bis g in **cd**; mache $bh = dg$ und ziehe **gh** und **ha**, so ist **ahg** das verlangte Dreieck.

Beweis. Da sich von selbst ergiebt, daß $ah = ag$ geworden ist, so ist nur zu zeigen, daß $\angle gah = \frac{2}{3}R$ ist.

$$\text{Es ist } cba = R$$
$$cbf = \tfrac{2}{3}R$$
$$\text{also } abf = \tfrac{1}{3}R,$$

folglich $baf = bfa = \dfrac{2R - \frac{1}{3}R}{2} = \frac{5}{6}R$, aber $bad = R$, daher $dag = \frac{1}{6}R$; folglich auch $bah = \frac{1}{6}R$, und demnach $gah = R - 2 . \frac{1}{6}R = \frac{2}{3}R$.

§. 280. Aufgabe. Es ist ein Winkel α und zwischen seinen Schenkeln ein Punkt p gegeben; man soll einen Kreis construiren, der p in seine Peripherie aufnimmt, und die Schenkel von α tangentirt.

Auflösung. Es sei **abc** der gegebene Winkel α (Fig. 148.), p der gegebene Punkt; man ziehe **pb**, halbire α durch **bv**, errichte in einem beliebigen Punkt von **ab**, etwa in d, eine Normale **df** bis zu ihrem Durchschnittspunkt f mit **bv**, beschreibe aus f mit **fd** den Kreisbogen **kdg** bis zu seinen Durchschnittspunkten k, g mit **bp**; ziehe **fg**, **fk** und dann $pm \ddagger gf$, $ph \ddagger kf$ bis zu den Durchschnittspunkten m, h mit **bv**, so sind m, h die Mittelpunkte zweier Kreise, von welchen jeder der Aufgabe genügt.

Beweis. Man fälle die Normale **mt** aus m auf **ba**, so hat man, weil $mt \ddagger fd$,

$$bf : bm = fd : mt;$$
ferner, weil $gf \ddagger pm$ ist,
$$bf : bm = fg : mp,$$
$$\text{daher } fd : mt = fg : mp.$$
Es ist aber $fd = fg$, also auch
$$mt = mp$$
u. s. w. Ganz eben so ist der Beweis für den Punkt h.

§. 281. Aufgabe. Es ist eine gerade Linie **ab** und in ihr ein Punkt c gegeben; man soll einen Kreis construiren, welcher **ab** in c und zugleich den Kreis zum Mittelpunkt m (Fig. 147.) tangentirt.

Auflösung. Man fälle aus m die Normale md auf ab, verbinde dann c mit einem der Durchschnittspunkte f oder f′ der Normale mit der Peripherie, so schneidet cf die Peripherie in g, cf′ aber, in der Verlängerung, in g′; errichtet man nun auf ab in c eine Normale, und verlängert dieselbe, bis sie mg, mg′ in n, n′ schneidet, so ist n der Mittelpunkt des Kreises zum Halbmesser nc = ng, n′ aber der des Kreises zum Halbmesser n′c = n′g′.

Beweis. Aus der Aehnlichkeit der Dreiecke gmf, ncg folgt, daß ng = nc, und aus der von g′mf′, gn′c folgt n′g′ = n′c.

§. 282. Aufgabe. Es ist ein Winkel α und zwischen seinen Schenkeln ein Kreis gegeben; man soll einen Kreis construiren, der den gegebenen und beide Schenkel von α tangentirt.

Auflösung. In der Entfernung des Halbmessers r des gegebenen Kreises ziehe man mit den Schenkeln des gegebenen Winkels, sowohl innerhalb als außerhalb desselben, Parallelen; construire dann nach §. 280. die Mittelpunkte der beiden Kreise, welche den Mittelpunkt des gegebenen in ihre Peripherie aufnehmen, und von welchen der eine die Parallelen innerhalb, der andere die außerhalb berührt, so sind diese beiden Mittelpunkte auch die von zwei Kreisen, welche beide der Aufgabe genügen.

§. 282.* Aufgabe. Es sind in einer Ebene zwei den Mittelpunkten A, B zugehörige Kreise von verschiedenen Halbmessern r, ϱ gegeben; den geometrischen Ort aller der Punkte zu construiren, in welchem beide Kreise unter gleichen Sehe-Winkeln ins Auge fallen.

Auflösung. Man construire die gemeinschaftlichen Tangenten beider Kreise, die eine, welche **AB** in ihrer Verlängerung in **C** schneidet, berühre die Kreise zu r und ϱ in **D** und **E**, die andere, welche **AB** zwischen **A** und **B** in **F** schneidet, berühre dieselben in **G** und **H**, so ist die Peripherie zum Durchmesser **FC** der verlangte Ort.

Beweis. Es muß gezeigt werden, daß für jeden Punkt **K** dieser Peripherie, wenn aus ihm die Tangenten **KL** und **KM** an die Kreise zu r und ϱ construirt sind, Winkel **LKA** = **MKB** wird, dies erhellet aber, weil die Winkel bei **L** und **M** rechte sind, sobald man darthun kann, daß **AK** : **BK** = r : ϱ ist. Es ist aber **CA** : **CB** = r : ϱ und auch **AF** : **BF** = r : ϱ; also auch **CA** : **AF** = **CB** : **BF**, und hieraus folgt, wenn **N** die Mitte von **FC** bezeichnet,

$$CA - AF : CA = CB - BF : CB, \text{ oder}$$
$$CF : CA = 2 . BN : CB, \text{ oder}$$
$$NF : BN = CA : CB, \text{ oder}$$
$$CB : BN = CA : NF, \text{ woraus auch}$$

$NK : BN = AN : NK$ folgt. Da nun aber die beiden Dreiecke BNK und ANK den Winkel bei N gemeinschaftlich haben, so sind sie ähnlich, folglich auch $\angle KBN = \angle AKN$, und subtrahirt man von beiden $\angle KFN = \angle FKN$, so bleibt $\angle BKF = AKF$, und hieraus folgt

$$AK : KB = AF : FB = r : \varrho,$$

woraus die Wahrheit erhellet.

§. 283. Aufgabe. Es sind zwei Punkte a, b gegeben; man soll, ohne ein Lineal zu gebrauchen, blos mit Hülfe eines Zirkels die Orte noch zweier Punkte construiren, so daß diese 4 Punkte die Eckpunkte eines Quadrats werden.

Auflösung. Man beschreibe aus a sowohl als aus b mit der Weite ab Kreise (Fig. 148.), trage in denselben $af = fg = gd = bf = fh = hc = ab$ (§. 225.) ab, beschreibe aus a mit ag und aus d mit $df = ag$ Kreisbogen bis zu ihrem Durchschnittspunkt k, dann aus b mit bk ebenfalls einen Kreisbogen bis zu seinem Durchschnittspunkt n mit der Peripherie des Kreises aus a mit ab beschrieben, so ist n einer der verlangten Punkte, und der andere ergiebt sich eben so.

Beweis. Da ab offenbar $= an$ ist, so hat man blos zu zeigen, daß $\angle ban = R$, oder, ab durch e bezeichnet, daß $bn^2 = e^2 + e^2$, d. h. $bn^2 = 2 . e^2$ ist.

Da $\angle abf = fbg = gbd = \frac{2}{3}R$ ist, so ist ihre Summe $= 2R$, also liegen a, b und d in einer geraden Linie, und es ist $ad = 2e$; ferner $ag^2 = ak^2 = df^2 = dk^2 = 3 . e^2$ (§. 187.) und $\triangle abk \cong kbd$, folglich $\angle abk = R$; also

$$bk^2 = ak^2 - ab^2$$
$$= 3 . e^2 - e^2$$
$$= 2 . e^2;$$

folglich, weil $bn = bk$ ist,

auch $bn^2 = 2 . e^2$, wie zu beweisen war.

§. 284. Aufgabe. Einen Kreis in eine beliebige Anzahl, etwa in 3 gleiche Theile, dergestalt zu theilen, daß der Umfang jedes Theiles dem Umfang des Kreises gleich ist.

Auflösung. Man theile einen Durchmesser ad (Fig 149.) in drei gleiche Theile ab, bc, cd; beschreibe über ab, ac auf der einen, und über dc, db auf der andern Seite Halbkreise, so sind die 3 entstehenden theils von 3, theils von 4 halben Peripherien begränzten Räume die verlangten.

Beweis. Bezeichnet man die Ebene des einzutheilenden Kreises durch F, seine Peripherie durch P, so hat man Halbkreis-Ebene über bd: $\frac{F}{2} = bd^2 : ad^2 = 2^2 : 3^2$, also diese Halbkreis-Ebene $= \frac{2}{9}F$; folglich den Raum zwischen ab und den beiden halben Peripherien über ad und bd

$$= \frac{F}{2} - \frac{2}{9}F = \frac{5}{18}.F;$$

ferner: Halbkreis-Ebene über ab: $\frac{F}{2} = ab^2 : ad^2$

$$= 1^2 : 3^2,$$

also diese Halbkreis-Ebene $= \frac{1}{18}F$.

Demnach der Raum zwischen den halben Peripherien über ab, ad, bd $= \frac{5}{18}F + \frac{1}{18}F = \frac{1}{3}F$

u. s. w. für die übrigen Theile.

Ferner: nach §. 201.

$$\text{halbe Peripherie über ab} = \frac{P}{6}$$

$$\text{halbe Peripherie über bd} = \frac{2P}{6} \text{ und}$$

$$\text{halbe Peripherie über ad} = \frac{P}{2}$$

folglich die Summe oder der Umfang des ersten Theils = P

u. s. w. für die übrigen Theile.

§. 285. Aufgabe. In einem gegebenen Kreis ein Dreieck zu construiren, dessen Seiten durch gegebene, außerhalb des Kreises liegende Punkte gehen.

Auflösung I. Es sei (Fig. 150.) der Kreis um den Mittelpunkt l der gegebene, a, b, c die 3 festgesetzten Punkte, welche in den (nöthigenfalls verlängerten) drei Seiten des in den gegebenen Kreis zu verzeichnenden Dreiecks liegen sollen.

Man betrachte def als das verlangte Dreieck, nehme also an: a liege in de, b in df, c in ef, wie es die Figur auch, als schon gefunden, darstellt.

Aus dieser Annahme folgen nun eine Menge Wahrheiten, von welchen diejenigen hier aufgezählt werden sollen, an welche die zu findende Construction anzuknüpfen ist.

1) Denkt man sich durch d, f und a einen Kreis, betrachtet h als den Durchschnittspunkt seiner Peripherie mit der geraden Linie ab, zieht hf und verlängert hf bis zum Durchschnittspunkt g mit der Peripherie des gegebenen Kreises, und zieht dann auch ge, so hat man

$bf \cdot bd = bh \cdot ba$ (§. 181.), also auch
$bf : bh = ba : bd$; hierzu
$\angle b = \angle b$, so folgt
$\triangle bfh \sim bad$; daher
$bhf = bda$.

Es ist aber bda oder $fde = fge$, also
$bhf = fde = fge$, folglich
$eg \ddagger ab$.

2) Denkt man sich durch f, g und c einen Kreis, betrachtet k als den Durchschnittspunkt seiner Peripherie mit der verlängerten geraden Linie hc, zieht kg und verlängert kg bis zum Durchschnittspunkt i mit der Peripherie des gegebenen Kreises und zieht dann auch ie, so hat man $hf \cdot hg = hc \cdot hk$, und hieraus wie in 1) $\angle hcf = fgk$.

Es ist aber $fei + fgi = 2R$ und
$fgk + fgi = 2R$; also
$fei = fgk = hcf$; folglich
$ei \ddagger hk$.

Aus 1. war $eg \ddagger hb$; und daher ist also auch
$\angle gei = bhk$.

3) zieht man lg und lf, so ist
$lgf = R - feg$; ferner
$fgk = fei$; also
$lgk = R + gei = R + bhk$.

4) Zieht man lk, denkt sich um l, g, k einen Kreis, und betrachtet m als dessen Mittelpunkt, so ist in diesem Kreis der Peripherie-Winkel auf dem Bogen $lgk = 2R - \angle lgk = 2R - (R + bhk)$ (aus 3.) $= R - bhk$; daher der zugehörige Mittelpunkts-Winkel $lmk = 2R - 2bhk$; und

$$\text{folglich } \angle klm = lkm = \frac{2R - lmk}{2} = bhk.$$

II. Diese in 1, 2, 3 und 4, aus der Annahme, def sei das verlangte Dreieck, abgeleiteten Eigenschaften reichen nun vollkommen hin, die Construction des Dreiecks auszuführen.

A. Es ist nämlich, wenn man aus b sich eine Tangente an den gegebenen Kreis construirt, und ihre Länge $= \alpha$ setzt,
$bf \cdot bd = \alpha^2$. Da nun nach 1.
$bh \cdot ba = bf \cdot bd$ ist, so hat man
$bh \cdot ba = \alpha^2$, also
$ba : \alpha = \alpha : bh$,
woraus (nach §. 234.), da ba gegeben und α eine durch Zeichnung gefundene Linie ist, bh construirt werden kann, also der Punkt h gefunden ist.

B. Construirt man nun aus h eine Tangente an den gegebenen Kreis und setzt ihre Länge = β, so ist

$$hf.hg = \beta^2; \text{ aber}$$
$$hc.hk = hf.hg \text{ aus } 2;$$
$$\text{also } \beta^2 = hc.hk, \text{ oder}$$
$$hc:\beta = \beta:hk;$$

woraus sich, wie in A., der Punkt k durch Zeichnung darstellen läßt.

C. Da nach A. der Punkt h, also auch der Winkel bhk, construirt ist, und nach 4. klm = lkm = bhk ist, so ergiebt sich aus dieser Eigenschaft die Lage des Punktes m, und beschreibt man dann aus m mit ml = mk einen Kreis, so erhält man den Durchschnittspunkt g seiner Peripherie mit der des gegebenen Kreises, und dann erhält man f, wenn man gh zieht, d, wenn man bf, e, wenn man cf bis in die Peripherie verlängert.

III. Die Construction ist demnach folgendergestalt auszuführen, wobei aber der Anfänger sich die Figur allmählig selbst bilden muß, in welcher beim Anfang der Arbeit blos der gegebene Kreis zum Mittelpunkt l und die gegebenen 3 Punkte a, b, c willkührlich anzunehmen sind.

a) Man construire aus b eine Tangente an den Kreis, α bezeichne ihre Länge.

b) Man ziehe ba und zeichne die vierte Proportionallinie zu ba, α und α, also die Linie $\frac{\alpha^2}{ba}$, und trage diese Linie aus b auf ba ab; bh sei diese Länge.

c) Man construire aus h eine Tangente an den Kreis, β bezeichne ihre Länge.

d) Man ziehe hc und zeichne die vierte Proportionallinie zu hc, β und β, also die Linie $\frac{\beta^2}{hc}$, und trage diese Linie aus h auf die Richtung hc ab; hk sei diese Länge.

e) Man verbinde k mit dem Mittelpunkt l des gegebenen Kreises und mache klm = lkm = dem in d schon dargestellten Winkel bhc oder bhk.

f) Man beschreibe aus dem Durchschnittspunkt m der Schenkel derjenigen Winkel, welche auf lk in l und k (in e) angetragen wurden, mit ml = mk einen Kreis, dessen Peripherie die gegebene durchschneiden wird; g bezeichne den Durchschnittspunkt.

g) Man ziehe gh; der Durchschnittspunkt f von gh mit der gegebenen Peripherie ist die eine Ecke des verlangten Dreiecks.

h) Man ziehe und verlängere bf bis zum Durchschnittspunkt d mit der gegebenen Peripherie, so ist d die zweite Ecke des verlangten Dreiecks.

i) Man ziehe und verlängere cf bis zum Durchschnittspunkt e mit der gegebenen Peripherie, so ist e die dritte Ecke des verlangten und somit verzeichneten Dreiecks, wenn man noch d mit e durch eine gerade Linie verbindet.

IV. Beweis. Da, dem Gang der Construction zufolge, b in df und c in ef liegt, so braucht blos gezeigt zu werden, daß dieser Construction gemäß auch nothwendig a in de fallen, also dea eine gerade Linie sein muß.

Man verlängere in der selbst construirten Figur kg bis zum Durschnittspunkt i mit der gegebenen Peripherie und ziehe die geraden Linien eg, ei, li, dann auch die da, von der bewiesen werden soll, daß sie mit de zusammenfällt, wobei der Anfänger wohl thut, wenn er diese Linie da, sollte es auch bei einer gut construirten Figur dem Augenmaaß widersprechen, so legt, daß e nicht in ihr liegt. Es ist, der in der Construction angegebenen Bedeutung von α und β gemäß,

$$\alpha^2 = bh.ba \text{ und auch}$$
$$\alpha^2 = bf.bd,$$
$$\text{also } bh.ba = bf.bd, \text{ oder}$$
$$bh : bf = bd : ba; \text{ daher,}$$
$$\text{weil } \angle b = \angle b$$
$$\triangle bhf \sim bda; \text{ folglich}$$
$$\angle bhf = bda.$$
$$\text{Ferner } \beta^2 = hc.hk \text{ und auch}$$
$$\beta^2 = hf.hg, \text{ daher, wie oben,}$$
$$\triangle hfc \sim hkg; \text{ also}$$
$$\angle hcf = hgk, \text{ aber}$$
$$hgk = fei, \text{ daher}$$
$$hcf = fei, \text{ folglich}$$
$$ei \ddagger hc.$$
$$\text{Weil nun } \angle lkm = klm = bhc \text{ construirt ist, so ist}$$
$$\angle lmk = 2R - 2bhc, \text{ also}$$
$$\angle lgk = 2R - (R - bhc)$$
$$= R + bhc, \text{ daher}$$
$$lgi = lig = 2R - (R + bhc)$$
$$= R - bhc; \text{ demnach}$$
$$\angle gli = 2R - 2(R - bhc)$$
$$= 2.bhc; \text{ folglich}$$
$$\angle gei = bhc; \text{ daher,}$$
$$\text{weil } ei \ddagger hc \text{ ist, auch}$$
$$eg \ddagger ab,$$
$$\text{folglich } \angle egf = bhf.$$

Es war aber $\angle$ bhf = bda; also ist auch
egf = bda.
Da nun egf = bde, so ist auch
bde = bda;
und also fallen de und da in einander.

Anmerkung. Diese Auflösung fand ein Neapolitaner, Giordano di Ottajano in seinem 17ten Jahre. Siehe Klügel's mathematisches Wörterbuch, 3ter Theil, pag. 155.

II.

Die rechnende oder algebraische Geometrie.

§. 286. Messen heißt ausmitteln, wie oft eine Größe die zur Einheit gewählte, also gleichartige Größe, enthält.

1. Die Einheit, welche fürs Längenmaaß die üblichste ist, ist eine Länge, welche ungefähr mit der eines Mannes Fußes übereinstimmt, und heißt daher ein Fuß oder ein Schuh.

Der zwölfte Theil eines Fußes heißt ein Zoll; der zwölfte Theil eines Zolles eine Linie; der zwölfte Theil einer Linie ein Scrupel u. s. w. Eine Länge von zwölf Fuß wird eine Ruthe genannt.

Die Bezeichnung ist folgende: 5 Ruthen, 7 Fuß, 10 Zoll, 3 Linien, 11 Scrupel wird geschrieben: $5^{\circ}\ 7'\ 10''\ 3'''\ 11''''$.

Hiernach ist also $1' = (\frac{1}{12})^{\circ}$, $1'' = (\frac{1}{12})' = (\frac{1}{144})^{\circ}$, $1''' = (\frac{1}{12})'' = (\frac{1}{144})' = (\frac{1}{1728})^{\circ}$ 2c.; ferner $1^{\circ} = 12' = 144'' = 1728'''$ u. s. w.

2. Die Einheit fürs Maaß ebener Flächen ist das Quadrat, dessen Seite einen Fuß lang ist, und heißt ein Quadratfuß.

Das Quadrat, dessen Seite 12 Fuß, also eine Ruthe lang ist, heißt eine Quadratruthe.

Das Quadrat, dessen Seite der zwölfte Theil eines Fußes, also einen Zoll lang ist, heißt ein Quadratzoll.

Das Quadrat, dessen Seite der zwölfte Theil eines Zolles, also eine Linie lang ist, heißt eine Quadratlinie u. s. w.

Die Bezeichnung ist folgende: 27 Quadratruthen, 118 Quadratfuß, 53 Quadratzoll u. s. w. wird geschrieben 27 Q° 118 Q′ 53 Q″ u. s. w. Es ist also

$$1\ Q^{\circ} = 12^2\ Q' = 12^4\ Q'' \text{ u. s. w.};$$

ferner

$$1\ Q' = \frac{1}{144}\ Q^{\circ}$$

$$1\ Q'' = \frac{1}{144}\ Q' = \frac{1}{20736}\ Q'' \text{ u. s. w.}$$

3. Die Einheit für Winkelmessung ist der rechte Winkel = R. Der neunzigste Theil von R heißt ein Grad. Der sechzigste Theil von einem Grad heißt eine Minute. Der sechzigste Theil von einer Minute heißt eine Secunde. Der sechzigste Theil von einer Secunde heißt eine Tertie u. s. w.

Die Bezeichnung ist wie beim Längenmaaß: 7 Grad, 39 Minuten, 25 Secunden und 5 Tertien wird geschrieben:

$$7^{\circ}\ 39'\ 25''\ 5'''.$$

Es ist also

$$\mathbf{R} \text{ oder } 1\ \mathbf{R} = 90^{\circ} = 90 . 60 \text{ oder}$$
$$5400' = 60 . 5400 \text{ oder}$$
$$324000'' \text{ u. s. w.;}$$
$$\text{ferner } 1^{\circ} = \tfrac{1}{90}\mathbf{R};$$
$$1' = (\tfrac{1}{60})^{\circ} = \tfrac{1}{5400}\mathbf{R};$$
$$1'' = (\tfrac{1}{60})' = (\tfrac{1}{3600})^{\circ} = \tfrac{1}{324000}\mathbf{R}$$
u. s. w.

§. 287. Zur Bequemlichkeit hat man bei den im vorigen §. angegebenen Größen die Decimaleintheilung eingeführt.

1) Der zehnte Theil einer aus zwölf Fußen bestehenden Länge, d. h. einer Ruthe, heißt ein Fuß Decimal-Maaß oder ein Decimalfuß. Der zehnte Theil eines solchen Fußes heißt ein Decimalzoll. Der zehnte Theil eines solchen Zolles eine Decimallinie u. s. w. Die Bezeichnung ist wie beim zwölftheiligen oder Duodecimal-Maaß. Ist von diesem die Rede, so soll es durch **Dd**, ist vom zehntheiligen die Rede, so soll es durch **Dc** angezeigt werden.

Hiernach ist also

$$1^{\circ} = \left\{ \begin{array}{l} 12' = 144'' = 1728'''\ \mathbf{Dd} \\ 10' = 100'' = 1000'''\ \mathbf{Dc}. \end{array} \right\}$$

$$\text{Ferner } 1'\ \mathbf{Dc} = (\tfrac{1}{10})^{\circ};$$
$$1''\ \mathbf{Dc} = (\tfrac{1}{10})' = (\tfrac{1}{100})^{\circ};$$
$$\text{und folglich } 5{,}783^{\circ} = 5^{\circ}\ 7'\ 8''\ 3'''\ \mathbf{Dc}.$$

2) Fürs Maaß ebener Flächen entspringt hieraus folgende Vergleichung:

$$1\ \mathrm{Q}^{\circ} = \left\{ \begin{array}{l} 144\ \mathrm{Q}' = 20736\ \mathrm{Q}''\ \mathbf{Dd} \\ 100\ \mathrm{Q}' = 10000\ \mathrm{Q}''\ \mathbf{Dc} \end{array} \right\}$$

und es ist also fürs **Dc** Maaß $1\ \mathrm{Q}' = 0{,}01\mathrm{Q}^{\circ}$, $1\ \mathrm{Q}'' = 0{,}0001\ \mathrm{Q}^{\circ}$, daher

$$5{,}0857\ \mathrm{Q}^{\circ} = 5\ \mathrm{Q}^{\circ}\ 8\ \mathrm{Q}'\ 57\ \mathrm{Q}''$$

und umgekehrt:

$$15\ \mathrm{Q}^{\circ}\ 7\ \mathrm{Q}'\ 9\ \mathrm{Q}'' = 15{,}0709\ \mathrm{Q}^{\circ}.$$

3) So wie beim Längenmaaß auf die Ruthe, beim Flächenmaaß auf die Quadratruthe, jeder kleinere Theil durch Decimalstellen bezogen wird, eben so kann man bei Winkeleintheilungen

auch zehntheilige Eintheilung einführen, und jeden Winkel, vermittelst eines Decimalbruchs, auf den rechten Winkel bezogen, ausdrücken; z. B.

$$97^\circ\ 30'\ 12'' = 1R\ 7^\circ\ 30'\ 12''$$
$$= \left(1 + \tfrac{7}{90} + \frac{30}{90.60} + \frac{12}{90.60.60}\right) R$$
$$= 1{,}08337\ldots\ldots R.$$

Diese Eintheilung, so bequem sie auch wäre, ist noch wenig eingeführt.

§. 288. Aufgabe. Beim Längen- und Flächenmaaß Dc auf Dd und Dd auf Dc Maaß zu reduciren.

Auflösung. Der Gang der Arbeit erhellet sogleich aus folgenden 4 ausgeführten Beispielen.

1) 7′ 8″ Dd auf Dc Maaß zu bringen.

Es ist $7'\ 8''$ Dd $= (\tfrac{7}{12} + \tfrac{8}{144})$ Ruthen
$= 0{,}6388$ Ruthen $= 6'\ 3''\ 8'''\ 8''''$ Dc.

2) 6′ 4″ 1‴ Dc auf Dd Maaß zu reduciren.

Es ist $6'\ 4''\ 1'''$ Dc $= (\tfrac{6}{10} + \tfrac{4}{100} + \tfrac{1}{1000})$ Ruthen
$= 0{,}641$ Ruthen
$= 0{,}641 . 12$ Fuß Dd
$= 7{,}692$ Fuß Dd
$= (7 + 0{,}692)$ Fuß Dd
$= (7' + 0{,}692 . 12$ Zoll) Dd
$= (7' + 8'' + 0{,}304$ Zoll) Dd
$= (7'\ 8'' + 0{,}304 . 12$ Linien) Dd
$= (7'\ 8''\ 3{,}648''')$ Dd
$= (7'\ 8''\ 3''' + 0{,}648 . 12$ Scrupel) Dd
$= 7'\ 8''\ 3'''\ 7\tfrac{3}{4}''''$ Dd.

3) 13 Q′ 7 Q″ Dd auf Dc Maaß zu bringen.

Es ist 13 Q′ 7 Q″ Dd
$= (\tfrac{13}{144} + \tfrac{7}{20736})\ Q^\circ = 0{,}0906\ Q^\circ$
$= 9$ Q′ 6 Q″ Dc.

4) 15 Q′ 9 Q″ Dc auf Dd Maaß zu reduciren.

Es ist 15 Q′ 9 Q″ Dc $= 0{,}1509\ Q^\circ$
$= 0{,}1509 . 144$ Q′ Dd
$= (21 + 0{,}7296)$ Q′ Dd
$= (21\ Q' + 0{,}7296 . 144\ Q'')$ Dd
$= 21$ Q′ 105 Q″ Dd u. s. w.

§. 289. Die Einrichtung des gewöhnlichen Instruments, Maaßstab genannt, zu Messung der geraden Linien auf dem Papier nach irgend einer angenommenen Einheit, gründet sich auf die Aehnlichkeit der Dreiecke, und wird hier, so wie das Instrument zu Messung der Winkel auf dem Papier, Transporteur genannt, als bekannt vorausgesetzt. Im Vortrag wird das Erforderliche erwähnt werden. Die Länge krummer Linie wird durch Rechnung bestimmt.

Bestimmt sich irgend eine Länge PQ auf einen gewählten Maaßstab nicht genau, ist nämlich, wenn a die Länge der Einheit des Maaßstabes ausdrückt, $PQ > r.a$ und $< (r+1).a$, so nehme man eine Linie $CD = n.a$ und theile dieselbe in $n+1$ gleiche Theile, von welchen dann jeder $= \frac{n}{n+1}a$ werden wird, lege CD auf den Maaßstab, so daß C den Endpunkt von r.a deckt, und zähle, der wievielste Theilstrich in CD mit einem Theilstrich im Maaßstab zunächst zusammenfällt, ist dies der pte, so hat man

$$PQ = ra + pa - p.\frac{n}{n+1}.a = \left(r + \frac{p}{n+1}\right).a.$$

Eine solche eingetheilte Linie CD (gerade für Längenmessungen, in Form eines Kreisbogens für Winkelmessungen) heißt Nonius oder Vernier.

§. 290. Leichte Aufgaben zu Anwendung der Regeln in §. 98, 100, 101, 102, 127, 128, 150, 180, 183, 198, 205, 206, 208. (Es ist durchaus Decimalmaaß verstanden.)

1) Die Grundlinie eines Parallelogramms sei = 7, 8″, die zugehörige Höhe = 5′ 4″; den Quadratinhalt dieses Parallelogramms zu bestimmen.

Man findet 0,4212 Q° oder
42 Q′ 12 Q″ (§. 98).

2) Die Grundlinie eines Parallelogramms sei = 5′ 4″ 7‴, der Inhalt desselben = 18 Q′ 42 Q″; man soll die Höhe bestimmen.

Es entsteht: 0,336 Ruthen
= 3′ 3″ 6‴ (§. 98).

3) Die Grundlinie eines Dreiecks sei = 9′ 8″, die Höhe = 7′ 5″; den Inhalt anzugeben.

Man erhält 0,3675 Q° = 36¾ Q′ (§. 100).

4) Die Höhe eines Dreiecks sei = 3° 2′, der Inhalt = 32,783 Q′; wie groß ist die Grundlinie?

Sie ist = 2′ 4‴ 9⁗ beinahe (§. 100).

5) Der Inhalt eines Quadrats ist = 5 Q° 13 Q′ 7 Q″; wie groß ist die Seite?

Sie ist = 2° 2′ 6″ 5‴ (§. 98).

6) Die parallelen Seiten eines Trapezes sind: die eine 9′ 4″, die andere 8′ 9″, die Höhe ist = 5′ 3″ 9‴; den Inhalt des Trapezes anzugeben.

Er ist 49 Q′ 31⅘ Q″ (§. 101).

7) Die Höhe eines Trapezes ist = 2°, die eine der parallelen Seiten = 8′ 9″, der Inhalt ist 3 Q° 7 Q′; die andere parallele Seite zu bestimmen.

Sie ergiebt sich = 2° 1′ 8″ (§. 101).

8) Die 3 Seiten eines Dreiecks sind: 7′, 8′ 6″, 9′ 3″; die Projection x der Seite 7′ auf die Seite 8′ 6″ zu bestimmen.

Aus $0{,}93^2 = 0{,}86^2 + 0{,}7^2 - 2 \,.\, 0{,}86 \,.\, x$ erhält man:

x = 2′ 1″ 2‴ (§. 102).

Man hätte auch die Gleichung:

$$0{,}93^2 = 0{,}86^2 + 0{,}7^2 + 2 \; 0{,}86 \,.\, x$$

ansetzen können, und würde dann x = — 2′ 1″ 2‴ erhalten haben.

9) Es sind 2 Seiten eines Dreiecks, welche einen stumpfen Winkel einschließen, = 7′ 8″ und 4′ 9″, die Projection der letzteren auf die erstere ist = 1′ 2″ 5‴; man soll die dritte Seite bestimmen.

Bezeichnet x ihre Länge in Ruthen, so hat man

$$x^2 = 0{,}78^2 + 0{,}49^2 + 2 \,.\, 0{,}78 \,.\, 0{,}125;$$

also x = 1,021° = 1° 2″ 1‴ (§. 102).

10) Die parallelen Seiten eines Trapezes sind 5′ 4″ und 9′ 2″, die Höhe des Trapezes ist = 7′ 3″ 4‴; wie groß ist die Entfernung x des Schneidungspunktes der nicht parallelen Seiten von der Seite 5′ 4″?

Aus $0{,}92 : 0{,}54 = 0{,}734 + x : x$ (§. 127)

ergiebt sich x = 1,043° = 1° 4″ 3‴.

11) Die parallelen Seiten eines Trapezes sind 8′ 7″, 12′ 8″, ihre Entfernung = 5′ 6″; wie weit ist eine mit den parallelen Seiten parallele Linie von 10′ Länge zwischen den nicht parallelen Seiten von der Seite 8′ 7″ entfernt?

Bezeichnet man diese Entfernung durch x, in Ruthen verstanden, so hat man die Proportion (§. 127.)

$$1{,}28 - 0{,}87 : 1 - 0{,}87 = 0{,}56 : x$$

und hieraus x = 0,1775° oder

x = 1′ 7″ 7½‴.

12) Eine Seite eines Dreiecks ist = 9′ 5″, der Inhalt des Dreiecks = 40 Q′ 9 Q″; durch welchen Punkt der Seite 9′ 5″ muß man mit einer der gegenüberliegenden Seiten eine Parallele legen, damit das abgeschnittene Dreieck 17 Q′ 83 Q″ enthalte?

Ist abc (Fig. 151.) das gegebene Dreieck von 0,4009 Q°, ab = 0,95°, ad = x° und df ‡ bc, so hat man, wenn △ adf = 0,1783 Q° werden soll (nach §. 128.),

$$4009 : 1783 = 0{,}95^2 : x^2; \text{ also}$$
$$ad = x = 0{,}6335^\circ, \text{ oder}$$
$$x = 6'\ 3''\ 3\tfrac{1}{2}'''.$$

13) Die 3 Seiten eines Dreiecks verhalten sich = 5 : 12 : 13, der Inhalt des Dreiecks ist = 200 Q°; wie groß sind die Seiten desselben?

Denkt man sich mit 3 Linien, die sich wie 5, 12, 13 verhalten, das Dreieck construirt, so wird dasselbe rechtwinklig, da $13^2 = 5^2 + 12^2$ ist, und also ist der Inhalt dieses Dreiecks, dessen Catheten 5, 12 sind, $= \frac{5 \cdot 12}{2} = 30$; da nun des gesuchten Dreiecks Seiten sich ebenfalls wie 5 : 12 : 13 verhalten sollen, so sind beide ähnlich; bezeichnet man daher die Längen der mit 5, 12, 13 homologen Seiten des verlangten Dreiecks durch x, y, z in Ruthen verstanden, so hat man

$$30 : 200 = 5^2 : x^2 \text{ und}$$
$$\text{auch } 30 : 200 = 12^2 : y^2, \text{ so wie}$$
$$30 : 200 = 13^2 : z^2 \text{ und}$$
$$\text{hieraus } x = 12{,}91^\circ$$
$$y = 30{,}984^\circ$$
$$z = 33{,}566^\circ.$$

Anmerkung. Diese Aufgabe würde hier noch nicht aufzulösen sein, wenn 5, 12, 13 kein rechtwinkliges Dreieck lieferten.

14) Ein Vieleck, dessen eine Seite ab (Fig. 152.) = 3° 2′ 5″ ist, auf ein ähnliches zu reduciren, welches nur halb so viel Inhalt hat.

Die mit 3,25° homologe Seite der halb so großen, ähnlichen Figur, sei = x°, so hat man nach §. 150.

$$2 : 1 = 3{,}25^2 : x^2, \text{ und hieraus}$$
$$x = 2{,}29775^\circ = 2^\circ\ 2'\ 9''\ 7\tfrac{3}{4}'''$$

Macht man nun af = 2° 2′ 9″ 7¾‴, zieht ac, ad; dann fg ‡ bc, gh ‡ cd und hk ‡ de, so ist afghk die verlangte Figur.

15) Ein Kreis hat einen Durchmesser von 12′ 9″; man trägt darauf 7′ 3″ ab, und errichtet in dem Endpunkt dieser Länge eine Normale x bis zur Peripherie; wie groß ist x?

Aus 7′ 3″ : x = x : 12′ 9″ — 7′ 3′ (§. 180.) erhält man x = 6′ 3″ 9‴.

16) In einem Kreis von 9 Fuß Durchmesser zieht man aus dem einen Endpunkt einer Sehne von 5′ Länge einen

Durchmesser; wie groß ist die Projection x dieser Sehne auf diesen Durchmesser?

Aus $x : 5 = 5 : 9$ entsteht
$x = 2' \; 7'' \; 7''' \ldots.$

17) Die Höhe eines kreisförmigen Brückenbogens ist $= 17'$, die Sehne desselben $= 60'$; wie groß ist der Halbmesser x dieses Kreisbogens?

Aus $17 : 30 = 30 : 2x - 17$ entsteht
$x = 34' \; 9'' \; 7'''$.

18) In einem Halbkreis zum Durchmesser $= 15'$ ist eine Normale von $6'$ auf dem Durchmesser errichtet; welchen Punkt des Durchmessers trifft sie?

Die Entfernung dieses Punktes von einem der beiden Endpunkte des Durchmessers sei $= x$, so hat man
$x : 6 = 6 : 15 - x$ und
hieraus $x = 12$ oder $= 3$.

19) In der Verlängerung einer Sehne von $8' \; 5''$ Länge werden noch $3' \; 7''$ angesetzt, und aus dem Endpunkt dieser $3' \; 7''$ wird eine Tangente an den Kreis gelegt; die Länge x derselben zu bestimmen.

Aus §. 183. folgt
$0{,}37 : x = x : 0{,}37 + 0{,}85;$
also $x = 6' \; 7'' \; 2'''$ beinahe.

20) Einen Kreis von $3' \; 8''$ Halbmesser durch einen concentrischen zu halbiren.

Bezeichnet x den Halbmesser des gesuchten Kreises, so ist
$1 : \frac{1}{2} = 0{,}38^2 : x^2$; also
$x = 2' \; 6'' \; 8\frac{2}{3}'''$. (§. 198.)

21) Wie groß ist die Peripherie und wie groß die Kreis-Ebene, wenn der Halbmesser $7' \; 6''$ beträgt?

Die Peripherie ist $= 2 . 0{,}76 . 3{,}14159$ Rthn.
$= 4^0 \; 7' \; 7'' \; 5\frac{1}{5}'''$.
Die Kreis-Ebene $= 0{,}76^2 . 3{,}14159 \; Q^0$
$= 1 \; Q^0 \; 81 \; Q' \; 45\frac{1}{5} \; Q''$. (§. 205.)

22) Wie groß ist der Bogen und wie groß der Kreisausschnitt zu einem Halbmesser von $6' \; 3''$ und einem Mittelpunkts-Winkel von $37^0 \; 18'$?

Der Bogen ist $= \frac{37\frac{18}{60}}{360} . 2 . 0{,}63 . \pi$ Rthn.
$= 4' \; 1''$.

Der Kreisausschnitt $= \frac{37\frac{18}{60}}{360} . 0{,}63^2 . \pi \; Q^0$
$= 12 \; Q' \; 91 \; Q'' \; 92 \; Q'''$.

23) Für einen Mittelpunkts-Winkel von 60° und einen Halbmesser von 1 Ruthe den Bogen nach beiden Vorschriften §. 206. zu berechnen.

Nach der Formel:

$$\frac{\alpha}{4R} . 2r\pi, \text{ entsteht } 1{,}04719 \text{ Rthn.}$$

Nach der: Bogen = Sehne und dem dritten Theil des Unterschieds zwischen derselben und der Normale aus dem Endpunkte der Sehne auf dem Halbmesser zum andern Endpunkt ergiebt sich, da die Sehne = 1° (§. 187.) und die erwähnte Normale = $\sqrt{1^2 - (\frac{1}{2})^2} = 0{,}86602\ldots$ Ruthen ist;

$$\text{Bogen} = 1 + \frac{1 - 0{,}86602}{3}$$
$$= 1{,}04466,$$

so daß also die Näherungs-Vorschrift für diesen Fall $2\frac{1}{2}$ Linie zu wenig giebt.

24) Der Halbmesser sei = 9′ 7″, der Mittelpunkts-Winkel = 60°; den Kreisabschnitt nach beiden Vorschriften §. 208. zu berechnen.

Es ist der Kreisausschnitt $= \frac{60}{360} . 0{,}97^2 . \pi$
$= 0{,}49265 \ldots Q°$;

des zu subtrahirenden Dreiecks Grundlinie = 0,97, die zugehörige Höhe

$$= \sqrt{0{,}97^2 - \left(\frac{0{,}97}{2}\right)^2} = 0{,}8400394;$$

also der Inhalt des Dreiecks

$$= \frac{0{,}97 . 0{,}8400394}{2}$$

= 0,40742 Q° beinahe, folglich der Kreisabschnitt = 0,08523 Q°
= 8 Q′ $52\frac{1}{6}$ Q″.

Um die Näherungs-Formel anzuwenden, hat man die
Sehne = 9′ 7″,
die Höhe aus ihrer Mitte
bis zum Bogen = 0,97 – 0,8400394,
also den Kreisabschnitt
$= \frac{2}{3} . 0{,}97 . 0{,}1299606$
= 0,08404 Q°
= 8 Q′ $40\frac{3}{4}$ Q″,

so daß also die Näherungs-Formel in diesem Fall 0,00119 Q° zu wenig giebt.

25) Für welchen Winkel am Mittelpunkt verhält sich die Sehne zum Bogen = 21 : 22?

Diese Aufgabe ist hier nur durch Anwendung beider Vorschriften §. 206. näherungsweise aufzulösen, und das Resultat nur dann genügend genau anzunehmen, wenn der Winkel nicht viel über 60° sich ergiebt.

Dem gegebenen Verhältniß gemäß kann man den Bogen = 22, die Sehne = 21 setzen; dann hat man, wenn h die Normale **Fig. 153.** bezeichnet,

$$22 = 21 + \frac{21 - h}{3}; \text{ also}$$

$h = 18$; daher die Projection cd der Sehne auf den Halbmesser

$$= \sqrt{21^2 - 18^2} = \sqrt{39 \cdot 3}; \text{ oder}$$

$cd = 3 \cdot \sqrt{13}$; demnach, unter r den Halbmesser verstanden,

$$cd : h = h : 2r - cd \text{ oder}$$

$$3 \cdot \sqrt{13} : 18 = 18 : 2r - 3\sqrt{13};$$

und hieraus $r = \frac{147 \cdot \sqrt{13}}{26}$;

folglich, wenn α den Mittelpunkts-Winkel bezeichnet,

$$22 = \frac{\alpha}{360} \cdot 2 \cdot \frac{147 \cdot \sqrt{13}}{26} \cdot \pi, \text{ und demnach}$$

$$\alpha = 61^\circ\ 50'\ 14''.$$

Ist das Verhältniß 100 : 99 bestimmt, so erhält man $\alpha = 28^\circ\ 16'\ 43\frac{1}{2}''$.

26) Die Ringfläche zwischen zwei concentrischen Kreisen ist = 42 Q', der Halbmesser des inneren Kreises = 9'; wie breit ist der Ring?

Setzt man den Halbmesser des größeren Kreises = x Fuße, so hat man:

$$x^2 \cdot \pi - 9^2 \cdot \pi = 42; \text{ also}$$

$$x = \sqrt{81 + \frac{42}{\pi}} = 9{,}714 \text{ Fuß};$$

folglich die gesuchte Breite

$$= 0{,}714 \text{ Fuße}.$$

27) Ein concentrischer Ring enthält 87 Q' 3 Q''; seine Breite 3'; wie groß ist der Halbmesser des kleineren Kreises?

Wird er = x Fuß gesetzt, so ist

$$(x+3)^2\pi - x^2\pi = 87{,}03; \text{ also}$$

$$x = 3{,}117 \text{ Fuße}.$$

28) Für welchen Winkel am Mittelpunkt ist der Bogen so groß wie der Halbmesser?

Setzt man den Halbmesser = r, so ist die Gleichung

$$r = \frac{\alpha}{360} \cdot 2r\pi, \text{ und hieraus}$$

$$\alpha = 57^0\ 17'\ 44'' \ldots.$$

29) Auf einer Sehne ab = 12′ 7″ (Fig. 154.), deren Höhe bis zum Bogen in ihrer Mitte oder cd = 5′ 4″ beträgt, ist in dem Punkt f, für welchen af = 5′ 7″ ist, die Normale fg errichtet und bis zum Bogen verlängert; wie groß ist fg?

Ist m der Mittelpunkt des Kreises, und bezeichnet r den Halbmesser des Kreises in Zollen, so hat man

$$dc : ca = ca : 2r - dc \text{ oder}$$
$$54 : 63{,}5 = 63{,}5 : 2r - 54$$
$$\text{also } r = 64{,}335 \text{ Zolle,}$$
$$\text{daher } cm = 10{,}335; \text{ also}$$
$$gm^2 = (mc + fg)^2 + fc^2 : \text{ oder}$$
$$64{,}335^2 = (10{,}335 + fg)^2 + (63{,}5 - 57)^2,$$
$$\text{folglich } fg = 53{,}67 \text{ Zoll.}$$

30) Bei einem rechtwinkligen Dreieck ist die Hypotenuse = 14′ 7″, und die beiden Catheten verhalten sich = 5 : 7; wie groß ist jede?

Die eine = 85,4415 Zolle.
Die andere = 119,6181 Zolle.

§. 291. **Aufgabe.** Zwischen den 3 Seiten a, b, c eines Dreiecks und einer der 3 Höhen, etwa der h auf a, eine Gleichung darzustellen.

Auflösung. Bezeichnet x die Projection von b auf a, so ist, je nachdem der Winkel, welchen a und b bilden, spitz oder stumpf ist:

$$c^2 = a^2 + b^2 \mp 2ax; \text{ also}$$
$$x = \frac{c^2 - a^2 - b^2}{\mp 2a} \text{ oder}$$
$$x = \frac{a^2 + b^2 - c^2}{\pm 2a}. \text{ Ferner ist}$$

$h^2 = b^2 - x^2$; also, sowohl für das spitz- wie für das stumpfwinklige Dreieck:

$$h^2 = b^2 - \frac{(a^2 + b^2 - c^2)^2}{4a^2} \text{ oder}$$
$$h^2 = \frac{(2ab)^2 - (a^2 + b^2 - c^2)^2}{4a^2}.$$

§. 292. Zusätze. 1. Wenn man nicht die Projection von b auf a, sondern die von c auf a als Hülfsmittel gebraucht, so erhält man

$$h^2 = \frac{(2ac)^2 - (a^2 + c^2 - b^2)^2}{4a^2}.$$

2. Bezeichnet man die Höhe auf b mit i, die auf c mit k, so hat man nach dem in §. 291 und §. 292. Nr. 1. dargestellten Gesetz:

$$i^2 = \begin{cases} \dfrac{(2ab)^2 - (a^2 + b^2 - c^2)^2}{4b^2} \text{ oder} \\ \dfrac{(2bc)^2 - (b^2 + c^2 - a^2)^2}{4b^2} \end{cases}$$

$$k^2 = \begin{cases} \dfrac{(2ac)^2 - (a^2 + c^2 - b^2)^2}{4c^2} \text{ oder} \\ \dfrac{(2bc)^2 - (b^2 + c^2 - a^2)^2}{4c^2} \end{cases}$$

3. Weil $A^2 - B^2 = (A+B)(A-B)$, so ist auch

$$(2ab)^2 - (a^2 + b^2 - c^2)^2 =$$
$$(2ab + a^2 + b^2 - c^2)(2ab - a^2 - b^2 + c^2).$$

Es ist aber $(a+b)^2 = a^2 + b^2 + 2ab$ und $-(a-b)^2 = -a^2 - b^2 + 2ab$; also
$(2ab)^2 - (a^2 + b^2 - c^2)^2 = [(a+b)^2 - c^2][c^2 - (a-b)^2]$
oder, wenn man den Satz: $A^2 - B^2 = (A+B)(A-B)$ noch zweimal in Anwendung bringt:

$$(2ab)^2 - (a^2 + b^2 - c^2)^2 =$$
$$(a+b+c)(a+b-c)(a+c-b)(b+c-a);$$

welche vier Factoren man ebenfalls erhält, wenn man

$$(2ac)^2 - (a^2 + c^2 - b^2)^2$$

oder auch, wenn man

$$(2bc)^2 - (b^2 + c^2 - a^2)^2$$

zerfällt, so daß also diese drei verschieden scheinenden Differenzen einerlei sind.

4. Bezeichnet man:
$a+b+c$ mit S
$b+c-a$ mit A
$a+c-b$ mit B
$a+b-c$ mit C, so ergeben sich für die 3 Höhen folgende Ausdrücke:

$$h = \frac{\sqrt{ABCS}}{2a}; \quad i = \frac{\sqrt{ABCS}}{2b}; \quad k = \frac{\sqrt{ABCS}}{2c}.$$

5. Ist das Dreieck gleichschenklig, etwa $b = c$, so erhält man:
$$h = \frac{\sqrt{(2b+a)(2b-a)}}{2} = \frac{\sqrt{4b^2-a^2}}{2}; \text{ und } i = k = \frac{a\sqrt{4b^2-a^2}}{2b}.$$

6) Ist das Dreieck gleichseitig, also $a = b = c$, so findet man
$$h = i = k = \frac{a\sqrt{3}}{2}.$$

§. 293. **Beispiele zu §. 290 und 291.**

1. Die Seite eines gleichseitigen Dreiecks sei $= 5', 4''$; wie groß ist die Höhe?

Sie ist $= \frac{5{,}4 \cdot \sqrt{3}}{2} = 4'\ 6''\ 7\frac{3}{8}'''$.

2. Die Höhe eines gleichseitigen Dreiecks ist $= 9'\ 5''$; wie groß ist jede Seite?

Man erhält $\frac{2 \cdot 9{,}5}{\sqrt{3}} = \frac{2 \cdot 9{,}5 \cdot \sqrt{3}}{2} = 10'\ 9''\ 7'''$ beinahe.

3. Die Grundlinie eines gleichschenkligen Dreiecks sei $= 10'$, jeder Schenkel $= 7'\ 8''$; die 3 Höhen zu berechnen.

Die auf die Grundlinie von 10 ist
$$= \frac{\sqrt{4 \cdot 7{,}8^2 - 10^2}}{2} = 5{,}985 \ldots \text{ Fuß},$$
und die auf jeden Schenkel
$$= \frac{10 \cdot \sqrt{4 \cdot 7{,}8^2 - 10^2}}{2 \cdot 7{,}8} = 7{,}67 \ldots \text{ Fuß}.$$

4. Die Schenkel eines gleichschenkligen Dreiecks sind $= 10$, die Höhe auf die 3te Seite $= 8$; wie groß ist diese 3te Seite?

Sie ist $= 2 \cdot \sqrt{10^2 - 8^2} = 12$.

5. Die Schenkel eines gleichschenkligen Dreiecks sind $= 12'$, die Höhe auf jeden Schenkel $= 5'$; wie groß ist die 3te Seite x?

Aus $5 = \frac{x\sqrt{4 \cdot 12^2 - x^2}}{2 \cdot 12}$ entsteht
$$x = \sqrt{2 \cdot 12^2 \pm 2 \cdot 12 \cdot \sqrt{12^2 - 5^2}} = 23{,}44$$
oder auch $= 5{,}117$.

6. Die 3te Seite eines gleichschenkligen Dreiecks sei $= 14'$, die Höhen auf die Schenkel $= 9'$; wie groß sind die Schenkel?

Bezeichnet man sie durch x, so ist
$$9 = \frac{14 \cdot \sqrt{4x^2 - 14^2}}{2 \cdot x}, \text{ und hieraus } x = 9{,}138.$$

7. Die 3 Seiten eines Dreiecks sind $7'$, $8'\ 4''$ und $9'\ 6''$; man soll die zugehörigen 3 Höhen berechnen.

Die vier Factoren S, A, B, C sind in diesem Zahlenfall in Zollen verstanden: 250, 110, 82, 58; folglich

$\sqrt{ABCS} = 11436{,}34$; demnach

die Höhe auf 70″ gleich 81,68″

" " " 84″ " 68,07″ und

" " " 96″ " 59,56″.

8. Zwei Seiten eines Dreiecks sind = 7 und 9, die Höhe auf 7 gleich 5; man soll die 3te Seite berechnen.

Bezeichnet man sie durch x, so findet man entweder aus:

$$5^2 = \frac{(2.7.x)^2 - (7^2 + x^2 - 9^2)^2}{4.7^2}$$

oder, und viel leichter, aus

$$5^2 = \frac{(2.7.9)^2 - (7^2 + 9^2 - x^2)^2}{4.7^2}$$

$x = 5{,}02$ oder auch

$x = 15{,}32$.

9. Zwei Seiten eines Dreiecks sind = 8 und 11, die Höhe auf die 3te unbekannte Seite = 6; diese Seite (= x) zu bestimmen.

Aus:

$$6^2 = \frac{(2.8.x)^2 - (8^2 + x^2 - 11^2)^2}{4.x^2}$$

oder aus:

$$6^2 = \frac{(2.11.x)^2 - (11^2 + x^2 - 8^2)^2}{4.x^2}$$

erhält man

$x = 14{,}4$ und auch $x = 3{,}81$.

§. 294. Aufgabe. Zwischen den 3 Seiten a, b, c eines Dreiecks und dem Inhalt F desselben eine Gleichung zu bilden.

Auflösung. Bezeichnet h die Höhe auf a, so ist

$$F = \frac{ah}{2}\text{; also}$$

$$4F^2 = a^2h^2.$$

Aus §. 291. ist aber

$$h^2 = \frac{(2ab)^2 - (a^2 + b^2 - c^2)^2}{4a^2}$$

folglich, wenn man diesen Werth substituirt,

$$4F^2 = \frac{(2ab)^2 - (a^2 + b^2 - c^2)^2}{4}\text{; oder}$$

$$(4F)^2 = (2ab)^2 - (a^2 + b^2 - c^2)^2.$$

§. 295. Zusätze. 1) Man kann auch

$$(4F)^2 = (2ac)^2 - (a^2 + c^2 - b^2)^2 \text{ oder auch}$$
$$(4F)^2 = (2bc)^2 - (b^2 + c^2 - a^2)^2 \text{ schreiben.}$$

2) Soll F durch a, b, c bestimmt werden, so ergiebt sich sogleich aus 292. 4.:

$$F = \frac{1}{4}.\sqrt{ABCS}.$$

3) Ist das Dreieck gleichschenklig, etwa $b = c$; so erhält man am kürzesten aus §. 292. 5.:

$$F = \frac{a\sqrt{4b^2 - a^2}}{4}.$$

4) Ist das Dreieck gleichseitig, also $a = b = c$, so entsteht

$$F = \frac{a^2.\sqrt{3}}{4}.$$

§. 296. Beispiele zu §. 294 und §. 295.

1) Die Seite eines gleichseitigen Dreiecks sei = 8′; wie groß ist der Inhalt desselben?

Man erhält 27 Q′ 71 Q″.

2) Der Inhalt eines gleichseitigen Dreiecks sei = 120 Q°; wie groß ist die Seite?

Man erhält 16,64 Ruthen.

3) Die 3te Seite eines gleichschenkligen Dreiecks sei = 10, jeder Schenkel = 13; wie groß ist der Inhalt?

Man findet F = 60.

4) Der Inhalt eines gleichschenkligen Dreiecks sei = 12, die Grundlinie oder 3te Seite = 6; wie groß ist jeder Schenkel?

Man erhält 5.

5) Der Inhalt eines gleichschenkligen Dreiecks sei = 120 Q′, jeder Schenkel = 17′; wie groß ist die 3te Seite?

Sie ist 30′ oder auch 16′.

6) Die 3 Seiten eines Dreiecks sind = 7, 6, 3; wie groß ist der Inhalt?

Er ist = 8,94 ...

7) Zwei Seiten eines Dreiecks sind = 10, 20; der Inhalt desselben = 62; wie groß ist die 3te Seite x?

Aus $(4.62)^2 = (2.10.x)^2 - (10^2 + x^2 - 20^2)^2$, oder aus $(4.62)^2 = (2.20.x)^2 - (20^2 + x^2 - 10^2)^2$; am bequemsten aber aus $(4.62)^2 = (2.10.20)^2 - (10^2 + 20^2 - x^2)^2$ erhält man für x die beiden Werthe:

13, 64; 28,52.

8) Die 4 Seiten eines Trapezes sind, die parallelen 12′ und 17′, die nicht parallelen 8′ und 9′; man soll den Inhalt des Trapezes berechnen.

Man theile dasselbe in ein Parallelogramm und ein Dreieck, so sind die Seiten des Dreiecks 9, 8 und 5, und dessen Höhe auf die Seite 5 oder 17 — 12, welches zugleich die Höhe des Parallelogramms ist, ist nach §. 292. 4.:

$$= \frac{\sqrt{22 . 12 . 6 . 4}}{2 . 5} = 7{,}958,$$

folglich der Inhalt des Trapezes

$$= \frac{12+17}{2} . 7{,}958 = 115{,}391 \ldots$$

§. 297. Aufgabe. Es ist gegeben: eine Seite $ed = a$ (Fig. 155.), eine 2te $df = b$ und die gerade Verbindungslinie der Ecke d mit der Mitte g der dritten Seite, nämlich $dg = c$; man soll die 3te Seite $ef = x$ und auch den Inhalt y des Dreiecks durch a, b und c ausdrücken.

Auflösung. Nach §. 106. hat man sogleich

$$a^2 + b^2 = 2c^2 + 2 . \left(\frac{x}{2}\right)^2$$

und hieraus

$$x = \sqrt{2(a^2 + b^2 - 2c^2)}.$$

Zu Bestimmung des Inhalts y ist folgender Weg der leichteste. Man verlängere dg über g hinaus und mache $gk = dg = c$, ziehe sodann fk, so ist

$$fgk \cong egd \text{ und}$$
$$dgf = dgf; \text{ also}$$
$$\triangle dfk = edf = y.$$

Es ist aber $df = b$, $fk = a$ und $dk = 2c$; also nach §. 295. 2.:

$$dfk = \tfrac{1}{4} . \sqrt{(a+b+2c)(a+b-2c)(a+2c-b)(b+2c-a)},$$

folglich auch

$$edf = y = \tfrac{1}{4} . \sqrt{(a+b+2c)(a+b-2c)(a+2c-b)(b+2c-a)}.$$

§. 197.* Aufgabe. Zu Bestimmung eines Dreiecks ABC sei gegeben: die Höhe $AF = h$ aus A auf BC, die den Winkel in A halbirende bis in BC verlängerte Transversale $AE = w$, und die Transversales von A bis zur Mitte D von BC.

Auflösung. Wird $BC = 2x$, $AB = y$, $AC = z$ gesetzt; ferner $FE = \sqrt{w^2 - h^2}$ durch b, $ED = \sqrt{s^2 - h^2} - b$ durch a bezeichnet, so hat man nach §. 114.:

$$x-a:x+a = z:y;$$ ferner nach §. 190.
$$w^2+(x-a)(x+a) = z.y$$ und dann noch
$$h^2 = z^2-(x-a-b)^2 = y^2-(x+a+b)^2;$$ oder
$$4(a+b)x = y^2-z^2;$$ und diese 3 Gleichungen geben, wenn $\frac{w^2}{b}$ durch c ausgedrückt wird,

$$x = \sqrt{a(a+c)}.$$

§. 298. Aufgabe. In einem Dreieck sind gegeben: die 3 Linien a, b, c aus den Ecken nach den Mittelpunkten der gegenüberliegenden Seiten; man soll durch sie die 3 Seiten x, y, z und den Inhalt w des Dreiecks ausdrücken. (Fig. 156.)

Auflösung. Nach §. 106. ist

$$1)\ y^2+z^2 = 2a^2+\frac{x^2}{2}$$

$$2)\ x^2+z^2 = 2b^2+\frac{y^2}{2}$$

$$3)\ x^2+y^2 = 2c^2+\frac{z^2}{2}$$

und die Summe dieser 3 Gleichungen giebt

$$x^2+y^2+z^2 = \tfrac{4}{3}(a^2+b^2+c^2)$$

und subtrahirt man hiervon jede der 3 Gleichungen einzeln, so entsteht

$$x = \tfrac{2}{3}.\sqrt{2b^2+2c^2-a^2}$$
$$y = \tfrac{2}{3}.\sqrt{2a^2+2c^2-b^2}$$
$$z = \tfrac{2}{3}.\sqrt{2a^2+2b^2-c^2}.$$

Zu Bestimmung des Inhalts w hat man

$\triangle\, dif = fik$ und
$dim = him$; also auch
$dmf = fmh$ und eben so
$dmf = dmh$; also

$$dmf = dmh = fmh = \frac{w}{3};$$

aber $dim = mih$,

also $dim = \tfrac{1}{2}dmh = \frac{w}{6};$

folglich $dim:dmf = \frac{w}{6} : \frac{w}{3}$
$= 1 : 2.$

Da nun $dim:dmf = im:mf$,
so ist $im:mf = 1:2$;
also $im = \tfrac{1}{3}a$, $mf = \tfrac{2}{3}a$ und eben so:
$dm = \tfrac{2}{3}c$, $mh = \tfrac{2}{3}b$.

Im Dreieck $dmh = \frac{w}{3}$ ist also $dm = \frac{2}{3}c$, $mh = \frac{2}{3}b$, $mi = \frac{2}{3}a$ und $di = ih$; folglich nach §. 297.:

$$\frac{w}{3} = \frac{1}{4}\sqrt{\left(\frac{2b}{3}+\frac{2c}{3}+\frac{2a}{3}\right)\left(\frac{2b}{3}+\frac{2c}{3}-\frac{2a}{3}\right)\left(\frac{2b}{3}+\frac{2a}{3}-\frac{2c}{3}\right)\left(\frac{2a}{3}+\frac{2c}{3}-\frac{2b}{3}\right)}$$

also $w = \frac{1}{3}\sqrt{(a+b+c)(a+b-c)(a+c-b)(b+c-a)}$, oder (nach der Bezeichnung §. 292. 4.)

$$w = \frac{1}{3}\sqrt{ABCS}.$$

Anmerkung. Aus §. 295. ergiebt sich, in Vergleich mit dem Ausdruck für w, das Gesetz

$$w : F = 4 : 3,$$

d. h. der Inhalt eines Dreiecks, dessen drei Mittellinien a, b, c sind, verhält sich zum Inhalt des Dreiecks, dessen drei Seiten a, b, c sind, wie 4 zu 3.

§. 299. Aufgabe. Es sind die 3 Höhen a, b, c eines Dreiecks gegeben; man soll durch sie die 3 Seiten x, y, z und den Inhalt w ausdrücken.

Auflösung. Betrachtet man (in Fig. 156.) die Linien a, b, c als die Höhen, so hat man die 3 Gleichungen:

1) $ax = by$

2) $ax = cz$

3) $\frac{ax}{2} = \frac{1}{4}\sqrt{(x+y+z)(x+y-z)(x+z-y)(z+y-x)}$.

Setzt man $\frac{ax}{b}$ für y und $\frac{ax}{c}$ für z aus 1. und 2. in 3., so entsteht sogleich, wenn

$ab + ac + bc$ durch S'
$ab + ac - bc$ durch C'
$ac + bc - ab$ durch B'
$ab + bc - ac$ durch A' ausgedrückt wird:

$$x = \frac{2ab^2c^2}{\sqrt{A'B'C'S'}}$$

$$y = \frac{2a^2bc^2}{\sqrt{A'B'C'S'}}$$

$$z = \frac{2a^2b^2c}{\sqrt{A'B'C'S'}}$$ und dann auch

$$w = \frac{(abc)^2}{\sqrt{A'B'C'S'}}.$$

Leichter führen die Gleichungen $ax = 2w$, $by = 2w$, $cz = 2w$ und $4w = \sqrt{(x+y+z)(x+y-z)(x+z-y)(z+y-x)}$ zum Ziele, wenn man die Werthe für x, y, z aus den drei ersten in die letzte substituirt.

§. 299.* Aufgabe. Durch die 3 Seiten a, b, c eines Dreiecks die, die gegenüberliegenden Winkel halbirenden Transversalen zu bestimmen.

Auflösung. Die beiden Theile, in welche a getheilt wird, verhalten sich wie b : c, und ihre Summe ist = a, woraus dieselben $= \frac{ab}{b+c}$ und $= \frac{ac}{b+c}$ hervorgehen, und man hat daher

$$x^2 + \frac{ab}{b+c} \cdot \frac{ac}{b+c} = bc \text{ (§. 190.)},$$

woraus nach der Bezeichnung in §. 292.

$$x^2 = \frac{bc}{(b+c)^2} \cdot SA \text{ und dann auch}$$

$$y^2 = \frac{ac}{(a+c)^2} \cdot SB;$$

$$z^2 = \frac{ab}{(a+b)^2} \cdot S.C$$

folgt.

§. 300. Aufgabe. Es sind 2 Seiten eines Dreiecks, $de = a$ und $df = b$ (Fig. 155.) und die den Winkel, welchen sie bilden, halbirende, bis zur 3ten unbekannten Seite verlängerte Linie $dg = c$ gegeben; man soll durch a, b, c die 3te Seite $ef = z$ und den Inhalt w des Dreiecks ausdrücken.

Auflösung. Bezeichnet man eg mit x und gf mit y, so hat man

1) $ab = c^2 + xy$ (§. 190.) und
2) $x : y = a : b$ (§. 114.)

und aus beiden Gleichungen folgt

$$x^2 = \frac{a}{b}(ab - c^2)$$

$$y^2 = \frac{b}{a}(ab - c^2); \text{ addirt man hierzu}$$

$$2xy = 2.(ab - c^2), \text{ so entsteht}$$

$$(x+y)^2 = \frac{a^2 + 2ab + b^2}{ab}(ab - c^2), \text{ und folglich ist}$$

$$z = (a+b) \cdot \sqrt{1 - \frac{c^2}{ab}}.$$

Zu Bestimmung von w hat man nun nach §. 294.

$$(4w)^2 = (2ab)^2 - (a^2 + b^2 - z^2)^2,$$

und substituirt man den Werth für z^2, so folgt leicht:

$$w = \frac{(a+b)c}{4ab} \sqrt{(2ab)^2 - (a+b)^2 \cdot c^2}$$

oder auch: die Summe $a+b$ durch S, ihr Produkt ab durch p ausgedrückt,

$$w = \frac{cS}{4p} \sqrt{(2p+cS)(2p-cS)}.$$

Anmerkung. Die Auflösung der Aufgabe: durch die 3 Linien, welche, die Winkel eines Dreiecks halbirend, bis zu den gegenüberliegenden Seiten verlängert gedacht werden, die Seiten des Dreiecks und seinen Inhalt ausdrücken, führt auf höchst verwickelte Gleichungen, weshalb sie hier weggelassen ist.

§. 301. Beispiele zu §. 297. bis §. 300.

1) Die gerade Linie, welche eine Ecke eines Dreiecks mit der Mitte der gegenüberliegenden Seite verbindet, sei = 6′ 3″; die beiden andern Seiten sind 5′ 8″ und 9′ 4″; wie groß ist die 3te Seite x und der Inhalt y?

Es ist x = 9,232′
y = 2566,35 Q″.

2) Die 3 Seiten eines Dreiecks sind 5, 9, 12; wie groß ist die gerade Verbindungslinie der Mitte der Seite 12 mit der gegenüberliegenden Ecke?

Sie ist = 4,12.

3) Die gerade Linie, welche eine Ecke eines Dreiecks mit der Mitte der gegenüberliegenden Seite verbindet, ist = 10′, die halbirte Seite = 13′ 2″, eine der beiden andern = 9′; wie groß ist die dritte Seite?

Sie ist 14′ 3″ 5‴.

4) Die 3 geraden Linien aus den Ecken eines Dreiecks nach den Mittelpunkten der gegenüberliegenden Seiten sind gleich 9′, 10′ und 5′ 6″. Die 3 Seiten und den Inhalt des Dreiecks zu berechnen.

Die Seiten sind 8,98′, 7,44′, 12,12′, der Inhalt aber = 33 Q′ 34 Q″ 64 Q‴.

5) Die 3 Höhen eines Dreiecks sind 8′, 10′, 12′ gegeben; man soll die Seiten und den Inhalt berechnen.

Die Seiten sind 15,047′, 12,037′, 10,031′, der Inhalt = 60,188 Q′.

6) In Beziehung auf §. 300. sei $a = 10$, $b = 12$, $c = 9$; man soll z und w berechnen.

Es ist z = 12,54....
und w = 55,947....

§. 302. Aufgabe. Es sind die 3 Seiten eines Dreiecks = a, b, c gegeben; man soll durch sie den Halbmesser des Kreises bestimmen, der um das Dreieck gelegt werden kann.

Auflösung. Es bezeichne r den gesuchten Halbmesser, F den Inhalt des Dreiecks, so ist nach §. 188.

$$F = \frac{abc}{2.2r}$$

und nach §. 295. 2., bei der in §. 292. 4. gewählten und beizubehaltenden Bezeichnung,

$$F = \frac{\sqrt{ABCS}}{4}; \text{ folglich}$$

$$\frac{abc}{4r} = \frac{\sqrt{ABCS}}{4}; \text{ also}$$

$$r = \frac{abc}{\sqrt{ABCS}} = \frac{abc}{4F} \text{ (§. 295. 2.); oder auch}$$

$$r = \frac{abc}{\sqrt{(2ab)^2 - (a^2 + b^2 - c^2)^2}} \text{ (§. 292. 3.).}$$

§. 303. Aufgabe. Es sind die 3 Seiten eines Dreiecks = a, b, c gegeben; man soll durch sie die Halbmesser der vier Kreise bestimmen, von welchen jeder die Richtungen von a, b, c tangentirt.

Auflösung. Es bezeichne ϱ den Halbmesser des Kreises im Dreieck, α den, welcher a und die Verlängerungen von b und c, β den, welcher b und die Verlängerungen von a und c, γ den, welcher c und die Verlängerungen von a und b berührt.

1) ϱ zu bestimmen.

Denkt man sich aus dem Mittelpunkt des gesuchten Kreises gerade Linien nach den drei Ecken, so wird dadurch das gegebene Dreieck in drei Dreiecke zertheilt, welche die Seiten zu Grundlinien und alle ϱ zur Höhe haben. Bezeichnet also F den Inhalt des Dreiecks, so ist

$$F = \frac{a\varrho}{2} + \frac{b\varrho}{2} + \frac{c\varrho}{2}; \text{ oder}$$

$$F = \frac{S.\varrho}{2}. \text{ Es ist aber auch}$$

$$F = \frac{\sqrt{ABCS}}{4}; \text{ daher}$$

$$\frac{S.\varrho}{2} = \frac{\sqrt{ABCS}}{4}$$ und hieraus

$$\varrho = \tfrac{1}{2}.\sqrt{\frac{ABC}{S}} = \tfrac{1}{2}\sqrt{\frac{ABCS}{S^2}} = \frac{2F}{S}.$$

2) α zu bestimmen.

Man betrachte def als das gegebene Dreieck (Fig. 157.), ef als a, m als den Mittelpunkt des gesuchten Kreises, denke sich die Linie gh zwischen den Verlängerungen von de = b und df = c an einen beliebigen Punkt k als Tangente an den gesuchten Kreis, so ist dieser Kreis zugleich der Kreis im Dreieck dgh, also der Inhalt des Dreiecks dgh

$$= (dh + dg + gh).\frac{\alpha}{2}$$

und der des Vierecks efhg

$$= (ef + fh + eg + gh)\frac{\alpha}{2};$$

folglich der des Dreiecks def oder

$$\begin{aligned} F &= dgh - efhg \\ &= (dh + dg + gh - ef - fh - eg - gh)\frac{\alpha}{2} \\ &= (df + de - ef)\frac{\alpha}{2} \\ &= (c + b - a).\frac{\alpha}{2} \\ &= A.\frac{\alpha}{2}. \end{aligned}$$

Es ist aber auch $F = \frac{\sqrt{ABCS}}{4}$ (§. 295. 2.), folglich, aus der Gleichsetzung beider Werthe für F:

$$\alpha = \tfrac{1}{2}\sqrt{\frac{BCS}{A}} = \frac{2F}{A}.$$

3) β zu bestimmen.

Durch Versetzung der Buchstaben hat man unmittelbar

$$\beta = \tfrac{1}{2}\sqrt{\frac{ACS}{B}} = \frac{2F}{B}.$$

4) γ zu bestimmen.

Wie in 3. ist

$$\gamma = \tfrac{1}{2}\sqrt{\frac{ABS}{C}} = \frac{2F}{C}.$$

§. 304. Zusatz. Bildet man das Produkt $\varrho\alpha.\beta.\gamma$, so erhält man

$$\varrho\alpha\beta\gamma = F^2; \text{ also}$$
$$F = \sqrt{\varrho\alpha\beta\gamma},$$

d. i. der Inhalt jedes Dreiecks ist gleich der Quadratwurzel aus dem Produkt der Halbmesser der vier Kreise, von welchen jeder die Richtungen der 3 Seiten des Dreiecks tangentirt.

§. 304.* Zusatz. Ist das Dreieck, a gegenüber, rechtwinklig, also $a^2 = b^2 + c^2$, so wird $AS = 2bc$ und auch $BC = 2bc$; also

$$\frac{1}{B} + \frac{1}{C} = \frac{2a}{BC} = \frac{a}{bc} \text{ und auch}$$
$$\frac{1}{A} - \frac{1}{S} = \frac{2a}{AS} = \frac{a}{bc}; \text{ folglich}$$
$$\frac{1}{A} = \frac{1}{S} + \frac{1}{B} + \frac{1}{C}, \text{ daher auch}$$
$$\frac{2F}{A} = \frac{2F}{S} + \frac{2F}{B} + \frac{2F}{C}; \text{ oder}$$
$$\alpha = \varrho + \beta + \gamma.$$

(Siehe Crelle's Journal 3ter Bd. 2tes Heft.)

§. 305. Aufgabe. Sämmtliche zehn Centrallinien für die fünf Kreise §. 302 und 303. durch die 3 Seiten a, b, c des Dreiecks auszudrücken.

Auflösung. Es bezeichne, wie bisher,

S den Ausdruck $a + b + c$
A " " $b + c - a$
B " " $a + c - b$
C " " $a + b - c$

F den Inhalt des Dreiecks $= \frac{\sqrt{ABCS}}{4}$

r den Halbmesser des Kreises ums Dreieck $= \frac{abc}{\sqrt{ABCS}}$

$$= \frac{abc}{4F};$$

ferner sei, wie §. 303,

$$\varrho = \tfrac{1}{2}\sqrt{\frac{ABC}{S}} = \frac{2F}{S};$$
$$\alpha = \tfrac{1}{2}\sqrt{\frac{BCS}{A}} = \frac{2F}{A};$$

$$\beta = \tfrac{1}{2}\sqrt{\frac{ACS}{B}} = \frac{2F}{B};$$

$$\gamma = \tfrac{1}{2}\sqrt{\frac{ABS}{C}} = \frac{2F}{C}.$$

Ist nun Fig. 158. def das Dreieck, ef = a, ed = b, df = c, g der Mittelpunkt des Kreises um das Dreieck, also gf = ge = gd = r; h der Mittelpunkt des Kreises im Dreieck, also die Normalen auf die 3 Seiten hn, hq, ht jede = ϱ, i der Mittelpunkt des Kreises, welcher ef = a und die Verlängerungen der beiden andern Seiten b, c berührt, also die Normalen ip, iv und iu, jede = α, k der Mittelpunkt des Kreises, der b und die Verlängerungen von a und c berührt und sein Halbmesser = β, eben so l der Mittelpunkt zum Kreise, dessen Halbmesser = γ, so ist zuvörderst

$$\angle hef = \frac{def}{2} \text{ und } fei = \frac{fev}{2}; \text{ also}$$

$$hef + fei = \frac{def + fev}{2}; \text{ oder}$$

$$\angle hei = R.$$

Eben so ergiebt sich hek = R; und also ist kei eine gerade Linie.

Auf demselben Wege überzeugt man sich, daß auch kdl so wie ifl gerade Linien sind. Die Bezeichnung für die zu bestimmenden zehn Centralen sei nun folgende:

gh	werde	ausgedrückt	durch	$(r\varrho)$
gi	=	=	=	$(r\alpha)$
gk	=	=	=	$(r\beta)$
gl	=	=	=	$(r\gamma)$
hi	=	=	=	$(\varrho\alpha)$
hk	=	=	=	$(\varrho\beta)$
hl	=	=	=	$(\varrho\gamma)$
ik	=	=	=	$(\alpha\beta)$
il	=	=	=	$(\alpha\gamma)$
kl	=	=	=	$(\beta\gamma)$.

1. Bestimmung von gh = $(r\varrho)$.

Es ist ft = fn = a — ne (§. 155. XII.)

dt = dq = b — cq = b — ne

also ft + dt = c = a + b — 2.ne

folglich $ne = \frac{a + b - c}{2} = \frac{C}{2};$

ferner $me = \frac{a}{2}$,

also $mn = \frac{c-b}{2}$.

Dann $gm^2 = r^2 - \left(\frac{a}{2}\right)^2 = \frac{(abc)^2}{16F^2} - \frac{a^2}{4}$

$= a^2 . \frac{(2bc)^2 - (4F)^2}{64F^2} = a^2 . \frac{(b^2+c^2-a^2)^2}{64F^2}$; (§. 294.)

folglich $gm = \frac{a(b^2+c^2-a^2)}{8F}$,

und nun $gh^2 = (r\varrho)^2 = mn^2 + (gm - hn)^2$

$= \left(\frac{c-b}{2}\right)^2 + r^2 - \left(\frac{a}{2}\right)^2 + \varrho^2 - 2\varrho . \frac{a(b^2+c^2-a^2)}{8F}$.

Da nun $\left(\frac{c-b}{2}\right)^2 - \left(\frac{a}{2}\right)^2 = \frac{c-b+a}{2} . \frac{c-b-a}{2} = -\frac{BC}{4}$

also $\left(\frac{c-b}{2}\right)^2 - \left(\frac{a}{2}\right)^2 + \varrho^2 = -\frac{BC}{4} + \frac{ABC}{4S} = -\frac{aBC}{2S}$;

ferner $2\varrho . \frac{a(b^2+c^2-a^2)}{8F} = \frac{a(b^2+c^2-a^2}{2S}$ ist,

so folgt $\left(\frac{c-b}{2}\right)^2 - \left(\frac{a}{2}\right)^2 + \varrho^2 - 2\varrho . \frac{a(b^2+c^2-a)}{8F}$

$= -\frac{aBC}{2S} - \frac{a(b^2+c^2-a^2)}{2S}$

$= -\frac{a}{2S}[BC + b^2 + c^2 - a^2]$

$= -\frac{a}{2S} . 2bc = -\frac{abc}{S}$

und demnach ist

$(r\varrho)^2 = r^2 - \frac{abc}{S}$; oder,

weil $\frac{abc}{S} = \frac{abc . \varrho}{2F} = 2\varrho . \frac{abc}{4F} = 2\varrho r$ ist,

$(r\varrho)^2 = r^2 - 2\varrho . r$; also

I. $(r\varrho) = \sqrt{r(r-2\varrho)}$,

woraus folgt, daß r immer $> 2\varrho$, mindestens $= 2\varrho$ (beim gleichseitigen Dreieck) ist, welches Gesetz, durch die Formeln für r und ϱ ausgedrückt, auch leicht arithmetisch zu beweisen ist.

2. Bestimmung von $gi = (r\alpha)$.

$$\text{Es ist } du = c + fu = c + fp$$
$$dv = b + ev = b + ep = b + a - fp,$$
also, weil $du = dv$ (§. 155. XII.)
$$c + fp = b + a - fp,$$
$$\text{daher } fp = \frac{a + b - c}{2} = \frac{C}{2}.$$

Weil nun $fm = \frac{a}{2}$; so ist
$$mp = \frac{c - b}{2}.$$

Nach dem pythagoräischen Lehrsatz ist aber
$$gi^2 = mp^2 + (gm + pi)^2$$
$$= \left(\frac{c-b}{2}\right)^2 + gm^2 + \alpha^2 + 2\alpha . gm$$
$$= \left(\frac{c-b}{2}\right)^2 + r^2 - \left(\frac{a}{2}\right)^2 + \alpha^2 + 2\alpha . \frac{a(b^2 + c^2 - a^2)}{8F}$$
$$= -\frac{BC}{4} + r^2 + \frac{BCS}{4A} + \frac{a(b^2 + c^2 - a^2)}{2A}$$
$$= r^2 + \frac{aBC}{2A} + \frac{a(b^2 + c^2 - a^2)}{2A}$$
$$= r^2 + \frac{a}{2A} . 2bc; \text{ oder}$$

$(r\alpha)^2 = r^2 + \frac{abc}{A}$; oder auch, weil
$\frac{abc}{A} = \frac{\alpha abc}{2F} = 2\alpha . \frac{abc}{4F} = 2\alpha r$ ist,

$$\text{II. } (r\alpha) = \sqrt{r(r + 2\alpha)}.$$

3. Bestimmung von $gk = (r\beta)$.

Wie in 2. erhält man
$$\text{III. } (r\beta) = \sqrt{r^2 + \frac{abc}{B}} = \sqrt{r(r + 2\beta)}.$$

4. Bestimmung von $gl = (r\gamma)$.

Wie in 2. erhält man
$$\text{IV. } (r\gamma) = \sqrt{r^2 + \frac{abc}{C}} = \sqrt{r(r + 2\gamma)}.$$

5. **Bestimmung von hi = $(\varrho\alpha)$.**

Es ist $hi^2 = (\varrho\alpha)^2 = np^2 + (hn + pi)^2$

$$= (c-b)^2 + (\varrho + \alpha)^2 = (c-b)^2 + \left(\frac{2F}{S} + \frac{2F}{A}\right)^2$$

$$= (c-b)^2 + \frac{4F^2}{A^2S^2} \cdot (A+S)^2$$

$$= (c-b)^2 + \frac{(4F)^2}{A^2S^2} \cdot (b+c)^2$$

$$= (c-b)^2 + \frac{BC}{AS} \cdot (b+c)^2$$

$$= \frac{(c-b)^2 AS + (b+c)^2 . BC}{AS}$$

$$= \frac{(c-b)^2 [(b+c)^2 - a^2] + (b+c)^2 [a^2 - (c-b)^2]}{AS}$$

$$= \frac{4a^2bc}{AS};$$

folglich

$$\text{V. } (\varrho a) = 2a . \sqrt{\frac{bc}{AS}}.$$

6. **Bestimmung von hk = $(\varrho\beta)$.**

Durch Versetzung der Buchstaben erhält man unmittelbar aus 5.:

$$\text{VI. } (\varrho\beta) = 2b . \sqrt{\frac{ac}{BS}}.$$

7. **Bestimmung von hl = $(\varrho\gamma)$.**

Wie in 6. ist

$$\text{VII. } (\varrho\gamma) = 2c . \sqrt{\frac{ab}{CS}}.$$

8. **Bestimmung von ik = $(\alpha\beta)$.**

Da $\angle hei = R$, so ist

$$ei^2 = hi^2 - he^2 = \frac{4a^2bc}{AS} - [en^2 + nh^2]$$

$$= \frac{4a^2bc}{AS} - \left(\frac{C}{2}\right)^2 - \varrho^2$$

$$= \frac{4a^2bc}{AS} - \frac{C^2}{4} - \frac{ABC}{4S}$$

$$= \frac{16a^2bc - AC(CS + AB)}{4AS}$$

$$= \frac{16a^2bc - AC \cdot 4ab}{4AS}$$

$$= ab \cdot \frac{4ac - AC}{AS} = ab \cdot \frac{BS}{AS}; \text{ also}$$

$$ei = \sqrt{ab} \cdot \sqrt{\frac{B}{A}}.$$

Eben so ist $ek = \sqrt{ab} \cdot \sqrt{\frac{A}{B}}$; folglich

$$ei + ek = ik = (\alpha\beta) = \sqrt{ab} \cdot \left(\sqrt{\frac{B}{A}} + \sqrt{\frac{A}{B}}\right)$$

$$= \sqrt{ab} \cdot \frac{A+B}{\sqrt{AB}}; \text{ oder}$$

$$\text{VIII.} \quad (\alpha\beta) = 2c \cdot \sqrt{\frac{ab}{AB}}.$$

9. Bestimmung von $il = (\alpha\gamma)$.

Unmittelbar aus VIII. folgt:

$$\text{IX.} \quad (\alpha\gamma) = 2b \cdot \sqrt{\frac{ac}{AC}}.$$

10. Bestimmung von $kl = (\beta\gamma)$.

Wie in 9. hat man

$$\text{X.} \quad (\beta\gamma) = 2a \cdot \sqrt{\frac{bc}{BC}}.$$

§. 306. Zusätze. 1. Nach der Gleichung §. 294.

$$(4F)^2 = (2ab)^2 - (a^2 + b^2 - c^2)^2,$$

ergiebt sich nun auch leicht:

$$(4 \cdot khi)^2 = (2 \cdot kh \cdot hi)^2 - (kh^2 + hi^2 - ki^2)^2,$$

und wenn man die Werthe für kh, hi und ki aus §. 305. VI. V. und VIII. substituirt:

$$(4 \cdot khi)^2 = \frac{64a^3b^3c^2}{ABS^2} - \left(\frac{4ab^2c}{BS} + \frac{4a^2bc}{AS} - \frac{4abc^2}{AB}\right)^2;$$

oder

$$(khi)^2 = \frac{a^2b^2c^2}{A^2B^2S^2} \cdot [4abAB - (bA + aB - cS)^2]$$

$$= \frac{a^2 b^2 c^2}{ABS^2}(4ab - AB)$$

$$= \frac{a^2 b^2 c^2 . C^2}{ABCS} = \left(\frac{abc . C}{4F}\right)^2$$

folglich

$$\text{XI. } \triangle khi = \frac{abc}{4F} . C = r . C.$$

2. Ganz auf demselben Weg, oder blos durch Versetzung der Buchstaben, erhält man auch:

$$\text{XII. } \triangle khl = \frac{abc}{4F} . A = r . A$$

$$\text{XIII. } \triangle lhi = \frac{abc}{4F} . B = r . B$$

und

$$\text{XIV. } \triangle kil = \frac{abc}{4F} . S = r . S.$$

3. Aus 1. und 2. ergiebt sich folgende fortlaufende Proportion:

$$\text{XV. } kil : khl : lhi : khi = S : A : B : C.$$

4. Aus dem Lehrsatz §. 188. folgt sogleich das Gesetz: der Halbmesser eines Kreises um ein Dreieck ist gleich dem Produkt seiner 3 Seiten, dividirt durch den 4fachen Inhalt des Dreiecks; und nach diesem ist der Halbmesser des durch die Punkte k, h, i zu legenden Kreises $= \frac{kh . hi . ki}{4 . khi}$, und subtrahirt man die Werthe, so ergiebt sich gleich:

XVI. Halbmesser des Kreises durch h, k, i $= \frac{abc}{2F} = 2r.$

Eben so folgt leicht

XVII. Halbmesser des Kreises durch h, i, l $= \frac{abc}{2F} = 2r$

XVIII. Halbmesser des Kreises durch h, k, l $= \frac{abc}{2F} = 2r$

XIX. Halbmesser des Kreises durch k, i, l $= \frac{abc}{2F} = 2r$

woraus folgendes interessante Gesetz hervorgeht:

XX. Die Mittelpunkte der 4 Kreise, von welchen jeder die Richtungen der 3 Seiten eines Dreiecks berührt, liegen so, daß die 4 Kreise durch je 3 dieser Mittelpunkte gleich groß sind, und jeder 4 mal so groß ist, wie die Kreis-Ebene um das Dreieck.

5. Will man auch die Inhalte der Dreiecke kgi, kgl, lgi vergleichen, so hat man

$$(4.kgi)^2 = (2.kg.gi)^2 - (kg^2 + gi^2 - ki^2)^2$$

$$= 4.r(r+2\beta)r(r+2\alpha) - \left[2r(r+\alpha+\beta) - \frac{4abc^2}{AB}\right]^2$$

$$= \frac{4(abc)^2}{(4F)^2} \cdot \frac{abcB+(4F)^2}{4BF} \cdot \frac{abcA+(4F)^2}{4AF}$$

$$- \left(\frac{abc}{4F} \cdot \frac{2abcAB+(A+B)(4F)^2}{AB.(4F)^2} - \frac{4abc^2}{AB}\right)^2$$

oder ABCS für $(4F)^2$ und 2c für A+B geschrieben:

$$(4.kgi)^2 = \left(\frac{abc}{4F}\right)^2 \cdot \frac{4(abc+ACS)(abc+BCS) - 4c^2(ab-CS)^2}{(4F)^2}$$

$$= \frac{(abc)^2}{(4F)^4} \cdot 4CS(4abc^2 - c^2CS + ABCS)$$

$$= \frac{(abc)^2}{(4F)^4} \cdot 4 \cdot (4F)^2(c^2+CS)$$

$$= \left(\frac{2abc}{4F}\right)^2 \cdot (a+b)^2; \text{ also}$$

XXI. $\triangle kgi = \frac{abc}{4F} \cdot \frac{a+b}{2} = r \cdot \frac{a+b}{2}$.

Eben so ist

XXII. $\triangle kgl = \frac{abc}{4F} \cdot \frac{b+c}{2} = r \cdot \frac{b+c}{2}$

und

XXIII. $\triangle lgi = \frac{abc}{4F} \cdot \frac{a+c}{2} = r \cdot \frac{a+c}{2}$;

folglich

XXIV. $kgi : kgl : lgi = a+b : b+c : a+c$.

6. Wie in 4. ergeben sich auch noch

XXV. Halbmesser des Kreises durch k, g, i

$$= \frac{c}{a+b} \cdot \sqrt{\frac{ab(r+2\alpha)(r+2\beta)}{AB}};$$

XXVI. Halbmesser des Kreises k, g, l

$$= \frac{a}{b+c} \cdot \sqrt{\frac{bc(r+2\beta)(r+2\gamma)}{BC}};$$

XXVII. Halbmesser des Kreises durch l, g, i

$$= \frac{b}{a+c} \cdot \sqrt{\frac{ac(r+2\alpha)(r+2\gamma)}{AC}}.$$

7. Für die Inhalte der Dreiecke hgi, hgk, hgl lassen sich die Formeln auch bald bilden. Es ist nämlich

$$[4 . \triangle hgi]^2 = [2 . gi . hi]^2 - [gi^2 + hi^2 - hg^2]^2$$

$$= \frac{16 a^2 bcr . (r+2\alpha)}{AS} - \frac{[2r(\alpha+\varrho)AS + 4a^2bc]^2}{A^2 S^2}$$

$$= \frac{a^2 b^2 c^2}{4F^2 . AS^2} . [4a(abc+BCS) - BC(b+c+2a)^2]$$

$$= \frac{a^2 b^2 c^2}{4F^2} . [b^2 - 2bc + c^2];$$

folglich, wenn $b > c$ ist:

XXVIII. $\triangle hgi = \frac{abc}{4F} . \frac{b-c}{2} = r . \frac{b-c}{2}$,

Eben so ist, $a > b$ gedacht,

XXIX. $\triangle hgt = \frac{abc}{4F} . \frac{a-b}{2} = r . \frac{a-b}{2}$

und

XXX. $\triangle hgk = \frac{abc}{4F} . \frac{a-c}{2} = r . \frac{a-c}{2}$;

also

XXXI. $hgi : hgl : hgk = b - c : a - b : a - c$.

Aus den bisherigen Formeln fließen auch noch folgende Gesetze:

Ist keine der 3 Seiten des Dreiecks größer wie $ef = a$, keine kleiner wie $df = c$, so ist

XXXII. $\triangle hgk = hgi + hgl$;
XXXIII. $gik + ghi + ghk = ihk$;
XXXIV. $hkl + hgk + hgl = gkl$;
XXXV. $gli + ghl = hli + ghi$.

8. Da endlich $F = \triangle def = \frac{\varrho S}{2}$ und nach XIII.

$\triangle kil = rS$ ist,

so hat man noch:

XXXVI. $def : kil = \varrho : 2r$.

Anmerkung. Es ließen sich noch manche interessante, hierher gehörige Vergleichungen bilden, welche aber zu weit führen würden. Aufs gleichschenklige und gleichseitige Dreieck angewendet, werden die bisherigen Gesetze theilweise noch einfacher.

§. 307. Aufgabe. Von den Halbmessern ϱ, α, β, γ der vier Kreise, welche die Richtungen der 3 Seiten eines Dreiecks berühren, sind drei gegeben; daraus den vierten, die 3 Seiten des Dreiecks und seinen Inhalt zu bestimmen. (Die Bezeichnung bleibe wie in den vor. §.)

Auflösung. Es finden nur zwei Fälle statt: entweder es sind die 3 Halbmesser α, β, γ der äußern Kreise, oder es ist der Halbmesser ϱ des innern Kreises und die Halbmesser zweier äußern Kreise gegeben.

1) Es sei α, β und γ gegeben. Man hat aus §. 305.

$$\alpha = \frac{2F}{A}; \beta = \frac{2F}{B}; \gamma = \frac{2F}{C};$$

und aus diesen 3 Gleichungen für die 3 unbekannten Größen a, b, c folgt.

$$\alpha\beta = \frac{4F^2}{AB} = \frac{CS}{4}; \text{ eben so}$$

$$\alpha\gamma = \frac{BS}{4}$$

$$\beta\gamma = \frac{AS}{4}; \text{ also}$$

$$4(\alpha\beta + \alpha\gamma + \beta\gamma) = S(A+B+C) = S^2,$$

und folglich ist

$$S = 2\sqrt{\alpha\beta + \alpha\gamma + \beta\gamma}.$$

Nun ist aber auch

$$4(\alpha\beta + \alpha\gamma) = S(B+C) = S2a; \text{ also}$$

$$a = \frac{\alpha(\beta+\gamma)}{\sqrt{\alpha\beta+\alpha\gamma+\beta\gamma}}; \text{ und eben so}$$

$$b = \frac{\beta(\alpha+\gamma)}{\sqrt{\alpha\beta+\alpha\gamma+\beta\gamma}}; \text{ und}$$

$$c = \frac{\gamma(\alpha+\beta)}{\sqrt{\alpha\beta+\alpha\gamma+\beta\gamma}}. \text{ Ferner}$$

$$\alpha\beta\gamma = \frac{8F^3}{ABC} = \frac{(4F)^2 . F}{2ABC}$$

$$= \frac{ABCS . F}{2ABC} = \frac{S . F}{2}; \text{ also}$$

$$F = \frac{\alpha\beta\gamma}{\sqrt{\alpha\beta+\alpha\gamma+\beta\gamma}}; \text{ endlich aus}$$

$$\varrho = \frac{2F}{S};$$

$$\varrho = \frac{\alpha\beta\gamma}{\alpha\beta + \alpha\beta + \beta\gamma}.$$

2) Es sei ϱ, α und β gegeben.

Aus $\varrho = \frac{2F}{S}$; $\alpha = \frac{2F}{A}$; $\beta = \frac{2F}{B}$ folgt

$$\varrho\alpha = \frac{BC}{4}$$

$$\varrho\beta = \frac{AC}{4}$$

$$\alpha\beta = \frac{CS}{4}$$ und hieraus

$$4[\alpha\beta - (\alpha+\beta)\varrho] = C(S - A - B) = C^2;$$ daher

$$C = 2\sqrt{\alpha\beta - (\alpha+\beta)\varrho};$$ und dann

$$B = \frac{4\varrho\alpha}{C} = \frac{2\varrho\alpha}{\sqrt{\alpha\beta - (\alpha+\beta)\varrho}};$$ folglich

$$B + C = 2a = \frac{2\beta(\alpha - \varrho)}{\sqrt{\alpha\beta - (\alpha+\beta)\varrho}};$$ also

$$a = \frac{\beta(\alpha - \varrho)}{\sqrt{\alpha\beta - (\alpha+\beta)\varrho}}.$$ Eben so

$$b = \frac{\alpha(\beta - \varrho)}{\sqrt{\alpha\beta - (\alpha+\beta)\varrho}};$$ dann aus

C oder $a + b - c = 2\sqrt{\alpha\beta - (\alpha+\beta)\varrho}$;

$$c = \frac{\varrho(\alpha+\beta)}{\sqrt{\alpha\beta - (\alpha+\beta)\varrho}};$$ folglich

$$S = \frac{2\alpha\beta}{\sqrt{\alpha\beta - (\alpha+\beta)\varrho}};$$ und nun aus $\varrho = \frac{2F}{S}$

$$F = \frac{\alpha\beta}{\sqrt{\alpha\beta - (\alpha+\beta)\varrho}};$$ endlich aus

$$\gamma = \frac{2F}{C};$$

$$\gamma = \frac{\alpha\beta\varrho}{\alpha\beta - (\alpha+\beta)\varrho}.$$

§. 308. Zusatz. Will man für beide Fälle auch r darstellen, so erhält man nach der Formel $r = \frac{abc}{4F}$:

im ersten Fall $r = \frac{(\alpha+\beta)(\alpha+\gamma)(\beta+\gamma)}{4(\alpha\beta+\alpha\gamma+\beta\gamma)}$;

im zweiten Fall $r = \frac{(\alpha+\beta)(\alpha-\varrho)(\beta-\varrho)}{4(\alpha\beta-\alpha\varrho-\beta\varrho)}$.

§. 309. Beispiele zu §. 302 bis 308.

1) Es ist gegeben
$a = 9;\; b = 7;\; c = 3;$
so erhält man

$S = 19$
$A = 1$
$B = 5$
$C = 13$
$F = 8{,}7856$
$r = 5{,}3780$
$\varrho = 0{,}9248$
$\alpha = 17{,}5712$
$\beta = 3{,}5142$
$\gamma = 1{,}3516$
$(r\varrho) = 4{,}3561$
$(r\alpha) = 14{,}7617$
$(r\beta) = 8{,}1068$
$(r\gamma) = 6{,}5924$
$(\varrho\alpha) = 18{,}9202$
$(\varrho\beta) = 7{,}4534$
$(\varrho\gamma) = 3{,}0302$
$(\alpha\beta) = 21{,}2976$
$(\alpha\gamma) = 20{,}1712$
$(\beta\gamma) = 10{,}2312$
$\triangle\, khi = 69{,}9143$
$\triangle\, khl = 5{,}3780$
$\triangle\, lhi = 26{,}8903$
$\triangle\, kil = 102{,}1826.$

Halbmesser der Kreise durch khi, khl, lhi und kil = 10,7561

$\triangle\, kgi = 43{,}0242$
$\triangle\, kgl = 26{,}8902$
$\triangle\, lgi = 32{,}2682$
Halbmesser durch kgi = 14,9192
" " kgl = 5,1222
" " lgi = 15,2125
$\triangle\, hgi = 10{,}7561$
$\triangle\, hgl = 5{,}3780$
$\triangle\, hgk = 16{,}3141$

2) Es ist gegeben

$$\alpha = 5;\ \beta = 6;\ \gamma = 8;$$

so erhält man

$$\begin{aligned} a &= 6{,}4439 \\ b &= 7{,}1804 \\ c &= 8{,}1009 \\ F &= 22{,}0936 \\ \varrho &= 2{,}0339 \\ r &= 4{,}2415 \end{aligned}$$

3) Es ist gegeben

$$\varrho = 3;\ \alpha = 10;\ \beta = 9;$$

so erhält man

$$\begin{aligned} a &= 10{,}9666 \\ b &= 10{,}4444 \\ c &= 9{,}9222 \\ F &= 46{,}9998 \\ \gamma &= 8{,}1818 \\ r &= 6{,}0454. \end{aligned}$$

§. 310. **Aufgabe.** Es sind die vier Seiten a, b, c, d eines Vierecks gegeben; man soll mit ihnen sich unter den vielen möglichen Vierecken dasjenige gebildet denken, in welchem die gegenüberliegenden Winkel sich zu zwei rechten ergänzen, so daß also dieses Viereck in einem Kreise liegend zu denken ist, und dieser Bedingung gemäß die Diagonalen p, q dieses Vierecks, den Inhalt F desselben und den Halbmesser r des Kreises, in welchem das Viereck zu legen ist, bestimmen.

Auflösung. 1) p und q durch a, b, c, d auszudrücken.

Nach §. 192 und 194. Fig. 92. hat man die beiden Gleichungen

$$p \cdot q = ac + bd \text{ und}$$

$$\frac{p}{q} = \frac{ad + bc}{ab + cd}.$$

Aus ihnen folgt sogleich

$$\text{I. } p = \sqrt{\frac{(ac+bd)(ad+bc)}{ab+cd}}$$

$$\text{II. } q = \sqrt{\frac{(ac+bd)(ab+cd)}{ad+bc}}.$$

2) F durch a, b, c und d auszudrücken.

Man bezeichne

$$b+c+d-a \text{ mit } A$$
$$a+c+d-b \text{ mit } B$$
$$a+b+d-c \text{ mit } C$$
$$a+b+c-d \text{ mit } D;$$

ferner, den Inhalt des Dreiecks, dessen Seiten a, b, p sind, durch $\triangle abp$, so hat man nach §. 294.:

$$(4.\triangle abp)^2 = (2ab)^2 - (a^2+b^2-p^2)^2.$$

Es ist aber

$$a^2+b^2-p^2 = a^2+b^2 - \frac{(ac+bd)(ad+bc)}{ab+cd}$$
$$= \frac{ab(a^2+b^2-c^2-d^2)}{ab+cd}; \text{ also}$$
$$(4.\triangle abp)^2 = a^2b^2.\left[2^2 - \left(\frac{a^2+b^2-c^2-d^2}{ab+cd}\right)^2\right].$$

Da aber nun der Faktor in den Klammern

$$= \left[2+\frac{a^2+b^2-c^2-d^2}{ab+cd}\right]\left[2-\frac{a^2+b^2-c^2-d^2}{ab+cd}\right]$$
$$= \frac{(a+b)^2-(c-d)^2}{ab+cd}.\frac{(c+d)^2-(a-b)^2}{ab+cd}$$
$$= \frac{D.C}{ab+cd}.\frac{B.A}{ab+cd} = \frac{ABCD}{(ab+cd)^2} \text{ ist,}$$

so folgt

$$4.\triangle adp = ab.\frac{\sqrt{ABCD}}{ab+cd}$$

und eben so ist:

$$4.\triangle cdp = cd.\frac{\sqrt{ABCD}}{cd+ab};$$ also, wenn man addirt, und die Summe durch 4 dividirt

$$\text{III.} \quad F = \tfrac{1}{4}.\sqrt{ABCD}.$$

3) r durch a, b, c und d auszudrücken.

Es ist nach §. 188.:

$$\triangle abp = \frac{a.b.p}{4r} \text{ und}$$
$$\triangle cdp = \frac{c.d.p}{4r}; \text{ also}$$
$$F = \frac{(ab+cd)p}{4r};$$ oder, den Werth für p aus I. substituirt,

$$F = \frac{\sqrt{(ab+cd)(ac+bd)(ad+bc)}}{4r}.$$

Setzt man diesen Werth von F dem in III. gleich, so entsteht sogleich

$$\text{IV.}\quad r = \sqrt{\frac{(ab+cd)(ac+bd)(ad+bc)}{ABCD}}.$$

Beispiel. Ist a = 6, b = 5, c = 8, d = 9, so findet man

$$p = 9{,}2577$$
$$q = 10{,}0456$$
$$F = 46{,}4759$$
$$r = 5{,}0794.$$

§. 311. Aufgabe. Es sind drei gerade Linien a, b, c gegeben; man soll zu ihnen als Seiten eines Vierecks die 4te Seite d und die Diagonalen der Bedingung gemäß bestimmen, daß dieses Viereck um und in einem Kreise liegt.

Auflösung. Stellt (Fig. 159.) das gesuchte Viereck vor, ist $hf = a$, $fg = b$, $gk = c$ und hk die gesuchte Seite d, so muß nach §. 172.

$$a+c = b+d \text{ und hieraus}$$
$$d = a+c-b$$

sein, wenn ein Kreis in das Viereck passen soll.

Damit auch um dasselbe ein Kreis gelegt werden kann, so müssen die Diagonalen p, q den Formeln I. und II. §. 310. entsprechen, unter d die Größe $a+c-b$ verstanden.

§. 312. Zusatz. Für das im vorigen §. gefundene Viereck erhält man noch, nach Formel III. §. 310., den Inhalt:

$$F = \sqrt{abcd}$$

und nach IV. §. 310. den Halbmesser r des um dasselbe liegenden Kreises

$$= \tfrac{1}{4}\sqrt{\frac{(ab+cd)(ac+bd)(ad+bc)}{abcd}}.$$

Zu Bestimmung des Halbmessers ϱ des Kreises im Viereck hat man die Gleichung

$$\frac{\varrho\,.(a+b+c+d)}{2} = F;\ \text{und hieraus}$$

$$\varrho = \frac{\sqrt{abcd}}{a+c}.$$

§. 313. Aufgabe. Es sind drei Seiten a, b, c eines Vierecks, welches in einem Kreis liegen soll, gegeben, und die vierte d der Bedingung gemäß bestimmt, daß das Viereck um einen Kreis zu legen ist, also $d = a+c-b$ genommen (§. 311). Man soll die Halbmesser α, β, γ, δ der vier Kreise bestimmen, von welchen jeder eine Seite des Vierecks und die Verlängerung der beiden anliegenden Seiten tangentirt.

Auflösung. Ist Fig. 160. hfgk das Viereck, $hf = a$, $fg = b$, $gk = c$ und $hk = a + c - b = d$, i der Mittelpunkt des Kreises im Viereck, also die Normale in = der im = $\varrho = \frac{\sqrt{abcd}}{a+c}$ (§. 312.), so hat man fm = fn mit x, und die Projection von b auf a mit y bezeichnet, die Projection von x auf a oder b gleich $\frac{xy}{b}$ und die von ϱ auf ϱ, weil $\angle mfn + min = 2R$ ist, gleich $\frac{\varrho \cdot y}{b}$, und nun im $\triangle mfn$:

$$mn^2 = mf^2 + fn^2 \pm 2 \cdot mf \cdot \frac{xy}{b}$$

und im $\triangle mni$:

$$mn^2 = mi^2 + in^2 \mp 2 \cdot ni \cdot \frac{\varrho y}{b}; \text{ also}$$

beide Werthe für mn^2 einander gleich gesetzt, x für mf = fn und ϱ für im

= ni geschrieben,

$$2x^2 \pm \frac{2x^2 y}{b} = 2\varrho^2 \mp \frac{2\varrho^2 y}{b}.$$

Es ist aber auch im $\triangle hfg$, p für hg geschrieben:

$$p^2 = a^2 + b^2 \pm 2ay; \text{ also}$$

$$\pm y = \frac{p^2 - a^2 - b^2}{2a},$$

und substituirt man diesen Werth, so entsteht

$$x^2 + \frac{x^2 + \varrho^2}{b} \cdot \frac{p^2 - a^2 - b^2}{2a} = \varrho^2; \text{ und hieraus}$$

$$x^2 = \varrho^2 \cdot \frac{(a+b)^2 - p^2}{p^2 - (a-b)^2}.$$

Da nun nach §. 310.

$$p^2 = \frac{(ac+bd)(ad+bc)}{ab+cd};$$

ferner, weil $b + d = a + c$, auch

$A = 2c$
$B = 2d$
$C = 2a$
$D = 2b$ ist, so ergiebt sich,

für p^2 seinen Werth gesetzt, aus dem Ausdruck für x^2, der einfachere

$$x^2 = \varrho^2 \cdot \frac{CD}{AB} = \varrho^2 \cdot \frac{ab}{cd}$$

und, wird auch für ϱ^2 sein Werth geschrieben, so hat man

$$\text{I. } x = \frac{ab}{a+c}.$$

$$\text{Eben so } hm = \frac{ad}{a+h} \text{ u. s. w.}$$

Ist nun p der Mittelpunkt des Kreises, welcher $fh = a$ und die Verlängerungen von $gf = b$ und $kh = d$ tangentirt, so daß also die 3 Normalen pq, pt, pv gleich groß sind, und wird jede derselben durch α bezeichnet, so hat man

$$\triangle fqp \sim \triangle imf \text{ und}$$
$$\triangle hqp \sim \triangle imh, \text{ folglich}$$
$$fq : qp = \varrho : x \text{ und}$$
$$hq : qp = \varrho : mh; \text{ oder}$$
$$fq : \alpha = \varrho : \frac{ab}{a+c} \text{ und}$$
$$hq : \alpha = \varrho : \frac{ad}{a+c},$$

also, weil $fq + hq = a$ ist,

$$a = \frac{\varrho\alpha(a+c)}{ab} + \frac{\varrho\alpha(a+c)}{ad},$$

und hieraus, wenn man $a+c$ für $b+d$ und auch für ϱ seinen Werth schreibt:

$$\alpha = \frac{a^2bd}{(a+c)\sqrt{abcd}}; \text{ oder}$$

weil der Inhalt F des Vierecks nach §. 312. gleich $\sqrt{abcd}$ ist

$$\text{II. } \alpha = \frac{a^2bd}{(a+c).F}.$$

Eben so ist der Halbmesser β des Kreises jenseits b, nämlich

$$\text{III. } \beta = \frac{b^2ac}{(a+c)F}$$

der des Kreises jenseits c; oder

$$\text{IV. } \gamma = \frac{c^2bd}{(a+c)F}$$

und der des Kreises jenseits d, oder

$$\text{V. } \delta = \frac{d^2.a.c}{(a+c).F}.$$

Anmerkung.* Diese Formeln ergeben sich, sobald ϱ gefunden ist, aus Betrachtung der ähnlichen Dreiecke gik und hpf viel leichter. Es folgt nämlich hieraus unmittelbar $c:\varrho = a:\alpha$ und eben so $a:\varrho = c:\gamma$; $d:\varrho = b:\beta$ und $b:\varrho = d:\delta$.

§. 314 Zusatz. Aus den vor. §. folgen leicht nachstehende interessante Gesetze.

1) $\alpha\gamma = \beta\delta$

2) $\varrho = \sqrt[4]{\alpha\beta\gamma\delta} = \sqrt{\alpha\gamma} = \sqrt{\beta\delta}$

3) $\alpha+\beta:\gamma+\delta = ab:cd$

4) $\alpha\beta:\gamma\delta = a^2b^2:c^2d^2$ u. s. w.

Ferner erhält man leicht aus

$$pi^2 = pf^2 + fi^2$$
$$= pq^2 + pf^2 + fm^2 + mi^2,$$

wenn man die Werthe für pq, qf, fm, mi substituirt, und pi durch $(\varrho\alpha)$ bezeichnet (wie §. 305).

5) $(\varrho\alpha)^2 = \frac{a(ab+cd)(ad+bc)}{c(a+c)^2}$;

und eben so (bezeichnet wie §. 305.)

6) $(\varrho\beta)^2 = \frac{b(ab+cd)(ad+bc)}{d(a+c)^2}$;

7) $(\varrho\gamma)^2 = \frac{c(ab+cd)(ad+bc)}{b(a+c)^2}$;

8) $(\varrho\delta)^2 = \frac{d(ab+cd)(ad+bc)}{b(a+c)^2}$; also

9) $(\varrho\alpha)^2:(\varrho\beta)^2:(\varrho\gamma)^2:(\varrho\delta)^2 = a^2bd:b^2ac:c^2bd:d^2ac.$

Dann auch noch aus

$pf^2 = pq^2 + qf^2$ den Werth für pf;

und addirt man hierzu die eben so zu bestimmende gerade Linie von f bis zum Mittelpunkt des Kreises zum Halbmesser β, so erhält man

10) $(\alpha\beta) = \frac{ad+bc}{a+c} \cdot \sqrt{\frac{ab+cd}{cd}}$;

und hieraus, durch Versetzung der Buchstaben:

11) $(\beta\gamma) = \frac{ab+cd}{a+c} \sqrt{\frac{bc+ad}{ad}}$

12) $(\gamma\delta) = \frac{ad+bc}{a+c} \sqrt{\frac{cd+ab}{ab}}$

13) $(\delta\alpha) = \frac{ab+cd}{a+c} \sqrt{\frac{ad+bc}{bc}}$;

woraus auch noch folgt:

14) $(\alpha\beta)^2 : (\gamma\delta)^2 = ab : cd$
15) $(\beta\gamma)^2 : (\delta\alpha)^2 = bc : da$
16) $(\alpha\beta)^2 : (\beta\gamma)^2 = (ad + bc)a : (ab + cd)c$
u. s. w.

§. 315. Aufgabe. Zwischen dem Halbmesser r eines Kreises, einer Sehne in demselben = a und der Sehne b des zugehörigen halben Bogens eine Gleichung zu bilden.

Auflösung. Ist (Fig. 161.) cd = a, und Bogen cf = Bogen fd = $\frac{\text{Bogen cfd}}{2}$; also Sehne cf = Sehne fd = b; m der Mittelpunkt des Kreises, so hat man im Dreieck mdf; md = mf = r, fd = b, dk = $\frac{a}{2}$ normal auf mf; also nach §. 292.:

$$\frac{a}{2} = \frac{\sqrt{(r+r+b)(r+r-b)(r+b-r)(r+b-r)}}{2r},$$

$$\text{oder } 4b^2r^2 = a^2r^2 + b^4,$$

welches die verlangte Gleichung ist.

Dieselbe Gleichung erhält man, wenn Bogen cg = Bogen gd = $\frac{\text{Bogen cgd}}{2}$ gemacht, und Sehne cg = Sehne gd unter b verstanden wird, so daß also die gefundene Gleichung, wenn b aus ihr entwickelt wird, zwei im Allgemeinen verschiedene Resultate liefern muß.

Es ergeben sich aus der hergeleiteten Gleichung folgende drei Formeln:

$$\text{I. } a = \frac{b}{r} \cdot \sqrt{4r^2 - b^2}$$

$$\text{II. } r = \frac{b^2}{\sqrt{4b^2 - a^2}}$$

$$\text{III. } b = \sqrt{2r^2 \pm r \cdot \sqrt{4r^2 - a^2}}.$$

§. 316. Zusatz. Aus der Formel III. im vorigen §. bestimmt sich, wenn der Halbmesser = r und die Seite a eines regulären n Ecks in diesem Kreis gegeben ist, daraus die Seite b des regulären 2 . n Ecks in demselben Kreis, wenn man den Ausdruck $r \cdot \sqrt{4r^2 - a^2}$ nicht addirt, sondern subtrahirt. Da nun nach §. 187. die Seite des regulären Dreiecks = $r \cdot \sqrt{3}$ ist, so erhält man nach der Formel III. hieraus die Seite des regulären Sechsecks = r,

dann die des regul. 12 Ecks $= r\sqrt{2-\sqrt{3}}$
$= r.[\sqrt{\tfrac{3}{2}}-\sqrt{\tfrac{1}{2}}]$
die des regul. 24 Ecks $= r.\sqrt{2-\sqrt{2+\sqrt{3}}}$
" " " 48 " $= r.\sqrt{2-\sqrt{2+\sqrt{2+\sqrt{3}}}}$
u. s. w.

Eben so aus der Seite des regulären Vierecks $= r.\sqrt{2}$ (§. 187.)
die des regul. 8 Ecks $= r.\sqrt{2-\sqrt{2}}$
" " " 16 " $= r.\sqrt{2-\sqrt{2+\sqrt{2}}}$
" " " 32 " $= r.\sqrt{2-\sqrt{2+\sqrt{2+\sqrt{2}}}}$
u. s. w.

Aus Formel I. erhält man eben so aus der Seite eines regulären 2n Ecks die des regulären n Ecks in demselben Kreis.

§. 316.* Aufgabe. Zwischen dem Halbmesser r eines Kreises, einer Sehne b in demselben und der Sehne a des dreifachen Bogens eine Gleichung herzuleiten.

Auflösung. Ist M der Mittelpunkt des Kreises, sind die drei Sehnen AB, BC, CD jede $= b$, die AD $= a$; und schneidet AD die Halbmesser MB, MC in E und F, so erhellet leicht die Aehnlichkeit der Dreiecke DCF und MCD, und daraus folgt, da beide gleichschenklig sind,

$$DF = AE = b \text{ und } CF = BE = \frac{b^2}{r}; \text{ also}$$

$$MF = ME = r - \frac{b^2}{r} = \frac{r^2 - b^2}{r}; \text{ dann aus}$$

$$MF : FE = MC : CB; \text{ oder}$$

$$\frac{r^2 - b^2}{r} : FE = r : b; \quad FE = b \cdot \frac{r^2 - b^2}{r^2};$$

und endlich aus $AE + EF + FD = a$ die verlangte Gleichung

$$2b + b \cdot \frac{r^2 - b^2}{r^2} = a;$$

oder, nach b geordnet,

$$b^3 - 3r^2 b + r^2 a = 0.$$

§. 317. Aufgabe. Die Seite des regulären Zehnecks im Kreis zum Halbmesser r zu bestimmen.

Auflösung. Ist $cf = x$ (Fig. 162.) die Seite des regulären Zehnecks, d der Mittelpunkt des Kreises, $cd = fd = r$, so ist $\angle cdf = \frac{360}{10} = 36^\circ$; folglich $\angle dcf = dfc = 72^\circ$; halbirt man nun $\angle fcd$ durch cg, so ist $\angle fcg = \angle gcd = 36^\circ$; also $cgf = 72^\circ$, folglich $cg = cf = gd = x$ und

$\triangle fgc \sim \triangle cfd$; also
$fg : fc = fc : fd$; oder
$r - x : x = x : r$; und hieraus

$$x = \frac{-1+\sqrt{5}}{2} \cdot r.$$

§. 318. Zusätze. 1. Aus Formel I. §. 315. folgt nun

Seite des regul. Fünfecks $= r \cdot \sqrt{\frac{5-\sqrt{5}}{2}}$

und aus Formel III. §. 315.

Seite des regul. 20 Ecks $= r \cdot \sqrt{2-\sqrt{\frac{5+\sqrt{5}}{2}}}$

Seite des regul. 40 Ecks $= r \cdot \sqrt{2-\sqrt{2+\sqrt{\frac{5+\sqrt{5}}{2}}}}$

u. s. w.

2. Bezeichnet man die Seite des regulären Zehnecks mit z, die des regulären Fünfecks in demselben Kreis zum Halbmesser r mit f, so hat man

$$z^2 = \left(\frac{-1+\sqrt{5}}{2} \cdot r\right)^2 = \frac{3-\sqrt{5}}{2} \cdot r^2;$$

also $r^2 + z^2 = \frac{5-\sqrt{5}}{2} \cdot r^2$. Da nun aber

$$f^2 = \frac{5-\sqrt{5}}{2} r^2; \text{ so folgt}$$

$$f^2 = r^2 + z^2.$$

Dieses Gesetz läßt sich auch auf folgendem Weg erweisen. Ist (Fig. 163.) m der Mittelpunkt des Kreises, ac die Seite des regulären Fünfecks, $ab = bc$ die des regulären Zehnecks, also $amc = 72^\circ$, $amb = bmc = 36^\circ$; folglich $mac = mca = 54^\circ$, $mab = mba = mbc = mcb = 72^\circ$; daher $acb = cab = 18^\circ$ und man halbirt bc in d, zieht dm und verbindet den Durchschnittspunkt f von dm und ac mit b, so wird $bf = fc$; folglich auch $\angle fbc = 18^\circ$; ferner $bmf = 18^\circ$, und also $amf = 54^\circ$;

daher $\triangle bcf \sim acb$ und
$\triangle mfa \sim amc$; folglich
$cf : bc = bc : ac$ und
$af : am = am : ac$.

$$\text{Demnach: } ac \,.\, cf = bc^2 \text{ und}$$
$$ac \,.\, af = am^2;$$
$$\text{also auch } ac \,.\, (af + cf) = am^2 + bc^2$$
$$\text{oder } ac^2 = am^2 + bc^2.$$

§. 319. **Aufgabe.** In einem Kreis, dessen Halbmesser $= r$ ist, kennt man zwei Sehnen a, b, und soll durch a, b, r die Sehne x ausdrücken, deren Mittelpunkts-Winkel der Unterschied der zu a und b gehörigen Mittelpunkts-Winkel ist.

Auflösung. Ist (Fig. 164.) $cd = a$, $df = b$, $cf = x$, m der Mittelpunkt des Kreises, also $md = mf = mc = r$, und man zieht den Durchmesser dmg und verbindet dann g mit c und g mit f durch gerade Linien, so ist nach §. 192.

$$cd \,.\, gf = cf \,.\, gd + fd \,.\, cg.$$

Schreibt man in dieser Gleichug

a für cd

$\sqrt{4r^2 - b^2}$ für gf, weil $\angle gfd = R$

x für cf;

$2r$ für gd,

b für fd und

$\sqrt{4r^2 - a^2}$ für cg, weil $\angle dcg = R$, so erhält man

$$a \,.\, \sqrt{4r^2 - b^2} = 2r \,.\, x + b \,.\, \sqrt{4r^2 - a^2}$$

und hieraus
$$x = \frac{a\sqrt{4r^2 - b^2} - b\sqrt{4r^2 - a^2}}{2r}.$$

§. 320. **Zusatz.** Sind a, b bekannte Seiten regulärer Vielecke, und zugleich der Unterschied beider Mittelpunkts-Winkel auch Mittelpunkts-Winkel eines regulären Vielecks, so läßt sich die Seite x desselben aus der Formel §. 319. bestimmen. Ist z. B. a die Seite des regulären Fünfecks, also

$$a = r \,.\, \sqrt{\frac{5 - \sqrt{5}}{2}};$$

ferner b die Seite des regulären Sechsecks, also

$$b = r,$$

so ist der Unterschied der zugehörigen Mittelpunkts-Winkel $= 72 - 60 = 12^\circ$, und 12° ist der 30ste Theil von 360°, also x die Seite des regulären 30 Ecks demnach

$$x = \frac{r \,.\, \sqrt{\frac{5 - \sqrt{5}}{2}} \,.\, \sqrt{4r^2 - r^2} - r \,.\, \sqrt{4r^2 - r^2 \,.\, \frac{5 - \sqrt{5}}{2}}}{2r}$$

$$= \frac{r}{2}\left[\sqrt{\frac{15 - 3\sqrt{5}}{2}} - \sqrt{\frac{3 + \sqrt{5}}{2}}\right]; \text{ oder}$$

$$x = \frac{r}{2}\left[\sqrt{\frac{15-3\sqrt{5}}{2}} - \frac{1+\sqrt{5}}{2}\right].$$

Nach den Formeln I. und III. §. 315. ist nun auch die Seite des regulären 15, 60, 120 u. s. w. Ecks zu bestimmen.

Anmerkung.* Man kann auch unmittelbar die Seite x des regulären Fünfzehnecks finden, wenn man r für a als Seite des regulären Sechsecks, und $\frac{-1+\sqrt{5}}{2}$. r für b als Seite des regulären Zehnecks substituirt, denn der Unterschied der zugehörigen Mittelpunkts-Winkel ist $= 24°$, entspricht also der Seite des regulären 15 Ecks; man erhält

$$x = \frac{r}{4}\,[\sqrt{10+2\sqrt{5}} + \sqrt{3} - \sqrt{15}].$$

§. 321. Aufgabe. Zwischen dem Halbmesser $= r$ eines Kreises, der Seite a des regulären n Ecks in demselben und der Seite b des regulären n Ecks um denselben eine Gleichung zu bilden.

Auflösung. Die Normale aus dem Mittelpunkt des Kreises auf a ist

$$= \sqrt{r^2 - \left(\frac{a}{2}\right)^2} = \frac{\sqrt{4r^2 - a^2}}{2}.$$

Die Normale aus dem Mittelpunkt des Kreises auf b ist $= r$, und da nun a und b gleichen Mittelpunkts-Winkeln zugehören, so hat man:

$$a : b = \frac{\sqrt{4r^2 - a^2}}{2} : r; \text{ oder}$$

$$2ar = b\,.\,\sqrt{4r^2 - a^2}.$$

§. 322. Zusatz. Aus der Gleichung

$$2ar = b\,.\,\sqrt{4r^2 - a^2} \text{ folgt}$$

$$b = \frac{2ar}{\sqrt{4r^2 - a^2}};$$ und aus dieser Formel kann man die Seiten aller der regulären Vielecke um den Kreis bestimmen, für welche man die Seiten der zugehörigen Vielecke im Kreis kennt. So ergiebt sich:

Die Seite des regulären Dreiecks um den Kreis $= 2r\,.\,\sqrt{3}$

die des regulären 6 Ecks $= \frac{2r\sqrt{3}}{3}$

die für's 12 Eck $= 2r\,.\,(2-\sqrt{3})$

die für's 24 Eck $= 2r\,[\sqrt{6}+\sqrt{2}-2-\sqrt{3}]$

u. s. w.

Ferner:

die des regulären Vierecks $= 2r$

„ „ „ 8 Ecks $= 2r(\sqrt{2}-1)$

„ „ „ 16 Ecks $= 2r\,.\,[\sqrt{2(2+\sqrt{2})}-1-\sqrt{2}]$

u. s. w.

Dann die des regulären 5 Ecks $= 2r\,.\,\sqrt{5-2\sqrt{5}}$

„ „ „ „ 10 Ecks $= 2r\,.\,\sqrt{\frac{5-2\sqrt{5}}{5}}$.

§. 323. Zusatz. Die Inhalte der regulären Vielecke in und um den Kreis, deren Seiten bekannt sind, lassen sich nun nach der Formel §. 295. 3. leicht ausdrücken.

Man erhält

1) für reguläre Vielecke im Kreis

den Inhalt des Dreiecks $= \frac{3}{4}r^2\,.\,\sqrt{3}$

„ „ „ 6 Ecks $= \frac{3}{2}r^2\,.\,\sqrt{3}$

„ „ „ 12 Ecks $= 3r^2$

„ „ „ 24 Ecks $= 6r^2\,.\,\sqrt{2-\sqrt{3}}$

u. s. w.

„ „ „ 4 Ecks $= 2r^2$

„ „ „ 8 Ecks $= 2r^2\,.\,\sqrt{2}$

„ „ „ 16 Ecks $= 4r^2\,.\,\sqrt{2-\sqrt{2}}$

u. s. w.

„ „ „ 5 Ecks $= \frac{5}{8}r^2\,.\,\sqrt{10+2\sqrt{5}}$

„ „ „ 10 Ecks $= \frac{5}{4}r^2\,.\,\sqrt{10-2\sqrt{5}}$

u. s. w.

2) für reguläre Vielecke um den Kreis

den Inhalt des Dreiecks $= 3r^2\,.\,\sqrt{3}$

„ „ „ 6 Ecks $= 2\,.\,r^2\,.\,\sqrt{3}$

„ „ „ 12 Ecks $= 12r^2\,(2-\sqrt{3})$

„ „ „ 24 Ecks $= 24r^2\,[2\,.\,\sqrt{2+\sqrt{3}}-2-\sqrt{3}]$

u. s. w.

„ „ „ 4 Ecks $= 4r^2$

„ „ „ 8 Ecks $= 8r^2\,.\,(\sqrt{2}-1)$

„ „ „ 16 Ecks $= 16r^2\,[\sqrt{2(2+\sqrt{2})}-1-\sqrt{2}]$

u. s. w.

„ „ „ 5 Ecks $= 5r^2\,.\,\sqrt{5-2\sqrt{5}}$

„ „ „ 10 Ecks $= 10r^2\,.\,\sqrt{\frac{5-2\sqrt{5}}{5}}$

u. s. w.

§. 324. Zusatz. Die Inhalte der Kreisabschnitte, deren Sehnen bekannte Seiten regulärer Vielecke sind, ergeben sich nun ebenfalls leicht. Ist nämlich der Mittelpunkts-Winkel $= \alpha$ in Graden, die Sehne $= a$, der Halbmesser $= r$; so ist der Kreisausschnitt $= \frac{\alpha}{360} \cdot r^2 \cdot \pi$; (§. 206.)

das zugehörige Dreieck $= \frac{a \cdot \sqrt{4r^2 - a^2}}{4}$; (§. 295. 3.)

folglich:

der Kreisabschnitt $= \frac{\alpha}{360} r^2 \pi - \frac{a\sqrt{4r^2 - a^2}}{4}$.

Nach dieser Formel erhält man

1) für $\alpha = 120°$; also $a = r \cdot \sqrt{3}$:

den Kreisabschnitt $= \frac{r^2}{12} [4\pi - 3\sqrt{3}]$;

2) für $\alpha = 60°$; also $a = r$:

den Kreisabschnitt $= \frac{r^2}{12} (2\pi - 3\sqrt{3}) = 0{,}0905 \cdot r^2$;

3) für $\alpha = 30°$; also $a = r \cdot \sqrt{2 - \sqrt{3}}$

Kreisabschnitt $= \frac{r^2}{12} \cdot (\pi - 3) = 0{,}0118 \cdot r^2$;

4) für $\alpha = 15°$; also $a = r \cdot \sqrt{2 - \sqrt{2 + \sqrt{3}}}$

Kreisabschnitt $= \frac{r^2}{12} \cdot (\pi - 6 \cdot \sqrt{2 - \sqrt{3}}) = 0{,}0015 \cdot r^2$

u. s. w.

5) Für $\alpha = 90°$, also $a = r \cdot \sqrt{2}$:

Kreisabschnitt $= \frac{r^2}{4} \cdot (\pi - 2)$.

6) Für $\alpha = 45°$, also $a = r \cdot \sqrt{2 - \sqrt{2}}$:

Kreisabschnitt $= \frac{r^2}{8} \cdot (\pi - 2\sqrt{2}) = 0{,}0391 \cdot r^2$.

7) Für $\alpha = 22\frac{1}{2}°$, also $a = r \cdot \sqrt{2 - \sqrt{2 + \sqrt{2}}}$:

Kreisabschnitt $= \frac{r^2}{16} \cdot (\pi - 4 \cdot \sqrt{2 - \sqrt{2}})$

u. s. w.

8) Für $\alpha = 72^\circ$, also $a = r.\sqrt{\frac{5-\sqrt{5}}{2}}$:

Kreisabschnitt $= \frac{r^2}{40}(8\pi - 5.\sqrt{10+2\sqrt{5}})$.

9) Für $\alpha = 36^\circ$, also $a = r.\frac{-1+\sqrt{5}}{2}$:

Kreisabschnitt $= \frac{r^2}{40}(4\pi - 5.\sqrt{10-2\sqrt{5}})$

u. s. w.

Will man die Näherungsregel (§. 208. Anmerk.) anwenden, um den Inhalt des Kreisabschnitts zu bestimmen, so hat man die Sehne $= a$, und die Höhe des Kreisabschnitts

$$= r - \tfrac{1}{2}\sqrt{4r^2 - a^2};$$

folglich, bis ohngefähr zu Mittelpunkts-Winkel von 60°,

den Inhalt des Kreisabschnitts $= \frac{2}{3}a\left(r - \frac{\sqrt{4r^2-a^2}}{2}\right)$.

Diese Formel liefert

1. für $\alpha = 15^\circ$; das Resultat $0{,}0015 . r^2$
2. für $\alpha = 30^\circ$; " " $0{,}0117 . r^2$
3. für $\alpha = 45^\circ$; " " $0{,}0388 . r^2$
4. für $\alpha = 60^\circ$; " " $0{,}0893 . r^2$.

§. 325. Aufgabe. Es ist der Inhalt **P** einer Figur und die Figur selbst gegeben; man soll den zugehörigen Maaßstab bestimmen.

Auflösung. Man theile eine beliebige Länge, etwa von a Fußen, in eine beliebige Anzahl, etwa in n gleiche Theile, und berechne nach diesem willkührlich gewählten Maaßstab den Inhalt der gegebenen Figur. Gesetzt, man erhalte die Zahl **R**.

Ferner bezeichne x die Anzahl Fuße des gesuchten Maaßstabes, welche, ebenfalls in n gleiche Theile getheilt, für den Inhalt der Figur die gegebene Zahl **P** liefert. Nun denke man sich die Figur in ein rechtwinkliges Parallelogramm verwandelt, und setze, daß dessen Grundlinie = b Fuße, seine Höhe aber = h Fuße werde, so hat

1. nach dem willkührlich gewählten Maaßstab,

die Grundlinie $\frac{bn}{a}$ Theile desselben,

die Höhe $\frac{hn}{a}$ Theile desselben, und es ist also

$$\frac{bn}{a} . \frac{hn}{a} = R.$$

2. Nach dem gesuchten Maaßstab,

die Grundlinie $\frac{bn}{x}$ } Theile desselben,
die Höhe $\frac{hn}{x}$ }

und es muß also $\frac{bn}{x} \cdot \frac{hn}{x} = P$ sein.

Der Quotient beider Gleichungen giebt

$$P : R = a^2 : x^2,$$

welche Proportion auch unmittelbar aus §. 150. folgt, und hieraus ist $x = a\sqrt{\frac{R}{P}}$.

Beispiel. Eine gegebene Figur hat den Inhalt 2000; man soll den Maaßstab dazu angeben.

Theilt man einen Rheinländischen Fuß etwa in 300 gleiche Theile und ergiebt sich für die Figur, nach diesem willkührlichen Maaßstab berechnet, der Inhalt = 1200; so hat man hier

$$P = 2000$$
$$a = 1 \text{ Fuß}$$
$$n = 300$$
$$R = 1200$$
$$x = 1 \cdot \sqrt{\frac{1200}{2000}} = 0{,}774\ldots$$

d. h., man muß 7'' 7''' 4'''' Rheinländisch Maaß in 300 gleiche Theile theilen, so wird, nach diesem Maaßstab berechnet, für die Figur der Inhalt = 2000 sich ergeben.

§. 326. Aufgabe. Den Inhalt P einer von krummen Linien begränzten Figur durch eine Näherungs-Formel auszudrücken.

Auflösung 1. Man denke sich eine Figur mit zwei geraden parallelen Begränzungslinien, die übrigen Begränzungslinien aber krumm, wie Fig. 165., theile den normalen Abstand beider parallelen Linien in eine große Anzahl gleicher Theile, und ziehe durch jeden Theilpunkt eine Normale, bis sie den Umfang der Figur durchschneidet, so kann man, wenn α den Abstand jeder zwei auf einander folgender Parallellinien, und a, b, c u. s. w. bis y, z die Längen dieser Linien selbst bezeichnet, jeden Raum von der Breite α, näherungsweise, und um desto genauer, je kleiner α ist, als ein Trapez betrachten. Die Inhalte dieser Trapeze sind dann nach der Folge

$$\frac{a+b}{2}.\alpha;\ \frac{b+c}{2}.\alpha \text{ u. s. w. } \frac{x+y}{2}.\alpha;\ \frac{y+z}{2}\alpha;$$

und folglich ihre Summe, oder:

$$\text{I. } P = \frac{\alpha}{2}[a+2b+2c+\ldots+2x+2y+z].$$

Ist die Figur ganz von Curven begränzt, wie Fig. 166., so wähle man die Durchschnittslinie, worauf die gleichen aber sehr kleinen Theile α abgetragen werden, so, daß $a = 0$ und $z = 0$ wird, so hat man

$$\text{II. } P = \alpha.(b+c+d+\ldots+x+y).$$

Auflösung 2. Soll die Bestimmung genauer erfolgen, so theile man die Durchschnittslinie in eine gerade Anzahl gleicher Theile, setze jeden $= \alpha$, und betrachte die Summe jeder zwei auf einander folgender Streifen als algebraische Summe eines Trapezes und zweier Abschnitte, welche als sehr kleine Kreisabschnitte anzusehen sind, um desto näher, je kleiner α genommen wird. In Beziehung auf jeden solchen Doppelstreifen, wie etwa der zwischen a und c, kann nun nur eine der 3 in Fig. 167., 168. und 169. dargestellten Lagen statt finden; ein vierter Fall kann nicht eintreten. Es ist aber für den Fall Fig. 167., wo beide Kreisabschnitte positiv sind,

der Doppelstreifen = Trapez AFGC + Abschnitt ABCD + Abschnitt FHGK

$$= \frac{a+c}{2}.2\alpha + \tfrac{2}{3}.2\alpha.BD + \tfrac{2}{3}.2\alpha.KH$$

(siehe §. 208. Anmerk. 2.)

$$= \frac{\alpha}{3}[3a+3c+4(BD+KH)]$$

$$= \frac{\alpha}{3}[3a+3c+4(b-DK)]$$

$$= \frac{\alpha}{3}\left[\left(3a+3c+4\left(b-\frac{a+c}{2}\right)\right]\right. \text{ (§. 118.)}$$

$$= \frac{\alpha}{3}[a+4b+c].$$

Ferner, für den Fall Fig. 168., wo beide Kreisabschnitte negativ sind,

der Doppelstreifen = Trapez AFGC — Abschnitt ABCD — Abschnitt FHGK

$$= \frac{a+c}{2}.2\alpha - \tfrac{2}{3}.2\alpha BD - \tfrac{2}{3}.2\alpha HK$$

$$= \frac{\alpha}{3}[3a + 3c - 4(BD + HK)]$$

$$= \frac{\alpha}{3}[3a + 3c - 4.(DK - b)]$$

$$= \frac{\alpha}{3}\left[3a + 3c - 4\left(\frac{a+c}{2} - b\right)\right]$$

$$= \frac{\alpha}{3}(a + 4b + c).$$

Endlich für den Fall Fig. 169., wo der eine Kreisabschnitt positiv, der andere negativ ist,

der Doppelstreifen = Trapez AFGC + Abschnitt ABCD — Abschnitt FHGK

$$= \frac{a+c}{2}.2\alpha + \tfrac{2}{3}.2\alpha.BD - \tfrac{2}{3}.2\alpha.HK$$

$$= \frac{\alpha}{3}[3a + 3c + 4(BD - HK)]$$

$$= \frac{\alpha}{3}[3a + 3c + 4(b - HD - HK)]$$

$$= \frac{\alpha}{3}[3a + 3c + 4(b - DK)]$$

$$= \frac{\alpha}{3}[a + 4b + c],$$

welche 3 Formeln vollkommen dieselben sind. Man hat also

$$P = \frac{\alpha}{3}(a + 4b + c) + \frac{\alpha}{3}(c + 4d + e) + \frac{\alpha}{3}(e + 4f + g)$$

$$+ \ldots\ldots\ldots + \frac{\alpha}{3}[x + 4y + z]; \text{ oder}$$

$$\text{III. } P = \frac{\alpha}{3}[a + 4b + 2c + 4d + 2e + \ldots + 2x + 4y + z].$$

Ist die Figur ganz von Curven begränzt, so wähle man die Durchschnittslinie wie in Fig. 166. so, daß $a = 0$ und auch $z = 0$ wird, und man hat für solche Fälle

$$P = \frac{2\alpha}{3}[2b + c + 2d + e + \ldots + x + 2y] \text{ oder:}$$

$$\text{IV. } P = \tfrac{2}{3}\alpha[2(b + d + \ldots + y) + c + e + \ldots + x].$$

Beispiel. Ist $\alpha = \frac{1}{2}$, $a = 8$, $b = 10$, $c = 9$, $d = 7$, $e = 5$, $f = 4$, $g = 6$, $h = 5$, $i =$ Null; so entsteht aus I.

$$P = 25;$$

aus III. aber $P = 25\frac{1}{3}$.

§. 327. Aufgaben mit kurzen Anleitungen zu ihren Auflösungen.

I. Eine gegebene Linie $= a$ in zwei solche Theile zu theilen, daß das Rechteck, dessen Seiten diese Theile sind, das größtmöglichste werde.

$$\text{Den einen Theil} = \frac{a}{2} + x$$

$$\text{den andern also} = \frac{a}{2} - x \text{ gesetzt}$$

soll $\left(\frac{a}{2}\right)^2 - x^2$ größtmöglichst werden, welches erfolgt, wenn man $x =$ Null, also jede Seite $= \frac{a}{2}$ macht.

II. Es sind 2 Linien a, b gegeben; man soll a in zwei solche Theile theilen, daß das Dreieck, dessen Seiten diese Theile und b sind, größtmöglichst werde.

$$\text{Den einen Theil} = \frac{a}{2} + x$$

$$\text{den andern also} = \frac{a}{2} - x \text{ gesetzt,}$$

so ist der Inhalt $= \frac{1}{4}\sqrt{(a^2-b^2)(b^2-4x^2)}$ (§. 295. 2.) und wird ein Max. für $x = 0$, d. h. für's gleichschenklige Dreieck über b.

III. Es ist eine Linie $= a$ gegeben; man soll dieselbe in 3 solche Theile zertheilen, daß das mit diesen gebildete Dreieck den größtmöglichsten Inhalt bekomme. Setzt man die eine Seite $= \frac{a}{3} + x$, so muß, nach II., jede der beiden andern $= \frac{a}{3} - \frac{x}{2}$ werden, und man erhält nach §. 295. 2. den Inhalt

$$= \tfrac{1}{4}\sqrt{a\left(\frac{a}{3}+x\right)^2\left(\frac{a}{3}-2x\right)}$$

$$= \tfrac{1}{12}\sqrt{\frac{a}{3}\,.\,[a^3 - 27\,.\,(a+2x)x^2]}$$

und dieser Ausdruck wird ein Max., wenn $(a+2x)x^2$ kleinstmöglichst, nämlich $= 0$ wird, welches für $x = 0$ erfolgt. Das gleichseitige Dreieck ist das verlangte.

IV. Es ist gegeben: die Höhe eines Trapezes $= h$, sein Inhalt $= a^2$ und die beiden nicht parallelen Seiten desselben $= b, c$; man soll die beiden parallelen Seiten bestimmen.

Die kleinere durch x bezeichnet, so erhält man sogleich die größere

$$= x + \sqrt{b^2 - h^2} + \sqrt{c^2 - h^2}$$

und bezeichnet man die Summe $\sqrt{b^2 - h^2} + \sqrt{c^2 - h^2}$ durch d, so ist

$$\frac{2x + d}{2} h = a^2; \text{ also}$$

$$x = \frac{a^2}{h} - \frac{d}{2}.$$

V. Die Hypothenuse sei $= b$, der Inhalt des zugehörigen rechtwinkligen Dreiecks $= a^2$; man soll die Catheten bestimmen. Man erhält die Höhe x auf b gleich $\frac{2a^2}{b}$, und setzt man dann die Projection einer der Catheten auf die Hypothenuse $= y$; so hat man $y : x = x : b - y$ und hieraus

$$y = \frac{b^2 \pm \sqrt{b^4 - 16a^4}}{2b}.$$

Bezeichnet dann z jede der gesuchten Catheten, so ist

$$y : z = z : b; \text{ also}$$

$$z = \sqrt{\frac{b^2 \pm \sqrt{b^4 - 16a^4}}{2}} \text{ oder auch:}$$

$$z = \frac{\sqrt{b^2 + 4a^2} \pm \sqrt{b^2 - 4a^2}}{2}.$$

Nur dann liefert also die Aufgabe mögliche Resultate, wenn $b > 2a$ mindestens $b = 2a$ ist.

VI. Es ist die Summe beider Catheten $= a$, und die Höhe b auf die Hypotenuse gegeben, die Seiten zu bestimmen.

Bezeichnet x die eine, also $a - x$ die andere Cathete und y die Hypotenuse, so ist

$$by = x(a - x) \text{ und}$$
$$y^2 = x^2 + (a - x)^2.$$

Die erste Gleichung mit 2 multiplicirt und zur 2ten addirt, giebt

$$y = -b + \sqrt{b^2 + a^2}$$

und dann erhält man für jede der Catheten die Formel:

$$\frac{a}{2} \pm \sqrt{\frac{a^2}{4} + b^2 - b\sqrt{b^2 + a^2}}.$$

Nur dann liefert also die Aufgabe mögliche Resultate, wenn $a >$ mindestens $= 2b\sqrt{2}$ ist.

VII. Es ist die Summe beider Catheten $= b$, und die Summe $= a$ der Hypotenuse und der Höhe auf dieselbe gegeben, die Seiten einzeln zu bestimmen.

Die Catheten durch y und $b - y$, die Höhe auf die Hypotenuse durch x, also die Hypotenuse selbst durch $a - x$ ausgedrückt, so entstehen die Gleichungen:

$(a - x)x = (b - y)y$ und

$(a - x)^2 = (b - y)^2 + y^2$; und hieraus, die erste mit 2 multiplicirt und zur 2ten addirt:

$$x = \sqrt{a^2 - b^2};\text{ dann}$$

$$y = \frac{b}{2} \pm \sqrt{a^2 - \tfrac{3}{4}b^2 - a\sqrt{a^2 - b^2}}.$$

Die Aufgabe liefert also nur dann mögliche Resultate, wenn $a > b$ und kleiner, höchstens gleich $\frac{3}{4}b\sqrt{2}$ ist.

VIII. Es sind die 3 Seiten a, b, c eines Dreiecks und innerhalb desselben ein Punkt p durch die Normalen n, m auf die Seiten c und b gegeben; man soll durch p zwei Linien, die eine nach einem zu bestimmenden Punkt in c, die andere nach einem zu bestimmenden Punkt in b der Bedingung gemäß ziehen, daß durch sie das Dreieck in 2 Stücke getheilt werde, welche gleichen Umfang und gleichen Inhalt haben.

Bei der in Fig. 170. angegebenen Bezeichnung, wenn zugleich F den Inhalt des Dreiecks, also den Ausdruck

$$\tfrac{1}{4}\sqrt{(a+b+c)(a+b-c)(a+c-b)(b+c-a)}$$

bezeichnet, ergeben sich die Gleichungen:

$$x + y = a + b - x + c - y \text{ und}$$
$$mx + ny = F.$$

Aus ihnen folgt, $a + b + c$ durch S ausgedrückt,

$$x = \frac{2F - nS}{2(m-n)};\ y = \frac{mS - 2F}{2(m-n)}.$$

Für $m > n$ muß also, wenn die Aufgabe den Bedingungen gemäß Resultate liefern soll,

$$n < \frac{2F}{S};\ m > \frac{2F}{S}$$

oder, wenn ϱ den Halbmesser des Kreises im Dreieck bezeichnet,

$$n < \varrho \text{ und } m > \varrho,$$

zugleich aber auch $\frac{2F - nS}{2(m-n)} < b$ und $\frac{mS - 2F}{2(m-n)} < c$; für $n > m$ aber, $n > \varrho$ und $m < \varrho$, und auch:

$$\frac{nS - 2F}{2(n-m)} < b \text{ und } \frac{2F - mS}{2(n-m)} < c \text{ sein.}$$

Für n = m widersprechen sich beide Gleichungen $x + y = \frac{S}{2}$ und $x + y = \frac{F}{n}$ im Allgemeinen, nur in dem besondern Fall nicht, wenn $\frac{S}{2} = \frac{F}{n}$, also $n = m = \varrho$ ist, in welchem die Aufgabe dann eine unbestimmte ist.

IX. Zu Bestimmung der Seiten eines rechtwinkligen Dreiecks ist gegeben: sein Umfang = b, sein Inhalt = a^2.

Bezeichnet x die Hypotenuse, y, z die beiden Catheten, so hat man:

$$x^2 = y^2 + z^2$$

$$a^2 = \frac{yz}{2}$$

$$x + y + z = b.$$

Die 2te Gleichung mit 4 multiplicirt, zur ersten addirt und in die Summe aus der 3ten $b - x$ für $y + z$ geschrieben, giebt

$x = \frac{b^2 - 4a^2}{2b}$, und dann folgt auch

$$\left.\begin{matrix} y \\ z \end{matrix}\right\} = \frac{b^2 + 4a^2 \pm \sqrt{b^4 + 16a^4 - 24a^2 b^2}}{4b}.$$

Die Hypotenuse ergiebt sich also nur wirklich, nämlich positiv, wenn $b > 2a$; und die Catheten werden nur dann reel,
wenn $b <$ oder höchstens $= 2a(\sqrt{2} - 1)$
oder auch $b >$ oder mindestens $= 2a(\sqrt{2} + 1)$ ist.

Diese Bedingungen vereint, zeigen, daß nur dann ein Dreieck den Bedingungen gemäß existirt, wenn

$b >$ oder mindestens $= 2a(\sqrt{2} + 1)$ ist,

welche Feststellung auch durch

$b^2 >$ oder mindestens $= 4a^2 + 4ab$

auszudrücken ist.

X. Es sind die beiden Catheten eines rechtwinkligen Dreiecks = a und b gegeben; man soll in der einen Cathete, etwa in b, den Punkt p Fig. 171. der Bedingung gemäß bestimmen, daß wenn man pq normal auf die Hypotenuse tf fällt und pt zieht, sich die Dreiecke pqf und tpg wie n zu m verhalten.

Setzt man $fp = x$, so hat man, weil $\triangle pqf \sim \triangle tgf$, und $tgf = \frac{ab}{2}$ ist, $pqf : \frac{ab}{2} = x^2 : a^2 + b^2$; also, die Hypotenuse ft durch c ausgedrückt,

$$pqf = \frac{abx^2}{2c^2}; \text{ daher}$$

$\frac{abx^2}{2c^2} : \frac{a(b-x)}{2} = n:m$ und hieraus, $\frac{n}{m}$ durch k bezeichnet,

$$x = \frac{c}{2b}[-kc + \sqrt{k(kc^2 + 4b^2)}].$$

XI. Die Hypotenuse sei $= a$; man soll die Catheten x, y der Bedingung gemäß bestimmen, daß der Umfang dieses rechtwinkligen Dreiecks eben so viel Längen-Einheiten enthalte, als der Inhalt zugehörige Flächen-Einheiten ausdrückt.

Die Gleichungen sind

$$x^2 + y^2 = a^2 \text{ und}$$

$$\frac{xy}{2} = x + y + a.$$

Aus ihnen folgt $x + y = a + 4$ und dann

$$\left.\begin{matrix} x \\ y \end{matrix}\right\} = \frac{a + 4 \pm \sqrt{a^2 - 8a - 16}}{2},$$

so daß also nur dann Resultate entstehen, wenn

$$a > \text{mindestens} = 4\,(1 + \sqrt{2}) \text{ ist.}$$

Will man die ganzen Zahlen wissen, welche, statt a geschrieben, für die Catheten ebenfalls ganze Zahlen erzeigen, so setze man: $\sqrt{a^2 - 8a - 16} = a - z$, und es entsteht:

$$a = 2 + \frac{z}{2} + \frac{16}{z-4};$$

die eine Cathete $= 4 + \frac{16}{z-4}$;

die andere $= 2 + \frac{z}{2}$;

so daß also z gerade größer wie 4, und $z - 4$ ein Theiler von 16 sein muß.

Hiernach ergeben sich nun nur 2 Dreiecke: das eine hat die Seiten 10, 8 und 6, das andere die: 13, 12 und 5.

XII. Die Grundlinie eines gleichschenkligen Dreiecks sei $= b$, seine Höhe $= h$; man soll die Abmessungen x, y eines Rechtecks in demselben so bestimmen, daß der Inhalt des Rechtecks $= \frac{n}{m}$ des Dreiecks werde. Nach Fig. 172. hat man

$$xy = \frac{n}{m} \cdot \frac{bh}{2} \text{ und}$$

$$h - y : x = h : b; \text{ also}$$

$$x = \frac{b}{2}\left(1 \pm \sqrt{1 - 2 \, . \, \frac{n}{m}}\right)$$

$$y = \frac{h}{2}\left(1 \mp \sqrt{1 - 2 \, . \, \frac{n}{m}}\right).$$

woraus erhellet, daß $\frac{n}{m}$ höchstens $= \frac{1}{2}$ sein kann.

XIII. Im Halbkreis **Fig. 173.** ist gegeben der Durchmesser $cg = 2r$, $cd = a$, df normal auf gc; man soll die Sehne cn so legen, daß kn gleich einer bestimmten Länge b werde.

Setzt man $ck = x$; so ist, weil

$\triangle cdk \sim cng$ wird,

$a : x = x + b : 2r$; und hieraus

Sehne $cf = c$ gesetzt

$$x = -\frac{b}{2} + \sqrt{\left(\frac{b}{2}\right)^2 + c^2}.$$

XIV. In der Verlängerung dk (**Fig. 174.**) einer Seite cd eines Quadrats $cdfg$ den Punkt k zu bestimmen, für welchen, wenn man gk zieht, die Länge nk einer gegebenen Größe b gleich werde.

Bezeichnet a die Seite des Quadrats, x die Länge dk, y die nd, so hat man

$$a : a - y = x : y \text{ und}$$
$$x^2 + y^2 = b^2;$$

aus der obigen Gleichung folgt $2xy = 2a(x - y)$, und diese von der zweiten subtrahirt, giebt

$$x - y = -a + \sqrt{a^2 + b^2},$$

welches Resultat durch h ausgedrückt werden soll; dann ist

$$x - y = h \text{ und}$$
$$xy = ah; \text{ woraus}$$

$$\left.\begin{matrix} x \\ y \end{matrix}\right\} = \frac{\sqrt{b^2 + 2ah} \pm h}{2} \text{ folgt.}$$

XV. In ein gegebenes Dreieck, dessen Seiten $= a, b, c$ sind, ein ähnliches zu legen, dessen Inhalt $= \frac{n}{m}$ des gegebenen, und dessen mit **a**, **b**, **c** homologe Seiten mit diesen parallel werden, und jede gleich weit von der ihr homologen abstehen soll.

Bezeichnet **F** den Inhalt des gegebenen Dreiecks, also nach §. 295. 2. und der dort eingeführten Bezeichnung **F** den Ausdruck $\frac{1}{4}\sqrt{ABCS}$; ferner x, y, z die mit **a**, **b**, **c** homologen

Seiten des gesuchten Dreiecks, α^2 den Bruch $\frac{n}{m}$, und w die zu bestimmende Entfernung zwischen a und x, b und y, c und z, so hat man sogleich

$$x = \alpha . a;\ y = \alpha . b;\ z = \alpha . c;$$

und aus der Gleichung:

$$\frac{a+x}{2} . w + \frac{b+y}{2} . w + \frac{c+z}{2} . w + \alpha^2 . F = F$$

folgt $w = \frac{2(1-\alpha)F}{a+b+c}$; oder, unter ϱ den Halbmesser des Kreises im gegebenen Dreieck verstanden,

$$w = (1-\alpha)\varrho.$$

XVI. Welche Sehne x hat die Eigenschaft, daß das Dreieck, welches mit ihr, dem Halbmesser r und der Sehne y des Bogens, welcher doppelt so groß ist, wie der zur Sehne x gezeichnet wird, ein rechtwinkliges ist, in welchem der rechte Winkel der Seite y gegenüberliegt.

Die Bedingungsgleichungen sind:

$$y^2 = x^2 + r^2;\ \text{und nach §. 315.}$$
$$4r^2x^2 = r^2y^2 + x^4;$$

und aus ihnen folgt

$$x = \frac{\pm 1 + \sqrt{5}}{2} . r;\ \ y = r . \sqrt{\frac{5 \pm \sqrt{5}}{2}}.$$

(Man vergleiche hiermit §. 318. 2.)

XVII. Es sind in einer Ebene zwei Kreise, den Halbmessern r, ϱ zugehörig, und eine gerade Linie gegeben; man soll den Ort und Halbmesser x eines dritten Kreises, der Bedingung gemäß, bestimmen, daß derselbe jene beiden gegebenen und die gerade Linie berühre.

Bei der in **Fig. 242.** angegebenen Bezeichnung, wo b, c, x normal auf a sind, ergeben sich leicht die beiden Gleichungen:

$$(x+r)^2 = (b-x)^2 + y^2$$
$$(x+\varrho)^2 = (c-x)^2 + (a-y)^2.$$

Die Differenz beider liefert eine einfache Gleichung zwischen x und y, und diese mit einer der beiden ursprünglichen verbunden, giebt durch eine unreine quadratische Gleichung sowohl x als y.

Anmerkung. Soll der gesuchte Kreis den zum Halbmesser r in sich aufnehmen, so ist in den Gleichungen $-r$ für $+r$; soll er beide in sich aufnehmen, so muß in den Gleichungen sowohl r als auch ϱ negativ genommen werden.

XVIII. Es sind Fig. 243. in einer Ebene drei Kreise, deren Mittelpunkte f, g, h, deren Halbmesser aber R, r, ϱ sind, gegeben; man soll den Ort und Halbmesser x des alle 3 berührenden Kreises angeben.

Sind auf die beliebig gewählte Linie in die Linien fi, gk, hn und auch die pq aus dem Mittelpunkt p des gesuchten Kreises normal; fi = b, gk = c, hn = d, pq = z, ik = a, in = e, iq = y; so hat man zu Bestimmung der drei unbekannten Größen x, y, z die drei Gleichungen:

$$1)\quad (R+x)^2 = (b-z)^2 + y^2$$
$$2)\quad (r+x)^2 = (c-z)^2 + (a-y)^2$$
$$3)\quad (\varrho + x)^2 = (d-z)^2 + (e-y)^2,$$

in welchen, wenn der gesuchte Kreis einen, zwei oder alle drei gegebenen innerhalb berühren soll, die zugehörigen Halbmesser negativ zu nehmen sind. Die Differenzen dieser Gleichungen geben einfache Gleichungen, so daß die Entwicklung wie in XVII. erfolgen kann.

§. 328. Aufgaben nebst Angaben der Resultate ihrer Auflösungen.

I. Der Raum zwischen zwei concentrischen Kreisen sei $= a^2$, der Halbmesser des innern $= r$; wie breit $= x$ ist der Ring?

$$x = -r + \sqrt{\frac{a^2 + r^2\pi}{\pi}}.$$

II. Es sind die Entfernungen dk = a, ft = b Fig. 175. zweier Punkte d, f von einer geraden Linie gh und der Abstand kt = c gegeben; man soll den Abstand kr = x der Bedingung gemäß bestimmen, daß sich die geraden Linien dr, rf wie n zu m verhalten.

Wird $\left(\frac{n}{m}\right)^2$ durch α ausgedrückt, so erhält man

$$x = \frac{\alpha c \pm \sqrt{(a^2 + b^2 + c^2)\alpha - a^2 - b^2\alpha^2}}{\alpha - 1},$$

und dies Resultat ist nur dann reel, wenn

$$\alpha < \text{höchstens} = \frac{a^2 + b^2 + c^2 + \sqrt{[(a+b)^2 + c^2][(a-b)^2 + c^2]}}{2b^2}$$

und auch:

$$\alpha > \text{mindestens} = \frac{a^2 + b^2 + c^2 - \sqrt{[(a+b)^2 + c^2][(a-b)^2 + c^2]}}{2b^2}$$

ist.

Für $\frac{n}{m} = 1$, also für die Bedingung $dr = rf$ entsteht (nicht aus der Formel, sondern aus der ursprünglichen Gleichung):

$$x = \frac{c^2 + b^2 - a^2}{2c}.$$

Für $a = 3$, $b = 4$, $c = 5$, kann $\frac{n}{m}$ nur $<$ höchstens $= 1{,}712$ und nur $>$ mindestens $= 0{,}438$ beinahe gewählt werden, wenn die Aufgabe auflösbar sein soll.

III. Es sind zwei Punkte d, f und eine gerade Linie gh (Fig. 175.) gegeben; man soll in ihr den Punkt r der Bedingung gemäß bestimmen, daß $\angle drg = frh$ wird (s. §. 266.).

Ist $dk = a$, $ft = b$, $kt = c$ und a, b normal auf c, ferner $kr = z$, so erhält man

$$x = \frac{ac}{a+b}.$$

IV. Es sind zwei Punkte d, f und eine gerade Linie gh (Fig. 175.) gegeben; man soll in ihr den Punkt r der Bedingung gemäß bestimmen, daß $\triangle drf$ gleich einer gegebenen Größe p werde.

Bei derselben Bezeichnung, wie in II., III. und in der Figur, wird

$$x = \frac{2p - ac}{b - a}.$$

Soll z. B. $\triangle drf$ = dem Trapez dktf werden, so muß $x = \frac{bc}{b-a}$ sein.

V. Es sind zwei Punkte d, f und eine gerade Linie gh gegeben; man soll in ihr den Punkt r bestimmen, für welchen die Summe $dr + rf$ einer gegebenen Linie e gleich wird.

Die Bezeichnung sei wie in II., III. und IV., und p^2 bedeute den Ausdruck $a^2 + e^2 - b^2 - c^2$, so findet man

$$x = \frac{p^2 c \pm e\sqrt{p^4 + 4a^2c^2 - 4a^2e^2}}{2(e^2 - c^2)};$$

und dies Resultat ist nur dann reel, wenn

$e >$ wenigstens $= \sqrt{c^2 + (a+b)^2}$ ist.

VI. Es sind zu Bestimmung eines Dreiecks folgende Stücke gegeben: die Summe = a zweier Seiten, und die Höhen b, c auf dieselben.

Man erhält die Grundlinie zu $b = \frac{ac}{b+c}$,

die zu $c = \frac{ab}{b+c}$,

die dritte Seite $= \frac{\sqrt{a^2(b^2+c^2) - 2abc\sqrt{a^2-(b+c)^2}}}{b+c}$,

die zugehörige Höhe $= \frac{abc}{\sqrt{a^2(b^2+c^2) - 2abc\sqrt{a^2-(b+c)^2}}}$.

VII. Der Inhaet eines Dreiecks soll $= F$ werden, und die 3 Seiten sich wie m, n, p verhalten. Diese zu bestimmen.

Schreibt man k für

$$\sqrt{(m+n+p)(m+n-p)(m+p-n)(n+p-m)},$$

so sind $m \cdot \sqrt{\frac{4F}{k}}$, $n \cdot \sqrt{\frac{4F}{k}}$ und $p \cdot \sqrt{\frac{4F}{k}}$ die 3 Seiten.

VIII. Die 3 Höhen eines Dreiecks vom Inhalt $= F$ sollen sich wie m, n, p verhalten. Diese zu bestimmen.

Bezeichnet man

$$\frac{\sqrt{(mn+mp+np)(mn+mp-np)(mn+np-mp)(mp+np-mn)}}{(mnp)^2}$$

durch k, so sind

$m \cdot \sqrt{Fk}$, $n \cdot \sqrt{Fk}$ und $p \cdot \sqrt{Fk}$ die gesuchten 3 Höhen.

IX. Die Seite des regulären Dreiecks im Quadrat zur Seite a zu bestimmen. (Fig. 176.)

Sie ist $= a \cdot (\sqrt{6} - \sqrt{2})$
und der Inhalt dieses Dreiecks $= a^2(2\sqrt{3} - 3)$ (siehe §. 279.).

X. Die Sehne eines Kreisabschnitts (Fig. 177.) sei $= 2a$, ihre Höhe bis zum Bogen $= b$; x ein unbestimmtes Stück der Sehne von einem der Endpunkte herein gemessen; y die zugehörige Normale bis zum Bogen. Man sucht eine Gleichung zwischen a, b, x, y und zuvor den Halbmesser z des Kreises.

Es ist $z = \frac{a^2+b^2}{2b}$ und die Gleichung ist

$$\left(\frac{a^2+b^2}{2b}\right)^2 = (a-x)^2 + \left[\frac{a^2-b^2}{2b} + y\right]^2.$$

XI. In einem Quadranten zum Halbmesser $= r$ den Halbmesser x des Kreises zu bestimmen, welcher beide begränzenden Halbmesser und den Bogen tangentirt. Es ist $x = r \cdot (\sqrt{2} - 1)$.

XII. Wo schneidet die gemeinschaftliche auf einerlei Seite der Centrale = c liegende Tangente zweier Kreise, deren Halbmesser = a und b sind, die Verlängerung der Centrale?

Ist $a > b$, so ist die Entfernung vom Mittelpunkt des Kreises zum Halbmesser b bis zum gesuchten Durchschnittspunkt

$$= \frac{bc}{a-b}.$$

XIII. Zwei parallele Linien a, g, Fig. 178., sind durch eine gebrochene Linie bcdef verbunden; man soll die Summe S der Winkel auf einerlei Seite der gebrochenen Linie, also die Summe der in der Figur durch kleine Bogen angedeuteten Winkel bestimmen.

Man erhält für den Fall, welchen die Figur darstellt,

$$S = 5 \cdot 2R.$$

Besteht die gebrochene Linie zwischen den beiden Parallelen aus n geraden Linien, so erhält man die Summe der Winkel sowohl auf der einen als auf der andern Seite

$$= n \cdot 2R.$$

XIV. Zwei nicht parallele Linien a, g (Fig. 178.) sind durch eine gebrochene Linie bcdef verbunden; man soll [die einzelnen in der Figur durch kleine Bogen angedeuteten Winkel, auf einerlei Seite der gebrochenen Linie, durch ab, bc, cd, ef, fg bezeichnet] den Winkel, welchen g und a da, wo sie sich schneiden, bilden, durch diese Winkel ab, bc u. s. w. fg bestimmen.

Drückt man den gesuchten Winkel durch ag aus, so erhält man für den Fall, welchen die Figur darstellt, (wenn man sich durch die Spitze des Winkels ab mit g eine Parallele denkt, und das Gesetz in XIII. in Anwendung bringt),

$$ag = ab + bc + cd + de + ef + fg - 5 \cdot 2R.$$

Besteht im Allgemeinen die gebrochene Linie zwischen den beiden a, z deren Winkel az bestimmt werden soll, aus n geraden Linien b, c u. s. w. bis x, y, und setzt man die Summe der Winkel $ab + bc + cd + \ldots + xy + yz$ auf einerlei Seite der gebrochenen Linie = S, so erhält man

$$az = S - n \cdot 2R.$$

Anmerkung. Ergiebt sich für az nach der Formel $S - n \cdot 2R$ ein positives Resultat, so liegt die durch die Spitze des Winkels ab mit g parallel gedachte Linie oberhalb a; erhält man aber ein negatives Resultat, so fällt sie unterhalb.

Z. B. Fünf gerade Linien bilden unter einander die Winkel 120°, 150°, 80°, 220°; so ist der Winkel, welchen die erste mit der letzten bildet,

$$= 120 + 150 + 80 + 220 - 3 \,.\, 180^\circ$$
$$= 30 \text{ Grad};$$

der, welchen die erste mit der vorletzten einschließt,

$$= 120 + 150 + 80 - 2 \,.\, 180$$
$$= - 10 \text{ Grad};$$

der, welchen die erste mit der dritten bildet,

$$= 120 + 150 - 1 \,.\, 180$$
$$= 90 \text{ Grad};$$

der, welchen die erste mit der zweiten einschließt,

$$= 120 - 0 \,.\, 180 = 120 \text{ Grad u. s. w.}$$

XV. Zu Bestimmung eines Dreiecks ist gegeben: die Summe zweier Seiten = a, und die Projectionen beider einzelnen Seiten auf die dritte = b, c.

Man erhält die Seite, deren Projection b ist,

$$= \frac{a^2 + b^2 - c^2}{2a};$$

die, deren Projection c ist,

$$= \frac{a^2 + c^2 - b^2}{2a};$$

und den Inhalt des Dreiecks, wenn die dritte Seite, welche entweder = b — c, oder = c — b, oder = b + c ist, durch d ausgedrückt wird,

$$= \frac{d}{4a} \sqrt{(a+b+c)(a+b-c)(a+c-b)(a-b-c)}.$$

III.

Die analytische Geometrie.

§. 329. **Die analytische Geometrie** (in dem hierher gehörigen Sinn) lehrt: aus der Betrachtung der durch die algebraische Auflösung einer geometrischen Aufgabe gefundenen Formel für die Länge einer zu bestimmenden Linie die Construction derselben abzuleiten.

Jede hierher gehörige Aufgabe erfordert also:

1) die algebraische Auflösung der aus den Bedingungen der Aufgabe zu entnehmenden Gleichungen;
2) das Analysiren der gefundenen Formel, um aus ihr den Gang der Construction zu entnehmen oder abzulesen;
3) die Ausführung der Construction. Zur Uebung kann denn auch noch
4) der synthetische Beweis der Richtigkeit der Construction beigefügt werden, obgleich derselbe als Ueberzeugungsmittel nicht erforderlich ist, da die Richtigkeit der Construction sich schon durch die algebraische Auflösung begründet.

§. 330. Aufgaben. Es bezeichnen a, b, c die Längen gegebener Linien; x, y, z, u, v, w die Längen von noch unbekannten Linien. Man soll

1) $x = \frac{a \cdot b}{c}$

2) $y = \sqrt{a^2 + b^2}$

3) $z = \sqrt{a^2 - b^2}$

4) $u = \sqrt{a \cdot b}$

5) $v = \sqrt{a^2 + b^2 - 2ac}$

6) $w = \sqrt{a^2 + b^2 + 2ac}$

durch Construction darstellen.

Auflösungen. 1) Aus $x = \frac{a.b}{c}$ folgt sogleich die Proportion

$$c : a = b : x,$$

und aus ihr erhellet, daß x die vierte Proportionallinie zu den gegebenen Linien c, a, b ist, so daß also die Construction dieser Linie x ganz nach §. 234. auszuführen ist.

2) Aus $y = \sqrt{a^2 + b^2}$ folgt sogleich $y^2 = a^2 + b^2$, und hieraus ersieht man, daß y die Hypotenuse des rechtwinkligen Dreiecks ist, dessen Catheten die gegebenen Linien a und b sind. Die Construction der Linie y erfolgt also ganz nach §. 212.

3) Aus $z = \sqrt{a^2 - b^2}$ entspringt $z^2 + b^2 = a^2$, und hieraus ersieht man, daß z die eine Cathete des rechtwinkligen Dreiecks ist, dessen andere $= b$ und dessen Hypotenuse $= a$ ist, so daß also die Darstellung der Linie z ganz nach §. 215. auszuführen ist.

4) Aus $u = \sqrt{ab}$ folgt $a : u = u : b$ und hieraus erhellet, daß u die mittlere geometrische Proportionallinie zu a und b ist, so daß also die Darstellung der Länge u, der Formel $u = \sqrt{ab}$ gemäß, ganz nach §. 236. auszuführen ist.

5) Aus $v = \sqrt{a^2 + b^2 - 2ac}$ folgt

$$v^2 = a^2 + b^2 - 2ac$$

und hieraus erkennt man, nach §. 91 und 102. 2., daß v die einem spitzen Winkel gegenüberliegende Seite desjenigen Dreiecks ist, in welchem a und b die diesen Winkel einschließenden Seiten sind, c aber die Projection von b auf a ist. Man mache also (Fig. 179.)

$$df = a;\ dg = c;\ \angle dgh = R;$$

schlage aus d mit b einen Kreisbogen, der gh in k schneiden mag, und ziehe kf, so ist $kf = v$.

6) Aus $w = \sqrt{a^2 + b^2 + 2ac}$ folgt $w^2 = a^2 + b^2 + 2ac$, und aus dieser Gleichung erhellet nach §. 92 und 102. 3., daß w die einem stumpfen Winkel gegenüberliegende Seite desjenigen Dreiecks sind, in welchem a und b die diesen stumpfen Winkel einschließenden Seiten sind, c aber die auf die Verlängerung von a fallende Projecsion von b ist. Man mache also (Fig. 180.) $df = a$, $dg = c$, $\angle dgh = R$, schlage aus d mit b einen Kreisbogen, welcher gh mit k schneiden mag, und ziehe kf, so ist $kf = w$.

§. 331. Zusatz. Die im vorigen §. aufgelösten Aufgaben nebst den beiden:

1) eine Linie darzustellen, welche so lang ist, wie die Summe zweier oder mehrerer gegebener Linien;
2) eine Linie darzustellen, welche so lang ist, wie der Unterschied zweier gegebenen Linien, deren Auflösungen sich von selbst ergeben, bilden die ganze Grundlage der analytischen Geometrie (so weit sie hierher gehört).

In den Fällen, wo die durch die algebraische Auflösung erhaltenen Formeln keine der acht Formen

$$a + b;$$
$$a - b;$$
$$\frac{a \cdot b}{c};$$
$$\sqrt{a^2 + b^2};$$
$$\sqrt{a^2 - b^2};$$
$$\sqrt{a \cdot b}.$$
$$\sqrt{a^2 + b^2 - 2ac}$$
$$\sqrt{a^2 + b^2 + 2ac}$$

oder ihrer Zusammensetzungen haben, lassen sie sich gewöhnlich leicht so umgestalten, daß ihre Anwendung in die Augen fällt.

Beispiele. Es bezeichnen alle Buchstaben Linien; man soll

1) $x = a\sqrt{3}$
2) $y = \sqrt{\frac{abc}{d} + e^2}$
3) $z = a + \sqrt{a^2 - b \cdot c}$
4) $u = a - \sqrt{\frac{3}{4}a^2 - ab}$

construiren.

ad 1. Giebt man der Formel $x = a\sqrt{3}$ die Gestalt:

$$x = \sqrt{3a \cdot a},$$

so kommt §. 330. 4.; giebt man ihr die:

$$x = \sqrt{(2a)^2 - a^2},$$

so kommt §. 330. 3. in Anwendung.

ad 2. Construirt man die vierte Proportionale $\frac{bc}{d}$ nach §. 330. 1., ihre Länge sei $= f$; so hat man für 2.

$$y = \sqrt{a \cdot f + e^2};$$

macht man dann nach §. 330. 4.

$$g = \sqrt{a \cdot f},$$

so hat man $y = \sqrt{g^2 + e^2}$, und nun kann man die Linie y nach §. 330. 2. zeichnen.

ad 3. Construirt man nach § 330. 4. die Linie $d = \sqrt{bc}$, so verwandelt sich 3. in $z = a + \sqrt{a^2 - d^2}$ u. s. w. nach §. 330. 3. die Cathete $\sqrt{a^2 - d^2}$ gezeichnet und an a angesetzt.

ad 4. Man gebe etwa der Formel die Gestalt:

$$u = a - \sqrt{a^2 + \left(\frac{a}{2}\right)^2 - 2 \cdot \frac{a}{2} \cdot b};$$

mache dann (Fig. 179.) $df = \frac{a}{2}$, $fg = b$, $\angle fgh = R$, $fk = a$ und $kr = kd$, so ist $rf = u$.

§. 332. Zusatz. Die folgenden Paragraphen dieses Abschnitts enthalten nun neue, oder schon im vorigen Abschnitt aufgelöste interessante Aufgaben nebst den aus den entwickelten Formeln abgeleiteten Constructionen zur Uebung für Anfänger; auch ist gewöhnlich noch der synthetische Beweis beigefügt.

§. 333. Aufgabe. Ein gegebenes Dreieck in ein Trapez zu verwandeln, dessen eine parallele Seite = a, die ihr anliegenden Winkel aber = α, β werden.

Auflösung. Man verwandle nach §. 240. II. und VII. das gegebene Dreieck in ein anderes, welches a zur Seite und α zum, an dieser Seite liegenden, Winkel hat. Es sei cdf Fig. 181. dieses erhaltene Dreieck, $cd = a$, $\angle dcf = \alpha$; nun mache man $\angle cdg = \beta$ und ziehe $fg \ddagger cd$; bezeichne die Normale aus f auf cd mit h und die Linie fg mit b, denke sich $kr \ddagger cd$ und betrachte cdrk als das verlangte Trapez, so hat dieses unmittelbar die verlangte Seite $cd = a$ und die beiden anliegenden Winkel $dck = \alpha$, $cdr = \beta$ erhalten, und es frägt sich nur noch, wie groß kr sein muß, damit das Trapez cdrk dem Dreieck cdf gleich ist.

Es sei $kr = x$ und die Normale zwischen kr und $cd = y$, so ist die Bedingungsgleichung:

$$\frac{x + a}{2} \cdot y = \frac{ah}{2},$$

und, wenn man sich $cl \ddagger dg$ vorstellt, die Hülfsgleichung

$$fl : kn = h : y, \text{ oder}$$
$$b - a : x - a = h : y.$$

Aus beiden erhält man

$$x = \sqrt{ab}$$
$$y = \frac{h}{b - a} \cdot (\sqrt{ab} - a);$$

und da die Formel für x viel einfacher ist, als die für y, so soll nach jener die Construction in Fig. 182. nach §. 330. 4. ausgeführt werden.

Es sei $\triangle cdf =$ dem gegebenen Dreieck, $cd = a$, $\angle dcf = \alpha$; man mache $\angle cdg = \beta$, $fg \ddagger cd$, $cl \ddagger dg$, beschreibe über fg einen Halbkreis, errichte die Normale lt in l auf fg und ziehe gt, so ist $gt = x$. Nun mache man $gp = gt$, $pk \ddagger lc$ und $kr \ddagger cd$, so ist cdrk das verlangte Trapez.

Beweis. Man verlängere fc und gd bis zum Durchschnittspunkt w, so hat man

$$\begin{aligned} \triangle krw : cdw &= kr^2 : cd^2 \\ &= gt^2 : gl^2 \\ &= gl \,.\, gf : gl^2 \\ &= gf : gl; \text{ also} \\ krw - cdw : cdw &= gf - gl : gl \text{ oder} \\ cdrk : cdw &= fl : gl \\ &= fl : cd. \\ \text{Ferner } \triangle fcd : cdw &= fc : cw \\ &= fl : cd; \text{ also} \\ cdrk : cdw &= fcd : cdw; \\ \text{folglich } cdrk &= fcd. \end{aligned}$$

Anmerkung. Hiernach kann man nun auch leicht jedes Viereck in ein Trapez verwandeln.

§. 334. Aufgabe. Es ist ein Winkel und zwischen seinen Schenkeln ein Punkt gegeben; man soll durch diesen eine gerade Linie legen, welche mit den Schenkeln des gegebenen Winkels ein Dreieck abschneidet, eben so groß wie ein gegebenes Vieleck.

Auflösung. Man verwandle das gegebene Vieleck in ein Parallelogramm, welches den gegebenen Winkel enthält, und dessen Höhe so groß ist, wie die Entfernung des gegebenen Punktes von einem der beiden Schenkel.

Es sei (Fig. 183.) α der gegebene Winkel, p der gegebene Punkt und dfgk das erhaltene, dem gegebenen Vieleck gleiche, Parallelogramm; rt aber stelle die durch p gelegte verlangte Linie vor, für welche $\triangle drt = \#dfgk$ wird.

Man bezeichne die gegebenen Linien pg, pk durch a, b, und durch h die Höhe des Punktes p über df; ferner bezeichne x die gesuchte Länge ft, so hat man $\#dfgk = (a+b)h$, und wenn man sich $pc \ddagger rd$ zieht, aus der Proportion:

$$\triangle pct : \triangle drt = ct^2 : dt^2; \text{ oder}$$

$$\frac{(a+x)h}{2} : \triangle drt = (a+x)^2 : (a+b+x)^2;$$

$$\triangle drt = \frac{h(a+b+x)^2}{2(a+x)}.$$

Werden diese Ausdrücke für drt und dfgk in die Bedingungsgleichung

drt = dfgk gesetzt, so hat man

$$\frac{h(a+b+x)^2}{2(a+x)} = (a+b)h;$$

und hieraus ergiebt sich

$$x = \sqrt{a^2 - b^2}.$$

Aus dieser Formel folgt nun leicht nachstehende Construction:

Es sei (Fig. 184.) α der gegebene Winkel, dfgk das erhaltene Parallelogramm, p der gegebene Punkt; man mache $\angle dfn = R$, fn = kp, und schneide mit pg aus n die Verlängerung von df in t, ziehe dann tp und verlängere diese Linie, bis sie die Verlängerung von dk in r schneidet, so ist rdt das verlangte Dreieck.

Beweis. $\triangle fwt : pkr = ft^2 : pk^2$
$= ft^2 : fn^2$; also
$\triangle fwt + pkr : pkr = ft^2 + fn^2 : fn^2$
$= nt^2 : fn^2$
$= pg^2 : pk^2$

Ferner ist

$\triangle pwg : pkr = pg^2 : pk^2$; also
$fwt + pkr = pwg$; hierzu
$dkpwf = dkpwf$ addirt, so entsteht
$\triangle rdt = \#\, dfgk$.

§. 335. Zusatz. Aus der Formel $x = \sqrt{a^2 - b^2}$ erhellet, daß a nicht kleiner wie b sein kann, daß also der kleinste Werth für a der b; also das kleinstmöglichste durch p mit den Schenkeln des Winkels α abzuschneidende Dreieck $= (b+b)h = 2bh$, und für dieses $x = 0$ ist. Soll also durch p (Fig. 185.) eine gerade Linie gelegt werden, welche mit den Schenkeln des Winkels α das kleinstmöglichste Dreieck abschneidet, so ziehe man pg ‡ fd, mache ge = dg und lege durch e und p die gerade Linie ept, so ist das Dreieck det das kleinstmöglichste.

Beweis. Man lege durch p eine zweite Linie vw und zeige, daß $\triangle det < \triangle dwv$ ist.

Es sei em ‡ dt, so hat man,
weil dg : ge = tq : pe; also

$$\begin{aligned} tp &= pe \text{ ist} \\ \triangle pvt &\cong \triangle pem; \text{ folglich} \\ pvt &< pew; \text{ hierzu} \\ depv &= depv \text{ addirt, so entsteht} \\ det &< dwv. \end{aligned}$$

§. 336. **Aufgabe.** Ein gegebenes Vieleck in ein gleichseitiges Dreieck zu verwandeln.

Auflösung. Man verwandle das gegebene Vieleck zuvörderst in ein Dreieck, und bezeichne die erhaltene Grundlinie desselben mit b, seine Höhe mit h. Die zu bestimmende Seite des verlangten gleichseitigen Dreiecks werde durch x, seine Höhe durch y ausgedrückt, so ist die Bedingungsgleichung

$$\frac{xy}{2} = \frac{bh}{2}, \text{ und die Hülfsgleichung}$$

$$x^2 = y^2 + \left(\frac{x}{2}\right)^2.$$

Aus beiden entspringt:

$$x = \sqrt{\tfrac{2}{3} bh \sqrt{3}};$$

$$y = \sqrt{\tfrac{1}{2} bh \sqrt{3}};$$

und nach der etwas bequemeren Formel für y soll die Construction ausgeführt werden. Man gebe ihr folgende Gestalt:

$$y = \sqrt{h \cdot \sqrt{b^2 - \left(\frac{b}{2}\right)^2}},$$

so ist $\sqrt{b^2 - \left(\frac{b}{2}\right)^2}$ die Höhe des mit der Linie b zu verzeichnenden gleichseitigen Dreiecks, und man hat folgendes Gesetz durch die Formel ausgedrückt:

Die Höhe des verlangten gleichseitigen Dreiecks ist die mittlere geometrische Proportionallinie zwischen der Höhe des dem gegebenen Vieleck gleichen Dreiecks und der Höhe des mit seiner Grundlinie zu bildenden gleichseitigen Dreiecks.

Hiernach entsteht, wenn man sich das gegebene Vieleck in ein gleichschenkliges Dreieck verwandelt vorstellt, wobei die Figur die einfachste Gestalt annimmt, folgende Construction.

Ist cdf (Fig. 186.) das, dem gegebenen Vieleck gleiche, gleichschenklige Dreieck, ck seine Höhe, df seine Grundlinie, dfg das mit dieser Grundlinie gebildete gleichseitige Dreieck, also gk seine Höhe, so beschreibe man über ck einen Halbkreis, errichte auf ck in g die Normale gn bis zum Durchschnittspunkt n mit der Peripherie, ziehe kn, mache $kr = kn$, und zeichne $rt \ddagger gf$, $rp \ddagger gd$ bis zu den Durchschnittspunkten t, p mit der verlängerten Grundlinie df, so ist rpt das verlangte Dreieck.

Beweis. Da rpt, als mit gdf ähnlich, gewiß gleichseitig ist, so braucht man nur zu zeigen, daß $rpt = cdf$ ist. Man hat

$$\begin{aligned} rpt : gdf &= rk^2 : gk^2 \\ &= nk^2 : gk^2 \\ &= gk . ck : gk^2 \\ &= ck : gk \text{ und} \\ cdf : gdf &= ck : gk; \text{ also} \\ rpt &= cdf. \end{aligned}$$

Anmerkung. Man kann eine andere Construction ohne algebraische Auflösung, und also auch ohne Analyse einer Formel, sogleich aus §. 250. entnehmen.

§. 337. Aufgabe. Ein gegebenes Quadrat in seinen vier Ecken so abzustumpfen, daß ein reguläres Achteck übrig bleibt.

Auflösung. Es sei bcdf (Fig. 187.) das gegebene Quadrat, und ghiklmnp das verlangte reguläre Achteck. Die gegebene Seite des Quadrats sei $= a$, und $bi = ch = cl = dk$ u. s. w. werde durch x bezeichnet, so ist $bh = bg = ci = ck$ u. s. w. $= a - x$; also $gh = ik = lm = np = \sqrt{2(a-x)^2}$; ferner $hi = kl$ u. s. w. $= x - (a - x) = 2x - a$; und folglich muß $\sqrt{2(a - x)^2} = 2x - a$ sein, aus welcher Gleichung sich

$$x = \sqrt{\frac{a^2}{2}} = a\sqrt{\tfrac{1}{2}} \text{ ergiebt,}$$

woraus sogleich erhellet, daß x die halbe Diagonale des gegebenen Quadrats ist.

Die Construction ist also folgende: Im gegebenen Quadrat bcdf (Fig. 188.) ziehe man die Diagonalen bd, cf und beschreibe aus den 4 Ecken b, c, d, f mit der halben Diagonale $bq = cq$ u. s. w. Kreisbogen bis zu ihren Durchschnittspunkten i, p, h, l u. s. w. mit den Seiten des Quadrats, so wird hiklmnpg das verlangte reguläre Achteck sein.

Beweis. Im $\triangle bpq$ ist der Winkel bei $b = 45°$, folglich, da $bp = bq$ ist:

$$\begin{aligned} \angle bpq &= bqp = 67\tfrac{1}{2}°. \\ \text{Eben so } fgq &= fqg = 67\tfrac{1}{2}° \\ \text{daher } \angle gqp &= 180° - 2 . 67\tfrac{1}{2}° = 45°. \\ \text{Nun } \angle gqb &= pqb - pqg \\ &= 67\tfrac{1}{2}° - 45° \\ &= 22\tfrac{1}{2}°, \end{aligned}$$

und eben so $bqh = 22\frac{1}{2}°$
daher $\angle gqh = 45°$
u. s. w.

§. 338. Aufgabe. In ein Quadrat ein gleichseitiges Dreieck so zu legen, daß die eine Ecke mit einer Ecke des Quadrats zusammenfällt, die beiden andern aber in die Seiten des Quadrats zu liegen kommen.

Auflösung. Bei der in Fig. 176. angedeuteten Bezeichnung erhält man die Gleichung

$$a^2 + x^2 = 2(a - x)^2$$

und hieraus $x = a(2 - \sqrt{3})$.

Giebt man dieser Formel folgende Gestalt:

$$x = 2 \,.\, \left[a - \sqrt{a^2 - \left(\frac{a}{2}\right)^2}\right],$$

so ersieht man aus ihr, daß x doppelt so groß ist, wie der Unterschied zwischen der Seite des Quadrts und der Höhe des mit dieser Seite verzeichneten gleichseitigen Dreiecks, woraus die schon in §. 279. angegebene Construction hervorgeht.

§. 339. Aufgabe. Eine gegebene Linie $= a$ in zwei solche Theile zu theilen, daß der eine x mittlere geometrische Proportionallinie zwischen dem übrigen Theil $a - x$ und der ganzen Linie a wird. (Man drückt diese Forderung häufig so aus: eine Linie ins äußere und mittlere Verhältniß zu theilen.)

Auflösung. Die Gleichung ist

$a - x : x = x : a$, und aus ihr folgt

$$x = \frac{-1 + \sqrt{5}}{2} \,.\, a.$$

Giebt man der gefundenen Formel die ihr ursprüngliche Gestalt:

$$x = \sqrt{a^2 + \left(\frac{a}{2}\right)^2} - \frac{a}{2}.$$

so ersieht man, daß x der Unterschied zwischen der Hypotenuse und kleineren Cathete desjenigen rechtwinkligen Dreiecks ist, dessen eine Cathete die gegebene Linie, die andere aber ihre Hälfte ist.

Man mache also (Fig. 189.) $bc = a$, $bcd = R$, $cd = \frac{a}{2}$; ziehe bd, mache $df = dc$ und $bg = bf$, so ist bc in g dem Verlangen gemäß abgetheilt.

Beweis. Es muß gezeigt werden, daß der Construction zufolge $cg : gb = gb : cb$ ist.

Ergänzt man den aus d mit dc beschriebenen Bogen cf zur ganzen Peripherie, und verlängert bd bis zum Durchschnittspunkt k mit derselben, so ist:

$$bf : bc = bc : bk;$$
aber $bf = bg$ und
$$bk = bf + 2 . fd;$$
$$= bg + bc;$$ daher
$$bg : bc = bc : bg + bc;$$ also
$$bc - bg : bg = bg + bc - bc : bc;$$ oder
$$cg : gb = gb : bc.$$

§. 340. Zusatz. Da, wenn r den Halbmesser eines Kreises bezeichnet, die Seite des regulären Zehnecks in demselben $= \frac{-1 + \sqrt{5}}{2} . r$ ist (§. 317.), und diese Formel mit der für x in §. 339. ganz übereinstimmt, so construirt man also die Seite des regulären Zehnecks, wenn man den Halbmesser des Kreises ins äußere und mittlere Verhältniß theilt. Soll z. B. im Kreis Fig. 190. ein reguläres Zehneck construirt werden, so ziehe man einen Halbmesser bc und mache, nach §. 339., $cf : fb = fb : cb$; dann wird, wenn man $cg = fb$ macht und gb zieht, der Winkel $gbc = 36^\circ$ werden.

Beweis. $cf : cg = cg : cb$, weil $cg = bf$ gemacht wurde.

Ferner $\angle c = \angle c$; also
$\triangle cfg \sim cgb$; daher
$\angle cgf = cbg$
und $cg = gf$, also auch $gf = fb$
und $gcf = gfc$,
so wie $\angle fgb = fbg$;
aber $\angle gfc = fgb + fbg$
$= 2 . gbc$
folglich $\angle gcf + gfc + cgf = 5 . gbc$;
aber $gcf + gfc + cgf = 180^\circ$; also
$5 . gbc = 180^\circ$; folglich
$gbc = 36^\circ$.

Anmerkung. Es ist hiermit auch folgende Aufgabe: Ein gleichschenkliges Dreieck zu bilden, in welchem der Winkel an der Grundlinie doppelt so groß wie der an der Spitze ist: durch Construction aufgelöst.

§. 341. Aufgabe. Ein gegebenes Dreieck in ein Rechteck mit gegebenem Umfang zu verwandeln.

Auflösung. Die Grundlinie des Dreiecks sei $= b$, die zugehörige Höhe $= 2h$, der Umfang, welchen das Rechteck erhalten soll, $= 4a$, die verlangten beiden Seiten desselben $=$ x, y; so sind die Gleichungen

$$xy = bh \text{ und}$$
$$x + y = 2a.$$

Aus ihnen folgt:

$$\left.\begin{matrix}x\\y\end{matrix}\right\} = a \pm \sqrt{a^2 - bh}.$$

Man nehme also den 4ten Theil des bestimmten Umfangs und die eine Cathete des rechtwinkligen Dreiecks, dessen Hypotenuse dieser 4te Theil, dessen andere Cathete aber die mittlere geometrische Proportionallinie ist zwischen der Grundlinie und halben Höhe des Dreiecks; so ist die Summe dieser beiden Linien die größere, ihre Differenz aber die kleinere Seite des verlangten Rechtecks.

Construction. Ist $cd =$ der Grundlinie (Fig. 191), $ef =$ der halben Höhe des gegebenen Dreiecks, so beschreibe man über fd den Halbkreis, errichte auf fd in c die Normale cg, beschreibe aus g mit dem 4ten Theil des gegebenen Umfangs mit gk einen Bogen bis zum Durchschnittspunkt k mit der Richtung fd, verlängere diese Richtung fd, und beschreibe über derselben aus k mit kg den Halbkreis ngm, verlängere gc, mache $cp = cn$, und ergänze mit cm und cp das Rechteck $cmrp$, so ist dieses das Verlangte.

Beweis. $cm = mk + kc = kg + kc$
$cp = cn = kn - kc = kg - kc;$
also $cm + cp = 2.kg$; daher der ganze Umfang $= 4.kg = 4a$.

Ferner $cg^2 = cd.cf =$ dem Inhalt des gegebenen Dreiecks, und im Halbkreis ngm

$$cg^2 = cm.cn = cm.cp$$

$=$ dem Rechteck $cmrp$; folglich $cmrp =$ dem gegebenen Dreieck.

§. 342. Aufgabe. Von einem Trapez durch eine mit den parallelen Seiten desselben parallele Linie einen bestimmten Theil, etwa $\frac{n}{m}$ des Trapezes abzuschneiden.

Auflösung. Bei der in Fig. 192. angegebenen Bezeichnung entstehen die Gleichungen

$$\frac{x+b}{2} \cdot y = \frac{n}{m} \cdot \frac{a+b}{2} \cdot h$$ und

$a - b : x - b = h : y$, und aus ihnen erhält man:

$$x = \sqrt{b^2 + \frac{n}{m}(a^2 - b^2)}$$

$$y = \frac{h}{a-b} \cdot \left[-b + \sqrt{b^2 + \frac{n}{m}(a^2 - b^2)}\right].$$

Giebt man der leichter zu construirenden Formel für x folgende Gestalt:

$$x = \sqrt{a\left[\frac{b^2}{a} + \frac{n}{m}\left(a - \frac{b^2}{a}\right)\right]},$$

so ersieht man, daß man zu a, b und b die 4te Proportionallinie l construiren, von a abschneiden, $\frac{n}{m}$ des Restes zu l hinzusetzen, und dann zur Summe und a die mittlere geometrische Proportionallinie construiren muß, welche dann $= x$ ist.

Construction. Es sei (Fig. 193.) $cdef$ das gegebene Trapez, $cd = a$, $fe = b$; man ziehe $fg \ddagger ed$, beschreibe über cd einen Halbkreis, mache $dk = dg$ und fälle die Normale kr, so ist

$$dr : dk = dk : dc$$ oder
$$dr : b = b : a;$$ also
$$dr = \frac{b^2}{a};$$ also
$$cr = a - \frac{b^2}{a};$$ nun theile man cr in m gleiche Theile, und nehme $rt = \frac{n}{m} cr$, so ist

$$dt = dr + rt$$
$$= \frac{b^2}{a} + \frac{n}{m} \cdot \left(a - \frac{b^2}{a}\right).$$

Errichtet man nun die Normale tw, so ist die Sehne $dw = \sqrt{a \cdot dt}$, folglich $dw = x$; und um nun noch x oder dw an die gehörige Stelle zu tragen, mache man $dv = dw$, $vz \ddagger gf$ und $zu \ddagger fe$, so ist $feuz = \frac{n}{m} fecd$.

Beweis. Man verlängere cf, de bis zu beider Durchschnittspunkt in α, so ist

$$cd\alpha : fe\alpha = cd^2 : fe^2,$$

aber $fe^2 = gd^2 = kd^2 = dr \cdot cd$; also

$$cd\alpha : fe\alpha = cd : dr,$$

folglich $cd\alpha - fe\alpha : fe\alpha = cd - dr : dr;$

oder $cdef : fe\alpha = cr : dr.$

Ferner $zu\alpha : fe\alpha = zu^2 : fe^2;$

aber $zu^2 = vd^2 = dw^2 = dt . cd$

und $fe^2 = dr . cd;$ also

$zu\alpha : fe\alpha = dt : dr;$ demnach

$zu\alpha - fe\alpha : fe\alpha = dt - dr : dr,$ oder

$zufe : fe\alpha = rt : dr.$

Diese Proportion, mit der obigen

$cdef : fe\alpha = cr : dr$ verbunden,

giebt $cdef : zuef = cr : rt.$

Es ist aber $rt = \frac{n}{m} cr,$ oder

$cr : rt = m : n;$ also

$cdef : zuef = m : n,$ folglich

$$zuef = \frac{n}{m} cdef.$$

§. 343. Zusatz. Man kann auch folgende Construction anwenden. Es sei cdef (Fig. 194.) das gegebene Trapez; man verwandle dasselbe in das Dreieck efg, mache $fk = \frac{n}{m} fg$ und ziehe ek, so ist $\triangle fek = \frac{n}{m} . feg = \frac{n}{m} . cdef,$ und nun verwandle man, ganz nach §. 333., dies $\triangle fek$ in das Trapez fezu.

§. 343.* Aufgabe. Zwei Kreise berühren sich innerhalb; zwischen ihren Peripherien zwei gleiche Kreise zu bestimmen, welche sich und jene beiden berühren.

Auflösung. Der Halbmesser des größeren Kreises sei $= r$, der des kleineren, jenen innerhalb in **N** berührenden Kreises $= \varrho$, **A** der Mittelpunkt des ersteren, **B** der des letzteren, so liegen **N**, **B**, **A** in einer geraden Linie, und es ist der Punkt **D** in dieser Richtung zu bestimmen, in welchem die beiden gesuchten gleichen Kreise sich berühren werden. Schneidet nun diese Richtung **NBA** die Peripherie des inneren Kreises in dem zweiten Punkt **F**, die des äußeren in **E**, wird $\mathbf{BD} = x$ und der Halbmesser der gesuchten gleichen Kreise $= y$ gesetzt, so ergeben sich leicht die beiden Gleichungen:

$(\varrho + y)^2 = x^2 + y^2$ und $(r - y)^2 = [x - (r - \varrho)]^2 + y^2,$

und aus ihnen $x = \frac{\varrho(3r - \varrho)}{r + \varrho}$ und $x = -\varrho,$ so wie

$$y = \frac{4r\varrho(r - \varrho)}{(r + \varrho)^2} \text{ und } y = 0.$$

Nur die ersteren Resultate sind die verlangten, und aus ihnen folgt dann auch noch

$$ED = 2r - \varrho - x = \frac{2r(r-\varrho)}{r+\varrho};$$

$$DF = x - \varrho = \frac{2\varrho(r-\varrho)}{r+\varrho}; \text{ also auch}$$

$$ED : DF = r : \varrho.$$

Construction. Man theile EF im Verhältniß $r:\varrho$, so hat man den Punkt D, ziehe den Halbmesser $AH = r$ normal auf NE, dann durch H und D die Gerade HD bis zu ihrem Durchschnittspunkt G mit der Peripherie des größeren Kreises, ziehe AG und errichte in D auf NE eine Normale bis zu ihrem Durchschnittspunkt mit AG, so ist dieser der Mittelpunkt des einen der beiden verlangten Kreise. Somit ist auch der des andern Kreises gefunden, und der Beweis fällt in die Augen, wenn die zugehörige Figur gezeichnet wird.

§. 344. Aufgabe. Es sind die 3 Höhen a, b, c eines Dreiecks gegeben; man soll das Dreieck construiren.

Auflösung. Bezeichnen x, y, z die Seiten des zu bildenden Dreiecks, zu welchen a, b, c die zugehörigen gegebenen Höhen sind, so hat man nach §. 299.

$$x = \frac{2ab^2c^2}{\sqrt{(ab+ac+bc)(ab+ac-bc)(ab+bc-ac)(ac+bc-ab)}}$$

$$y = \frac{ax}{b}; \quad z = \frac{ax}{c}.$$

Dividirt man nun den Ausdruck für x im Zähler und Nenner mit a^2, so nimmt er folgende Gestalt an:

$$x = \frac{2 \cdot \frac{bc}{a} \cdot bc}{\sqrt{\left(b+c+\frac{bc}{a}\right)\left(b+c-\frac{bc}{a}\right)\left(b+\frac{bc}{a}-c\right)\left(c+\frac{bc}{a}-b\right)}}.$$

Construirt man die vierte Proportionale $\frac{bc}{a}$ und bezeichnet ihre Länge durch d, so kann man den Ausdruck für x auch folgender Gestalt schreiben:

$$x = bc : \frac{\sqrt{(b+c+d)(b+c-d)(b+d-c)(c+d-b)}}{2d}.$$

Es ist aber nach §. 292.

$$\frac{\sqrt{(b+c+d)(b+c-d)(b+d-c)(c+d-b)}}{2d} = \text{der Höhe auf}$$

die Seite d in dem Dreieck, dessen drei Seiten b, c und d sind. Construirt man daher dies Dreieck und setzt diese Höhe auf d gleich h, zugleich auch, weil $\frac{b.c}{a} = d$ ist, ad für bc, so hat man

$$x = \frac{ad}{h}; \text{ oder}$$
$$h : a = d : x.$$

Ferner, wenn man den Ausdruck $\frac{bc}{h}$ für x schreibt:

$$y = \frac{ac}{h} \text{ oder}$$
$$h : a = c : y$$
$$\text{und } z = \frac{ab}{h} \text{ oder}$$
$$h : a = b : z.$$

Durch diese drei Proportionen ergiebt sich jetzt sehr einfach das verlangte Dreieck.

Construction. Es sei efg (Fig. 195.) das mit b, c und der 4ten Proportionale $\frac{bc}{a} = d$ construirte Dreieck, und zwar sei ef = b, eg = c und fg = d, so ist die Normale ek von e auf fg gleich h; verlängert man nun ke über e hinaus, macht kn = a und zieht np, nr ‡ ef, eg bis in die Verlängerung von fg, so ist pnr das verlangte Dreieck.

Beweis. Es ist unmittelbar der Construction gemäß
1) nk = a.

Ferner, wenn man die Höhe pt zeichnet,

$$\triangle ptr \sim nkr; \text{ also}$$
$$pt : pr = nk : nr;$$
$$\text{dann } \triangle feg \sim pnr; \text{ folglich}$$
$$fg : pr = eg : nr; \text{ daher}$$
$$pt : fg = nk : eg.$$
$$\text{Aus } \frac{bc}{a} = d \text{ oder } \frac{fe . eg}{nk} = fg$$

folgt aber auch: $ef : fg = nk : eg$, und also ist

2) $pt = ef = b.$

Dann, wenn man die Normale rl fällt,

$$\triangle lpr \sim kpn; \text{ folglich}$$
$$lr : pr = kn : pn.$$
$$\text{Es ist aber } \triangle feg \sim pnr; \text{ daher}$$
$$fg : pr = fe : pn;$$

also $lr : fg = kn : fe$. Weil nun auch aus

$$\frac{bc}{a} = d, \text{ wie in 2.,}$$

$eg : fg = kn : fe$ ist, so folgt

3) $lr = eg = c$, und das construirte Dreieck pnr hat also die drei verlangten Höhen

$$nk = a,\ pt = b \text{ und } rl = c.$$

§. 345. Aufgabe. Es sind zwei Linien b und a gegeben, man soll eine dritte x der Bedingung gemäß zeichnen, daß x mittlere geometrische Proportionallinie zwischen b und $a + x$ wird.

Auflösung. Aus der Gleichung $a + x : x = x : b$ folgt

$$x = \frac{b}{2} + \sqrt{\left(\frac{b}{2}\right)^2 + ab}.$$

Es ist also x gleich der Summe von $\frac{b}{2}$ und der Hypotenuse des Dreiecks, dessen eine Cathete $\frac{b}{2}$ und dessen andere die mittlere geometrische Proportionale zwischen a und b ist.

Construction. Man mache auf einer geraden Linie $cd = b$, $df = a$ (Fig. 196.); beschreibe über cf einen Halbkreis und errichte auf cf in d die Normale dg bis zum Bogen, halbire cd in k, ziehe kg und mache $kr = kg$, so ist dr die verlangte Linie.

Beweis. Es ist zu zeigen, daß, der Construction zufolge, die Proportion:

$$rf : dr = dr : cd$$

statt findet.

$$\begin{aligned} \text{Aus } dg^2 &= cd \,.\, df \text{ und} \\ dg^2 &= kg^2 - kd^2 \\ &= kr^2 - kd^2 \\ &= (kr + kd)(kr - kd) \\ &= rd \,.\, (kr - kc) \\ &= rd \,.\, rc \text{ folgt:} \\ cd \,.\, df &= rd \,.\, rc, \text{ und hieraus} \\ df : dr &= rc : cd, \text{ also ist auch} \\ df + dr : dr &= rc + cd : cd, \text{ oder} \\ rf : dr &= dr : cd, \end{aligned}$$

so daß also auch $cd \,.\, rf = dr^2$ ist.

§. 345.* Zusatz. Ist die Bedingung $x - a : x = x : b$, so folgt $x = \frac{b}{2} \pm \sqrt{\left(\frac{b}{2}\right)^2 - ab}$, so daß also a den Werth $\frac{b}{4}$ nicht übersteigen darf, und die Construction wird folgende:

Ueber $AB = b$ beschreibe aus der Mitte M mit $\frac{b}{2}$ den Halbkreis, mache auf AB, $BC = a$, errichte auf AB in C die Normale, bis sie die Peripherie des Halbkreises in D schneidet, beschreibe über MB den Halbkreis, nimm E in dessen Peripherie so, daß $BE = BD$ wird, und beschreibe aus M mit ME über AB den Halbkreis bis zu seinen Durchschnittspunkten G zwischen A und M und F zwischen M und B, so ist BG (oder AF) der größere, BF (oder AG) der kleinere der beiden für x gefundenen Werthe.

Beweis. Es ist darzuthun, daß, der Construction gemäß, die beiden Proportionen statt finden:

1) $CG : BG = BG : BA$
2) $CF : BF = BF : BA.$

Es ist aber $BD^2 = BE^2 = BM^2 - ME^2 = BG . BF$
und zugleich auch $BD^2 = BC . BA$; also
$BG . BF = BC . BA$; daher auch
$BG : BC = BA : BF$, so wie
$BF : BC = BA : BG$. Aus ersterer folgt die Richtigkeit der ersten, aus letzterer die der zweiten Behauptung.

§. 346. Aufgabe. Es ist ein Winkel cdf (Fig. 197.) und außerhalb seiner Schenkel ein Punkt g gegeben; man soll durch g eine gerade Linie construiren, welche mit den Schenkeln des gegebenen Winkels ein Dreieck abschneidet, so groß wie ein gegebenes Vieleck.

Auflösung. Man verwandle das gegebene Vieleck in ein Dreieck mit dem Winkel cdf. Es sei dkr dieses Dreieck, so ist blos die Länge x der Linie dn der Bedingung gemäß zu bestimmen, daß $\triangle dnp = dkr$ werde. Man bezeichne diesen Inhalt von dnp oder dkr mit F, ziehe $gt \ddagger cd$ bis zum Durchschnittspunkt t mit der Richtung fd, bezeichne dt durch a und die Normale aus g auf ft mit h, so hat man

$$\triangle ndp : ntg = nd^2 : nt^2 \text{ oder}$$

$$F : \frac{(a+x)h}{2} = x^2 : (a+x)^2,$$

und hieraus $$x^2 = \frac{2F}{h}(a+x).$$

Es ist aber $\frac{2F}{h}$ oder $\frac{F}{\frac{1}{2}h}$ die Grundlinie eines Dreiecks, dessen Inhalt $= F =$ dkr und dessen Höhe $= h$ ist. Verwandelt man daher dkr in ein Dreieck von der Höhe h und setzt dessen Grundlinie $= b$, so hat man

$$x^2 = b(a + x),\ \text{folglich}$$
$$x = \frac{b}{2} + \sqrt{\left(\frac{b}{2}\right)^2 + ab},$$

welche Formel mit der in §. 345. vollkommen übereinstimmt, so daß also auch die Construction ganz dieselbe bleibt.

Es soll als Beispiel die Construction für den besondern Fall ausgeführt werden, daß durch a (Fig. 198.) eine gerade Linie zu legen ist, welche $\frac{2}{5}$ des Dreiecks bcd abschneidet. Man theile bd in 5 gleiche Theile, nehme be $= \frac{2}{5}$bd und ziehe ec, so ist bec die Größe des abzuschneidenden Dreiecks. Nun verwandle man bec in ein Dreieck, welches die Normale von a auf bd zur Höhe hat, indem man at ‡ bd zeichnet, bc (nöthigenfalls) bis zum Durchschnittspunkt g mit dieser Parallele verlängert, g mit e verbindet, cf ‡ ge bis zum Durchschnittspunkt f mit bd zieht, und dann f mit g durch eine gerade Linie verbindet, so ist bfg = bec.

Jetzt verlängere man db über b hinaus, und ziehe ak ‡ gb bis zum Durchschnittspunkt k mit dieser Verlängerung, construire (ganz nach §. 345., indem das dortige a hier bk, das dortige b hier fb ist) dann über fk einen Halbkreis, errichte die Ordinate bn normal auf fk, halbire fb in m, ziehe mn, mache mp = mn, und verbinde p mit a durch eine gerade Linie, so ist das hierdurch abgeschnittene Dreieck

bpr $= \frac{2}{5}$bcd oder
bpr = bfg.

Beweis. Es ist △bpr ∼ pka; also

$$bpr : pka = pb^2 : pk^2.$$

Da nun, nach §. 345.,

$pb^2 = bf.pk$ ist, so folgt

$$bpr : pka = bf : pk.$$

Nun hat man ferner

$$bfg : pka = bf : pk,$$

und also ist bpr = bfg.

Anmerkung. Schneidet die gerade Verbindungslinie der Punkte a und d die Seite bc in u, und ist $bu < \frac{2}{5}bc$, so ist die Construction nicht in Beziehung auf den Winkel bei b, sondern in Beziehung auf den bei c auszuführen. Ist bu gerade gleich $\frac{2}{3}$bc, so ist du selbst die verlangte Theilungslinie.

§. 346.* Zusatz. Liegt der Punkt g innerhalb des Winkelraums, so bestimme man den Punkt k in der Richtung df so, daß das Dreieck dgk dem gegebenen Inhalt gleich werde, so ist, wenn dk = b, die Höhe aus g auf dk = h, die Entfernung von d bis zu dem gesuchten Durchschnittspunkt der verlangten geraden Linie mit dk = x, und die Parallele mit kd von g bis zum Durchschnittspunkt mit dc = a gesetzt wird, die Bedingungsgleichung:

$$\frac{(x-a)h}{2} : \frac{bh}{2} = (x-a)^2 : x^2, \text{ woraus}$$

$$x = \frac{b}{2} \pm \sqrt{\left(\frac{b}{2}\right)^2 - ab} \text{ folgt.}$$

Construirt man demnach in dk die Punkte n und m ganz nach §. 345.*, und zieht durch dieselben und g die beiden geraden Linien, welche dc in p und q schneiden mögen, so ist sowohl dnp, als auch dmq, das verlangte Dreieck.

§. 347. Aufgabe. Ein Viereck aus dem Durchschnittspunkt zweier gegenüber liegender Seiten desselben in Theile nach gegebenem Verhältniß abzutheilen.

Auflösung. Gesetzt, man soll von dem Viereck bcde Fig. 199. vermittelst einer Linie, welche durch f gelegt ist, einen Theil, etwa $\frac{2}{3}$ desselben, abschneiden. Um die Auflösung dieser Aufgabe, ohne weitern Calcül, ganz auf §. 346. zurückzuführen, verlängere man die f gegenüber liegende Seite bc und verwandle bcde in das Dreieck bge, dessen Ecke e der Linie bc näher liegt, wie die Ecke d. Dann theile man bg in drei gleiche Theile, nehme bh = $\frac{2}{3}$bg und ziehe eh, so ist die Aufgabe folgende: durch f eine gerade Linie zu legen, welche von dem Viereck becd diesseits be einen Theil abschneidet, welcher dem Dreieck bhe gleich ist. Noch einfacher spricht sich die Aufgabe aus, wenn man de und cb bis zu beider Durchschnittspunkt k verlängert, denn dann heißt sie so: durch f eine gerade Linie zu construiren, welche mit den Schenkeln des Winkels dkg ein Dreieck abschneidet, welches dem Dreieck khe gleich ist; und da diese Aufgabe mit der in §. 346. vollkommen übereinstimmt, so ist also auch die Auflösung daselbst ganz anzuwenden.

§. 348. Zusatz. 1) Ist be ‡ cb, so theile man, wenn $\frac{2}{3}$ des Vierecks abgeschnitten werden soll, bc oder ed in drei gleiche Theile, und verbinde den zweiten Theilungspunkt mit f durch eine gerade Linie, so ist deren Richtung die verlangte Theilungslinie.

2) Soll ein Vieleck durch Theilungslinien, welche sich in einem gegebenen Punkt p außerhalb des Vielecks vereinen, abgetheilt werden, so ziehe man aus p nach allen Ecken der Figur gerade Linien, und verlängere sie durch die Figur, so kommt bei jeder einzelnen Theilungslinie entweder §. 346. oder 347. in Anwendung.

IV.

Die ebene Goniometrie.

Erstes Kapitel.

Von den goniometrischen Funktionen, gewöhnlich trigonometrische Hülfslinien genannt.

§. 349. Erklärung. Obgleich durch die Anwendung der Algebra auf die Geometrie (die rechnende oder algebraische Geometrie) viele Aufgaben auflösbar wurden, so mußten doch im Allgemeinen alle die wegfallen, in welchen die Bestimmung der Größe von Winkeln verlangt werden, weil die dortigen Hülfsmittel hierzu nicht ausreichten, so daß nicht einmal die so sehr einfache Frage: aus den gegebenen 3 Seiten eines Dreiecks die Größe der Winkel desselben durch Rechnung zu bestimmen, zu beantworten war. Dies soll nun durch die Goniometrie geleistet werden, und ihr Gegenstand ist demnach folgender:

Aus jeden 2n — 3 bestimmenden Stücken eines nEcks sämmtliche nicht gegebene Seiten, Diagonalen und Winkel, so wie auch den Inhalt desselben, durch Rechnung zu bestimmen.

Insofern aber diese Bestimmungen blos davon abhängig sind: aus jeden 3 bestimmenden Stücken eines Dreiecks die übrigen durch Rechnung zu finden, und die Auflösung dieser Aufgabe der Gegenstand der Trigonometrie ist, so wird gewöhnlich die Goniometrie blos Trigonometrie genannt.

§. 350. Erklärungen. Die Mittel, deren sich die Goniometrie zu ihrem Zweck bedient, sind gewisse, bei jedem Winkel durch Zeichnung darstellbare, und von seiner Größe und der seines

Bogens abhängigen Linien, goniometrische Hülfslinien genannt. Es sind ihrer viere und sie heißen: Sinus, Tangente, Secante, Sinusversus.

Um die Erklärung dieser Worte mit Bestimmtheit aufstellen zu können, nenne man, bei jedem Winkel, denjenigen seiner beiden Schenkel, von welchem man das Abzählen der Größe des Winkels beginnt, den ersten Schenkel, den andern aber (welcher, wenn man sich den Transporteur angelegt vorstellt, die Menge der Grade dieses Winkels anzeigt, oder abschneidet) den zweiten Schenkel.

Die Wortbegriffe sind nun:

1. Wenn man aus der Spitze eines Winkels α mit einem beliebigen Halbmesser = r zwischen den Schenkeln von α, vom ersten zum zweiten, den Kreisbogen b beschreibt, und aus dem Durchschnittspunkt des zweiten Schenkels mit dem Bogen b eine Normale auf die nöthigenfalls verlängerte Richtung des ersten Schenkels fällt, so heißt die Länge dieser Normale der Sinus des Winkels α, oder des Bogens b für diesen Halbmesser r, und wird kurz durch $\overset{r}{\text{Sin}}.\alpha$ oder durch $\overset{r}{\text{Sin}}.\text{b}$ angezeigt.

2. Wenn man aus der Spitze eines Winkels α mit einem beliebigen Halbmesser r zwischen den Schenkeln von α, vom ersten zum zweiten, den Kreisbogen b beschreibt, auf dem ersten Schenkel, im Durchschnittspunkt desselben mit dem Bogen, eine Normale errichtet, und diese bis zum Durchschnittspunkt mit der nöthigenfalls zu verlängernden Richtung des zweiten Schenkels verlängert, so heißt die Länge dieser Normale zwischen den angegebenen Endpunkten die Tangente des Winkels α oder des Bogens b für den gewählten Halbmesser r, und wird kurz durch $\overset{r}{\text{tg}}.\alpha$ oder $\overset{r}{\text{tg}}.\text{b}$ angezeigt.

3. Der Theil des zweiten Schenkels oder seiner entgegengesetzten Verlängerung, welche zwischen der Spitze des Winkels und dem Endpunkt der Tangente liegt, heißt: die Secante dieses Winkels α oder des Bogens b für den gewählten Halbmesser r, und wird kurz durch $\overset{r}{\text{Sec}}.\alpha$ oder $\overset{r}{\text{Sec}}.\text{b}$ angezeigt.

4. Die Länge auf der nöthigenfalls jenseits der Spitze des Winkes α verlängerten Richtung des ersten Schenkels, vom Anfangspunkt der Tangente bis zum Endpunkt des Sinus desselben Winkels α, heißt: der Sinusversus des Winkels α oder des zugehörigen Bogens b für den gewählten

Halbmesser r, und wird kurz durch Sinv. α oder durch Sinv. b angezeigt.

Anmerkung. Wird blos Sin. α, tg. α, Sec. α, Sinv. α geschrieben, so soll damit angedeutet sein, daß die Längen-Einheit zum Halbmesser gewählt worden ist, welches durchaus geschehen soll, wenn nicht das Gegentheil besonders angegeben ist.

§. 351. Je nachdem der zweite Schenkel in den ersten, zweiten, dritten oder vierten Quadranten fällt, erscheinen auch diese Hülfslinien in sehr verschiedenen Lagen, aus welchen sich, wenn man die Lage dieser vier Linien, welche sie in dem Fall haben, wo der zweite Schenkel im ersten Quadranten liegt, als die positive festsetzt, beurtheilen läßt, in welchen Fällen, d. h. für welche Winkel diese vier Hülfslinien eine Lage annehmen, welche der im ersten Quadranten entgegengesetzt, also negativ ist.

In den vier Figuren 200, 201, 202 und 203, in welchen der zweite Schenkel in den auf einander folgenden vier Quadranten liegt, sei a die Spitze des Winkels, ab der erste Schenkel, ac der zweite (von ab ab, rechts herum, den Winkel abgezählt verstanden), so ist, wenn man in allen vier Figuren nach den Erklärungen in §. 350. die vier Hülfslinien construirt, und die Punkte der Construction übereinstimmend bezeichnet, für den Halbmesser ad = ae = 1:

$$\begin{aligned} ef &= \text{Sin. bac} = \text{Sin. de} \\ dg &= \text{tg. bac} = \text{tg. de} \\ ag &= \text{Sec. bac} = \text{Sec. de} \\ df &= \text{Sinv. bac} = \text{Sinv. de} \end{aligned}$$

Es liegen aber die Sinusse, wenn der zweite Schenkel in dem dritten oder vierten Quadranten fällt, nicht mehr auf der Seite des ersten Schenkels, auf welchen sie fallen, wenn der zweite Schenkel in dem ersten oder zweiten Quadranten liegt, sondern auf der entgegengesetzten, und folglich ist für den Sinus die Folge der Zeichen nach den vier Quadranten:

$$+, +, -, -$$

Ferner liegen die Tangenten, wenn der zweite Schenkel in den zweiten oder in den vierten Quadranten fällt, nicht mehr auf der Seite des ersten Schenkels, auf welche sie treffen, wenn der zweite Schenkel im ersten oder dritten Quadranten liegt, sondern auf der entgegengesetzten, und folglich ist für die Tangente die Folge der Zeichen nach den vier Quadranten:

$$+, -, +, -$$

In Beziehung auf die Secante, als eine Linie in der Richtung des zweiten Schenkels, ersieht man, daß, wenn der zweite

Schenkel im ersten oder vierten Quadranten fällt, die Secante ein Theil des Schenkels selbst; wenn aber der zweite Schenkel im zweiten oder dritten Quadranten liegt, ein Stück in der entgegengesetzten, jenseits der Spitze des Winkels liegenden, Verlängerung des zweiten Schenkels ist, und es ist daher für die Secante die Zeichenfolge nach den vier Quadranten:

$$+, -, -, +.$$

Für den Sinusversus endlich erhellet aus der Erklärung desselben, daß derselbe immer auf einerlei Seite des Anfangspunkts der Tangente in die Richtung des ersten Schenkels fallen muß, nie auf die entgegengesetzte Seite fallen kann, und es ist also die Zeichenfolge für den Sinusversus:

$$+, +, +, +.$$

Beispiele. Bedeutet α einen Winkel, dessen 2ter Schenkel im ersten Quadranten fällt, also einen spitzen Winkel, und bezeichnet man die Größe

von $\text{Sin.}\,\alpha$ durch a
von $\text{tg.}\,\alpha$ durch b
von $\text{Sec.}\,\alpha$ durch c
von $\text{Sinv.}\,\alpha$ durch d,

so ist 1) $\text{Sin.}\,(2R-\alpha) = +a$
oder auch: $\text{Sin.}\,(R+\alpha) = \text{Sin.}\,(R-\alpha)$
2) $\text{Sin.}\,(2R+\alpha) = -a$
3) $\text{Sin.}\,(4R-\alpha) = -a$
4) $\text{tg.}\,(2R-\alpha) = -b$
5) $\text{tg.}\,(2R+\alpha) = +b$
6) $\text{tg.}\,(4R-\alpha) = -b$
7) $\text{Sec.}\,(2R-\alpha) = -c$
8) $\text{Sec.}\,(2R+\alpha) = -c$
9) $\text{Sec.}\,(4R-\alpha) = +c$
10) $\text{Sinv.}\,(2R-\alpha) = 2-d$
11) $\text{Sinv.}\,(2R+\alpha) = 2-d$
12) $\text{Sinv.}\,(4R-\alpha) = d.$

§. 352. Um die Größe eines Winkels anzugeben, ist es oft bequemer, insofern kleinere Zahlen entstehen können, seine Ergänzung zu 360° nach der entgegengesetzten Richtung abgezählt, auszudrücken, um dadurch den Ort des 2ten Schenkels zu bestimmen. So erhält man z. B. für den 2ten Schenkel dieselbe Stelle, man mag $+290^\circ$ oder -70° angeben, und es ist daher auch ganz gleichgültig, ob man eine goniometrische Linie in Beziehung auf den einen oder den andern Winkel ausdrückt. So ist, wenn α einen spitzen positiven Winkel bezeichnet,

$$\text{Sin.}(2\text{R}+\alpha) = \text{Sin}[-(2\text{R}-\alpha)] = -\text{Sin.}\,\alpha$$
$$\text{Sin.}(4\text{R}-\alpha) = \text{Sin.}(-\alpha) = -\text{Sin.}\,\alpha$$
$$\text{tg.}(2\text{R}+\alpha) = \text{tg.}[-(2\text{R}-\alpha)] = +\text{tg.}\,\alpha$$
$$\text{Sec.}(4\text{R}-\alpha) = \text{Sec.}(-\alpha) = +\text{Sec.}\,\alpha$$

u. s. w.

§. 353. Im ersten Quadranten wächst mit dem Winkel auch jede goniometrische Linie, und ist der Winkel beinahe = 90°, so ist der Sinus beinahe = 1, der Sinusversus ebenfalls beinahe = 1; die Tangente und Secante aber wachsen, wenn der Winkel sich 90 Grad nähert, ins Unendliche, und man bezeichnet daher sowohl die Tangente als die Secante von 90 Grad, obgleich beide für 90 Grad, der Erklärung gemäß, gar nicht statt finden, indem die Normale auf dem ersten Schenkel in seinem Durchschnittspunkt mit dem Bogen errichtet, dann den zweiten Schenkel nie schneidet, mit dem Zeichen des Unendlichen Großen, also mit ∞. Folgende Tabelle stellt hiernach mit Rücksicht auf die negative Lage, für die Winkel 0°, 90 , 180°, 270°, 360° die Werthe der vier Linien vor Augen.

Winkel in Graden.	Sinus.	Tangente.	Secante.	Sinusv.
0	0	0	1	0
90	1	∞	∞	1
180	0	—0	—1	2
270	—1	∞	—∞	1
360	—0	—0	1	0

Den Sinus von 90°, als dem Halbmesser oder 1 gleich, nennt man auch häufig den Sinustotus oder Sintot.

§. 354. Ist irgend ein Winkel α gegeben, und man will die vier goniometrischen Linien seines Complements-Winkels 90 — α Grad anzeigen, so müßte man Sin. (90 — α), tg. (90 — α), Sec. (90 — α), Sinv. (90 — α) schreiben. Für diese unbequeme Darstellungsart schreibt man, der Folge nach: Cosinus α, Cotangente α, Cosecante α und Cosinusversus α, und drückt dies verkürzt so aus: Cos. α, Cotg. α, Cosec. α, Cosinv. α.

§. 355. Obgleich Cosinus, Colg., Cosec. und Cosinv. keine neuen goniometrischen Linien sind, sondern blos Sin., tg., Sec. und Sinv. des Complements-Winkels ausdrücken, also in jedem besondern Fall auf diese zurückzuführen sind, so ist es doch zur Uebung dienlich und für die Folge bequem, wenn im Allgemeinen die positiven oder negativen Werthe derselben in den verschiedenen Quadranten besonders aufgesucht und auf den ersten Quadranten reducirt werden.

Versteht man nämlich unter α einen spitzen positiven Winkel, so ist

$$\begin{aligned} \text{Cos. } \alpha &= \text{Sin.}(\mathbf{R} - \alpha), \\ \text{Cos. } (\mathbf{R} + \alpha) &= \text{Sin.}(-\alpha) = -\text{Sin. } \alpha, \\ \text{Cos.}(2\mathbf{R} + \alpha) &= \text{Sin.}[-(\mathbf{R} + \alpha)] = -\text{Sin.}(\mathbf{R} - \alpha) \\ &= -\text{Cos. } \alpha, \\ \text{Cos.}(3\mathbf{R} + \alpha) &= \text{Sin.}[-(2\mathbf{R} + \alpha)] = \text{Sin. } \alpha; \end{aligned}$$

also die Zeichenfolge für den Cosinus in den auf einander folgenden vier Quadranten

$$+, -, -, +;$$

ferner ist:

$$\begin{aligned} \text{Cotg. } \alpha &= \text{tg.}(\mathbf{R} - \alpha) \\ \text{Cotg. } (\mathbf{R} + \alpha) &= \text{tg.}(-\alpha) = -\text{tg. } \alpha, \\ \text{Cotg.}(2\mathbf{R} + \alpha) &= \text{tg.}[-(\mathbf{R} + \alpha)] = \text{tg.}(\mathbf{R} - \alpha) = \text{Cotg. } \alpha, \\ \text{Cotg.}(3\mathbf{R} + \alpha) &= \text{tg.}(-[2\mathbf{R} + \alpha)] = -\text{tg. } \alpha; \end{aligned}$$

demnach die Zeichenfolge für die Cotg.

$$+, -, +, -.$$

Dann ist

$$\begin{aligned} \text{Cosec. } \alpha &= \text{Sec.}(\mathbf{R} - \alpha), \\ \text{Cosec. } (\mathbf{R} + \alpha) &= \text{Sec.}(-\alpha) = \text{Sec. } \alpha, \\ \text{Cosec.}(2\mathbf{R} + \alpha) &= \text{Sec.}[-(\mathbf{R} + \alpha)] = -\text{Sec.}(\mathbf{R} - \alpha) \\ &= -\text{Cosec. } \alpha, \\ \text{Cosec.}(3\mathbf{R} + \alpha) &= \text{Sec.}[-(2\mathbf{R} + \alpha)] = -\text{Sec. } \alpha, \end{aligned}$$

und somit die Zeichenfolge für die Cosec.

$$+, +, -, -.$$

Endlich für den Cosinv. wie für den Sinv. die Zeichenfolge:

$$+, +, +, +.$$

In folgender Tabelle sind für die Winkel 0, 90°, 180°, 270° und 360° die Werthe zusammengestellt.

Winkel in Graden.	Cos.	Cotg.	Cosec.	Cosinv.
0	1	∞	∞	1
90	0	0	1	0
180	-1	$-\infty$	∞	1
270	-0	0	-1	2
360	1	$-\infty$	$-\infty$	1

Folgende, aus dem bisherigen hervorgehenden einfachen Gesetze kommen vorzüglich häufig in Anwendung, und sind deswegen besonders zu bemerken.

1) Der Sinus eines Winkels ist gleich dem Sinus seines Supplement-Winkels, oder $Sin.\,\alpha = Sin.\,(2R - \alpha)$.

2) Der Sinus eines Winkels ist gleich dem Sinus des eben so großen, aber negativen Winkels, jedoch demselben entgegengesetzt, oder $Sin.\,\alpha = -Sin.\,(-\alpha)$.

3) Der Cosinus eines Winkels ist gleich dem Cosinus seines Supplement-Winkels, jedoch demselben entgegengesetzt, oder
$Cos.\,\alpha = -Cos.\,(2R - \alpha)$.

4) Der Cosinus eines Winkels ist gleich dem Cosinus des eben so großen, aber negativen Winkels, oder
$Cos.\,\alpha = Cos.\,(-\alpha)$.

5) Die Tangente eines Winkels ist gleich der Tangente seines Supplement-Winkels, jedoch derselben entgegengesetzt, oder
$tg.\,\alpha = -tg.\,(2R - \alpha)$.

6) Die Tangente eines Winkels ist gleich der Tangente des eben so großen, aber negativen Winkels, jedoch derselben entgegengesetzt, oder
$tg.\,\alpha = -tg.\,(-\alpha)$.

§. 356. Zu den 6 Gesetzen des vorigen §. kann auch noch folgendes, unmittelbar aus dem Wortbegriff Sinus entspringende, gefügt werden:

Die Hälfte einer Sehne ist gleich dem Sinus des halben, der Sehne zugehörigen Mittelpunkt-Winkels.

§. 357. **Zahlen-Beispiele zur Uebung der bisherigen Gesetze, vorzüglich zur Reduction goniometrischer Linien für Winkel, welche größer wie R sind, auf goniom. Linien spitzer Winkel. Alle Winkel sind in Graden verstanden.**

1) $Sin.\,120 = +Sin.\,60$
2) $Sin.\,230 = -Sin.\,50$
3) $Sin.\,340 = -Sin.\,20$
4) $Sin.\,(-50) = -Sin.\,50$
5) $Sin.\,(-100) = -Sin.\,80$
6) $Sin.\,(-200) = +Sin.\,20$
7) $Sin.\,(-300) = +Sin.\,60$
8) $Cos.\,130 = -Cos.\,50$
9) $Cos.\,220 = -Cos.\,40$
10) $Cos.\,310 = +Cos.\,50$
11) $Cos.\,(-10) = +Cos.\,10$
12) $Cos.\,(-140) = -Cos.\,40$
13) $Cos.\,(-200) = -Cos\,20.$

14) $\mathrm{Cos.}(-330) = +\mathrm{Cos.}\,30$
15) $\mathrm{tg.}\,110 = -\mathrm{tg.}\,70$
16) $\mathrm{tg.}\,250 = +\mathrm{tg.}\,70$
17) $\mathrm{tg.}\,340 = -\mathrm{tg.}\,20$
18) $\mathrm{tg.}(-60) = -\mathrm{tg.}\,60$
19) $\mathrm{tg.}(-170) = +\mathrm{tg.}\,10$
20) $\mathrm{tg.}(-190) = -\mathrm{tg.}\,10$
21) $\mathrm{tg.}(-340) = +\mathrm{tg.}\,20$
22) $\mathrm{Cotg.}\,135 = -\mathrm{Cotg.}\,45$
23) $\mathrm{Cotg.}\,200 = +\mathrm{Cotg.}\,20$
24) $\mathrm{Cotg.}\,300 = -\mathrm{Cotg.}\,60$
25) $\mathrm{Cotg.}(-40) = -\mathrm{Cotg.}\,40$
26) $\mathrm{Cotg.}(-130) = +\mathrm{Cotg.}\,50$
27) $\mathrm{Cotg.}(-210) = -\mathrm{Cotg.}\,30$
28) $\mathrm{Cotg.}(-350) = +\mathrm{Cotg.}\,10.$

29) Sec. 100 oder Sec. (— 260) oder Cosec. (— 10) oder Cosec. 350 = — Sec. 80 oder — Cosec. 10.

30) Sec. 200 oder Sec. (— 160) oder Cosec. (— 110) oder Cosec. 250 = — Sec. 20 oder — Cosec. 70.

31) Sec. 300 oder Sec. (— 60) oder Cosec. (— 210) oder Cosec. 150 = + Sec. 60 oder + Cosec. 30.

32) Sinv. 100 oder Sinv. (— 260) oder Cosinv. (— 10) oder Cosinv. 350 = 2 — Sinv. 80 oder 2 — Cosinv. 10.

33) Sinv. 220 oder Sinv. (— 140) oder Cosinv. (— 130) oder Cosinv. 230 = 2 — Sinv. 40 oder 2 — Cosinv. 50.

34) Sinv. 310 oder Sinv. (— 50) oder Cosinv. (— 220) oder Cosinv. 140 = Sinv. 50 oder Cosinv. 40.

§. 358. Aus der Lehre von der Aehnlichkeit der Dreiecke folgt leicht, daß:

1) $\frac{\overset{r}{\mathrm{Sin.}\,\alpha}}{r} = \frac{\overset{\varrho}{\mathrm{Sin.}\,\alpha}}{\varrho}$; und eben so

2) $\frac{\overset{r}{\mathrm{tg.}\,\alpha}}{r} = \frac{\overset{\varrho}{\mathrm{tg.}\,\alpha}}{\varrho}$;

3) $\frac{\overset{r}{\mathrm{Sec.}\,\alpha}}{r} = \frac{\overset{\varrho}{\mathrm{Sec.}\,\alpha}}{\varrho}$; ferner auch (nach Fig. 204)., wenn

$ab = ac = r$, $af = ah = \varrho$ gesetzt, bd und fg normal auf ac gefällt sind, und $\angle bac$ durch α ausgedrückt wird,

$$ba : da = fa : ga; \text{ oder}$$
$$ca : da = ha : ga; \text{ also auch}$$
$$ca - da : ca = ha - ga : ha; \text{ oder}$$

$$cd : ca = hg : ha; \text{ oder}$$

$$\overset{r}{\text{Sinv.}}\,\alpha : r = \overset{\varrho}{\text{Sinv.}}\,\alpha : \varrho; \text{ oder}$$

$$4) \quad \frac{\overset{r}{\text{Sinv.}}\,\alpha}{r} = \frac{\overset{\varrho}{\text{Sinv.}}\,\alpha}{\varrho} \text{ ist.}$$

Da nun aber im Allgemeinen der Quotient gleichartiger Größen eine abstracte Zahl, also auch hier der Quotient zweier Linien eine abstracte Zahl ist und, wenn man den Halbmesser ϱ = der Einheit des Längenmaaßes, also = 1 wählt, aus den vier obigen Gleichungen folgende entstehen:

$$\frac{\overset{r}{\text{Sin.}}\,\alpha}{r} = \frac{\overset{1}{\text{Sin.}}\,\alpha}{1} = \text{Sin.}\,\alpha,$$

$$\frac{\overset{r}{\text{tg.}}\,\alpha}{r} = \frac{\overset{1}{\text{tg.}}\,\alpha}{1} = \text{tg.}\,\alpha,$$

$$\frac{\overset{r}{\text{Sec.}}\,\alpha}{r} = \frac{\overset{1}{\text{Sec.}}\,\alpha}{1} = \text{Sec.}\,\alpha,$$

$$\frac{\overset{r}{\text{Sinv.}}\,\alpha}{r} = \frac{\overset{1}{\text{Sinv.}}\,\alpha}{1} = \text{Sinv.}\,\alpha,$$

so erscheinen diese wirklichen Quotienten Sin. α, tg. α, Sec. α und Sinv. α nicht mehr als die goniometrischen Hülfslinien für den Winkel α zum Halbmesser Eins gehörig, sondern als eben so große abstracte Zahlen, und da in den folgenden Untersuchungen, in allen entstehenden Gleichungen, nicht die goniometrischen Hülfslinien, sondern die ihnen gleichen abstracten Zahlen vorkommen werden, so sollen durchaus: Sin. α, tg. α, Sec. α, Sinv. α, und eben so Cos. α, Cotg. α, Cosec. α und Cosinv. α nicht mehr die goniometrischen Hülfslinien für den Halbmesser Eins, sondern diese abstracten Zahlen ausdrücken, und goniometrische Functionen heißen.

Wenn etwa in einzelnen Fällen die Linien selbst ausgedrückt werden sollen, so soll dies dadurch angezeigt werden, daß, wie bisher, über das Wort selbst der Halbmesser, auch wenn er gleich Eins ist, geschrieben wird.

§. 359. Aufgabe. In Beziehung auf irgend einen Winkel α ist von den acht goniometrischen Functionen desselben Sin. α, Cos. α, tg. α, Cotg. α, Sec. α, Cosec. α, Sinv. α,

Cosinv. α eine gegeben; man soll die übrigen sieben durch die gegebene bestimmen.

Auflösung. Es ist blos erforderlich zu Bestimmung der (für jede der acht Aufgaben) sieben unbekannten Functionen, sieben Gleichungen, welche sie und die gegebene enthalten, darzustellen. Zu dem Ende sei in Fig. 205., in Beziehung auf den Winkel $bac = \alpha$, der Halbmesser $ba = ca = r$:

$$cd = \overset{r}{\text{Sin.}}\,\alpha, \quad eb = \overset{r}{\text{tang.}}\,\alpha,$$

$$ea = \overset{r}{\text{Sec.}}\,\alpha, \quad bd = \overset{r}{\text{Sinv.}}\,\alpha.$$

Ferner $\angle cag = R - \alpha$; also wenn für $\angle cag$ die goniometrischen Hülfslinien in der Figur dargestellt sind:

$$cf = \overset{r}{\text{Cos.}}\,\alpha, \quad gh = \overset{r}{\text{Cotg.}}\,\alpha,$$

$$ha = \overset{r}{\text{Cosec.}}\,\alpha, \quad gf = \overset{r}{\text{Cosinv.}}\,\alpha,$$

so ist

$$ca^2 = cd^2 + da^2; \text{ aber}$$

$$ca = r, \; cd = \overset{r}{\text{Sin.}}\,\alpha,$$

$$\text{und } da = cf = \overset{r}{\text{Cos.}}\,\alpha; \text{ folglich}$$

$$r^2 = (\overset{r}{\text{Sin.}}\,\alpha)^2 + (\overset{r}{\text{Cos.}}\,\alpha)^2;$$

also auch

$$1 = \left(\frac{\overset{r}{\text{Sin.}}\,\alpha}{r}\right)^2 + \left(\frac{\overset{r}{\text{Cos.}}\,\alpha}{r}\right)^2; \text{ oder}$$

$$\text{I.} \qquad 1 = (\text{Sin.}\,\alpha)^2 + (\text{Cos.}\,\alpha)^2.$$

Ferner:

$$ae^2 = ab^2 + be^2; \text{ oder}$$

$$(\overset{r}{\text{Sec.}}\,\alpha)^2 = r^2 + (\overset{r}{\text{tg.}}\,\alpha)^2; \text{ oder}$$

$$\left(\frac{\overset{r}{\text{Sec.}}\,\alpha}{r}\right)^2 = 1 + \left(\frac{\overset{r}{\text{tg.}}\,\alpha}{r}\right)^2; \text{ also}$$

$$\text{II.} \quad (\text{Sec.}\,\alpha)^2 = 1 + (\text{tg.}\,\alpha)^2.$$

$$\text{Dann } ah^2 = ag^2 + gh^2 \text{ oder}$$

$$(\overset{r}{\text{Cosec.}}\,\alpha)^2 = r^2 + (\overset{r}{\text{Cotg.}}\,\alpha)^2; \text{ oder}$$

$$\left(\frac{\overset{r}{\text{Cosec.}}\,\alpha}{r}\right)^2 = r + \left(\frac{\overset{r}{\text{Cotg.}}\,\alpha}{r}\right)^2; \text{ also}$$

$$\text{III.} \quad (\text{Cosec.}\,\alpha)^2 = 1 + (\text{Cotg.}\,\alpha)^2.$$

Ferner $bd : dc = dc : 2ba - bd$ oder

$$\overset{r}{\text{Sinv}}.\,\alpha : \overset{r}{\text{Sin}}.\,\alpha = \overset{r}{\text{Sin}}.\,\alpha : 2r - \overset{r}{\text{Sinv}}.\,\alpha,$$

oder auch

$$\frac{\overset{r}{\text{Sinv}}.\,\alpha}{r} : \frac{\overset{r}{\text{Sin}}.\,\alpha}{r} = \frac{\overset{r}{\text{Sin}}.\,\alpha}{r} : 2 - \frac{\overset{r}{\text{Sinv}}.\,\alpha}{r};$$ also

IV. $\text{Sinv}.\,\alpha : \text{Sin}.\,\alpha = \text{Sin}.\,\alpha : 2 - \text{Sinv}.\,\alpha.$

Eben so $gf : fc = fc : 2 . ga - gf$; oder

$$\overset{r}{\text{Cosinv}}.\,\alpha : \overset{r}{\text{Cos}}.\,\alpha = \overset{r}{\text{Cos}}.\,\alpha : 2r - \overset{r}{\text{Cosinv}}.\,\alpha,$$

oder

$$\frac{\overset{r}{\text{Cosinv}}.\,\alpha}{r} : \frac{\overset{r}{\text{Cos}}.\,\alpha}{r} = \frac{\overset{r}{\text{Cos}}.\,\alpha}{r} : 2 - \frac{\overset{r}{\text{Cosinv}}.\,\alpha}{r};$$

also

V. $\text{Cosinv}.\,\alpha : \text{Cos}.\,\alpha = \text{Cos}.\,\alpha : 2 - \text{Cosinv}.\,\alpha.$

Dann auch

$ad : dc = ab : be$; oder

$$\overset{r}{\text{Cos}}.\,\alpha : \overset{r}{\text{Sin}}.\,\alpha = r : \overset{r}{\text{tg}}.\,\alpha;$$ oder

$$\frac{\overset{r}{\text{Cos}}.\,\alpha}{r} : \frac{\overset{r}{\text{Sin}}.\,\alpha}{r} = r : \frac{\overset{r}{\text{tg}}.\,\alpha}{r};$$ also

VI. $$\text{tg}.\,\alpha = \frac{\text{Sin}.\,\alpha}{\text{Cos}.\,\alpha}.$$

Endlich $af : fc = ag : gh$; oder

$$\overset{r}{\text{Sin}}.\,\alpha : \overset{r}{\text{Cos}}.\,\alpha = r : \overset{r}{\text{Cotg}}.\,\alpha;$$ oder

$$\frac{\overset{r}{\text{Sin}}.\,\alpha}{r} : \frac{\overset{r}{\text{Cos}}.\,\alpha}{r} = 1 : \frac{\overset{r}{\text{Cotg}}.\,\alpha}{r};$$ also

VII. $$\text{Cotg}.\,\alpha = \frac{\text{Cos}.\,\alpha}{\text{Sin}.\,\alpha}.$$

§. 360. **Zusatz.** Zu den 7 Gleichungen zwischen den 8 goniometrischen Functionen im vorigen §. können, als Erleichterungsmittel für auszuführende Entwicklungen, noch folgende 7 Hülfsgleichungen gefügt werden, welche übrigens keine neuen Bedingungen aussprechen, sondern in den 7 Gleichungen des vorigen §. schon enthalten sind, so daß sie aus ihnen abgeleitet werden könnten, wenn nicht ihre unmittelbare Herleitung aus der Figur einfacher wäre. Man hat nämlich

$ad : ac = ab : ae$ (Fig. 205.) oder

$$\overset{r}{\text{Cos}}.\,\alpha : r = r : \overset{r}{\text{Sec}}.\,\alpha;$$ oder

$$\frac{\overset{r}{\text{Cos}}.\,\alpha}{r} : 1 = 1 : \frac{\overset{r}{\text{Sec}}.\,\alpha}{r};$$ also

VIII. $\mathrm{Sec}.\,\alpha\,.\,\mathrm{Cos}.\,\alpha = 1.$ (Ist auch aus der Verbindung von II., VI. und I. zu entnehmen.)

Dann auch:

$$af : ac = ag : ah \text{ oder}$$

$$\overset{r}{\mathrm{Sin}}.\,\alpha : r = r : \overset{r}{\mathrm{Cosec}}.\,\alpha; \text{ oder}$$

$$\frac{\overset{r}{\mathrm{Sin}}.\,\alpha}{r} : 1 = 1 : \frac{\overset{r}{\mathrm{Cosec}}.\,\alpha}{r}; \text{ also}$$

IX. $\mathrm{Cosec}.\,\alpha\,.\,\mathrm{Sin}.\,\alpha = 1.$ (Ist auch aus III., VII. und I. abzuleiten.)

Ferner, weil $\triangle\, abe \sim hga$ ist,

$$ab : be = hg : ga; \text{ oder}$$

$$r : \overset{r}{\mathrm{tg}}.\,\alpha = \overset{r}{\mathrm{Cotg}}.\,\alpha : r; \text{ oder}$$

$$r : \frac{\overset{r}{\mathrm{tg}}.\,\alpha}{r} = \frac{\overset{r}{\mathrm{Cotg}}.\,\alpha}{r} : 1; \text{ also}$$

X. $\mathrm{tg}.\,\alpha\,.\,\mathrm{Cotg}.\,\alpha = 1.$ (Ist auch durch Multiplication von VI. und VII. zu bilden.)

Dann folgt auch aus

$$bd + da = ba; \text{ oder}$$

$$\overset{r}{\mathrm{Sinv}}.\,\alpha + \overset{r}{\mathrm{Cos}}.\,\alpha = r; \text{ oder}$$

$$\frac{\overset{r}{\mathrm{Sinv}}.\,\alpha}{r} + \frac{\overset{r}{\mathrm{Cos}}.\,\alpha}{r} = 1; \text{ also}$$

XI. $\mathrm{Sinv}.\,\alpha + \mathrm{Cos}.\,\alpha = 1.$ (Ist auch aus IV. und I. zu entnehmen.)

Eben so aus

$$gf + fa = ga; \text{ oder}$$

$$\overset{r}{\mathrm{Cosinv}}.\,\alpha + \overset{r}{\mathrm{Sin}}.\,\alpha = r; \text{ oder}$$

$$\frac{\overset{r}{\mathrm{Cosinv}}.\,\alpha}{r} + \frac{\overset{r}{\mathrm{Sin}}.\,\alpha}{r} = 1 \text{ folgt}$$

XII. $\mathrm{Cosinv}.\,\alpha + \mathrm{Sin}.\,\alpha = 1.$ (Ist auch aus V. und I. abzuleiten.)

Ferner:

$$ac : cd = ac : cb; \text{ oder}$$

$$r : \overset{r}{\mathrm{Sin}}.\,\alpha = \overset{r}{\mathrm{Sec}}.\,\alpha : \overset{r}{\mathrm{tg}}.\,\alpha; \text{ oder}$$

$$1 : \frac{\overset{r}{\text{Sin}}.\,\alpha}{r} = \frac{\overset{r}{\text{Sec}}.\,\alpha}{r} : \frac{\overset{r}{\text{tg}}.\,\alpha}{r}$$; also

XIII. $\text{tg}.\,\alpha = \text{Sin}.\,\alpha\,.\,\text{Sec}.\,\alpha$. (Ist sehr einfach auch aus VI. und VIII. zu entwickeln.)

Endlich

$$ac : cf = ah : hg;$$ oder

$$r : \overset{r}{\text{Cos}}.\,\alpha = \overset{r}{\text{Cosec}}.\,\alpha : \overset{r}{\text{Cotg}}.\,\alpha;$$ oder

$$1 : \frac{\overset{r}{\text{Cos}}.\,\alpha}{r} = \frac{\overset{r}{\text{Cosec}}.\,\alpha}{r} : \frac{\overset{r}{\text{Cotg}}.\,\alpha}{r}$$; also

XIV. $\text{Cotg}.\,\alpha = \text{Cos}.\,\alpha\,.\,\text{Cosec}.\,\alpha$. (Ist auch leicht aus VII. und IX. abzuleiten.)

§. 361. **Beispiele zu den 14 Formeln in §. 359 und 360.**

1) Da, für den Halbmesser $= r$, die Seite des regulären Sechsecks in dem Kreise auch $= r$ und der zugehörige Mittelpunkts-Winkel $= 60^\circ$ ist, so ist nach §. 356.

$$\overset{r}{\text{Sin}}.\ 30^\circ = \frac{r}{2};$$ folglich

$\frac{\overset{r}{\text{Sin}}.\ 30^\circ}{r}$, d. h. der abstracte Sinus von 30°, oder die goniom. Funktion

$$\text{Sin}.\ 30^\circ = \tfrac{1}{2},$$

und es sollen nun für diesen Winkel die übrigen sieben goniom. Funktionen angegeben werden.

Man erhält aus I.

$$\text{Cos}.\ 30^\circ = \frac{\sqrt{3}}{2} = 0{,}8660254\ldots$$

dann aus VI.

$$\text{tg}.\ 30^\circ = \sqrt{\tfrac{1}{3}} = 0{,}5773503\ldots$$

ferner aus X. oder VII.

$$\text{Cotg}.\ 30^\circ = \sqrt{3} = 1{,}7320508\ldots$$

dann am bequemsten aus VIII.

$$\text{Sec}.\ 30^\circ = \tfrac{2}{3}\,.\,\sqrt{3} = 1{,}1547005\ldots$$

ferner aus IX.

$$\text{Cosec}.\ 30^\circ = 2.$$

Endlich aus XI.

$$\text{Sinv. } 30^0 = \frac{2 - \sqrt{3}}{2} = 0{,}1339746$$

und aus XII.

$$\text{Cosinv. } 30^0 = \tfrac{1}{2} = 0{,}5.$$

Hieraus kennt man nun auch die Funktionen für den Complements-Winkel, nämlich für 60 Grad.

2) Es ist, wenn man sich Fig. 205. $\alpha = 45^0$ vorstellt, auch $\angle\, bea = 45^0$; folglich $be = ab = r$, oder $\overset{r}{\text{tg}}.\, 45^0 = r$; folglich $\frac{\overset{r}{\text{tg}}.\, 45^0}{r}$ oder tg. $45^0 = 1$, und es sollen zum Winkel von 45^0 die übrigen sieben Funktionen bestimmt werden. Man erhält

Cotg. $45^0 = 1$ aus X.
Sec. $45^0 = \sqrt{2} = 1{,}4142136$ aus II.
Cosec. $45^0 = \sqrt{2} = 1{,}4142136$ aus III.
Sin. $45^0 = \sqrt{\tfrac{1}{2}} = 0{,}7071068$ aus IX.
Cos. $45^0 = \sqrt{\tfrac{1}{2}} = 0{,}7071068$ aus VIII.
Sinv. $45^0 = 1 - \sqrt{\tfrac{1}{2}} = 0{,}2928932$ aus XI.
Cosinv. $45^0 = 1 - \sqrt{\tfrac{1}{2}} = 0{,}2928932$ aus XII.

3) Es ist für den Halbmesser $= r$ die Seite des regulären Zehnecks in dem zugehörigen Kreise $= \frac{-1 + \sqrt{5}}{2} \cdot r$ und der zugehörige Mittelpunkts-Winkel $= 36^0$; folglich nach §. 356.

$$\overset{r}{\text{Sin}}.\ 18^0 = \frac{-1 + \sqrt{5}}{4} \cdot r;$$

folglich

$$\text{Sin. } 18^0 = \frac{-1 + \sqrt{5}}{4} = 0{,}3090170,$$

und man erhält hieraus

$$\text{Cos. } 18^0 = \tfrac{1}{2}\sqrt{\frac{5 + \sqrt{5}}{2}} = 0{,}9510565$$

$$\text{tg. } 18^0 = \sqrt{\frac{5 - 2\sqrt{5}}{5}} = 0{,}3249197$$

$$\text{Cotg. } 18^0 = \sqrt{5 + 2\sqrt{5}} = 3{,}0776835$$

$$\text{Sec. } 18^0 = \sqrt{\tfrac{2}{5}(5 - \sqrt{5})} = 1{,}0514622$$

$$\text{Cosec. } 18^0 = 1 + \sqrt{5} = 3{,}2360680$$

$$\text{Sinv. } 18^\circ = 1 - \tfrac{1}{2}\sqrt{\frac{5+\sqrt{5}}{2}} = 0{,}0489435$$

$$\text{Cosinv. } 18^\circ = \frac{5-\sqrt{5}}{4} = 0{,}6909830.$$

Hieraus kennt man nun auch die Fuktionen zu 72° als Complements-Winkel zu 18°.

§. 362. Hat man die positiven und negativen Werthe für Sin. und Cosin. in den 4 Quadranten im Gedächtniß, weiß also, daß die Sin. im 1sten und 2ten Quadranten positiv, im 3ten und 4ten negativ, die Cos. aber im 1sten und 4ten positiv, und im 2ten und 3ten negativ sind, so geben die vier Formeln

$$\text{tg. } \alpha = \frac{\text{Sin. } \alpha}{\text{Cos. } \alpha}; \quad (\text{VI. §. 359.})$$

$$\text{Cotg. } \alpha = \frac{\text{Cos. } \alpha}{\text{Sin. } \alpha}; \quad (\text{VII. §. 359.})$$

$$\text{Sec. } \alpha = \frac{1}{\text{Cos. } \alpha}; \quad (\text{VIII. §. 360.})$$

$$\text{Cosec. } \alpha = \frac{1}{\text{Sin. } \alpha}; \quad (\text{IX. §. 360.})$$

ein sehr leichtes Mittel an die Hand, die positiven und negativen Werthe der Functionen tg., Cotg., Sec. und Cosec. in den verschiedenen Quadranten sogleich zu bestimmen. Soll z. B. angegeben werden, ob tg. 220° positiv oder negativ ist, so hat man

$$\text{tg. } 220^\circ = \frac{\text{Sin. } 220^\circ}{\text{Cos. } 220^\circ};$$

$$\text{aber Sin. } 220^\circ = -\text{ Sin. } 40^\circ \text{ und}$$
$$\text{Cos. } 220^\circ = -\text{ Cos. } 40^\circ; \text{ also}$$
$$\text{tg. } 220^\circ = +\text{ tg. } 40^\circ$$

§. 363. **Lehrsatz.** Es ist das Quadrat des Unterschieds der Sinusse zweier Winkel α und β addirt zum Quadrat des Unterschieds der Cosinusse derselben beiden Winkel gleich dem Quadrat des doppelten Sinus der halben Differenz dieser beiden Winkel, oder:

$$(\text{Sin. } \alpha - \text{Sin. } \beta)^2 + (\text{Cos. } \alpha - \text{Cos. } \beta)^2 = \left(2 \,.\, \text{Sin. } \frac{\alpha - \beta}{2}\right)^2$$

Beweis. Es falle α sowohl wie β im ersten Quadranten.

In **Fig. 206.** sei ba = bc = bd = r, ∠abd = α, abc = β; dg, cf normal auf ab, ck normal auf dg, so ist, wenn man die Sehne cd zieht:

$$dk^2 + ck^2 = cd^2; \text{ oder}$$
$$(dg - cf)^2 + (bf - bg)^2 = cd^2.$$

Nun ist aber $dg = \overset{r}{\text{Sin}}.\, \alpha$;

$cf = \overset{r}{\text{Sin}}.\, \beta$; $bg = \overset{r}{\text{Cos}}.\, \alpha$;

$bf = \overset{r}{\text{Cos}}.\, \beta$; und nach §. 356.

$\frac{cd}{2} = \overset{r}{\text{Sin}}.\, \frac{\alpha - \beta}{2}$; also

$cd = 2\, \overset{r}{\text{Sin}}.\, \frac{\alpha - \beta}{2}$; daher,

wenn diese Werthe in

$$(dg - cf)^2 + (bf - bg)^2 = cd^2$$

substituirt werden,

$$(\overset{r}{\text{Sin}}.\, \alpha - \overset{r}{\text{Sin}}.\, \beta)^2 + (\overset{r}{\text{Cos}}.\, \beta - \overset{r}{\text{Cos}}.\, \alpha)^2 =$$
$$\left(2\, \overset{r}{\text{Sin}}.\, \frac{\alpha - \beta}{2}\right)^2; \text{ oder, weil}$$

$(a - b)^2 = (b - a)^2$ ist, wenn man die Gleichung mit r^2 dividirt,

$$(\text{Sin}.\, \alpha - \text{Sin}.\, \beta)^2 + (\text{Cos}.\, \alpha - \text{Cos}.\, \beta)^2 = \left(2\, \text{Sin}.\, \frac{\alpha - \beta}{2}\right)^2.$$

2) Es falle β im ersten, α im zweiten Quadranten (Fig. 207).

Es ist, bei derselben Construction,

$$dk^2 + ck^2 = cd^2; \text{ oder}$$
$$(dg - cf)^2 + (bf + bg)^2 = cd^2;$$

aber $dg = \overset{r}{\text{Sin}}.\, \alpha$; $cf = \overset{r}{\text{Sin}}.\, \beta$;

$bg = - \overset{r}{\text{Cos}}.\, \alpha$; $bf = \overset{r}{\text{Cos}}.\, \beta$;

$cd = 2\, \overset{r}{\text{Sin}}.\, \frac{\alpha - \beta}{2}$; daher, wenn man diese Werthe setzt, und mit r^2 dividirt, wie in 1.

$$(\text{Sin}.\, \alpha - \text{Sin}.\, \beta)^2 + (\text{Cos}.\, \alpha - \text{Cos}.\, \beta)^2 = \left(2\, \text{Sin}.\, \frac{\alpha - \beta}{2}\right)^2.$$

3) Es falle β im ersten, α im dritten Quadranten (Fig. 208).

Bei derselben Construction ist

$$(dg + cf)^2 + (bf + bg)^2 = cd^2;$$

$$\text{aber } dg = -\overset{r}{\text{Sin.}}\,\alpha;\quad cf = \overset{r}{\text{Sin.}}\,\beta$$
$$bg = -\overset{r}{\text{Cos.}}\,\alpha;\quad bf = \overset{r}{\text{Cos.}}\,\beta;$$
$$cd = 2\,\overset{r}{\text{Sin.}}\,\frac{\alpha-\beta}{2};\ \text{daher,}$$

nach ausgeführter Substitution und Division mit r^2,

$$(\text{Sin.}\,\alpha - \text{Sin.}\,\beta)^2 + (\text{Cos.}\,\alpha - \text{Cos.}\,\beta)^2 = \left(2\,\text{Sin.}\,\frac{\alpha-\beta}{2}\right)^2.$$

Für die übrigen Fälle

4) β im 1sten, α im 4ten,
5) β im 2ten, α im 2ten,
6) β im 2ten, α im 3ten,
7) β im 2ten, α im 4ten,
8) β im 3ten, α im 3ten,
9) β im 3ten, α im 4ten,
10) β im 4ten, α im 4ten Quadranten kann der Beweis, wenn man sich die jedesmalige Figur construirt, keine Schwierigkeit verursachen, und das Gesetz der Formel ist daher allgemein gültig.

§. 364. Zusatz. Erhebt man in der im vorigen §. bewiesenen Formel die beiden Differenzen wirklich zum Quadrat, wendet das Gesetz I. §. 359. an, und dividirt die Gleichung mit 2, so entsteht

$$\text{I.)}\ 1 - \text{Cos.}\,\alpha\,\text{Cos.}\,\beta - \text{Sin.}\,\alpha\,\text{Sin.}\,\beta = 2.\left(\text{Sin.}\,\frac{\alpha-\beta}{2}\right)^2$$

und hieraus, $\beta = 0$ angenommen,

$$\text{II.)}\ 1 - \text{Cos.}\,\alpha = 2\left(\text{Sin.}\,\frac{\alpha}{2}\right)^2;$$

Ferner, wenn man in I. β negativ nimmt:

$$\text{III.)}\ 1 - \text{Cos.}\,\alpha\,\text{Cos.}\,\beta + \text{Sin.}\,\alpha\,\text{Sin.}\,\beta = 2.\left(\text{Sin.}\,\frac{\alpha+\beta}{2}\right)^2.$$

Anmerkung. Da, wenn die Potenz einer goniometrischen Function (z. B. tg. α zur nten Potenz) angezeigt werden soll, wohl so leicht auch kein Anfänger den Exponenten auf den Winkel beziehen wird, so sollen künftig die Klammern, die bisher gebraucht wurden, wegfallen, also blos Cotg. α^n für (Cotg. $\alpha)^n$ u. s. w. geschrieben werden.

§. 365. Lehrsätze. Es ist

1) Der Sinus der Summe zweier Winkel gleich der Summe der Produkte aus dem Sinus des einen in den Cosinus des andern Winkels, oder:

$$\text{Sin.}\,(\alpha+\beta) = \text{Sin.}\,\alpha\,\text{Cos.}\,\beta + \text{Sin.}\,\beta\,\text{Cos.}\,\alpha.$$

2) Der Sinus der Differenz zweier Winkel gleich dem Produkt aus dem Sinus des Minuends in den Cosinus des Subtrahends, weniger dem Produkt aus dem Sinus des Subtrahends in den Cosinus des Minuends, oder:

$$\text{Sin.}\,(\alpha-\beta) = \text{Sin.}\,\alpha\ \text{Cos.}\,\beta - \text{Sin.}\,\beta\ \text{Cos.}\,\alpha.$$

3) Der Cosinus der Summe zweier Winkel gleich dem Produkt der Cosinusse beider, weniger dem Produkt ihrer Sinusse, oder:

$$\text{Cos.}\,(\alpha+\beta) = \text{Cos.}\,\alpha\ \text{Cos.}\,\beta - \text{Sin.}\,\alpha\ \text{Sin.}\,\beta.$$

4) Der Cosinus der Differenz zweier Winkel gleich der Summe der Produkte beider Cosinusse und beider Sinusse, oder:

$$\text{Ces.}\,(\alpha-\beta) = \text{Cos.}\,\alpha\ \text{Cos.}\,\beta + \text{Sin.}\,\alpha\ \text{Sin.}\,\beta.$$

Beweis. Man nehme in II. §. 364. den Winkel $= \alpha+\beta$, so entsteht

$$1 - \text{Cos.}\,(\alpha+\beta) = 2\,.\ \text{Sin.}\,\frac{\alpha+\beta}{2}^2$$

und hiermit die Formel III. §. 364.

$$1 - \text{Cos.}\,\alpha\ \text{Cos.}\,\beta + \text{Sin.}\,\alpha\ \text{Sin.}\,\beta = 2\,\text{Sin.}\,\frac{\alpha+\beta}{2}^2$$

verbunden, giebt

$$\text{Cos.}\,(\alpha+\beta) = \text{Cos.}\,\alpha\ \text{Cos.}\,\beta - \text{Sin.}\,\alpha\ \text{Sin.}\,\beta. \quad \text{(Nr. 3.)}$$

Eben so entspringt aus II., $\alpha-\beta$ für den Winkel geschrieben und mit I. verbunden,

$$\text{Cos.}\,(\alpha-\beta) = \text{Cos.}\,\alpha\ \text{Cos.}\,\beta + \text{Sin.}\,\alpha\ \text{Sin.}\,\beta. \quad \text{(Nr. 4.)}$$

Nun in Nr. 4., $\alpha+\beta$ für α geschrieben, so entsteht $\text{Cos.}\,\alpha = \text{Cos.}\,(\alpha+\beta)\ \text{Cos.}\,\beta + \text{Sin.}\,(\alpha+\beta)\ \text{Sin.}\,\beta$; und in diese Gleichung für $\text{Cos.}\,(\alpha+\beta)$ den Werth aus Nr. 3. substituirt, so erhält man

$$\text{Cos.}\,\alpha = \text{Cos.}\,\alpha\,\text{Cos.}\,\beta^2 - \text{Sin.}\,\alpha\,\text{Sin.}\,\beta\,\text{Cos.}\,\beta + \text{Sin.}\,(\alpha+\beta)\,\text{Sin.}\,\beta$$

oder

$$\text{Sin.}\,(\alpha+\beta)\,\text{Sin.}\,\beta = \text{Sin.}\,\alpha\,\text{Sin.}\,\beta\,\text{Cos.}\,\beta + (1 - \text{Cos.}\,\beta^2)\,\text{Cos.}\,\alpha.$$

Es ist aber $1 - \text{Cos.}\,\beta^2 = \text{Sin.}\,\beta^2$ (§. 359. I.), folglich, wenn man diesen Werth substituirt und mit $\text{Sin.}\,\beta$ dividirt,

$$\text{Sin.}\,(\alpha+\beta) = \text{Sin.}\,\alpha\,\text{Cos.}\,\beta + \text{Sin.}\,\beta\ \text{Cos.}\,\alpha \quad \text{(Nr. 1.)}$$

und setzt man in dieser Formel β negativ, so ergiebt sich

$$\text{Sin.}\,(\alpha-\beta) = \text{Sin.}\,\alpha\,\text{Cos.}\,\beta - \text{Sin.}\,\beta\ \text{Cos.}\,\alpha. \quad \text{(Nr. 2.)}$$

§. 366. Zusatz. Aus den vier Haupt-Formeln im vorigen Paragraphen,

I. $\text{Sin.}\,(\alpha+\beta) = \text{Sin.}\,\alpha\ \text{Cos.}\,\beta + \text{Sin.}\,\beta\ \text{Cos.}\,\alpha$

II. $\text{Sin.}\,(\alpha-\beta) = \text{Sin.}\,\alpha\ \text{Cos.}\,\beta - \text{Sin.}\,\beta\ \text{Cos.}\,\alpha$

III. $\text{Cos.}(\alpha + \beta) = \text{Cos.}\,\alpha\ \text{Cos.}\,\beta - \text{Sin.}\,\alpha\ \text{Sin.}\,\beta$
IV. $\text{Cos.}(\alpha - \beta) = \text{Cos.}\,\alpha\ \text{Cos.}\,\beta + \text{Sin.}\,\alpha\ \text{Sin.}\,\beta$

ergeben sich leicht noch eine große Anzahl, von welchen die vorzüglich brauchbaren, nebst kurzer Angabe ihrer Entstehung, hier folgen:

V. $\text{Sin.}\,2\alpha = 2\ \text{Sin.}\,\alpha\ \text{Cos.}\,\alpha$,
aus I., α für β geschrieben.

VI. $\text{Cos.}\,2\alpha = \text{Cos.}\,\alpha^2 - \text{Sin.}\,\alpha^2$,
aus III., α für β geschrieben.

VII. $\text{Cos.}\,2\alpha = 1 - 2\,.\,\text{Sin.}\,\alpha^2$,
aus VI. und §. 359. I.

VII. $\text{Cos.}\,2\alpha = 2\ \text{Cos.}\,\alpha^2 - 1$,
aus VI. und §. 359. I.

IX. $\text{Sin.}\,\alpha = \sqrt{\frac{1 - \text{Cos.}\,2\alpha}{2}}$, aus VII.

X. $\text{Cos.}\,\alpha = \sqrt{\frac{1 + \text{Cos.}\,2\alpha}{2}}$, aus VIII.

XI. $\text{Sinv.}\,2\alpha = 2\ \text{Sin.}\,\alpha^2$,
aus VII. und §. 360. XI.

XII. $\text{Sin.}\,\frac{R - \beta}{2} = \text{Cos.}\,\frac{R + \beta}{2} = \sqrt{\frac{1 - \text{Sin.}\,\beta}{2}}$,
aus IX., $\frac{R - \beta}{2}$ für α geschrieben.

XIII. $\text{Cos.}\,\frac{R - \beta}{2} = \text{Sin.}\,\frac{R + \beta}{2} = \sqrt{\frac{1 + \text{Sin.}\,\beta}{2}}$,
aus X., $\frac{R - \beta}{2}$ für α gesetzt.

XIV. $\text{tg.}\,\frac{R - \beta}{2} = \text{Cotg.}\,\frac{R + \beta}{2} = \sqrt{\frac{1 - \text{Sin.}\,\beta}{1 + \text{Sin.}\,\beta}}$,
aus XII., dividirt durch XIII.

XV. $\text{tg.}\,\frac{R + \beta}{2} = \text{Cotg.}\,\frac{R - \beta}{2} = \sqrt{\frac{1 + \text{Sin.}\,\beta}{1 - \text{Sin.}\,\beta}}$,
aus XIII., dividirt durch XII.

XVI $\text{tg.}\,\frac{R - \beta}{2} = \text{Cotg.}\,\frac{R + \beta}{2} = \frac{1 - \text{Sin.}\,\beta}{\text{Cos.}\,\beta}$,
oder auch, $= \text{Sec.}\,\beta - \text{tg.}\,\beta$, oder α für $R - \beta$ gesetzt:

$$\text{tg.}\,\frac{\alpha}{2} = \frac{1 - \text{Cos.}\,\alpha}{\text{Sin.}\,\alpha},$$

aus XIV., Zähler und Nenner, unterm Wurzelzeichen, mit $1 - \text{Sin.}\,\beta$ multiplicirt und §. 359. I., dann §. 360. VIII. und §. 359. VI. in Anwendung gebracht.

XVII. $\text{tg.}\,\frac{R+\beta}{2} = \text{Cotg.}\,\frac{R-\beta}{2} = \frac{1+\text{Sin.}\,\beta}{\text{Cos.}\,\beta}$,

oder auch: $= \text{Sec.}\,\beta + \text{tg.}\,\beta$, oder auch, α für $R-\beta$ geschrieben, $\text{Cotg.}\,\frac{\alpha}{2} = \frac{1+\text{Cos.}\,\alpha}{\text{Sin.}\,\alpha}$, eben so aus XV.

XVIII. $\text{Sin.}\,\alpha = \frac{\sqrt{1+\text{Sin.}\,2\alpha} \pm \sqrt{1-\text{Sin.}\,2\alpha}}{2}$,

aus V. addirt und subtrahirt mit §. 359. I.

XIX. $\text{Cos.}\,\alpha = \frac{\sqrt{1+\text{Sin.}\,2\alpha} \mp \sqrt{1-\text{Sin.}\,2\alpha}}{2}$,

wie XVIII. herzuleiten.

XX. $\text{Sin.}\,(\alpha+\beta) + \text{Sin.}\,(\alpha-\beta) = 2\,\text{Sin.}\,\alpha\;\text{Cos.}\,\beta$, aus I + II.

XXI. $\text{Sin.}\,(\alpha+\beta) - \text{Sin.}\,(\alpha-\beta) = 2\,\text{Sin.}\,\beta\;\text{Cos.}\,\alpha$, aus I — II.

XXII. $\text{Cos.}\,(\alpha+\beta) + \text{Cos.}\,(\alpha-\beta) = 2\,\text{Cos.}\,\alpha\;\text{Cos.}\,\beta$, aus III + IV.

XXIII. $\text{Cos.}\,(\alpha-\beta) - \text{Cos.}\,(\alpha+\beta) = 2\,\text{Sin.}\,\alpha\;\text{Sin.}\,\beta$, aus IV — III.

Setzt man in den letzten 4 Formeln $m\beta$ für α, so entsteht aus ihnen:

XXIV. $\text{Sin.}\,(m+1)\beta + \text{Sin.}\,(m-1)\beta = 2\,\text{Sin.}\,m\beta\;\text{Cos.}\,\beta$.

XXV. $\text{Sin.}\,(m+1)\beta - \text{Sin.}\,(m-1)\beta = 2\,\text{Sin.}\,\beta\;\text{Cos.}\,m\beta$.

XXVI. $\text{Cos.}\,(m+1)\beta + \text{Cos.}\,(m-1)\beta = 2\,\text{Cos.}\,m\beta\;\text{Cos.}\,\beta$.

XXVII. $\text{Cos.}\,(m-1)\beta - \text{Cos.}\,(m+1)\beta = 2\,\text{Sin.}\,m\beta\;\text{Sin.}\,\beta$.

Setzt man in die vier Formeln XX bis XXIV. γ für $\alpha+\beta$, δ für $\alpha-\beta$, so ergeben sich:

XXVIII. $\text{Sin.}\,\gamma + \text{Sin.}\,\delta = 2\,\text{Sin.}\,\frac{\gamma+\delta}{2}\,.\,\text{Cos.}\,\frac{\gamma-\delta}{2}$.

XXIX. $\text{Sin.}\,\gamma - \text{Sin.}\,\delta = 2\,\text{Cos.}\,\frac{\gamma+\delta}{2}\,.\,\text{Sin.}\,\frac{\gamma-\delta}{2}$.

XXX. $\text{Cos.}\,\gamma + \text{Cos.}\,\delta = 2\,\text{Cos.}\,\frac{\gamma+\delta}{2}\,.\,\text{Cos.}\,\frac{\gamma-\delta}{2}$.

XXXI. $\text{Cos.}\,\delta - \text{Cos.}\,\gamma = 2\,\text{Sin.}\,\frac{\gamma+\delta}{2}\,.\,\text{Sin.}\,\frac{\gamma-\delta}{2}$.

Aus den Formeln XX bis XXIII. entspringen auch noch:

XXXII. $\text{Sin.}\,(\alpha + \beta) = 2\,\text{Sin.}\,\alpha\,\text{Cos.}\,\beta - \text{Sin.}\,(\alpha - \beta)$.

XXXIII. $\text{Sin.}\,(\alpha + \beta) = 2\,\text{Sin.}\,\beta\,\text{Cos.}\,\alpha + \text{Sin.}\,(\alpha - \beta)$.

XXXIV. $\text{Cos.}\,(\alpha + \beta) = 2\,\text{Cos.}\,\alpha\,\text{Cos.}\,\beta - \text{Cos.}\,(\alpha - \beta)$.

XXXV. $\text{Cos.}\,(\alpha + \beta) = \text{Cos.}\,(\alpha - \beta) - 2\,\text{Sin.}\,\alpha\,\text{Sin.}\,\beta$.

Und aus XXXII. und XXXV., wenn man 30° für α schreibt:

XXXVI. $\text{Sin.}\,(30^\circ + \beta) = \text{Cos.}\,\beta - \text{Sin.}\,(30^\circ - \beta)$.

XXXVII. $\text{Cos.}\,(30^\circ + \beta) = \text{Cos.}\,(30^\circ - \beta) - \text{Sin.}\,\beta$.

Ferner:

XXXVIII. $\text{tg.}\,(\alpha + \beta) = \dfrac{\text{tg.}\,\alpha + \text{tg.}\,\beta}{1 - \text{tg.}\,\alpha\,.\,\text{tg.}\,\beta}$,

aus I : III.; dann mit Cos. α Cos. β gehoben und §. 359. VI. in Anwendung gebracht.

Auf ähnlichem Wege erhält man

XXXIX. $\text{tg.}\,(\alpha - \beta) = \dfrac{\text{tg.}\,\alpha - \text{tg.}\,\beta}{1 + \text{tg.}\,\alpha\,.\,\text{tg.}\,\beta}$;

XL. $\text{Cotg.}\,(\alpha + \beta) = \dfrac{\text{Cotg.}\,\alpha\,.\,\text{Cotg.}\,\beta - 1}{\text{Cotg.}\,\alpha + \text{Cotg.}\,\beta}$;

XLI. $\text{Cotg.}\,(\alpha - \beta) = \dfrac{\text{Cotg.}\,\alpha\,\text{Cotg.}\,\beta + 1}{\text{Cotg.}\,\beta - \text{Cotg.}\,\alpha}$;

dann auch

XLII. $\text{tg.}\,2\alpha = \dfrac{2\,\text{tg.}\,\alpha}{1 - \text{tg.}\,\alpha^2}$, aus XXXVIII.

XLIII. $\text{Cotg.}\,2\alpha = \dfrac{\text{Cotg.}\,\alpha^2 - 1}{2\,\text{Cotg.}\,\alpha}$, aus XL.

XLIV. $\text{Cotg.}\,2\alpha = \dfrac{\text{Cotg.}\,\alpha - \text{tg.}\,\alpha}{2}$, aus XLIII.

XLV. $\text{Cosec.}\,2\alpha = \dfrac{\text{Cotg.}\,\alpha + \text{tg.}\,\alpha}{2}$,

aus §. 360. IX., aus Formel V. und §. 359. I.

XLVI. $\text{tg.}\,\dfrac{\alpha + \beta}{2} = \dfrac{\text{Sin.}\,\alpha + \text{Sin.}\,\beta}{\text{Cos.}\,\alpha + \text{Cos.}\,\beta}$,

aus XXVIII : XXX.

XLVII. $\text{tg.}\,\dfrac{\alpha - \beta}{2} = \dfrac{\text{Sin.}\,\alpha - \text{Sin.}\,\beta}{\text{Cos.}\,\alpha + \text{Cos.}\,\beta}$,

aus XXIX : XXX.

XLVIII. $tg. \frac{\alpha+\beta}{2} : tg. \frac{\alpha-\beta}{2} = Sin.\alpha + Sin.\beta : Sin.\alpha - Sin.\beta$,
aus XLVI : XLVII.

XLIX. $Sin.\,\alpha^2 - Sin.\,\beta^2 = Sin.\,(\alpha+\beta) \,.\, Sin.\,(\alpha-\beta)$,
aus XXVIII. multiplicirt mit XXIX., und dann V.

L. $Cos.\,\beta^2 - Cos.\,\alpha^2 = Sin.\,(\alpha+\beta) \,.\, Sin.\,(\alpha-\beta)$,
aus XLIX.

LI. $Sin.\,3\alpha = 3\,Sin.\,\alpha - 4\,Sin.\,\alpha^3$,
aus I. und V.

LII. $Cos.\,3\alpha = 4\,Cos.\,\alpha^3 - 3\,Cos.\,\alpha$,
aus III., VI. und VIII.

§. 366.* Zusatz. Die Gleichung LI. im vorigen Paragraph giebt zu jedem gegebenen Werth von $Sin.\,\alpha$ nur einen für $Sin.\,3\alpha$; umgekehrt aber zu jedem gegebenen Werth von $Sin.\,3\alpha$ drei Werthe für $Sin.\,\alpha$, weil die Gleichung nach $Sin.\,\alpha$ cubisch ist. Die Bestimmung erfordert aber, wenn man trigonometrische Tafeln zu Hülfe nimmt, die Auflösung der cubischen Gleichung nicht, indem, wenn $Sin.\,3\alpha$ gegeben ist, sich daraus nach den Tafeln der Winkel 3α, dann α und zuletzt auch $Sin.\,\alpha$ nachschlagen läßt; im Gegentheil führt die Betrachtung dieser Gleichung zu einer zweiten Auflösung der cubischen reducirten Gleichung, welche in den Fällen Anwendung findet, in welchen die Cardanische Formel in imaginärer Form erscheint. Dieser Fall tritt aber dann ein, wenn der Coefficient von x negativ ist, also die Gleichung die Form $x^3 - ax + b = 0$ hat, und wenn dann zugleich $\left(\frac{b}{2}\right)^2 > \left(\frac{a}{3}\right)^3$, also $\left(\frac{b}{2}\right)^2 : \left(\frac{a}{3}\right)^3$ ein ächter Bruch ist, der immer durch die Potenz eines Sinus oder Cosinus auszudrücken ist, welcher einem existirenden Winkel entspricht. Setzt man nämlich $x = y\,Sin.\,z$, so geht die Gleichung $x^3 - ax + b = 0$ in folgende,

$$Sin.^3 z - \frac{a}{y^2} \,.\, Sin.\,z + \frac{b}{y^3} = 0$$

über, und vergleicht man diese Gleichung mit der aus LI. entspringenden,

$$Sin.^3 z - \tfrac{3}{4}\,Sin.\,z + \tfrac{1}{4}\,Sin.\,3z = 0,$$

so ersieht man, daß beide identisch werden, wenn man y und z so bestimmt, daß

$$\frac{a}{y^2} = \tfrac{3}{4} \text{ und zugleich } \frac{b}{y^3} = \tfrac{1}{4}\,Sin.\,3z \text{ wird.}$$

Diese Gleichungen geben aber

$$y = 2\sqrt{\frac{a}{3}} \text{ und } \mathrm{Sin.}\,3z = \sqrt{\frac{\left(\frac{b}{2}\right)^2}{\left(\frac{a}{3}\right)^3}}$$

und ist aus der letzteren, mit Hülfe der trigonometrischen Tafeln, der, der Voraussetzung gemäß immer existirende Winkel $3z$, also auch der z bestimmt, so hat man dann $x = 2\sqrt{\frac{a}{3}}\,.\,\mathrm{Sin.}z$ als Repräsentant der drei Wurzeln der Gleichung $x^3 - ax + b = 0$, wenn $\left(\frac{b}{2}\right)^2 > \left(\frac{a}{3}\right)^3$ ist, indem aus

$$\mathrm{Sin.}\,3z = \sqrt{\left(\frac{b}{2}\right)^2 : \left(\frac{a}{3}\right)^3}$$

sich unendlich viele Werthe für $3z$, also auch für z ergeben, welche sich immer auf nur drei reduciren. Nimmt man für y den negativen Werth, so ist auch $\mathrm{Sin.}\,3z$ negativ zu nehmen, und man erhält dieselben Resultate.

Beispiele. 1) $x^3 - 3x + 1 = 0$.

Hier ist $a = 3$; $b = 1$; $2\sqrt{\frac{a}{3}} = 2$; $\mathrm{Sin.}\,3z = \frac{1}{2}$; folglich

$3z = 30^\circ;\ 150^\circ;\ 390^\circ;\ 510^\circ;\ 750^\circ;\ 870^\circ$ u. s. w.;
also $z = 10^\circ;\ 50^\circ;\ 130^\circ;\ 170^\circ;\ 250^\circ;\ 290^\circ$ u. s. w.;
und daher

$\mathrm{Sin.}\,z = \mathrm{Sin.}10^\circ;\ \mathrm{Sin.}50^\circ;\ \mathrm{Sin.}50^\circ;\ \mathrm{Sin.}10^\circ;\ -\mathrm{Sin.}70^\circ;\ -\mathrm{Sin.}70^\circ$; und die drei Werthe für x sind folglich

$$2\,.\,\mathrm{Sin.}\,10^\circ;\ 2\,\mathrm{Sin.}\,50^\circ \text{ und } -2\,\mathrm{Sin.}\,70^\circ.$$

2) $x^3 - 6x - 4 = 0$.

Hier erhält man folgende drei Wurzeln:

$$2\sqrt{2}\,\mathrm{Sin.}\,75^\circ;\ -2\sqrt{2}\,.\,\mathrm{Sin.}\,15^\circ \text{ und } -2.$$

§. 367. Zusatz. Bezeichnen α, β, γ drei Winkel, deren Summe $= 2R$ oder 180° ist, so ergeben sich noch folgende interessante Gesetze:

1) $\mathrm{Sin.}\alpha + \mathrm{Sin.}\beta + \mathrm{Sin.}\gamma = 4\,\mathrm{Cos.}\frac{\alpha}{2}\,\mathrm{Cos.}\frac{\beta}{2}\,\mathrm{Cos.}\frac{\gamma}{2}$.

2) $\mathrm{Cos.}\,\alpha + \mathrm{Cos.}\beta + \mathrm{Css.}\gamma = 1 + 4\,\mathrm{Sin.}\frac{\alpha}{2}\,\mathrm{Sin.}\frac{\beta}{2}\,\mathrm{Sin.}\frac{\gamma}{2}$.

3) $\mathrm{tg.}\,\alpha + \mathrm{tg.}\,\beta + \mathrm{tg.}\,\gamma = \mathrm{tg.}\,\alpha\,.\,\mathrm{tg.}\,\beta\,.\,\mathrm{tg.}\,\gamma$.

4) $\mathrm{Cotg.}\alpha\,\mathrm{Cotg.}\beta + \mathrm{Cotg.}\,\alpha\,\mathrm{Cotg.}\gamma + \mathrm{Cotg.}\beta\,\mathrm{Cotg.}\gamma = 1$

5) $\text{Cotg.}\frac{\alpha}{2}+\text{Cotg.}\frac{\beta}{2}+\text{Cotg.}\frac{\gamma}{2}=\text{Cotg.}\frac{\alpha}{2}\,\text{Cotg.}\frac{\beta}{2}\,\text{Cotg.}\frac{\gamma}{2}$.

6) $\text{tg.}\frac{\alpha}{2}\,.\,\text{tg.}\frac{\beta}{2}+\text{tg.}\frac{\alpha}{2}\,.\,\text{tg.}\frac{\gamma}{2}+\text{tg.}\frac{\beta}{2}\,.\,\text{tg.}\frac{\gamma}{2}=1$.

Es ist nämlich, der Voraussetzung gemäß, $\text{Sin.}\,\gamma=\text{Sin.}\,(\alpha+\beta)=\text{Sin.}\,\alpha\,\text{Cos.}\,\beta+\text{Sin.}\,\beta\,\text{Cos.}\,\alpha$; und addirt man hierzu $\text{Sin.}\,\alpha+\text{Sin.}\,\beta$, so ergiebt sich nach Anwendung der Formeln V., VIII. und I., weil hier

$$\text{Sin.}\,\frac{\alpha+\beta}{2}=\text{Cos.}\,\frac{\gamma}{2}\text{ ist},$$

die erste der obigen 6 Formeln.

Da ferner, nach XXX.,
$\text{Cos.}\,\beta+\text{Cos.}\,\gamma=2\,\text{Cos.}\,\frac{\beta+\gamma}{2}\,\text{Cos.}\,\frac{\beta-\gamma}{2}$; und nach der Voraussetzung $\frac{\alpha}{2}+\frac{\beta+\gamma}{2}=90^{0}$ ist, so hat man

$$\text{Cos.}\,\beta+\text{Cos.}\,\gamma=2\,\text{Sin.}\,\frac{\alpha}{2}\,\text{Cos.}\,\frac{\beta-\gamma}{2};$$

$$\text{hierzu }\text{Cos.}\,\alpha=1-2\,\text{Sin.}\,\frac{\alpha}{2}^{2}\text{ (VII. §. 366.)}$$

addirt, so folgt

$$\text{Cos.}\alpha+\text{Cos.}\beta+\text{Cos.}\gamma=1+2\,\text{Sin.}\,\frac{\alpha}{2}\left(\text{Cos.}\,\frac{\beta-\gamma}{2}-\text{Cos.}\,\frac{\beta+\gamma}{2}\right)$$

und hieraus, wenn man XXXI. anwendet, folgt Nr. 2.

Ferner hat man, weil der Voraussetzung gemäß $\text{tg.}\,\gamma=-\,\text{tg.}\,(\alpha+\beta)$ ist, (nach XXXVIII.)
$\text{tg.}\,\gamma=-\frac{\text{tg.}\,\alpha+\text{tg.}\,\beta}{1-\text{tg.}\,\alpha\,.\,\text{tg.}\,\beta}$; und hieraus erhellet sogleich die Richtigkeit von Nr. 3.

Dividirt man dann die so eben bewiesene dritte Gleichung durch $\text{tg.}\,\alpha\,.\,\text{tg.}\,\beta\,.\,\text{tg.}\,\gamma$, so folgt, wenn die Formel X. §. 360. angewendet wird, die Richtigkeit von 4.

In Beziehung auf 5. hat man

$$\text{Cotg.}\,\frac{\gamma}{2}=\text{tg.}\,\frac{\alpha+\beta}{2}=\frac{\text{tg.}\,\frac{\alpha}{2}+\text{tg.}\,\frac{\beta}{2}}{1-\text{tg.}\,\frac{\alpha}{2}\,.\,\text{tg.}\,\frac{\beta}{2}}\text{ (XXXVIII.)}$$

oder mit $\text{tg.}\,\frac{\alpha}{2}\,.\,\text{tg.}\,\frac{\beta}{2}$ gehoben, nach §. 360. X.

$$\text{Cotg.}\frac{\gamma}{2} = \frac{\text{Cotg.}\frac{\beta}{2} + \text{Cotg.}\frac{\alpha}{2}}{\text{Cotg.}\frac{\alpha}{2}\,\text{Cotg.}\frac{\beta}{2} - 1}$$, und hieraus folgt dann Nr. 5.

Aus Nr. 5 entspringt Nr. 6 durch Division mit

$$\text{Cotg.}\frac{\alpha}{2}\,\text{Cotg.}\frac{\beta}{2}\,.\,\text{Cotg.}\frac{\gamma}{2}$$

und Anwendung von §. 360. X.

§. 368. Aufgabe. Es bezeichne α irgend einen Kreisbogen, zum Halbmesser = Eins gehörig; man soll Sin. α durch eine nach den Potenzen von α steigende Reihe ausdrücken, deren Coefficienten dieser Potenzen von α, unabhängig von α, also zu bestimmende Zahlen sind.

Auflösung. 1) Sollen die aufzusuchenden Coefficienten dieselben bleiben, welchen Werth man auch für α setzen mag, so muß die Reihe Null liefern, wenn man Null für α schreibt, und hieraus erhellet, daß die Reihe kein von α unabhängiges Glied (d. h. nicht α^0) enthalten kann.

2) Die zu bestimmende Reihe muß, wenn man in ihr α negativ nimmt, dasselbe Resultat, aber entgegengesetzt liefern, welches sie für eben diesen Werth von α, aber positiv genommen, hervorbringt, weil Sin. α = — Sin. (— α) ist. Es behalten aber diejenigen Potenzen von α, in welcher der Exponent gerade ist, ihren Werth unverändert, wenn man — α für α schreibt, und nur die, deren Exponent ungerade ist, werden entgegengesetzt, woraus erhellet, daß die verlangte Reihe nur ungerade Exponenten von α haben kann, also von folgender Form sein muß:

$$\text{Sin.}\,\alpha = \text{x}\,.\,\alpha + \text{y}\,.\,\alpha^3 + \text{z}\,.\,\alpha^5 + \text{w}\,.\,\alpha^7 + \ldots.$$

3) Dividirt man diese Reihe mit α, so entsteht

$$\frac{\text{Sin.}\,\alpha}{\alpha} = \text{x} + \text{y}\,.\,\alpha^2 + \text{z}\,.\,\alpha^4 + \ldots.$$

Es ist aber für jeden Bogen, welcher kleiner wie ein Quadrant ist,

$$\text{tg.}\,\alpha > \alpha \text{ oder}$$

$$\frac{\text{Sin.}\,\alpha}{\text{Cos.}\,\alpha} > \alpha; \text{ also}$$

$$\frac{\text{Sin.}\,\alpha}{\alpha} > \text{Cos.}\,\alpha; \text{ und}$$

$$\text{Sin.}\,\alpha < \alpha;\ \text{folglich}$$

$\frac{\text{Sin.}\,\alpha}{\alpha} < 1$; daher fällt für alle Bogen, welche kleiner wie ein Quadrant, d. h. kleiner wie $\frac{\pi}{2}$ sind, der Quotient $\frac{\text{Sin.}\,\alpha}{\alpha}$ immer zwischen 1 und Cos. α, und diese beiden Gränzen rücken um so näher zusammen, je kleiner α ist, so daß sich also auch $\frac{\text{Sin.}\,\alpha}{\alpha}$ der Eins um so mehr nähert, je näher α der Null ist. Für $\alpha = 0$ ist Cos. $\alpha = 1$; und es fallen beide Gränzen zusammen, folglich muß, wenn $\alpha = 0$ ist, auch nothwendig $\frac{\text{Sin.}\,\alpha}{\alpha} = 1$ sein. Setzt man daher in obige Gleichung Null für α, so erhält man

$$1 = x \text{ und folglich ist:}$$
$$\text{Sin.}\,\alpha = \alpha + y\,.\,\alpha^3 + z\alpha^5 + w\alpha^7 + \ldots..$$

4) Da, nach §. 366. Formel LI.:

$$\text{Sin.}\,3\alpha = 3\,\text{Sin.}\,\alpha - 4\,\text{Sin.}\,\alpha^3 \text{ ist,}$$

so müssen, da y, z, w u. s. w. für jeden Werth von α dieselben bleiben sollen, diese Coefficienten nothwendig dieser Gleichung Genüge leisten, d. h. es muß

$$3\alpha + y\,.\,(3\alpha)^3 + z\,.\,(3\alpha)^5 + w\,.\,(3\alpha)^7 + \ldots..$$
$$= 3\,.\,[\alpha + y\alpha^3 + z\alpha^5 + w\alpha^7 \ldots] - 4[\alpha + y\alpha^3 + z\alpha^5 + w\alpha^7 \ldots]^3$$

sein.

Ordnet man nun diese Gleichung nach den Potenzen des willkührlichen Bogens α, so entsteht

$$[24\,.\,y + 4]\,\alpha^3 + [240\,.\,z + 12y]\,.\,\alpha^5 +$$
$$[2184\,.\,w + 12y^2 + 12\,.\,z]\,.\,\alpha^7 + \ldots.. = 0.$$

5) Nach bekannten Lehren muß aber für jede nach den Potenzen einer willkührlichen Größe geordnete, auf Null reducirte Reihe, wenn sie für jeden Werth dieser Größe gültig bleiben soll, nothwendig jeder einzelne Coefficient gleich Null sein, und es ergeben sich demnach zu Bestimmung der Coefficienten y, z, w u. s. w. folgende Gleichungen:

$$24\,.\,y + 4 = 0$$
$$240\,.\,z + 12y = 0$$
$$2184w + 12y^2 + 12z = 0 \text{ u. s. w.;}$$

und aus ihnen erhält man

$$y = -\frac{1}{2\,.\,3} = -\frac{1}{(3)},$$

$$z = + \frac{1}{2.3.4.5} = + \frac{1}{(5)},$$
$$w = - \frac{1}{2.3.4.5.6.7} = - \frac{1}{(7)}$$
u. s. w.

Demnach ist also die verlangte Reihe folgende:

$$\text{Sin.}\,\alpha = \alpha - \frac{\alpha^3}{(3)} + \frac{\alpha^5}{(5)} - \frac{\alpha^7}{(7)} + - \ldots\ldots$$

§. 369. Zusatz. 1) Auf ganz ähnlichem Wege erhält man aus §. 366. LII.:

$$\text{Cos.}\,\alpha = 1 - \frac{\alpha^2}{(2)} + \frac{\alpha^4}{(4)} - \frac{\alpha^6}{(6)} + - \ldots\ldots$$

2) Setzt man Sin. $\alpha = a$, und dann

$$\alpha = xa + y\,.\,a^3 + z\,.\,a^5 + v\,.\,a^7 + w\,.\,a^9 + \ldots.$$

und substituirt diese Reihe für α in die Reihe §. 368., so entsteht:

$$a = xa + ya^3 + \ldots. - \tfrac{1}{6}(xa + y\,.\,a^3 \ldots.)^3$$
$$+ \tfrac{1}{120}\,.\,[xa + y\,.\,a^3 + \ldots.]^5 - \tfrac{1}{5040}\,.\,[xa + y\,.\,a^3 + \ldots.]^7$$
u. s. w.

Ordnet man diese Gleichung nach den Potenzen von a, und setzt dann jeden Coefficienten gleich Null, so erhält man

$$x = 1;\ y = \frac{1}{2.3};\ z = \frac{3}{2.4.5};$$
$$v = \frac{3.5}{2.4.6.7};\quad w = \frac{3.5.7}{2.4.6.8.9};\ \text{u. s. w.};$$

folglich

$$\alpha = \text{Sin.}\,\alpha + \frac{\text{Sin.}\,\alpha^3}{2.3} + \frac{3.\text{Sin.}\,\alpha^5}{2.4.5} + \frac{3.5.\text{Sin.}\,\alpha^7}{2.4.6.7}$$
$$+ \frac{3.5.7.\text{Sin.}\,\alpha^9}{2.4.6.8.9} + \ldots.$$

Nach dieser Reihe läßt sich π sehr leicht berechnen, denn nimmt man den Winkel $= 30^0$; also

$$\alpha = \frac{30}{360}.2.1.\pi = \frac{\pi}{6};\ \text{und Sin.}\,\alpha = \tfrac{1}{2}\ (\text{§. 361. 1.});$$

so hat man

$$\frac{\pi}{6} = \tfrac{1}{2} + \frac{1}{2.3.2^3} + \frac{3}{2.4.5.2^5} + \frac{3.5}{2.4.6.7.2^7}$$
$$+ \frac{3.5.7}{2.4.6.8.9.2^9} + \ldots.;\ \text{also}$$

$$\pi = 6 \, . \left[\tfrac{1}{2} + \frac{2}{2\,.\,3\,.\,2^3} + \frac{3}{2\,.\,4\,.\,5\,.\,2^5} + \frac{3\,.\,5}{2\,.\,4\,.\,6\,.\,7\,.\,2^7} + \ldots\right]$$

$$= 3{,}14159 \ldots\ldots$$

§. 370. **Aufgabe.** Die goniometrischen Functionen für jeden in Zahlen gegebenen Winkel zu berechnen.

Auflösung. Nach der Reihe (§. 368.)

$$\text{Sin.}\, \alpha = \alpha - \frac{\alpha^3}{(3)} + \frac{\alpha^5}{(5)} - \frac{\alpha^7}{(7)} \ldots\ldots$$

kann man für jeden gegebenen Winkel, wenn zuvor der zugehörige Bogen für den Halbmesser Eins ausgemittelt worden ist, den Sinus desselben berechnen, und um so leichter, je kleiner der Winkel ist, weil in solchen Fällen die Reihe sehr schnell convergirt. Sind hiernach die Sinusse aller Winkel von Minute zu Minute, oder auch von Secunde zu Secunde bis zu 30 Grad ausgerechnet, so kann man die übrigen goniometrischen Functionen aller dieser Winkel nach §. 359. ebenfalls bestimmen.

Zur Berechnung der Sinusse aller Winkel zwischen 30 und 45 Grad bedient man sich dann am bequemsten der Formel (§. 366. **XXXVI.**)

$$\text{Sin.}\,(30^\circ + \beta) = \text{Cos.}\,\beta - \text{Sin.}\,(30^\circ - \beta),$$

und bestimmt sodann die übrigen sieben goniometrischen Functionen dieser Winkel wieder nach §. 359. Für Winkel zwischen 45° und 90° ist weiter keine Berechnung erforderlich, da

$$\text{Sin.}\,(45 + \gamma) = \text{Cos.}\,(45 - \gamma),\ \text{tg.}\,(45 + \gamma) = \text{Cotg.}\,(45 - \gamma)$$

u. s. w. ist. Noch weniger ist für Winkel in den folgenden Quadranten eine Ausrechnung der goniometrischen Functionen derselben nöthig, da sich die Größe derselben immer auf die Größe gleichnamiger Functionen im ersten Quadranten reducirt.

Beispiel. Man soll Sin. 2° berechnen.

$$\text{Hier ist } \alpha = \frac{2}{360} \, . \, 2 \, . \, 1 \, . \, \pi$$

$$= \frac{\pi}{90} \text{; folglich}$$

$$\text{Sin.}\, \frac{\pi}{90} \text{ oder Sin. } 2^\circ = \frac{\pi}{90} - \frac{\pi^3}{6\,.\,90^3}$$

$$+ \frac{\pi^5}{120\,.\,90^5} - \frac{\pi^7}{5040\,.\,90^7} + \ldots\ldots$$

Nun ist aber

$$\frac{\pi}{90} = 0{,}03490658 \ldots\ldots$$

$$\frac{\pi^3}{6 \cdot 90^3} = 0{,}0000070887 \ldots\ldots$$

$$\frac{\pi^5}{120 \cdot 90^5} = 0{,}00000000043187 \ldots\ldots$$

$$\frac{\pi^7}{5040 \cdot 90^7} = 0{,}0000000000001253 \ldots\ldots$$

u. s. w.;

also blos aus den beiden ersten Gliedern der Reihe, mit einer Genauigkeit von 7 Decimalstellen,

$$\text{Sin. } 2^\circ = 0{,}0348995 \ldots\ldots$$

§. 371. Zusatz. Wegen der mehreren Decimalstellen, in welchen, wenn einige Genauigkeit beim Gebrauch entstehen soll, die goniometrischen Functionen berechnet werden müssen, ist es bequem, die Logarithmen derselben zu sammeln, um jede Zahlen-Aufgabe, in welcher goniometrische Functionen vorkommen, gleich mit Logarithmen ausrechnen zu können.

In den Vegaischen Tafeln (logarithmisch-trigonometrisches Handbuch) stehen diese Logarithmen für Winkel von Minute zu Minute, bis zu 6° 3′, sogar für Winkel von 10 zu 10 Secunden: die Functionen selbst aber sind nicht angegeben, da man in den wenigen Fällen, wo ihr Gebrauch nöthig ist, aus dem vorhandenen Logarithmen die zugehörigen Functionen in den gewöhnlichen Briggischen Logarithmen nachschlagen kann.

Insofern nun aber alle Sin. und Cosin. so wie die Tang. der Winkel unter 45° ächte Brüche sind, folglich die Logarithmen derselben eine negative Charakteristik haben, so ist die Einrichtung so getroffen, daß hinter jeden Logarithmen die Charakteristik, negativ Zehn, noch zugefügt werden muß.

So ist z. B. Log. 0,0348995 oder

Log. Sin. 2° = 0,5428192 — 2.

In den Vegaischen Tafeln steht aber

Log. Sin. 2° = 8,5428192, wofür also

Log. Sin. 2° = 8,5428192 — 10

genommen werden muß.

§. 372. Aufgabe. Es ist ein Winkel in Graden, Minuten und Secunden gegeben; man soll den in den Vegaischen Tafeln nicht angegebenen Logarithmen einer goniometrischen Function desselben mit Hülfe dieser Tafeln bestimmen.

Auflösung. Die Auflösung erfolgt durch das Näherungsgesetz, von dessen beinahe vollkommener Wahrheit man sich leicht durch die Tafeln selbst überzeugt:

Für Winkel, welche nicht über einige Minuten verschieden sind, verhalten sich die Differenzen der Logarithmen gleichnamiger goniometrischer Functionen derselben, wie die Differenzen der zugehörigen Winkel.

Sind etwa α und β zwei Winkel, die nur um 1 oder 2 Minuten verschieden sind, fällt γ zwischen α und β, ist Log. Sin. α und Log. Sin. β in den Tafeln zu finden, Log. Sin. γ aber nicht, so hat man

$$\alpha - \beta : \gamma - \beta = \text{Log. Sin.}\,\alpha - \text{Log. Sin.}\,\beta : \text{Log. Sin.}\,\gamma - \text{Log. Sin.}\,\beta,$$

woraus Log. Sin. γ zu entwickeln ist.

Beispiele. 1. Log. Sin. 35° 18′ 19″ zu bestimmen.

Es ist nach den Tafeln

$$\text{Log. Sin. } 35^\circ\ 19' = 9{,}7619992 - 10$$

und

$$\text{Log. Sin. } 35^\circ\ 18' = 9{,}7618208 - 10$$

Setzt man nun die Mantisse des zu bestimmenden Log. gleich x, also

$$\text{Log. Sin. } 35^\circ\ 18'\ 19'' = 9,\ x - 10,$$

so folgt

$$35^\circ\ 19' - 35^\circ\ 18' : 35^\circ\ 18'\ 19'' - 35^\circ\ 18'$$

$$= \frac{1784}{10000000} : \frac{x - 7618208}{10000000};$$ oder

$$60'' : 19'' = 1784 : x - 7618208,$$

und hieraus

$$x = 7618208 + 19 \cdot \frac{1784}{60}$$
$$= 7618208 + 19 \cdot 29{,}73$$
$$= 7618208 + 564{,}87$$

oder, den 2ten Summanden = 565 angenommen,

$$x = 7618773;$$ folglich

$$\text{Log. Sin. } 35^\circ\ 18'\ 19'' = 9{,}7618773 - 10.$$

2. Log. Cotg. 53° 14′ 41″ anzugeben.

Es ist

$$\text{Log. Cotg. } 53^\circ\ 15' = 9{,}8731668 - 10$$
$$\text{Log. Cotg. } 53^\circ\ 14' = 9{,}8734302 - 10,$$

und setzt man dann

$$\text{Log. Cotg. } 53^\circ\ 14'\ 41'' = 9,\ x - 10,$$

so folgt, wie im 1sten Beispiel,

$$60 : 41 = -2634 : x - 8734302,$$

und hieraus: $x = 8734302 - 41 \cdot \frac{2634}{60}$

$$= 8734302 - 41 \cdot 43{,}9$$
$$= 8734302 - 1800$$ beinahe;
$$= 8732502;$$ folglich

$$\text{Log. Cotg. } 53^\circ\ 14'\ 41'' = 9{,}8732502 - 10.$$

§. 373. Zusatz. In den Vegaischen Tafeln ist der 60ste Theil der Differenz beider auf einander folgender Logarithmen, also die mittlere Differenz für eine Secunde angegeben, und man hat daher nur nöthig, diese angegebene Zahl mit der Anzahl Secunden des gegebenen Winkels zu multipliciren, und dieses Product zum Log. der zum nächstkleineren Winkel gehört dann zu addiren, wenn von Sin. oder tg., in den Fällen aber, wo von Cosin. oder Cotg. die Rede ist, zu subtrahiren.

Beispiel. 1. Man soll Log. Sin. 35° 18′ 19″ bestimmen.

Es ist Log. Sin. 35° 18′ = 9,7618208 — 10 und zwischen den Log. zu den benachbarten Winkeln, also zwischen Log. Sin. 35° 19′ und Log. Sin. 35° 18′ steht zur Seite die Zahl 29,73. Diese mit der Anzahl Secunden, also hier mit 19 multiplicirt, giebt beinahe 565, und es ist daher die gesuchte Mantisse

$$= 7618208 + 565$$
$$= 7618773;$$ folglich
$$\text{Log. Sin. } 35^\circ\ 18'\ 19'' = 9,7618773 - 10.$$

2. Man soll Log. Cotg. 53° 14′ 41″ angeben.

Es ist Log. Cotg. 53° 14′ = 9,8734302 — 10, und zwischen Log. Cotg. 53° 15′ und Log. Cotg. 53° 14′ steht zur Seite die Zahl 43,92. Diese mit 41 multiglicirt, giebt beinahe 1801, und es ist daher die gesuchte Mantisse

$$= 8734302 - 1801$$
$$= 8732501;$$ folglich
$$\text{Log. Cotg. } 53^\circ\ 14'\ 41'' = 9,8732501 - 10.$$

Anmerkung. Eine zuweilen (wie in Beisp. 2.) sich ergebende kleine Verschiedenheit zwischen dem 60sten Theil der Differenz, so wie ihn die Proportion angiebt, in Vergleich mit der in der Tafel angegebenen Zahl rührt daher, daß bei der Berechnung in den Tafeln mehr wie 7 Decimalstellen benutzt worden sind, so daß also die Tafeln mehr Genauigkeit geben, wie die Proportion.

§. 374. Zusatz. Soll für irgend einen Winkel der Log. seiner Sec. oder seiner Cosec., seines Sinv. oder seines Cosinv. angegeben werden, welche sämmtlich nicht in den Vegaischen Tafeln stehen, so hat man

1) nach §. 360. VIII.

$$\text{Sec. } \alpha = \frac{1}{\text{Cos. } \alpha};$$ folglich

weil Log. 1 = Null ist,

$$\text{Log. Sec. } \alpha = -\text{Log. Cos. } \alpha.$$

2) Nach §. 360. IX.

$$\text{Cosec. } \alpha = \frac{1}{\text{Sin. } \alpha}; \text{ also}$$

$$\text{Log. Cosec. } \alpha = - \text{Log. Sin. } \alpha.$$

3) Nach §. 366. XI.

$$\text{Sinv. } \alpha = 2 \left(\text{Sin. } \frac{\alpha}{2}\right)^2; \text{ also}$$

$$\text{Log. Sinv. } \alpha = \text{Log. } 2 + 2 \text{ . Log. Sin. } \frac{\alpha}{2}.$$

4) Nach §. 366. XI.

$$\text{Sinv. } \alpha = 2 \left(\text{Sin. } \frac{\alpha}{2}\right)^2; \text{ oder}$$

$$\text{Cosinv. } (90^\circ - \alpha) = 2 \left(\text{Sin. } \frac{\alpha}{2}\right)^2;$$ oder $90^\circ - \alpha$ durch β ausgedrückt:

$$\text{Cosinv. } \beta = 2 \text{ . } \left(\text{Sin. } \frac{90^\circ - \beta}{2}\right)^2; \text{ folglich}$$

$$\text{Log. Cosinv. } \beta = \text{Log. } 2 + 2 \text{ . Log. Sin. } \frac{90^\circ - \beta}{2}.$$

Beispiel. Es soll Log. Sec. 73° 10′ 14″ bestimmt werden.

Nach den Tafeln ist

$$\begin{array}{rcl} \text{Log. Cos. } 73^\circ\ 10 & = & 9{,}4617816 - 10 \\ 69,\ 63\ .\ 14 & = & 975 \\ \hline \text{Log. Cos. } 73^\circ\ 10'\ 14'' & = & 9{,}4616841 - 10 \\ & = & -\ 0{,}5383159; \text{ folglich} \\ \text{Log. Sec. } 73^\circ\ 10'\ 14'' & = & 0{,}5383159 \\ \text{oder auch} & = & 10{,}5383159 - 10. \end{array}$$

§. 375. **Aufgabe.** Es ist der Log. einer goniometrischen Function gegeben, aber in den Tafeln nicht vollkommen zu finden; man soll den zugehörigen Winkel bis auf Secunden bestimmen.

Auflösung. Die Bestimmung erfolgt ganz nach dem in §. 372. angegebenen Näherungsgesetz.

Ist etwa Log. tg. x gegeben; sind α und β die beiden nächsten Winkel in den Tafeln, für welche

$$\text{Log. tg. } \alpha > \text{Log. tg. x und}$$
$$\text{Log. tg. } \beta < \text{Log. tg. x ist, so hat man}$$

$$\alpha - \beta : x - \beta = \text{Log. tg. } \alpha - \text{Log. tg. } \beta$$
$$: \text{Log. tg. x} - \text{Log. tg. } \beta;$$

woraus, da Log. tg. x gegeben ist, der Werth von x entwickelt werden kann.

Beispiele. 1) Es ist Log. tg. x = 10,5736972 — 10 gegeben; man soll x angeben.

Nach den Tafeln ist

$$\text{Log. tg. } 75^\circ\ 4' = 10{,}5739729 - 10$$

$$\text{Log. tg. } 75^\circ\ 3' = 10{,}5734658 - 10$$

folglich $75^\circ\ 4' - 75^\circ\ 3' : x - 75^\circ\ 3'$

$$= \frac{5071}{10000000} : \frac{2314}{10000000}; \text{ oder}$$

$$60'' : (x - 75^\circ\ 3') \text{ in Sec.} = 5071 : 2314;$$

$$\text{also } x = 75^\circ\ 3' + \frac{60\,.\,2314}{5071} \text{ Sec.}$$

$$= 75^\circ\ 3' + \frac{2314}{5071 : 60} \text{ Sec.}$$

$$= 75^\circ\ 3' + \frac{2314}{84{,}52} \text{ Sec.}$$

$$= 75^\circ\ 3'\ 27'' \text{ oder auch}$$

$$x = 255^\circ\ 3'\ 27''.$$

2) Es ist Log. Cos. x = 9,9847600 — 10 gegeben; man soll x bestimmen.

Nach den Tafeln ist

$$\text{Log. Cos. } 15^\circ\ 5' = 9{,}9847740 - 10$$

$$\text{Log. Cos. } 15^\circ\ 6' = 9{,}9847400 - 10$$

folglich $-60'' : (x - 15^\circ\ 6') \text{ Sec.} = 340 : 200;$

$$\text{also } x = 15^\circ\ 6' = \frac{200}{340 : 60} \text{ Sec.}$$

$$= 15^\circ\ 6' - \frac{200}{5{,}67} \text{ Sec.}$$

$$= 15^\circ\ 6' - 30$$

$$= 15^\circ\ 5'\ 25'' \text{ oder auch}$$

$$x = 344^\circ\ 54'\ 35''.$$

§. 376. Zusatz. Nach der in §, 373. angegebenen Einrichtung der Vegaischen Tafeln kommt man in solchen Fällen sehr leicht zum Ziel, wenn man in den Unterschied des gegebenen Log. und des nächst kleineren in den Tafeln mit der Zahl dividirt, welche zwischen dem nächst größeren und nächst kleineren Log. in den Tafeln zur Seite steht, welcher Quotient die Anzahl Secunden angiebt, die, wenn von Sin. oder tg. die Rede ist, zu dem Winkel addirt werden muß, dem der nächst kleinere Log. zugehört; in den Fällen aber, wo von Cos. oder Cotg. der Log.

gegeben ist, von dem Winkel zu subtrahiren ist, dem der nächst kleinere Log. entspricht.

§. 377. Zusatz. Ist der Log. von Sec., Cosec., Sinv. oder Cosinv. gegeben, und soll der zugehörige Winkel bestimmt werden, so kann die Ausführung nach den vier Formeln in §. 374. keine Schwierigkeit machen, wie folgende Beispiele zeigen.

1) Log. Cosec. $\alpha = 10{,}8495673 - 10$; wie groß ist α?

Es ist Log. Sin. $\alpha = -$ Log. Cosec. α; also hier

$$\begin{aligned}\text{Log. Sin. } \alpha &= -\,0{,}8495673\\ &= 10 - 0{,}8495673 - 10\\ &= 9{,}1504327 - 10.\end{aligned}$$

Nun ist Log. Sin. $8^\circ\ 7' = 9{,}1498015 - 10$

Unterschied $= 6312$

und $6312 : 147{,}51 = 43$ beinahe;

daher $\alpha = 8^\circ\ 7'\ 43''$ beinahe;

oder auch $\alpha = 171^\circ\ 52'\ 17''$.

2) Log. Cosinv. $\alpha = 10{,}2040404 - 10$; wie groß ist α?

Es ist Log. $2 + 2$ Log. Sin. $\frac{90-\alpha}{2}$

Log. Cosinv. $\alpha = 10{,}2040404 - 10$,

und hieraus Log. Sin. $\frac{90-\alpha}{2} = 9{,}9515052 - 10$,

wozu $63^\circ\ 25'\ 28''$ oder der Supplementswinkel $116^\circ\ 34'\ 32''$ gehört. Aus

$$\frac{90-\alpha}{2} = 63^\circ\ 25'\ 28'' \text{ oder } = 116^\circ\ 34'\ 32''$$

folgt aber $\alpha = -(36^\circ\ 50'\ 56'')$ oder $\alpha = -(143^\circ\ 9'\ 4'')$ oder $\alpha = 323^\circ\ 9'\ 4''$; und auch $\alpha = 216^\circ\ 50'\ 56''$.

Zweites Kapitel.

Von den rechtwinkligen und gleichschenkligen Dreiecken.

§. 378. Lehrsatz. Jede Cathete eines rechtwinkligen Dreiecks ist gleich der Hypotenuse desselben, multiplicirt mit dem (abstracten) Sinus des ihr (der Cathete) gegenüber liegenden oder dem Cosinus des ihr (der Cathete) anliegenden Winkels; oder:

Behaupt. $bc = ab \, . \, \text{Sin.} \, \alpha$ (Fig. 209.)
$bc = ab \, . \, \text{Cos.} \, \beta$
Voraussſ. $\angle acb = 90^\circ$.

Beweis. Mit irgend einem Halbmesser r denke man sich aus a zwischen den Schenkeln des Winkels α den Kreisbogen construirt, und aus dem Durchschnittspunkt desselben mit der Richtung ab eine Normale auf die Richtung ac gefällt, so ist diese Normale $= \overset{r}{\text{Sin.}} \, \alpha$, und es ergiebt sich sogleich die Gleichung:

$$r : \overset{r}{\text{Sin.}} \, \alpha = ab : bc,$$

woraus $bc = ab \, . \, \frac{\overset{r}{\text{Sin.}} \, \alpha}{r}$ folgt. Es ist aber $\frac{\overset{r}{\text{Sin.}} \, \alpha}{r}$ gleich der goniometrischen Function $\text{Sin.} \, \alpha$ (§. 358.), folglich

1. $bc = ab \, . \, \text{Sin.} \, \alpha$.

Nach der Voraussetzung ist $\angle acb = 90^\circ$, also auch $\alpha + \beta = 90^\circ$, folglich $\text{Sin.} \, \alpha = \text{Cos.} \, \beta$, und daher auch

2. $bc = ab \, . \, \text{Cos.} \, \beta$.

§. 379. Lehrsatz. Jede Cathete eines rechtwinkligen Dreiecks ist gleich der andern Cathete desselben, multiplicirt mit der Tangente des ihr (der andern Cathete) anliegenden spitzen, oder der Cotangente des ihr gegenüber liegenden Winkels, oder:

Behaupt. $bc = ac \, . \, \text{tg.} \, \alpha$ (Fig. 209.)
$bc = ac \, . \, \text{Cotg.} \, \beta$
Voraussſ. $\angle acb = 90^\circ$.

Beweis. Mit irgend einem Halbmesser r denke man sich aus a zwischen den Schenkeln von α den Kreisbogen construirt, und aus dem Durchschnittspunkt desselben mit der Richtung ac auf ac eine Normale errichtet, bis sie die Richtung von ab trifft, so ist diese Normale $= \overset{r}{\text{tang.}} \, \alpha$, und es ergiebt sich sogleich die Proportion:

$$r : \overset{r}{\text{tang.}} \, \alpha = ac : bc, \text{ woraus}$$

$bc = ac \, . \, \frac{\overset{r}{\text{tang.}} \, \alpha}{r}$ folgt. Es ist aber $\frac{\overset{r}{\text{tang.}} \, \alpha}{r}$ = der goniometrischen Function $\text{tang.} \, \alpha$; also

1. $bc = ac \,.\, tg.\ \alpha$,
und da β das Complement zu α, folglich
$Cotg.\ \beta = tg.\ \alpha$ ist
2. $bc = ac \,.\, Cotg.\ \beta$.

§. 380. Lehrsatz. In jedem rechtwinkligen Dreieck ist die Hypotenuse gleich einer Cathete desselben, multiplicirt mit der Secante des ihr (der Cathete) anliegenden spitzen Winkels oder der Cosecante des ihr (der Cathete) gegenüber liegenden Winkels; oder

Behaupt. $ab = ac \,.\, Sec.\ \alpha$ (Fig. 209.)
$ab = ac\ Cosec.\ \beta$

Vorauss. $\angle acb = 90^\circ$.

Beweis. Bei derselben Construction wie im vorigen §. ergiebt sich auch die Proportion:

$$r : \overset{r}{Sec.}\ \alpha = ac : ab$$

und hieraus $ab = ac \,.\, \dfrac{\overset{r}{Sec.}\ \alpha}{r}$; oder

1. $ab = ac \,.\, Sec.\ \alpha$,
und da $Sec.\ \alpha = Cosec.\ \beta$ ist, auch
2. $ab = ac\ Cosec.\ \beta$.

§. 381. Zusatz. Die drei Sätze §. 378., 379. und 380. bilden die Grundlage der gesammten Goniometrie, sind daher für den Anfänger von ganz besonderer Wichtigkeit, und müssen ganz vorzüglich eingeübt werden.

Beispiele. 1. $ab = 15{,}73$, $\alpha = 38^\circ\ 7'\ 14''$; man soll bc und ac bestimmen.

Es ist $bc = 15{,}73 \,.\, Sin.\ 38^\circ\ 7'\ 14''$
$= 9{,}710414\ldots$
und $ac = 15{,}73 \,.\, Cos.\ 38^\circ\ 7'\ 14''$
$= 12{,}375$.

2. $bc = 785{,}34$, $\beta = 67^\circ\ 2'\ 35''$; man soll ac und ab bestimmen.

Es ist $ac = 785{,}34 \,.\, tg.\ 67^\circ\ 2'\ 35''$
$= 1854{,}017$;
$ab = 785{,}34 \,.\, Sec.\ 67^\circ\ 2'\ 35''$
$= 2013{,}49$.

3. $bc = 20$, $\alpha = 18^\circ\ 20'$; man soll ac und ab bestimmen.

Es ist $ac = 20 \,.\, Cotg.\ 18^\circ\ 20'$
$= 60{,}3566$
$ab = 20 \,.\, Cosec.\ 18^\circ\ 20'$
$= 63{,}584\ldots.$

4. $ab = 24{,}8$, $bc = 13{,}77$; man soll α bestimmen.
Es ist $24{,}8 \,.\, \text{Sin.}\, \alpha = 13{,}77$; also

$$\text{Sin.}\, \alpha = \frac{13{,}77}{24{,}8}; \text{ folglich}$$

$$\alpha = 33^0\ 43'\ 38''.$$

5. $ac = 17$, $bc = 3$; man soll β bestimmen.
Es ist $3 \,.\, \text{tg.}\, \beta = 17$; also

$$\text{tg.}\, \beta = \tfrac{17}{3}; \text{ folglich}$$

$$\beta = 79^0\ 59'\ 31''.$$

6. Es sei $ab + bc = 36{,}78$; $\beta = 27^0$; man soll ab und bc einzeln bestimmen.

Setzt man $ab = x$, so ist $bc = 36{,}78 - x$, und

$$x \,\text{Cos.}\, 27^0 = 36{,}78 - x;$$

$$\text{folglich } x = \frac{36{,}78}{1 + \text{Cos.}\, 27^0} = 19{,}44995 \ldots.$$

$$\text{also } bc = 17{,}33005.$$

7. Es sei $ab - bc = 4$, $\alpha = 17^0$; man soll ab und bc bestimmen.

Ist $ab = x$, so hat man

$$x \,.\, \text{Sin.}\, 17^0 = x - 4; \text{ also}$$

$$x = \frac{4}{1 - \text{Sin.}\, 17^0} = 5{,}65268 \ldots.$$

$$\text{folglich } bc = 1{,}65268 \ldots.$$

8. Es sei der Inhalt des Dreiecks $= 92$ Quadrat-Fuß, $\beta = 23^0\ 8'\ 52''$; man soll ac und bc bestimmen.

Setzt man $ac = x$, $bc = y$, so ist

$$\frac{x \,.\, y}{2} = 92 \text{ und}$$

$$y \,\text{tg.}\, 23^0\ 8'\ 52'' = x; \text{ folglich}$$

$$x = \sqrt{184 \,.\, \text{tg.}\, 23^0\ 8'\ 52''} = 8{,}86928 \ldots.$$

$$y = \sqrt{184 \,.\, \text{Cotg.}\, 23^0\ 8'\ 52''} = 20{,}74577 \ldots.$$

§. 382. Aufgabe. Fürs gleichschenklige Dreieck eine Gleichung zwischen einer goniometrischen Function des Winkels α an der Spitze, den Schenkeln a und der 3ten Seite b darzustellen.

Auflösung. Fällt man die Normale aus der Spitze auf b, so halbirt sie b und den Winkel α, und es ist nach §. 378. (Fig. 210.)

$$\frac{b}{2} = a \text{ Sin. } \frac{\alpha}{2}; \text{ oder}$$

$$b = 2 a \text{ Sin. } \frac{\alpha}{2}.$$

Bezeichnet β jeden der Winkel an b, so kann man die Gleichung auch durch

$b = 2$ a Cos. β darstellen.

Beispiele. 1. Es sei $a = 138,756$, $\alpha = 27^\circ\ 15'$,

so ist $b = 2 \,.\, 138,756 \text{ Sin. } 13^\circ\ 37'\ 30''$
$= 65,37243\ldots$

2. Es sei $b = 100$, $\alpha = 24^\circ$,

$$\text{so ist } a = \frac{100}{2 \text{ Sin. } 12^\circ} = 240,4867\ldots$$

3. Es sei $a = 80$, $b = 50$, so ist

$$\text{Sin. } \frac{\alpha}{2} = \frac{50}{2 \,.\, 80}; \text{ also}$$

$$\frac{\alpha}{2} = 18^\circ\ 12'\ 35\tfrac{1}{2}'' \text{ folglich}$$

$$\alpha = 36^\circ\ 25'\ 11''.$$

4. Es sei $\alpha = 22^\circ\ 18$, der Inhalt des gleichschenkligen Dreiecks = 100 Quad. Fuß; man soll a und b bestimmen.

Die Normale auf b, oder die Höhe des Dreiecks ist

$$= a \text{ Cos. } \frac{\alpha}{2}; \text{ folglich}$$

$$\frac{b}{2} \,.\, a \text{ Cos. } 11^\circ\ 9' = 100;$$

$b = 2a \text{ Sin. } 11^\circ\ 9'$; daher

$b = 20 \,.\, \sqrt{\text{tg. } 11^\circ\ 9'} = 8,87916$

$$a = \sqrt{\frac{200}{2 \text{ Sin. } 11^\circ\ 9' \text{ Cos. } 11^\circ\ 9'}} = \sqrt{\frac{200}{\text{Sin. } 22^\circ\ 18'}}$$

(§. 366. V.)

$= 22,958.$

5. Die Höhe cd eines Kreisabschnitts abd (Fig. 154.) sei = 5′, die begränzende Sehne ab = 18′; man soll den Kreisabschnitt berechnen. Bezeichnet x den Halbmesser des Kreises, y den Mittelpunkts-Winkel zur Sehne, so hat man 5 : 9 = 9 : 2x — 5, und hieraus x = 10,6; dann Sin. $\frac{y}{2} = \frac{9}{10,6}$

und hierzu $\frac{v}{2} = 58^\circ\ 6'\ 33'' = 209193''$; folglich den Kreisausschnitt $= \frac{58^\circ\ 6'\ 33''}{180^\circ}\ 10{,}6^2\ .\ \pi$

$$= \frac{209193\ .\ 10{,}6^2\ .\ \pi}{648000} = 113{,}9551.$$

Da nun das zu subtrahirende Dreieck $= 9\ .\ 5{,}6 = 50{,}4$ ist, so erhält man den

Kreisabschnitt $= 63{,}5551$ Q'.

Drittes Kapitel.

Von den schiefwinkligen Dreiecken.

§. 383. Aufgabe. Von den sechs Begränzungsstücken eines Dreiecks sind drei bestimmende gegeben; man soll zu Bestimmung der übrigen 3 unbekannten Stücke die erforderlichen 3 Gleichungen herleiten.

Auflösung. Denkt man sich eine der drei Höhen, etwa die auf die Seite a, bezeichnet die anderen beiden Seiten mit b, c (Fig. 211.), die den 3 Seiten a, b, c gegenüberliegenden Winkel mit α, β, γ, so ist nach §. 378. diese Höhe sowohl durch c Sin. β, als auch durch b Sin. γ ausgedrückt, mag auch einer der Winkel β oder γ stumpf sein (§. 355. 1.), und man hat daher die Gleichung

1) c Sin. β = b Sin. γ.

Nun ist ferner, wenn beide Winkel β, γ spitz sind:

$$df + fg = dg; \text{ oder}$$
$$c \text{ Cos. } \beta + b \text{ Cos. } \gamma = a \ (\S.\ 378).$$

Ist aber der eine, etwa γ, stumpf, so ist

$$df - fg = dg; \text{ oder}$$
$$c \text{ Cos. } \beta - b\,(-\text{Cos. } \gamma) = a \ (\S.\ 355.\ 3.),$$

also, in allen Fällen:

2) c Cos. β + b Cos. γ = a.

Zu diesen zwei Gleichungen die dritte geometrische

3) $\alpha + \beta + \gamma = 180^\circ$

gefügt, so hat man für alle trigonometrischen Aufgaben, in welchen von den sechs Begränzungsstücken drei bestimmende gegeben sind, die erforderlichen drei Gleichungen, aus denen die drei unbekannten zu entwickeln sind.

§. 384. Zusätze. 1) Die dritte rein geometrische Gleichung $\alpha + \beta + \gamma = 180^\circ$ soll gewöhnlich nicht angeführt, sondern, wenn sie erforderlich ist, stillschweigend als vorhanden angesehen werden, indem das Entwickeln aus ihr im Kopfe erfolgen kann.

2) Die erste und zweite Gleichung können auch, entweder durch a Sin. γ = c Sin. α und a Cos. γ + c Cos. α = b, wenn man die Höhe auf b zu Hülfe nimmt; oder durch:

a Sin. β = b Sin. α und
a Cos. β + b Cos. α = c,

wenn man die Höhe auf c zu Hülfe nimmt, ausgedrückt werden.

3) Dem gesunden Urtheil muß es überlassen werden, in jedem Fall der Anwendung diejenigen beiden Gleichungen zu wählen, welche die bequemste Entwicklung gewähren, und es können sehr wohl Fälle eintreten, wo zwei Gleichungen, durch zwei Höhen bestimmt, bequemer sind, als die zwei durch eine Höhe hergeleiteten; z. B. die beiden:

b Sin. γ = c Sin. β und
a Sin. β = b Sin. α; oder auch die beiden:
a Sin. γ = c Sin. α und
a Cos. β + b Cos. α = c u. s. w.

4) Die Gleichungen

c Sin. β = b Sin. γ
a Sin. γ = c Sin. α
a Sin. β = b Sin. α

geben, in Proportionen verwandelt, dies einfache Gesetz:

a : b : c = Sin. α : Sin. β : Sin. γ,

d. h. in jedem Dreieck verhalten sich die Seiten wie die Sinusse der ihnen gegenüber liegenden Winkel, ein Gesetz, welches um so interessanter ist, da Anfänger sich zuweilen leicht verleiten lassen, folgenden falschen Schluß zu machen: „Da in der Geometrie bewiesen wurde, daß in jedem Dreieck „der größeren Seite auch der größere Winkel gegenüber liegt, so „müssen sich also wohl die Seiten eines Dreiecks so verhalten, „wie die ihnen gegenüber liegenden Winkel." Daß dieser Schluß ganz unrichtig ist, erkennt man am einfachsten, wenn man in einem gleichseitigen Dreieck eine der Höhen zieht, und das entstehende halbe (rechtwinklige) Dreieck betrachtet; in ihm verhalten sich zwei Seiten wie 2 : 1, die ihnen gegenüber liegenden Winkel aber wie 90° : 30°, d. i. = 3 : 1; so daß also beide Verhältnisse sehr verschieden sind. Nicht wie die ihnen gegenüber liegenden Winkel, verhalten sich die Seiten, sondern wie die Sinusse derselben.

5) Obgleich, wenn von den sechs Größen a, b, c, α, β, γ drei gegeben sind, zu Bestimmung der drei übrigen unbekannten, drei Gleichungen gefunden sind, so unterscheidet sich doch die Arbeit des Entwickelns von der bei rein algebraischen Gleichungen dadurch sehr, daß in den beiden goniometrischen Gleichungen nicht die Winkel selbst, sondern verschiedene goniometrische Functionen derselben vorkommen, so daß man in diesen beiden Gleichungen, etwa in denen

$$b \text{ Sin. } \gamma = c \text{ Sin. } \beta$$
$$b \text{ Cos. } \gamma + c \text{ Cos. } \beta = a,$$

nicht fünf Größen, a, b, c, β, γ, sondern sieben, nämlich a, b, c, Sin. β, Cos. β, Sin. γ, Cos. γ, zu unterscheiden hat. Wenn also etwa a, b und c gegeben wären, und man sollte β und γ bestimmen, so hätte man zu Bestimmung der in den Gleichungen vorhandenen Functionen von β und γ, Sin. β, Cos. β, Sin. γ, Cos. γ; aus welchen, wenn sie gefunden sind, mit Hülfe der Tafeln, die Winkel selbst bestimmt werden können, nur die zwei Gleichungen:

$$b \text{ Sin. } \gamma = c \text{ Sin. } \beta$$
$$b \text{ Cos. } \gamma + c \text{ Cos. } \beta = a$$

und doch vier unbekannte Größen in ihnen, nämlich Sin. β, Cos. β, Sin. γ, Cos. γ; so daß also noch 2 Gleichungen fehlen. Diese fehlenden Gleichungen liefert indessen immer §. 359. und §. 360., und sie wären in diesem Fall

$$1 = \text{Sin. } \beta^2 + \text{Cos. } \beta^2 \text{ und}$$
$$1 = \text{Sin. } \gamma^2 + \text{Cos. } \gamma^2.$$

6) Die vier Sätze von der Congruenz der Dreiecke liefern die einfachsten, die Grund-Aufgaben der Trigonometrie, und diese enthalten die folgenden Paragraphen.

§. 385. **1ste Grund-Aufgabe.** Es sind 2 Seiten a, b und der eingeschlossene Winkel γ eines Dreiecks (**Fig. 211.**) gegeben, man soll die 3te Seite c und die ihr anliegenden Winkel α, β bestimmen.

1ste Auflösung. Es soll die 3te Seite c zuerst, und dann die beiden fehlenden Winkel bestimmt werden.

Aus $c \text{ Sin. } \beta = b \text{ Sin. } \gamma$ und

$$c \text{ Cos. } \beta + b \text{ Cos. } \gamma = a \text{ folgt}$$
$$c^2 \text{ Sin. } \beta^2 + c^2 \text{ Cos. } \beta^2 = b^2 \text{ Sin. } \gamma^2 + (a - b \text{ Cos. } \gamma)^2$$

oder

$$c^2 (\text{Sin. } \beta^2 + \text{Cos. } \beta^2) = b^2 (\text{Sin. } \gamma^2 + \text{Cos. } \gamma^2) + a^2 - 2ab \text{ Cos. } \gamma,$$

daher

$$\text{I.} \quad c^2 = b^2 + a^2 - 2ab \text{ Cos. } \gamma.$$

[Diese häufig in Anwendung kommende Formel ergiebt sich leichter aus

$$dk^2 = dg^2 + kg^2 \mp 2 \,.\, dg \,.\, fg. \quad (\text{§. } 91. \ 92.)$$

Es ist nämlich $fg = \pm\, b\ \mathrm{Cos.}\ \gamma$; also

$$c^2 = a^2 + b^2 - 2 \,.\, ab\ \mathrm{Cos.}\ \gamma.]$$

Um diese Formel I. zur Berechnung mit Log. bequemer zu gestalten, setze man nach §. 366. VIII.

$2\ \mathrm{Cos.}\ \frac{\gamma^2}{2} - 1$ für Cos. γ; dann entsteht

$$c^2 = a^2 + b^2 + 2ab - 4ab\ \mathrm{Cos.}\ \frac{\gamma^2}{2}\ ; \text{ oder}$$

$$c^2 = (a+b)^2 - \left[2 \,.\, \sqrt{ab} \,.\, \mathrm{Cos.}\ \frac{\gamma}{2}\right]^2; \text{ oder}$$

$$\text{II. } c^2 = \left[a+b+2\sqrt{ab}\,.\,\mathrm{Cos.}\ \frac{\gamma}{2}\right]\left[a+b-2\sqrt{ab}\,.\,\mathrm{Cos.}\ \frac{\gamma}{2}\right].$$

Ist c gefunden, so folgt nun leicht
aus $c\ \mathrm{Sin.}\ \beta = b\ \mathrm{Sin.}\ \gamma$;

$$\text{III. } \mathrm{Sin.}\ \beta = \frac{b\ \mathrm{Sin.}\ \gamma}{c};$$

eben so, aus $c\ \mathrm{Sin.}\ \alpha = a\ \mathrm{Sin.}\ \gamma$,

$$\text{IV. } \mathrm{Sin.}\ \alpha = \frac{a\ \mathrm{Sin.}\ \gamma}{c}.$$

2te Auflösung. Es sollen die fehlenden Winkel α, β zuerst, und dann die 3te Seite c bestimmt werden.

Aus $c\ \mathrm{Sin.}\ \beta = b\ \mathrm{Sin.}\ \gamma$ und
$c\ \mathrm{Cos.}\ \beta = a - b\ \mathrm{Cos.}\ \gamma$ folgt durch Division, nach §. 359. VI.

$$\text{V. } \mathrm{tg.}\ \beta = \frac{b\ \mathrm{Sin.}\ \gamma}{a - b\ \mathrm{Cos.}\ \gamma}$$

und eben so:

$$\text{VI. } \mathrm{tg.}\ \alpha = \frac{a\ \mathrm{Sin.}\ \gamma}{b - a\ \mathrm{Cos.}\ \gamma}.$$

Dann, wenn α und β nach diesen Formeln berechnet sind,

$$\text{VII. } c = \frac{b\ \mathrm{Sin.}\ \gamma}{\mathrm{Sin.}\ \gamma} \text{ oder} = \frac{a\ \mathrm{Sin.}\ \gamma}{\mathrm{Sin.}\ \alpha}.$$

Nach den Formeln V. und VI. rechnet sich es aber in Zahlenfällen unbequem, da der Nenner eine Differenz darstellt, und dadurch die Rechnung mit Log. unterbrochen wird. Eine schönere Auflösung für die Bestimmung von α und β in Zahlenfällen ist folgende:

Aus a Sin. β = b Sin. α folgt a : b = Sin. α : Sin. β, und hieraus

$$a + b : a - b = \text{Sin.}\,\alpha + \text{Sin.}\,\beta : \text{Sin.}\,\alpha - \text{Sin.}\,\beta.$$

Es ist aber nach §. 366. XLVIII.

$$\text{tg.}\,\frac{\alpha+\beta}{2} : \text{tg.}\,\frac{\alpha-\beta}{2} = \text{Sin.}\,\alpha + \text{Sin.}\,\beta : \text{Sin.}\,\alpha - \text{Sin.}\,\beta;$$

folglich

$$\text{VIII.}\quad a + b : a - b = \text{tg.}\,\frac{\alpha+\beta}{2} : \text{tg.}\,\frac{\alpha-\beta}{2},$$

d. h. in jedem Dreieck verhält sich die Summe zweier Seiten zu ihrer Differenz wie die Tangente der halben Summe beider ihnen gegenüber liegenden Winkel zur Tangente der halben Differenz derselben.

Aus VIII. erhält man, da γ gegeben, also $\alpha + \beta = 180 - \gamma$; folglich auch $\frac{\alpha+\beta}{2} = 90 - \frac{\gamma}{2}$; bekannt ist, eine Formel zur Bestimmung von tg. $\frac{\alpha-\beta}{2}$, nämlich die:

$$\text{IX.}\quad \text{tg.}\,\frac{\alpha-\beta}{2} = \frac{(a-b)\,\text{Cotg.}\,\frac{\gamma}{2}}{a+b};$$

woraus sich vermittelst einer ununterbrochenen Rechnung mit Log. durch die Tafeln $\frac{\alpha-\beta}{2}$ ergiebt.

Da nun $\frac{\alpha+\beta}{2}$ und $\frac{\alpha-\beta}{2}$ bekannte Größen sind, so kann man aus beiden Gleichungen sehr leicht algebraisch die Werthe für α und β entwickeln.

Ist γ und Log. a, so wie Log. b (aber nicht a und b) gegeben, so berechne man δ aus tg. $\delta = \frac{b}{a}$, und die Formel IX. verwandelt sich in $\text{tg.}\,\frac{\alpha-\beta}{2} = \frac{1-\text{tg.}\,\delta}{1+\text{tg.}\,\delta}\,\text{Cotg.}\,\frac{\gamma}{2}$

$$= \frac{\text{Cos.}\,\delta - \text{Sin.}\,\delta}{\text{Cos.}\,\delta + \text{Sin.}\,\delta}\,.\,\text{Cotg.}\,\frac{\gamma}{2} = \frac{(\text{Cos.}\,\delta - \text{Sin.}\,\delta)^2}{\text{Cos.}^2\,\delta - \text{Sin.}^2\,\delta}\,.\,\text{Cotg.}\,\frac{\gamma}{2}$$

$= \frac{1-\text{Sin.}\,2\delta}{\text{Cos.}\,2\delta}\,\text{Cotg.}\,\frac{\gamma}{2}$, woraus (nach §. 366. XVI.)

$$\text{X.}\quad \text{tg.}\,\frac{\alpha-\beta}{2} = \frac{\text{tg.}\,(45-\delta)}{\text{tg.}\,\frac{\gamma}{2}}$$

folgt.

Das schöne Gesetz, welches die Proportion VIII. darstellt, läßt sich auch auf folgenden Weg herleiten.

Man verlängere (Fig. 212.) die größere der beiden gegebenen Seiten, nämlich $dg = a$ über den Punkt g hinaus, wo sie mit der kleineren gegebenen $gk = b$ zusammenstößt, und mache die Verlängerung gh gleich $gk = b$; beschreibe aus g mit b über dh einen Halbkreis, ziehe die Sehnen hk, tk; verlängere hk und lege $dp \ddagger tk$ bis zum Durchschnittspunkt p mit der Verlängerung von hk, so ist:

$$dh : dt = ph : pk.$$

Nun ist aber:

$$dh = dg + gh = dg + gk = a + b;$$
$$dt = dg - gt = dg - gk = a - b.$$

Ferner, weil $\angle tkh$ als Peripherie-Winkel im Halbkreis ein rechter, also auch $\angle dph = R$ ist,

$$ph = dp \ . \ tg. \ pdh.$$

Da nun aber $pdh = kth = \frac{kgh}{2}$ (§. 160) $= \frac{\alpha + \beta}{2}$ (§. 69.) ist, so folgt $ph = dp \ . \ tg. \frac{\alpha + \beta}{2}$.

Es ist endlich

$pk = dp \ . \ tg. \ pdk$; und

$pdk = pdh - \beta = \frac{\alpha + \beta}{2} - \beta = \frac{\alpha - \beta}{2}$; daher

$pk = dp \ . \ tg. \frac{\alpha - \beta}{2}$; folglich, wenn man diese Werthe in die obige Proportion substituirt, und mit dp hebt,

$$a + b : a - b = tg. \frac{\alpha + \beta}{2} : tg. \frac{\alpha - \beta}{2}.$$

Beispiel. 1. Es sei $a = 758{,}396$, $b = 623{,}094$, $\gamma = 51^\circ \ 7'$; man soll c und dann α, β berechnen.

Es ist $2\sqrt{ab} \ . \ \text{Cos.} \frac{\gamma}{2}$ hier

$= 2\sqrt{758{,}396 \ . \ 623{,}094} \ . \ \text{Cos.} \ 25^\circ \ 23' \ 30''$
$= 1240{,}315$; folglich

$$a + b + 2\sqrt{ab} \ \text{Cos.} \frac{\gamma}{2} = 2621{,}805$$

$$a + b - 2\sqrt{ab} \ . \ \text{Cos.} \frac{\gamma}{2} = 141{,}175;$$

folglich $c^2 = 2621{,}805 \ . \ 141{,}175$,
also $c = 608{,}3859$;

$$\text{nun Sin. } \alpha = \frac{a \text{ Sin. } \gamma}{c}; \text{ also}$$

$$\text{Log. Sin. } \alpha = 9{,}9869341 - 10,$$
$$\text{daher } \alpha = 76^\circ\ 0'\ 57''$$
$$\text{und dann } \beta = 52^\circ\ 52'\ 3''.$$

2. Es sei $a = 758{,}396$, $b = 623{,}094$, $\gamma = 51^\circ\ 7'$; man soll α, β und dann c berechnen.

$$\text{Es ist tg. } \frac{\alpha - \beta}{2} = \frac{135{,}302 \text{ . Cotg. } 25^\circ\ 33'\ 30''}{1381{,}49}$$

$$\text{und hieraus } \frac{\alpha - \beta}{2} = 11^\circ\ 34'\ 27''.$$

$$\text{Da nun } \frac{\alpha + \beta}{2} = 64^\circ\ 26'\ 30''$$

$$\text{so folgt } \alpha = 76^\circ\ 0'\ 57''$$
$$\beta = 52^\circ\ 52'\ 3''$$

$$\text{und nun } c = \frac{a \text{ Sin. } \gamma}{\text{Sin. } \alpha} = 608{,}3859.$$

Der Anfänger thut wohl, auch nach den Formeln I. und V. oder VI. die Rechnung auszuführen.

§. 386. 2te Grund-Aufgabe. Es sind die 3 Seiten eines Dreiecks gegeben; man soll durch sie trigonometrische Functionen der Winkel desselben ausdrücken.

1ste Auflösung. Bezeichnen a, b, c die gegebenen drei Seiten, α, β, γ die gesuchten, ihnen gegenüber liegenden Winkel, so ist nach §. 385. I.

$$c^2 = a^2 + b^2 - 2ab \text{ Cos. } \gamma, \text{ und hieraus}$$

$$\text{I. Cos. } \gamma = \frac{a^2 + b^2 - c^2}{2ab}.$$

$$\text{Eben so Cos. } \alpha = \frac{b^2 + c^2 - a^2}{2bc} \text{ und}$$

$$\text{Cos. } \beta = \frac{a^2 + c^2 - b^2}{2ac}.$$

2te Auflösung. Nach §. 292. ist die Höhe kf (Fig. 211.)

$$= \frac{\sqrt{(a+b+c)(a+b-c)(a+c-b)(b+c-a)}}{2a}$$

$$= \frac{\sqrt{S \,.\, C \,.\, B \,.\, A}}{2a} \text{ und nach §. 378. ist } kf = b \text{ Sin. } \gamma;$$

also b Sin. $\gamma = \frac{\sqrt{SABC}}{2a}$; folglich

II. $\text{Sin.}\ \gamma = \frac{\sqrt{S.A.B.C}}{2ab}$.

Eben so $\text{Sin.}\ \alpha = \frac{\sqrt{SABC}}{2bc}$ und

$\text{Sin.}\ \beta = \frac{\sqrt{SABC}}{2ac}$.

3te Auflösung. Nach §. 366. VII. ist Cos. γ

$= 1 - 2\,\text{Sin.}\frac{\gamma^2}{2}$; also nach I.

$$1 - 2\,\text{Sin.}\frac{\gamma^2}{2} = \frac{a^2 + b^2 - c^2}{2ab}\text{; folglich}$$

$$\left(\text{Sin.}\frac{\gamma}{2}\right)^2 = \frac{2ab - a^2 - b^2 + c^2}{4ab}$$

$$= \frac{c^2 - (a-b)^2}{4ab} = \frac{(c+a-b)(c+b-a)}{4ab}$$

$$= \frac{A.B}{4ab}\text{; folglich}$$

III. $\text{Sin.}\frac{\gamma}{2} = \frac{1}{2}.\sqrt{\frac{AB}{ab}}$.

Eben so $\text{Sin.}\frac{\alpha}{2} = \frac{1}{2}.\sqrt{\frac{BC}{bc}}$ und

$\text{Sin.}\frac{\beta}{2} = \frac{1}{2}\sqrt{\frac{AC}{ac}}$.

4te Auflösung. Nach §. 366. VIII. ist Cos. γ

$= 2\ \text{Cos.}\frac{\gamma^2}{2} - 1$; also nach I.

$$2\ \text{Cos.}\frac{\gamma^2}{2} - 1 = \frac{a^2 + b^2 - c^2}{2ab}\text{; folglich}$$

$$\text{Cos.}\frac{\gamma^2}{2} = \frac{(a+b)^2 - c^2}{4ab} = \frac{S.C}{4ab}\text{; also}$$

IV. $\text{Cos.}\frac{\gamma}{2} = \frac{1}{2}.\sqrt{\frac{S.C}{ab}}$.

Eben so $\text{Cos.}\,\frac{\alpha}{2} = \frac{1}{2}\sqrt{\frac{SA}{bc}}$ und

$$\text{Cos.}\,\frac{\beta}{2} = \frac{1}{2}\sqrt{\frac{SB}{ac}}.$$

Die erste Formel ist, wenn a, b, c in großen Zahlen gegeben sind, sehr unbequem zu berechnen, übrigens hat sie die gute Eigenschaft, daß sie gleich bestimmt angiebt, ob der Winkel stumpf oder spitz ist, weil, wenn der Bruch $\frac{a^2 + b^2 - c^2}{2ab}$ positiv ausfällt, der Winkel spitz, wenn er aber negativ ist, stumpf sein muß.

Die zweite Formel ist sehr bequem mit Log. zu berechnen, läßt es aber ungewiß, ob der Winkel stumpf oder spitz ist, weil $\text{Sin.}\,\gamma = (180^\circ - \gamma)$ ist. Diese Beurtheilung ist aber sehr einfach, ist nämlich $c^2 > a^2 + b^2$, so ist γ stumpf, ist $c^2 < a^2 + b^2$, so ist γ spitz.

Die dritte und vierte Formel sind beide sehr leicht mit Log. zu berechnen, und lassen in Hinsicht des zu nehmenden stumpfen oder spitzen Winkels in keiner Ungewißheit, indem jeder halbe Winkel eines Dreiecks immer spitz sein muß.

Beispiel. Die 3 Seiten eines Dreiecks sind = 10; 14; 17; man soll den der Seite 17 gegenüber liegenden Winkel x bestimmen.

Es ist $\text{Cos.}\,x = \frac{7}{280} = \frac{1}{40}$;

$$\text{Sin.}\,x = \frac{\sqrt{41 \,.\, 21 \,.\, 13 \,.\, 7}}{280};$$

$$\text{Sin.}\,\frac{x}{2} = \sqrt{\frac{39}{80}};$$

$$\text{Cos.}\,\frac{x}{2} = \sqrt{\frac{41}{80}};$$

und man erhält aus jedem dieser Ausdrücke $x = 88^\circ\ 34'\ 3''$.

§. 387. 3te Grund-Aufgabe. Es sind eine Seite = a und zwei Winkel gegeben; man soll die fehlenden 3 Stücke des Dreiecks durch die gegebenen ausdrücken.

Auflösung. Es ist gleichgültig, welche 2 Winkel gegeben sind, indem der dritte dann von selbst auch bekannt ist, so daß also alle 3 als bekannt angesehen werden können. Die fehlenden beiden Seiten b, c Fig. 211. ergeben sich dann am bequemsten aus

$$b \text{ Sin. } \alpha = a \text{ Sin. } \beta \text{ und}$$
$$c \text{ Sin. } \alpha = a \text{ Sin. } \gamma; \text{ nämlich}$$
$$\text{I.} \quad b = \frac{a \text{ Sin. } \beta}{\text{Sin. } \alpha}$$
$$\text{II.} \quad c = \frac{a \text{ Sin. } \gamma}{\text{Sin. } \alpha},$$

welche Formeln, wenn etwa β und γ die gegebenen Winkel sind, auch durch

$$b = \frac{a \text{ Sin. } \beta}{\text{Sin. } (\beta + \gamma)} \text{ und}$$
$$c = \frac{a \text{ Sin. } \gamma}{\text{Sin. } (\beta + \gamma)}$$

auszudrücken sind.

§. 388. 4te Grund-Aufgabe. Es sind zwei Seiten und einer der ihnen gegenüber liegenden Winkel gegeben; man soll die dritte Seite und die übrigen Winkel des Dreiecks bestimmen.

Auflösung. Es sei b, c und γ (**Fig. 211.**) gegeben, so ist nach §. 39. die Aufgabe nur dann bestimmt, wenn $c > b$ ist. Man setze also voraus, daß $c > b$ sei, so ist β nothwendig ein spitzer Winkel, und aus $c \text{ Sin. } \beta = b \text{ Sin. } \gamma$ erhält man den Sinus dieses spitzen Winkels, nämlich:

$$\text{I.} \quad \text{Sin. } \beta = \frac{b \text{ Sin. } \gamma}{c}.$$

Zur Bestimmung von a hat man nun, da β gefunden, also auch α bekannt ist,

$$a \text{ Sin. } \gamma = c \text{ Sin. } \alpha; \text{ also}$$
$$\text{II.} \quad a = \frac{c \text{ Sin. } (\beta + \gamma)}{\text{Sin. } \gamma}.$$

Soll a unmittelbar bestimmt werden, so hat man (in **Fig. 211.**) $kf = b \text{ Sin. } \gamma$; also $df = \sqrt{c^2 - b^2 \text{ Sin. } \gamma^2}$; ferner, wenn γ spitz ist, $fg = b \text{ Cos. } \gamma$; wenn γ stumpf ist, $fg = - b \text{ Cos. } \gamma$; dann, wenn γ spitz ist,

$$a = df + fg$$
$$= \sqrt{c^2 - b^2 \text{ Sin. } \gamma^2} + b \text{ Cos. } \gamma;$$

und, wenn γ stumpf ist,

$$a = df - fg$$
$$= \sqrt{c^2 - b^2 \text{ Sin. } \gamma^2} - (- b \text{ Cos. } \gamma);$$

also für jeden Werth von γ

$$\text{III.}\quad a = b\,\text{Cos.}\,\gamma + \sqrt{c^2 - b^2\,\text{Sin.}\,\gamma^2},$$

[diese Formel ergiebt sich auch unmittelbar aus $c^2 = b^2 + a^2 - 2ab\,\text{Cos.}\,\gamma$]

in welcher Formel die Wurzelgröße nie negativ zu nehmen ist, da die Linie df, welche sie darstellt, wenn β spitz ist, nie auf die andere Seite von d fallen kann.

Anmerkung. Ist die Aufgabe unbestimmt, nämlich c, b, γ gegeben, und $b > c$, so ist aus

$$\text{I.}\quad \text{Sin.}\,\beta = \frac{b\,\text{Sin.}\,\gamma}{c}$$

für β sowohl der spitze Winkel als auch sein Supplement der Aufgabe genügend. Die Formel II. liefert die zugehörigen beiden Werthe für a, oder auch die Formel III., in welcher für solche Fälle die Wurzelgröße sowohl positiv als negativ zu nehmen ist.

Beispiele. 1) Es sei $c = 17$, $b = 9$, $\gamma = 72^0$, so ist

$$\text{Sin.}\,\beta = \frac{9\,.\,\text{Sin.}\,72^0}{17},$$

und also $\beta = 30^0\ 13'\ 54''$;

dann aus III. $a = 9\,\text{Cos.}\,72^0 + \sqrt{17^2 - 9^2\,\text{Sin.}\,72^{0\,2}}$

oder, bequemer aus II.,

$$a = \frac{17\,.\,\text{Sin.}\,77^0\ 46'\ 6''}{\text{Sin.}\,72^0}$$

$$= 17{,}46908.$$

2) Ist $c = 29$, $b = 31$, $\gamma = 52^0$, so ist

$$\text{Sin.}\,\beta = \frac{31\,.\,\text{Sin.}\,52^2}{29};\ \text{also}$$

$\beta = 57^0\ 23'\ 23''$ oder $= 122^0\ 36'\ 37''$

und, am leichtesten aus II.,

$$a = \frac{29\,.\,\text{Sin.}\,70^0\ 36'\ 37''}{\text{Sin.}\,52^0} = 34{,}71422$$

für $\beta = 57^0\ 23'\ 23''$; und wenn

$\beta = 122^0\ 36'\ 37''$ genommen wird,

$$a = \frac{29\,.\,\text{Sin.}\,5^0\ 23'\ 23''}{\text{Sin.}\,52^0} = 3{,}456757\ldots$$

§. 389. Zusatz. Zu diesen vier Grund-Aufgaben der Trigonometrie kann noch folgende fünfte gefügt werden. Es sind drei bestimmende Stücke eines Dreiecks gegeben; man soll durch sie den Inhalt F des Dreiecks ausdrücken.

I. Durch zwei Seiten a, b und den von ihnen eingeschlossenen Winkel γ. Betrachtet man dg = a Fig. **211.** als Grundlinie, so ist die Höhe $kf = b \text{ Sin. } \gamma$; also $F = \frac{1}{2} ab \text{ Sin. } \gamma$.

II. Durch alle drei Seiten a, b, c.

Diese Aufgabe ist schon in der algebraischen Geometrie aufgelöst, und es ergab sich (§. 295. 2.)

$$F = \tfrac{1}{4}\sqrt{SABC}.$$

III. Durch eine Seite a und zwei Winkel β, γ.

Da der dritte Winkel aus den beiden gegebenen sogleich als bestimmt anzusehen ist, so können alle drei als gegeben betrachtet werden, und man hat

$$h = \frac{a \text{ Sin. } \beta}{\text{Sin. } \alpha} \quad (\S.\ 387.)$$

$$\text{folglich } kf = b \text{ Sin. } \gamma = \frac{a \text{ Sin. } \beta \text{ Sin. } \gamma}{\text{Sin. } \alpha}$$

$$\text{und also } F = \frac{a^2 \text{ Sin. } \beta \text{ Sin. } \gamma}{2 \text{ Sin. } \alpha}.$$

IV. Durch zwei Seiten a, b und einen gegenüber liegenden Winkel α.

Es ist $c = b \text{ Cos. } \alpha + \sqrt{a^2 - b^2 \text{ Sin. } \alpha^2}$ (§. 388.) und, c als Grundlinie betrachtet, die zugehörige Höhe $= b \text{ Sin. } \alpha$ (Fig. **211.**); daher

$$F = \tfrac{1}{2} b \text{ Sin. } \alpha \,[b \text{ Cos. } \alpha \pm \sqrt{a^2 - b^2 \text{ Sin. } \alpha^2}].$$

Ist $a > b$, also die Aufgabe eine bestimmte, so hat man blos $F = \frac{1}{2} b \text{ Sin. } \alpha\,(b \text{ Cos. } \alpha + \sqrt{a^2 - b^2 \text{ Sin. } \alpha^2})$.

Ist $a < b$, also die Aufgabe unbestimmt, so gelten beide Werthe

$$\tfrac{1}{2} b \text{ Sin. } \alpha\,(b \text{ Cos. } \alpha \pm \sqrt{a^2 - b^2 \text{ Sin. } \alpha^2})$$

für die zwei verschiedenen Dreiecke.

In Zahlenfällen ist es am bequemsten, zuerst aus

$$a \text{ Sin. } \beta = b \text{ Sin. } \alpha$$

den Winkel β zu berechnen, und dann nach I. den Inhalt F durch $\frac{1}{2} ab \text{ Sin. } (\alpha + \beta)$ zu bestimmen.

Beispiele. 1. Es sei $b = 10$, $c = 21$, $\alpha = 100^\circ$, so erhält man

$$F = 105 \,.\, \text{Sin. } 80^\circ = 103{,}4048 \ldots.$$

2. Es sei $c = 100$, $\alpha = 80^\circ$, $\gamma = 60^\circ$, so ist

$$F = \frac{100^2 \,.\, \text{Sin. } 80^\circ \,.\, \text{Sin. } 40^\circ}{2 \text{ Sin. } 60^\circ} = 3654{,}756 \ldots$$

3. Es sei $a = 12$, $c = 17$, $\gamma = 42^\circ$; man hat

$$\text{Sin. } \alpha = \frac{12 \text{ Sin. } 42^\circ}{17}; \text{ also } \alpha = 28^\circ\ 11'\ 7'';$$

folglich $F = \frac{1}{2} . 12 . 17 . \text{Sin. } 70^\circ\ 11'\ 7''$
$= 95{,}961.$

§. 390. Zusammengesetztere trigonometrische Aufgaben, zur Uebung der Sätze dieses 3ten Kapitels.

I. Es ist ein Winkel α gegeben; man soll durch die möglichst kleinste Linie einen gegebenen Inhalt a^2 abschneiden.

Nach §. 274. müssen die den Winkel α einschließenden Seiten einander gleich werden. Setzt man jede $= x$, so ist (nach §. 389. I.)

$\frac{1}{2}x^2 . \text{Sin. } \alpha = a^2$; also

$$x = a . \sqrt{\frac{2}{\text{Sin. } \alpha}};$$

folglich die 3te Seite selbst, oder

$$y = 2x \text{ Sin. } \frac{\alpha}{2} \text{ (§. 382.).}$$

Substituirt man den Werth für x, so entsteht

$$y = 2a . \sqrt{\text{tg. } \frac{\alpha}{2}} \text{ (§. 366. V. und 359. VI.).}$$

Beispiel. Ist $a^2 = 115$, $\alpha = 56^\circ$, so erhält man
$x = 16{,}65623\ldots$
$y = 15{,}63925\ldots$

II. Es ist eine Seite eines Dreiecks $= b$, ein ihr anliegender Winkel $= \alpha$, und die Summe der beiden andern Seiten $= a$ gegeben; man soll diese Seiten einzeln bestimmen.

Die dem gegebenen Winkel α anliegende unbekannte Seite sei $= x$, so ist (§. 385. I.)

$(a - x)^2 = b^2 + x^2 - 2bx \text{ Cos. } \alpha$ und

hieraus $x = \dfrac{a^2 - b^2}{2(a - b \text{ Cos. } \alpha)}$.

Beispiel. Ist $a = 20$, $b = 6$, $\alpha = 60^2$, so erhält man
$x = 10{,}70588$;
und $a - x = 9{,}29412$.

III. Es ist eine Seite eines Dreiecks $= b$, der ihr gegenüber liegende Winkel $= \alpha$, und die Summe der beiden andern Seiten $= a$ gegeben; diese Seiten einzeln zu bestimmen.

Werden sie durch x und a — x bezeichnet, so ist $b^2 = x^2 + (a-x)^2 - 2x(a-x)\,\mathrm{Cos.}\,\alpha$, und hieraus

$$x = \frac{a}{2} \pm \sqrt{\frac{a^2}{4} - \frac{a^2 - b^2}{4\,\mathrm{Cos.}\,\frac{\alpha}{2}}}.$$

Verlangt man unmittelbar die Bestimmung eines der fehlenden Winkel y, so entsteht die Gleichung

$$\frac{b\,(\mathrm{Sin.}\,\alpha + y)}{\mathrm{Sin.}\,\alpha} + \frac{b\,\mathrm{Sin.}\,y}{\mathrm{Sin.}\,\alpha} = a;$$

und hieraus (§. 366. XXVIII.)

$$\mathrm{Sin.}\left(y + \frac{\alpha}{2}\right) = \frac{a\,\mathrm{Sin.}\,\alpha}{2b\,\mathrm{Cos.}\,\frac{\alpha}{2}} = \frac{a}{b}\,\mathrm{Sin.}\,\frac{\alpha}{2},$$

woraus auch die Construction §. 253 abzuleiten ist.

Beispiel. Ist $b = 10$, $a = 18$, $\alpha = 60^0$, so sind die beiden Seiten 11,51661... und 6,48339...

IV. Es ist eine Seite b eines Dreiecks, die Differenz der beiden andern $= d$, und ein Winkel $= \alpha$ gegeben; die beiden Seiten einzeln zu bestimmen.

Liegt α der kleineren Seite x gegenüber (Fig. 213.), so ist

$$x^2 = b^2 + (x+d)^2 - 2b\,(x+d)\,\mathrm{Cos.}\,\alpha,$$

und hieraus

$$x = \frac{b^2 + d^2 - 2bd\,\mathrm{Cos.}\,\alpha}{2\,(b\,\mathrm{Cos.}\,\alpha - d)}.$$

Liegt α der größeren unbekannten Seite $x + d$ gegenüber (Fig. 214.), so ist

$(x+d)^2 = b^2 + x^2 - 2bx\,\mathrm{Cos.}\,\alpha$, und hieraus

$$x = \frac{b^2 - d^2}{2\,(b\,\mathrm{Cos.}\,\alpha + d)}.$$

Liegt α der gegebenen Seite b gegenüber, so ist (Fig. 215.)

$b^2 = x^2 + (x+d)^2 - 2x\,(x+d)\,\mathrm{Cos.}\,\alpha$ und

$$x = -\tfrac{1}{2}d + \sqrt{\tfrac{1}{4}d^2 + \frac{b^2 - d^2}{4\,\mathrm{Sin.}\,\frac{\alpha^2}{2}}}.$$

V. Es sind die Winkel eines Dreiecks und die Summe a aller drei Seiten gegeben; die Seiten und den Inhalt zu bestimmen.

Bezeichnen x, y, z die unbekannten Seiten, α, β, γ die ihnen gegenüber liegenden gegebenen Winkel, so ist

$$x : y : z = \text{Sin.}\,\alpha : \text{Sin.}\,\beta : \text{Sin.}\,\gamma \quad (\S.\ 384.),$$

und hieraus $x = \dfrac{a\,\text{Sin.}\,\alpha}{\text{Sin.}\,\alpha + \text{Sin.}\,\beta + \text{Sin.}\,\gamma}$;

oder nach §. 366. V. und §. 367. 1.:

$$x = \frac{a\,\text{Sin.}\,\frac{\alpha}{2}}{2\,\text{Cos.}\,\frac{\beta}{2}\,\text{Cos.}\,\frac{\gamma}{2}}.$$

Eben so $y = \dfrac{a\,\text{Sin.}\,\frac{\beta}{2}}{2\,\text{Cos.}\,\frac{\alpha}{2}\,\text{Cos.}\,\frac{\gamma}{2}}$;

$$z = \frac{a\,\text{Sin.}\,\frac{\gamma}{2}}{2\,\text{Cos.}\,\frac{\alpha}{2}\,\text{Cos.}\,\frac{\beta}{2}}.$$

Ferner, wenn F den Inhalt des Dreiecks ausdrückt

$F = \frac{1}{2} x y\ \text{Sin.}\,\gamma$; oder nach Substitution der Werthe,

$$F = \tfrac{1}{4} a^2\ \text{tg.}\,\frac{\alpha}{2}\ \text{tg.}\,\frac{\beta}{2}\,.\ \text{tg.}\,\frac{\gamma}{2}.$$

Beispiel. Ist $a = 100$, $\alpha = 40^\circ$, $\beta = 80^\circ$, also $\gamma = 60^\circ$, so erhält man

$$x = 25{,}77728\ldots$$
$$y = 39{,}49309\ldots$$
$$z = 34{,}72963\ldots$$
$$F = 440{,}8175\ldots$$

VI. Es ist eine Seite eines Dreiecks = a, die zugehörige Höhe = h, und der Winkel α gegeben, welchen die beiden andern Höhen mit einander bilden; man soll den Winkel x bestimmen, welchen die gegebene Höhe mit einer der beiden andern unbekannten bildet. (Fig. 216.)

Ist $cd = a$, sind fg, dk, cr die drei Höhen, $fg = h$, $\angle\, dmr = \alpha$, und setzt man $dmg = x$, so ist

$$\alpha + x = 90^\circ + mfd, \text{ also}$$
$$mfd = gfd = \alpha + x - 90^\circ; \text{ folglich}$$
$$gd = h\,.\,\text{tg.}\,(\alpha + x - 90^\circ).$$

Ferner ist auch fmk = x; folglich

$$mfk = gfc = 90^0 - x; \text{ daher}$$
$$eg = htg\,(90^0 - x);$$

da nun $gd + cg = a$, so hat man die Gleichung

$$\frac{-\,\text{Cos.}\,(\alpha + x)}{\text{Sin.}\,(\alpha + x)} + \frac{\text{Cos.}\,x}{\text{Sin.}\,x} = \frac{a}{h}; \text{ oder}$$

$$\text{Sin.}\,\alpha = \frac{a}{h}\,\text{Sin.}\,(\alpha + x)\,\text{Sin.}\,x.$$

Es ist aber nach §. 366. XXIII.

$$\text{Sin.}\,(\alpha + x)\,\text{Sin.}\,x = \tfrac{1}{2}[\text{Cos.}\,\alpha - \text{Cos.}\,(\alpha + 2x)]; \text{ also}$$

$$\frac{2h\,\text{Sin.}\,\alpha}{a} = \text{Cos.}\,\alpha - \text{Cos.}\,(\alpha + 2x), \text{ und hieraus}$$

$$\text{Cos.}\,(\alpha + 2x) = \frac{a\,\text{Cos.}\,\alpha - 2h\,\text{Sin.}\,\alpha}{a}.$$

Beispiel. Ist $a = 20$, $h = 12$, $\alpha = 38^0$; so ist

$$\text{Cos.}\,(38^0 + 2x) = \text{Cos.}\,38^0 - 1{,}2\,.\,\text{Sin.}\,38^0$$
$$= 0{,}7880107 - 0{,}7387938$$
$$= 0{,}0492169; \text{ also}$$
$$\text{Log. Cos.}\,(38^0 + 2x) = 8{,}6921143 - 10; \text{ folglich}$$
$$38^0 + 2x = 87^0\ 10'\ 46'',$$
$$\text{daher } x = 24^0\ 35'\ 23''.$$

Nun kennt man auch leicht die Winkel fcd, fdc, und kann die übrigen Linien berechnen.

VII. Aus den 3 Höhen a, b, c eines Dreiecks die Winkel desselben zu bestimmen.

Nach §. 299. ist die Grundlinie zur Höhe a

$$= \frac{2ab^2c^2}{\sqrt{A'B'C'S'}};$$

folglich, wenn der b gegenüber liegende, dieser Grundlinie anliegende Winkel, durch x ausgedrückt wird,

$$\text{Sin.}\,x = \frac{\sqrt{A^1B^1C^1S^1}}{2abc^2}.$$

VIII. Es ist eine Seite eines Dreiecks = a, die Differenz der beiden anliegenden Winkel = α, und die Differenz der beiden andern Seiten = b gegeben; das Dreieck zu bestimmen.

Bei der in Fig. 217. angedeuteten Bezeichnung ist:

$$(x + b)\,\text{Sin.}\,y = x\,\text{Sin.}\,(y + \alpha);$$
$$(x + b)\,\text{Cos.}\,y + x\,\text{Cos.}\,(y + \alpha) = a; \text{ und hieraus}$$
$$b\,[\text{Sin.}\,(y + a)\,\text{Cos.}\,y + \text{Sin.}\,y\,\text{Cos.}\,(y + a)] = a\,[\text{Sin.}\,(y + a) - \text{Sin.}\,y];$$

oder: (§. 366. I. und XXIX.)

$$b \, \text{Sin.} (2y + \alpha) = a \, . \, 2 \, \text{Cos.} \frac{2y + \alpha}{2} \, \text{Sin.} \frac{\alpha}{2};$$

oder (nach §. 366. V.)

$$b \, \text{Sin.} \frac{2y + \alpha}{2} \, . \, \text{Cos.} \frac{2y + \alpha}{2} = a \, \text{Cos.} \frac{2y + \alpha}{2} \, \text{Sin.} \frac{\alpha}{2};$$

und hieraus

$$\text{Sin.} \left(y + \frac{\alpha}{2} \right) = \frac{a \, \text{Sin.} \frac{\alpha}{2}}{b}.$$

Anmerkung. Nach dieser Formel läßt sich das Dreieck auch leicht construiren.

Beispiel. Ist $a = 30$, $b = 8$, $\alpha = 10^\circ$,

so hat man $\text{Sin.} (y + 5^\circ) = \frac{30 \, \text{Sin.} \, 5^\circ}{8}$;

und hieraus $y + 5^\circ = 19^\circ \; 4' \; 36''$

(oder auch $y + 5^\circ = 160^\circ \; 55' \; 24''$, welches Resultat aber der Aufgabe nicht entsprechen kann);

$$\begin{aligned} \text{also } y &= 14^\circ \; 4' \; 36'' \\ \text{und } y + 10^\circ &= 24^\circ \; 4' \; 36'' \end{aligned}$$

$$\begin{aligned} \text{folglich } x &= \frac{b \, \text{Sin.} \, y}{2 \, \text{Sin.} \frac{\gamma}{2} \, \text{Cos.} \left(y + \frac{\alpha}{2} \right)} \\ &= \frac{4 \, \text{Sin.} \, 14^\circ \; 4' \; 36''}{\text{Sin.} \, 5^\circ \, \text{Cos.} \, 19^\circ \; 4' \; 36''} \\ &= 11{,}81119 \ldots \\ \text{und } x + 8 &= 19{,}81119 \ldots \end{aligned}$$

IX. Es ist die Summe a aller drei Seiten eines Dreiecks, eine Höhe desselben $= h$ und der Winkel β an der zugehörigen Ecke gegeben; das Dreieck zu bestimmen.

Bezeichnet man die Seite, auf welche h normal ist, mit x, die beiden andern mit y, z, so ist

$$\begin{aligned} &1) \quad x + y + z = a \\ &2) \quad hx = yz \, \text{Sin.} \, \beta \quad \text{§. 389. I.} \\ &3) \quad x^2 = y^2 + z^2 - 2yz \, \text{Cos.} \, \beta. \end{aligned}$$

Aus 1) ist $y^2 + 2yz + z^2 = a^2 - 2ax + x^2$ oder aus 2) für yz seinen Werth gesetzt:

$$y^2 + z^2 + \frac{2hx}{\text{Sin.} \, \beta} = a^2 - 2ax + x^2;$$

hierzu $x^2 = y^2 + z^2 - 2 \cdot \frac{hx}{\text{Sin.}\,\beta} \cdot \text{Cos.}\,\beta$
(nämlich die Gleichung 3), nachdem vorher für yz sein Werth aus 2) gesetzt worden,) addirt, so entsteht

$$\frac{ahx}{\text{Sin.}\,\beta} = a^2 - 2ax - \frac{2hx\,\text{Cos.}\,\beta}{\text{Sin.}\,\beta}; \text{ folglich,}$$

da $\frac{1 + \text{Cos.}\,\beta}{\text{Sin.}\,\beta} = \text{Cotg.}\,\frac{\beta}{2}$ ist, (§. 366. XVII.)

$$x = \frac{a^2}{2\left(a + h\,\text{Cotg.}\,\frac{\beta}{2}\right)}.$$

Beispiel. Ist $a = 40$, $h = 14$, $\beta = 50^\circ$ gegeben, so findet man

$x = 11{,}4248$ und nun auch
aus $y + z = 40 - 11{,}4248$
und $yz = \frac{14 \cdot 11{,}4248}{\text{Sin.}\,50^\circ}$
die Zahlenwerthe für y und z.

X. Es ist die Summe zweier Seiten $= a$, der eingeschlossene Winkel $= \beta$, und die aus der Winkelspitze gefällte Höhe $= h$ gegeben; das Dreieck zu bestimmen.

Die 3te Seite $= x$, die beiden andern $= y$ und $a - y$ gesetzt, so entsteht

$$hx = y(a - y)\,\text{Sin.}\,\beta \text{ und}$$
$$x^2 = y^2 + (a - y)^2 - 2y(a - y)\,\text{Cos.}\,\beta$$

und hieraus

$$x^2 + 2hx\,\text{Cotg.}\,\frac{\beta}{2} - a^2 = 0,$$

woraus man x erhält.

XI. Es ist der Inhalt $= a^2$, der Umfang $= b$; und ein Winkel $= \alpha$ eines Dreiecks gegeben; die Seiten einzeln zu bestimmen.

Bezeichnet x die Seite, welche α gegenüber liegt, y, z die beiden andern, so ist

$$b = x + y + z$$
$$a^2 = \tfrac{1}{2}yz\,\text{Sin.}\,\alpha$$
$$x^2 = y^2 + z^2 - 2yz\,\text{Cos.}\,\alpha,$$

und hieraus

$$x = \frac{b}{2} - \frac{2a^2\,\text{Cotg.}\,\frac{\alpha}{2}}{b}.$$

$$\text{Aus } y+z = \frac{b^2 + 4a^2 \operatorname{Cotg.} \frac{\alpha}{2}}{2b} \text{ und}$$

$$yz = \frac{2a^2}{\operatorname{Sin.} \alpha}$$

erhält man nun auch y und z.

XII. Von einem gegebenen Winkel = α durch eine gegebene Linie = b einen bestimmten Inhalt = a^2 abzuschneiden.

Bei der in Fig. 218. angedeuteten Bezeichnung ist

$$\frac{b^2 \operatorname{Sin.} x \operatorname{Sin.} (\alpha + x)}{2 \operatorname{Sin.} \alpha} = a^2 \text{ (§. 389. III.)}$$

und hieraus

$$\operatorname{Cos.} (\alpha + 2x) = \operatorname{Cos.} \alpha - \frac{4a^2 \operatorname{Sin.} \alpha}{b^2},$$

woraus in Zahlenfällen x zu bestimmen ist.

Man kann auch auf folgenden Weg die Aufgabe lösen: Es ist $\frac{1}{2} yz \operatorname{Sin.} \alpha = a^2$

$$b^2 = y^2 + z^2 - 2yz \operatorname{Cos.} \alpha,$$

$$\text{woraus } y+z = \sqrt{b^2 + 4a^2 \operatorname{Cotg.} \frac{\alpha}{2}}$$

$$\text{und } y-z = \pm \sqrt{b^2 - 4a^2 \operatorname{tg.} \frac{\alpha}{2}}$$

hervorgeht, aus welchen Gleichungen dann auch y und z sehr leicht zu entnehmen sind.

XIII. Es ist der Halbmesser r des Kreises um ein Dreieck und der Halbmesser ϱ des Kreises in diesem Dreieck gegeben; man soll die Entfernung = x beider Mittelpunkte bestimmen.

Ist Fig. 219. M der Mittelpunkt des Kreises zum Halbmesser r, m der zum Halbmesser ϱ, und bezeichnet man die Winkel des Dreiecks durch α, β, γ;

$$\text{so ist } am = \varrho \operatorname{Cosec.} \frac{\alpha}{2}$$

$$\text{und } \angle maM = \frac{\alpha}{2} - (90^\circ - \beta)$$

$$= \frac{\alpha}{2} + \beta - \frac{\alpha + \beta + \gamma}{2}$$

$$= \frac{\beta - \gamma}{2}; \text{ also}$$

$$x^2 = r^2 + \varrho^2 \operatorname{Cosec.} \frac{\alpha^2}{2} - 2 r \varrho \operatorname{Cosec.} \frac{\alpha}{2} . \operatorname{Cos.} \frac{\beta - \gamma}{2}$$

oder

$$\varrho^2 + (r^2 - x^2) \operatorname{Sin.} \frac{\alpha^2}{2} = 2 r \varrho \operatorname{Sin.} \frac{\alpha}{2} \operatorname{Cos.} \frac{\beta - \gamma}{2}$$

$$= 2 r \varrho \operatorname{Cos.} \frac{\beta + \gamma}{2} . \operatorname{Cos.} \frac{\beta - \gamma}{2}$$

$$= r \varrho (\operatorname{Cos.} \beta + \operatorname{Cos.} \gamma).$$

Eben so ist

$$\varrho^2 + (r^2 - x^2) \operatorname{Sin.} \frac{\gamma^2}{2} = r \varrho (\operatorname{Cos.} \beta + \operatorname{Cos.} \alpha);$$

und die Differenz beider Gleichungen giebt:

$$(r^2 - x^2) \left(\operatorname{Sin.} \frac{\alpha^2}{2} - \operatorname{Sin.} \frac{\gamma^2}{2} \right) = r \varrho (\operatorname{Cos.} \gamma - \operatorname{Cos.} \alpha) \text{ oder}$$

$$(r^2 - x^2) \operatorname{Sin.} \frac{\alpha + \gamma}{2} . \operatorname{Sin.} \frac{\alpha - \gamma}{2} = 2 r \varrho \operatorname{Sin.} \frac{\alpha + \gamma}{2} . \operatorname{Sin.} \frac{\alpha - \gamma}{2}$$

also

$x^2 = r^2 - 2 r \varrho$. (siehe §. 305. I.)

XIV. Aus der Gleichung

$$a \operatorname{Sin.} x + b \operatorname{Cos.} x = c$$

den Werth von x zu entnehmen.

1ste Auflösung. Man setze $\sqrt{1 - \operatorname{Sin.} x^2}$ für Cos. x, so entsteht

$$b \sqrt{1 - \operatorname{Sin.} x^2} = c - a \operatorname{Sin.} x$$

und hieraus, wenn man quadrirt,

$$b^2 - b^2 \operatorname{Sin.} x^2 = c^2 - 2 a c \operatorname{Sin.} x + a^2 \operatorname{Sin.} x^2;$$

folglich

$$\operatorname{Sin.} x^2 - \frac{2 a c}{a^2 + b^2} \operatorname{Sin.} x - \frac{b^2 - c^2}{a^2 + b^2} = 0;$$

also

$$\operatorname{Sin.} x = \frac{a c}{a^2 + b^2} \pm \sqrt{\frac{a^2 c^2}{(a^2 + b^2)^2} + \frac{b^2 - c^2}{a^2 + b^2}}$$

oder

$$\operatorname{Sin.} x = \frac{a c \pm b \sqrt{a^2 + b^2 - c^2}}{a^2 + b^2}.$$

2te Auflösung. Man setze $\sqrt{1 - \operatorname{Cos.} x^2}$ für Sin. x, so erhält man auf ähnliche Weise

$$\operatorname{Cos.} x = \frac{b c \mp a . \sqrt{a^2 + b^2 - c^2}}{a^2 + b^2}.$$

3te Auflösung. Aus der gegebenen Gleichung entsteht

$$\text{Sin.}\,x + \frac{b}{a}\,\text{Cos.}\,x = \frac{c}{a}.$$

Da nun $\text{tg.}(-90^\circ) = -\infty$, $\text{tg.}\,0^\circ = 0$, $\text{tg.}\,90^\circ = +\infty$, so wird, $\frac{b}{a}$ mag einen Werth haben, der positiv oder negativ, groß oder klein ist, immer ein Winkel φ existiren, für welchen $\text{tg.}\,\varphi$ oder $\frac{\text{Sin.}\,\varphi}{\text{Cos.}\,\varphi} = \frac{b}{a}$ ist; man denke sich die zugehörigen Werthe für φ durch die Tafeln bestimmt, so verwandelt sich die Gleichung in folgende:

$$\text{Sin.}\,x + \frac{\text{Sin.}\,\varphi}{\text{Cos.}\,\varphi}\,\text{Cos.}\,x = \frac{c}{a},$$

oder: $\text{Sin.}\,x\,\text{Cos.}\,\varphi + \text{Sin.}\,\varphi\,\text{Cos.}\,x = \frac{c}{a}\,\text{Cos.}\,\varphi$;

und hieraus folgt

$$\text{Sin.}(\varphi + x) = \frac{c}{a}\,\text{Cos.}\,\varphi,$$

woraus sich in Zahlenfällen x am leichtesten bestimmt.

Beispiel. $3\,\text{Sin.}\,x - 2\,\text{Cos.}\,x = 1$.

Die 1ste Auflösung giebt

$$\text{Sin.}\,x = \frac{3 \mp 4\sqrt{3}}{13} = \begin{cases} -0{,}3021694\ldots \\ +0{,}7637079\ldots \end{cases}$$

Die 2te, $\text{Cos.}\,x = \frac{-2 \mp 6\sqrt{3}}{13} = \begin{cases} -0{,}9532542 \\ +0{,}6455619 \end{cases}$

Die 3te, $\text{tg.}\,\varphi = -\frac{2}{3}$, und hierzu

$\varphi = 146^\circ\,18'\,36''$ oder auch $326^\circ\,18'\,36''$;

dann

$$\text{Sin.}(146^\circ\,18'\,36'' + x) = -\frac{\text{Cos.}\,33^\circ\,41'\,24''}{3}; \text{ oder}$$

$$\text{Sin.}(326^\circ\,18'\,36'' + x) = +\frac{\text{Cos.}\,33^\circ\,41'\,24''}{3},$$

und zu jeder dieser dieser drei Auflösungen erhält man

$x = 49^\circ\,47'\,31''$ oder auch
$x = 197^\circ\,35'\,17''$.

XV.* Es sind in einer Ebene ein Kreis zum Mittelpunkt M und Halbmesser r und zwei Punkte A und B gegeben; man soll den Mittelpunkt N eines zweiten Kreises ermitteln, dessen Peripherie durch A und B geht, und den gegebenen

Kreis so schneidet, daß ein Durchmesser desselben die gemeinschaftliche Sehne beider Kreise wird.

Sind C und D die Durchschnittspunkte, also CMD eine gerade Linie = 2r, so muß MN auf CD normal stehen; wird nun MA = a, MB = b, ∠ AMB = α gesetzt; liegt A zwischen B und C, und bezeichnet y den gesuchten Winkel AMC, x den Abstand MN, so daß also $\sqrt{r^2 + x^2}$ den Halbmesser des gesuchten Kreises ausdrückt, so hat man sogleich

$$r^2 + x^2 = a^2 + x^2 - 2ax \text{ Cos. } (90 + y); \text{ und}$$
$$r^2 + x^2 = b^2 + x^2 - 2bx \text{ Cos. } (90 + y + \alpha); \text{ also}$$

— Sin. y für Cos. (90 + y) und — Sin. (α + y) für Cos. (90 + y + α) geschrieben

$$\frac{\text{Sin. } (\alpha + y)}{\text{Sin. } y} = \frac{r^2 - a^2}{r^2 - b^2} \cdot \frac{b}{a}; \text{ und hieraus}$$

$$\text{Cotg. } y = \frac{r^2 - a^2}{r^2 - b^2} \cdot \frac{b}{a} \text{ Cosec. } \alpha - \text{Cotg. } \alpha;$$

und dann auch

$$x = \frac{r^2 - a^2}{2a \text{ Sin. } y}.$$

XVI.* Zu Bestimmung eines Dreiecks sei gegeben: eine Seite = 2a, die Differenz der ihr anliegenden Winkel = 2β, und die Bedingung, daß die Transversale aus der Mitte der Seite 2a nach der gegenüber liegenden Ecke den Winkel daselbst in 2 Theile theile, von welchen der eine ein rechter Winkel ist.

Bezeichnet man die an 2a anliegenden Winkel durch x + β und x — β, so verstanden, daß die Winkel x + β und 90 in einem der beiden durch die Transversale getrennten Dreiecke liegen, und drückt y die dem Winkel x + β gegenüber liegende Seite im ganzen Dreieck aus, so ist die dem Winkel x — β gegenüber liegende = a Cos. (x + β), und es ergeben sich leicht die beiden Gleichungen

$$y \text{ Sin. } (x - \beta) = a \text{ Cos. } (x + \beta) \text{ Sin. } (x + \beta)$$
$$2a \text{ Sin. } (x + \beta) = y \text{ Sin. } 2x; \text{ aus welchen}$$
$$\text{tg. } x = \sqrt[3]{\text{tg. } \beta} \text{ hervorgeht.}$$

XVII.* Einen gegebenen Winkel α in B so zu theilen, daß für jeden Punkt D der Theilungslinie, wenn man aus ihm die Normalen DA, DC auf die Schenkel BA, BC fällt, und dann die gerade Linie AC zieht, der Inhalt des Dreiecks ABC sich zu dem von ACD wie n : 1 verhält.

Wird ∠ CBD = x gesetzt, so ist BC = BD Cos. x, DC = BD Sin. x, BA = BD Cos. (α — x), DA = BD Sin. (α — x), und es verhalten sich daher beide Dreiecke ABC und ACD, weil ihre Winkel in B und D sich zu zwei Rechten ergänzen, wie BD^2 Cos. x Cos. $(\alpha - x)$ zu BD^2 Sin. x Sin. $(\alpha - x)$, und man hat somit die Gleichung

$$\text{Cos. } x \text{ Cos. } (\alpha - x) : \text{Sin. } x \text{ Sin. } (\alpha - x) = n : 1,$$

woraus

$$\text{Cos. } \alpha + \text{Cos. } (2x - \alpha) = n [\text{Cos. } (2x - \alpha) - \text{Cos. } \alpha],$$

also $\text{Cos. } (2x - \alpha) = \frac{n+1}{n-1} \text{Cos. } \alpha$ folgt.

Die Aufgabe ist daher nur dann lösbar, wenn

$$\frac{n+1}{n-1} \text{Cos. } \alpha < \text{höchstens} = 1;$$

d. h. wenn $\text{Cos. } \alpha < \text{höchstens} = \frac{n-1}{n+1}$

oder $n > \text{mindestens} = \frac{1 + \text{Cos. } \alpha}{1 - \text{Cos. } \alpha}$ ist.

XVIII.* Es sind die 3 Transversalen, welche die Winkel eines Dreiecks halbiren, gegeben, jedoch zwei derselben einander gleich, also das Dreieck gleichschenklig; die Winkel desselben zu bestimmen.

Bezeichnen a, b, b die drei Transversalen, 2x, 2y, 2y die von ihnen halbirten Winkel des Dreiecks, so daß also $2x + 4y = 180°$ ist, so ergiebt sich sogleich noch folgende zweite Gleichung:

$$\frac{a \text{ Sin. } (x + 2y)}{\text{Sin. } 2y} = \frac{b \text{ Sin. } 3y}{\text{Sin. } 2x}; \text{ also x eliminirt}$$

$2a \text{ Cos. } 2y = b \text{ Sin. } 3y$; daher (nach §. 366. VII. und LI.) $2a (1 - 2 \text{ Sin. } y^2) = b [3 \text{ Sin. } y - 4 \text{ Sin. } y^3]$,

oder $\text{Sin. } y^3 - \frac{a}{b} \text{ Sin. } y^2 - \frac{3}{4} \text{ Sin. } y + \frac{a}{2b} = 0.$

Wird nun $\text{Sin. } y = \frac{a}{3b} + z$ gesetzt, so entsteht

$z^3 - \frac{4a^2 + 9b^2}{12b^2} z - \frac{8a^3 - 27ab^2}{4 . 27 . b^3} = 0$, und hierzu

ist, den Werth von φ aus $\text{Cos. } \varphi = a . \frac{8a^2 - 27b^2}{[4a^2 + 9b^2]^{\frac{3}{2}}}$ entnommen, $z = \frac{1}{3b} . \text{Cos. } \frac{\varphi}{3} . \sqrt{4a^2 + 9b^2}$; also

$$\text{Sin. } y = \frac{1}{3b} \left[a + \text{Cos. } \frac{\varphi}{3} . \sqrt{4a^2 + 9b^2}\right]. \quad (\S. 366.*)$$

Beispiel. Für $b = \frac{a}{3}$ wird $\text{Cos.}\ \varphi = \frac{1}{\sqrt{5}}$; also

$\varphi = 63^\circ\ 26'\ 6''$; $296^\circ\ 33'\ 54''$; $423^\circ\ 26'\ 6''$; $656^\circ\ 33'\ 54''$ u. s. w.; folglich

$\frac{\varphi}{3} = 21^\circ\ 8'\ 42''$; $98^\circ\ 51'\ 18''$; $141^\circ\ 8'\ 42''$; $218^\circ\ 51'\ 18''$ u. s. w.; daher

$\text{Cos.}\ \frac{\varphi}{3} = \text{Cos.}\ 21^\circ\ 8'\ 42''$; $-\text{Cos.}\ 81^\circ\ 8'\ 42''$; $-\text{Cos.}\ 38^\circ\ 51'\ 18''$; $-\text{Cos.}\ 38^\circ\ 51'\ 18''$ u. s. w.; und von diesen nur drei verschiedenen Resultaten kann nur das zweite genügen, indem nur dieses, in der 3ten Gleichung $\text{Sin}\ y = 1 + \text{Cos.}\ \frac{\varphi}{3} \cdot \sqrt{5}$ aufgenommen, für y einen spitzen Winkel liefert. Es ergiebt sich

$$y = 40^\circ\ 58'\ 47''$$

und hierzu $x = 8^\circ\ 2'\ 26''$.

Viertes Kapitel.

Von der Berechnung der fehlenden Stücke eines n Ecks aus 2n — 3 gegebenen bestimmenden Stücken desselben; oder: die eigentliche Goniometrie.

§. 391. Lehrsatz. Jede Seite a eines Vielecks ist gleich der Summe der Produkte, welche man erhält, wenn man jede der übrigen Seiten in den Cosinus des Winkels multiplicirt, welchen sie mit der ersten Seite a bildet.

Beweis. Fürs Dreieck ist der Satz durch die zweite Gleichung in §. 383. schon bewiesen. Kann man nun zeigen, daß derselbe, wenn er fürs n Eck als wahr angenommen wird, dann auch fürs n + 1 Eck gelten muß, so ist er allgemein gültig.

Es sei Fig. 220. ein n + 1 Eck, und dessen Seiten durch a, b, c u. s. w., x, y, z bezeichnet, so ist, wenn man die Diagonale ϱ zieht, in dem n Eck, dessen Seiten a, b, c u. s. w. x, ϱ sind, nach der Voraussetzung und der in §. 328. schon gebrauchten Bezeichnungsart der Winkel:

$$a = b\ \text{Cos.}\ ba + c\ \text{Cos.}\ ca + \ldots + x\ \text{Cos.}\ xa + \varrho\ \text{Cos.}\ \varrho a.$$

Da nun, wenn man die in der Figur angedeuteten Normalen auf a fällt, leicht hervorgeht, daß

ϱ Cos. ϱa = y Cos. ya + z Cos. za ist,

so folgt, wenn man diesen Werth für ϱ Cos. ϱa substituirt:

a = b Cos. ba + c Cos. ca + ... + y Cos. ya + z Cos. za,

wie zu beweisen war.

§. 392. Zusatz. Beim Gebrauch des Gesetzes im vorigen §. sind die Winkel ganz nach §. 328. XIV. zu bestimmen. So ist z. B.

$$ac = ab + bc - 2R$$
$$ad = ab + bc + cd - 2.2R \text{ u. s. w.}$$

Man kann auch, da der Cos. eines Winkels mit dem Cos. des eben so großen, negativen Winkels ganz einerlei ist, einige dieser Winkel, wenn es bequemer scheint, auf dem entgegengesetzten Weg bestimmen, wodurch man dasselbe Resultat, aber entgegengesetzt, erhält, z. B.

$$ay = az + zy - 2R$$
$$ax = az + zy + yx - 2.2R \text{ u. s. w.}$$

§. 393. Lehrsatz. In jedem n Eck ist die Summe der n — 1 Produkte, welche man erhält, wenn man n — 1 Seiten desselben wählt, und jede mit dem Sinus des Winkels multiplicirt, welchen sie mit der nten Seite bildet, allemal gleich Null, vorausgesetzt, daß alle diese Winkel, nach §. 328. XIV., auf demselben Weg bestimmt werden.

Beweis. Fürs Dreieck ergiebt sich der Satz sehr leicht durch die erste Gleichung in §. 383. Es ist nämlich (Fig. 211.)

$$c \text{ Sin. } \beta = b \text{ Sin. } \gamma.$$

Nach §. 328. XIV. ist aber

$$ab = ac + cb - 2R \text{ oder}$$
$$ab = -(2R - ac - cb)$$
$$= -(2R - \alpha - \beta) = -\gamma;$$

also auch $\gamma = -ab$, und daher

$$\text{Sin.} \gamma = - \text{Sin. } ab.$$

Setzt man nun ac für β und — Sin. ab für Sin. γ in

c Sin. β = b Sin. γ, so entsteht

$$c \text{ Sin. } ac + b \text{ Sin. } ab = 0.$$

Wählt man den entgegengesetzten Weg der Winkelbestimmung, so ist $\gamma = ab$; und

$$ac = ab + bc - 2R$$
$$= -(2R - ab - bc)$$
$$= -(2R - \gamma - \alpha) = -\beta;$$

und aus $c \, Sin. \beta = b \, Sin. \gamma$ wird ebenfalls

$$b \, Sin. ab + c \, Sin. ac = 0.$$

Setzt man nun, wie in §. 391., voraus, daß dieses Gesetz fürs $n - 1$ Eck gültig ist, und zeigt aus dieser Annahme, daß es dann auch fürs n Eck paßt, so gilt dasselbe allgemein.

Es sei Fig. **220.** ein n Eck, und z, y, x u. s. w. c, b, a dessen Seiten, so ist, wenn man die Diagonale ϱ zieht, in dem $n - 1$ Eck, dessen Seiten ϱ, x, w u. s. w. c, b, a sind, nach der Voraussetzung

$$\varrho \, Sin. \varrho a + x \, Sin. xa + \ldots + c \, Sin. ca + b \, Sin. ba = 0.$$

Es erhellet aber aus den auf a construirten Normalen, daß

$$\varrho \, Sin. \varrho a = z \, Sin. za + y \, Sin. ya \text{ ist,}$$

und substituirt man diesen Werth in die vorausgesetzte Gleichung, so entsteht:

$$z \, Sin. za + y \, Sin. ya + x \, Sin. xa + \ldots + b \, Sin. ba = 0,$$

wie zu beweisen war.

§. 394. Zusatz. Da der Sinus eines Winkels dem Sinus des eben so großen negativen Winkels wohl gleich, aber ihm entgegengesetzt ist, so darf man, wie auch schon im Lehrsatz §. 393. bestimmt ausgesprochen wurde, beim Gebrauch dieses Gesetzes nicht einige Winkel auf dem einen, die andern auf dem entgegengesetzten Wege, sondern man muß alle auf demselben Wege bestimmen.

§. 395. Aufgabe. Von den 2n Begränzungsstücken eines n Ecks sind $2n - 3$ bestimmende gegeben; man soll zu Bestimmung der übrigen drei unbekannten Stücke die erforderlichen drei Gleichungen herleiten.

Auflösung. Ist Fig. **220.** ein n Eck, bezeichnen a, b, c u. s. w. y, z dessen Seiten, und ab, bc u. s. w. xy, yz, za dessen Winkel, so sind, außer der geometrischen Gleichung, daß die Summe dieser Winkel

$$= n \,.\, 2R - 4R \text{ ist,}$$

noch zwei goniometrische erforderlich, und diese sind nach §. 391. und 393.:

$$1) \; a = b \, Cos. ba + c \, Cos. ca + \ldots + z \, Cos. za;$$
$$2) \; b \, Sin. ba + c \, Sin. ca + \ldots + z \, Sin. za = 0;$$

wobei aber nicht zu vergessen ist, daß in der ersten geometrischen Gleichung unter ba, za die Winkel der Figur selbst, in der dritten aber, entweder

$$ba = ba \text{ und}$$
$$za = ab + bc + cd + \ldots + xy + yz - (n-2).2R$$
oder:
$$za = za \text{ und}$$
$$ba = az + zy + yx + \ldots + dc + cb - (n-2)\,2R$$
zu verstehen ist.

§. 396. Zusatz. Jede goniometrische Aufgabe, bei welcher nur von den Begränzungsstücken des Vielecks die Rede ist, ist durch die Gleichungen im vorigen §. aufzulösen, und es ist nur erforderlich, um sich eine möglichst bequeme Entwicklung zu bereiten, in jedem besondern Fall die goniometrischen Gleichungen geschickt zu wählen.

Die folgenden zwei Paragraphen enthalten die beiden interessantesten, für die Anwendung wichtigsten, hierher gehörigen Aufgaben.

§. 397. Aufgabe. Es sind n — 1 Seiten a, b, c u. s. w. p, q, r eines n Ecks, und die Winkel ab, bc u. s. w. pq, qr, welche sie bilden, gegeben; man soll die nte Seite x und einen der beiden an ihr liegenden Winkel etwa xa bestimmen.

Auflösung. 1stens fürs Dreieck (Fig. 221.). Hier ist, nach §. 385. I.

$$x^2 = a^2 + b^2 - 2ab \text{ Cos. } ab.$$

2tens fürs Viereck (Fig. 222.). Hier ist nach §. 391.

$$x = a \text{ Cos. } ax + b \text{ Cos. } bx + c \text{ Cos. } cx.$$
$$a = b \text{ Cos. } ab + c \text{ Cos. } ac + x \text{ Cos. } ax.$$
$$b = a \text{ Cos. } ab + c \text{ Cos. } bc + x \text{ Cos. } bx.$$
$$c = a \text{ Cos. } ac + b \text{ Cos. } bc + x \text{ Cos. } cx.$$

Multiplicirt man die erste dieser vier Gleichungen mit x, die zweite mit a, die dritte mit b und die vierte mit c, so entsteht:

$$x^2 = ax \text{ Cos. } ax + bx \text{ Cos. } bx + cx \text{ Cos. } cx$$
$$a^2 = ab \text{ Cos. } ab + ac \text{ Cos. } ac + ax \text{ Cos. } ax$$
$$b^2 = ab \text{ Cos. } ab + bc \text{ Cos. } bc + bx \text{ Cos. } by$$
$$c^2 = ac \text{ Cos. } ac + bc \text{ Cos. } bc + cx \text{ Cos. } cx.$$

Subtrahirt man nun von der ersten dieser vier Gleichungen die Summe der drei übrigen, so erhält man

$$x^2 - a^2 - b - c^2 = -2ab \text{ Cos. } ab - 2ac \text{ Cos. } ac - 2bc \text{ Cos. } bc,$$

und hieraus:

$$x^2 = a^2 + b^2 + c^2 - 2[ab \text{ Cos. } ab + ac \text{ Cos. } ac + bc \text{ Cos. } bc].$$

3tens fürs n Eck (Fig. 223.). Man nehme an, daß das aus 2tens als wahrscheinlich hervorgehende Gesetz fürs n — 1 Eck erwiesen sei, setze also, nachdem die Diagonale $\delta\beta = \alpha$ gezogen ist,

$$\begin{aligned}\alpha^2 = b^2 + c^2 \ldots + q^2 + r^2 - 2 [& bc \operatorname{Cos.} bc + bd \operatorname{Cos.} bd + \ldots + br \operatorname{Cos.} br \\ & + cd \operatorname{Cos.} cd + \ldots + cr \operatorname{Cos.} cr \\ & + de \operatorname{Cos.} de + \ldots + dr \operatorname{Cos.} dr \\ & + \ldots\ldots\ldots \\ & + \ldots\ldots\ldots \\ & + pq \operatorname{Cos.} pq + pr \operatorname{Cos.} pr \\ & \qquad + qr \operatorname{Cos.} qr].\end{aligned}$$

Nun fälle man die Normale $\delta\gamma$ auf die Richtung von a, so ist

$$\begin{aligned}\beta\gamma = & b \operatorname{Cos.} ab + c \operatorname{Cos.} ac \ldots\ldots \\ & + q \operatorname{Cos.} aq + r \operatorname{Cos.} ar + \gamma\delta \operatorname{Cos.} 90^0.\end{aligned}$$

Da nun $\beta\gamma = \alpha \operatorname{Cos.} a\alpha$ und $\operatorname{Cos.} 90^0 = 0$ ist, so hat man

$$\alpha \operatorname{Cos.} a\alpha = b \operatorname{Cos.} ab + c \operatorname{Cos.} ac + \ldots + q \operatorname{Cos.} aq + r \operatorname{Cos.} ar.$$

Es ist aber

$$x^2 = a^2 + \alpha^2 - 2a\alpha \operatorname{Cos.} a\alpha;$$

und setzt man hier hinein für α^2 den vorausgesetzten, und für $\alpha \operatorname{Cos.} a\alpha$ den hergeleiteten Werth, so entsteht:

$$\begin{aligned}x^2 = & a^2 + b^2 + c^2 + \ldots + p^2 + q^2 + r^2 \\ - 2 . [& ab \operatorname{Cos.} ab + ac \operatorname{Cos.} ac + ad \operatorname{Cos.} ad + \ldots + ar \operatorname{Cos.} ar \\ & + bc \operatorname{Cos.} bc + bd \operatorname{Cos.} bd + \ldots + br \operatorname{Cos.} br \\ & + cd \operatorname{Cos.} cd + \ldots + cr \operatorname{Cos.} cr \\ & + \ldots\ldots\ldots \\ & + \ldots\ldots\ldots \\ & + \ldots\ldots\ldots \\ & + pq \operatorname{Cos.} pq + pr \operatorname{Cos.} pr \\ & \qquad + qr \operatorname{Cos.} qr],\end{aligned}$$

und die Richtigkeit dieses allgemeinen Gesetzes erhellet somit durch eine vollkommene Induction.

Um nun auch eine goniometrische Function des Winkels xa darzustellen, so hat man

$$\alpha \operatorname{Cos.} a\alpha + x \operatorname{Cos.} xa = a;$$

folglich

$$\operatorname{Cos.} ax = \frac{a - \alpha \operatorname{Cos.} a\alpha}{x}; \text{ also}$$

wenn man den Werth für $\alpha \operatorname{Cos.} a\alpha$ substituirt

$$\operatorname{Cos.} ax = \frac{a - [b \operatorname{Cos.} ab + c \operatorname{Cos.} ac + \ldots + r \operatorname{Cos.} ar]}{x}$$

wo für x der oben bestimmte Werth zu setzen ist.

§. 398. Aufgabe. Es sind n — 1 Seiten a, b ...... p, q, r eines n Ecks (Fig. 223.) und die Winkel ab, bc .... pq, qr, welche sie bilden, gegeben; man soll durch diese gegebenen Größen den Inhalt F des n Eck ausdrücken.

Auflösung. 1stens. Fürs Dreieck. (Fig. 221.)
Hier ist $F = \frac{1}{2} ab$ Sin. ab.
2tens. Fürs Viereck. (Fig. 222.)
Man ziehe die Diagonale ϱ, so hat man

$$F = \tfrac{1}{2} ab \text{ Sin. } ab + \tfrac{1}{2} c\varrho \text{ Sin. } c\varrho.$$

Es ist aber, wenn man die in der Figur angezeigten Normalen fällt,

$$\varrho \text{ Sin. } c\varrho = a \,.\, \text{Sin. } ac + b \text{ Sin. } bc;$$

und substituirt man diesen Werth, so erhält man

$$F = \tfrac{1}{2}[ab \text{ Sin. } ab + ac \text{ Sin. } ac + bc \text{ Sin. } bc].$$

3tens. Fürs n Eck. (Fig. 223.)

Man nehme an, daß das aus 2tens als wahrscheinlich hervorgehende Gesetz fürs n — 1 Eck erwiesen sei, setze also, nachdem die Diagonale $\delta\beta = \alpha$ gezogen ist, den Inhalt f des n — 1 Ecks, dessen Seiten a, b, c .... q, r sind, =

$$\begin{array}{l}
\tfrac{1}{2}[bc \text{ Sin. } bc + bd \text{ Sin. } bd + \ldots\ldots + br \text{ Sin. } br \\
+ cd \text{ Sin. } cd + ce \text{ Sin. } ce + \ldots\ldots + cr \text{ Sin. } cr \\
+ de \text{ Sin. } de + \ldots\ldots\ldots\ldots\ldots\ldots + dr \text{ Sin. } dr \\
\qquad\qquad\quad + \ldots\ldots\ldots\ldots\ldots\ldots \\
\qquad\qquad\quad + \ldots\ldots\ldots\ldots\ldots\ldots \\
\qquad\qquad\quad \ldots\ldots\ldots\ldots\ldots\ldots \\
\qquad\qquad\qquad\qquad + pq \text{ Sin. } pq + pr \text{ Sin. } pr \\
\qquad\qquad\qquad\qquad\qquad\qquad + qr \text{ Sin. } qr],
\end{array}$$

so folgt

$$F = f + \tfrac{1}{2} a\alpha \text{ Sin. } a\alpha.$$

Fällt man nun die Normale $\delta\gamma$ auf die Richtung von a, so ist

$$\alpha \text{ Sin. } a\alpha = \delta\gamma.$$

Es ist aber in dem n Eck, dessen Seiten $\delta\gamma$, $\gamma\beta$, b, c.... q, r sind, nach §. 393.

$$\begin{array}{l}
b \text{ Sin. } ab + c \text{ Sin. } ac + \ldots\ldots + p \text{ Sin. } ap + q \text{ Sin. } aq \\
\quad + r \text{ Sin. } ar + \delta\gamma \text{ Sin. } (a, \delta\gamma) = 0;
\end{array}$$

oder, weil Sin. $[a, \delta\gamma]$ = Sin. $(-90^0) = -1$ ist:

$$b \text{ Sin. } ab + c \text{ Sin. } ac + \ldots\ldots + r \text{ Sin. } ar - \delta\gamma = 0;$$

folglich

$$\delta\gamma = b \text{ Sin. } ab + c \text{ Sin. } ac + \ldots\ldots + r \text{ Sin. } ar;$$

oder:

$$\alpha \text{ Sin. } a\alpha = b \text{ Sin. } ab + c \text{ Sin. } ac + \ldots\ldots + r \text{ Sin. } ar.$$

Setzt man nun in

$$F = f + \frac{1}{2} a\alpha \text{ Sin. } a\alpha$$

für f den vorausgesetzten, für α Sin. aα den hergeleiteten Werth, so entsteht

$$\begin{aligned} F = \tfrac{2}{2}[& ab \text{ Sin. } ab + ac \text{ Sin. } ac + \ldots + ar \text{ Sin. } ar \\ & + bc \text{ Sin. } bc + bd \text{ Sin. } bd + \ldots + br \text{ Sin. } br \\ & + cd \text{ Sin. } cd + \ldots\ldots\ldots\ldots + cr \text{ Sin. } cr \\ & + \ldots\ldots\ldots\ldots \\ & \qquad + pq \text{ Sin. } pq + pr \text{ Sin. } pr \\ & \qquad\qquad + qr \text{ Sin. } qr]; \end{aligned}$$

und die Richtigkeit dieses allgemeinen Gesetzes zur Inhalts-Bestimmung erhellet aus dieser vollständigen Induction.

Beispiel. Für das Fünfeck **Fig. 224.**, dessen vier gegebene Seiten = 20, 18, 22 und 30, und dessen von diesen Seiten gebildete Winkel = 100°, 200°, 80° sind, die 5te Seite x und den Inhalt F zu berechnen.

Es ist

$$\begin{aligned} x^2 = & 20^2 + 18^2 + 22^2 + 30^2 - 2.[20.18.\text{Cos. } 100° \\ & + 20.22.\text{Cos. }(100° + 200° - 180°) + 20.30 \text{ Cos. }(100 + 200 + 80 - 360)° \\ & + 18.22.\text{Cos. } 200° + 18.30.\text{Cos. }(200 + 80 - 180)° + 22.30.\text{Cos. } 80°] \\ = & 2108 + 440 + 480 \text{ Cos. } 80° - 408 \text{ Cos. } 20°; \text{ also} \end{aligned}$$

$$x = 47{,}4126.$$

Ferner ist

$$\begin{aligned} F = & \tfrac{1}{2}[20.18 \text{ Sin. } 100° + 20.22 \text{ Sin. } 120° + 20.30.\text{Sin. } 20° \\ & + 18.22 \text{ Sin. } 200° + 18.30 \text{ Sin. } 100° + 22.30.\text{Sin. } 80°] \\ & = 780.\text{Sin. } 80° + 220.\text{Sin. } 60° + 102.\text{Sin. } 20° \\ & \quad = 993{,}5617. \end{aligned}$$

§. 399. Zusatz. Sind unter den bestimmenden Stücken eines n Ecks Diagonalen, Winkel, welche Diagonalen unter sich oder auch mit Seiten bilden, Summen oder Differenzen von Seiten u. s. w., so führt oft die Betrachtung der einzelnen Dreiecke, in welche man sich das n Eck zerlegt denken kann, zu einfacheren Gleichungen als die in §. 395. sind. Der folgende §. enthält mehrere Uebungs-Aufgaben für Vierecke und Vielecke.

§. 400. Goniometrische Uebungs-Aufgaben.

I. Es sind die beiden Diagonalen eines Vierecks = a, b und der Winkel α, welchen sie bilden, gegeben; durch diese drei Größen a, b, α den Inhalt F des Vierecks auszudrücken.

Denkt man sich durch die vier Ecken des Vierecks Parallelen mit a und b, so ist der Inhalt des entstehenden Parallelogramms $= 2F$ (§. 88.); und wenn man eine Diagonale desselben zieht, der Inhalt jedes der beiden Dreiecke $= F$; jedes dieser Dreiecke hat aber a und b zu Seiten und α oder das Supplement von α zum eingeschlossenen Winkel, und es ist also nach §. 389. I.

$$F = \tfrac{1}{2} a b \operatorname{Sin.} \alpha.$$

II. Es ist der Inhalt $= a^2$, der Umfang $= b$ und eine Diagonale c eines Parallelogramms gegeben; die Seiten und Winkel desselben zu bestimmen.

Bezeichnen z die c gegenüber liegenden Winkel, x, y die Seiten des Parallelogramms, so ist

$$xy \operatorname{Sin.} z = a^2$$
$$2x + 2y = b \text{ und}$$
$$x^2 + y^2 - 2xy \operatorname{Cos.} z = c^2.$$

Setzt man aus der ersten Gleichung den Werth für xy in die dritte und addirt dann noch $2xy = \frac{2a^2}{\operatorname{Sin.} z}$ aus der ersten, so entsteht

$$(x+y)^2 = c^2 + 2 \cdot \frac{a^2}{\operatorname{Sin.} z} \operatorname{Cos.} z + \frac{2a^2}{\operatorname{Sin.} z}$$
$$= c^2 + 2a^2 \cdot \operatorname{Cotg.} \frac{z}{2} \cdot$$

Da aber aus der zweiten Gleichung

$$x + y = \frac{b}{2} \text{ folgt, so hat man}$$

$$\frac{b^2}{4} = c^2 + 2a^2 \operatorname{Cotg.} \frac{z}{2}; \text{ und hieraus}$$

$$\operatorname{Cotg.} \frac{z}{2} = \frac{b^2 - 4c^2}{8a^2} = \frac{(b+2c)(b-2c)}{8a^2}.$$

Ist hiernach z bestimmt, so erhält man dann aus

$$xy = \frac{a^2}{\operatorname{Sin.} z} \text{ und } x + y = \frac{b}{2}$$

sehr leicht die Werthe für x und y.

III. Die vier Seiten eines in einem Kreise liegenden Vierecks sind gegeben; man soll die Winkel desselben bestimmen.

Bezeichnen a, b, c, d die gegebenen vier Seiten, x den von a und b eingeschlossenen Winkel, z die ihnen gegenüber liegende Diagonale des Vierecks, so ist

$$z^2 = a^2 + b^2 - 2ab \operatorname{Cos.} x; \text{ und auch}$$

$$z^2 = c^2 + d^2 - 2\,cd\,\text{Cos.}\,(180^0 - x)$$
$$= c^2 + d^2 + 2\,cd\,\text{Cos.}\,x;$$

und aus der Gleichung beider Werthe für z^2 entsteht

$$\text{Cos.}\,x = \frac{a^2 + b^2 - c^2 - d^2}{2(ab + cd)}.$$

Setzt man
$$b + c + d - a = A$$
$$a + c + d - b = B$$
$$a + b + d - c = C$$
$$a + b + c - d = D$$

so erhält man aus $\text{Sin.}\,x = \sqrt{1 - \text{Cos.}\,x^2}$

$$\text{Sin.}\,x = \frac{\sqrt{ABCD}}{2(ab + cd)}.$$

Ferner aus $\text{Cos.}\,x = 1 - 2\left(\text{Sin.}\,\frac{x}{2}\right)^2$

$$\text{Sin.}\,\frac{x}{2} = \sqrt{\frac{AB}{4(ab + cd)}}.$$

Eben so $\text{Cos.}\,\frac{x}{2} = \sqrt{\frac{CD}{4(ab + cd)}}.$

Aus der Formel für Sin. x ergiebt sich nun auch sehr leicht der schon in der algebraischen Geometrie bestimmte Inhalt F des Vierecks.

Es ist nämlich der Inhalt des Dreiecks, dessen Seiten a, b und z sind,

$$= \tfrac{1}{2}\,ab\,.\,\text{Sin.}\,x$$

und der des Dreiecks, dessen Seiten c, d und z sind,

$$= \tfrac{1}{2}\,cd\,\text{Sin.}\,(180^0 - x)$$
$$= \tfrac{1}{2}\,cd\,\text{Sin.}\,x;$$ folglich

$$F = \frac{ab + cd}{2}\,.\,\text{Sin.}\,x,$$ oder den Werth für Sin. x substituirt,

$$F = \tfrac{1}{4}\sqrt{ABCD}.$$

Eben so erhält man die Diagonalen; es ist nämlich

$$z^2 = a^2 + b^2 - 2\,ab\,.\,\frac{a^2 + b^2 - c^2 - d^2}{2(ac + cd)};$$ also

$$z = \sqrt{\frac{(ac + bd)(ad + bc)}{ab + cd}}.$$

IV. Es sind die vier Seiten eines Vierecks gegeben und die Bedingung, daß zwei einander gegenüber liegende Winkel desselben gleich groß sein sollen; man soll die Winkel des Vierecks und auch den Inhalt desselben bestimmen.

Bezeichnet man die gegebenen vier Seiten mit a, b, c, d, den unbekannten, von a und b eingeschlossenen, so wie auch den Winkel, welchen c und d einschließen, durch x; so erhält man, wie in III., die Gleichung

$$a^2 + b^2 - 2ab\,\mathrm{Cos.}\,x = c^2 + d^2 - 2cd\,\mathrm{Cos.}\,x,$$

und hieraus $\mathrm{Cos.}\,x = \frac{a^2 + b^2 - c^2 - d^2}{2(ab - dc)}$.

Setzt man nun den Winkel, welchen a und d bilden, $= y$, so ist der gegenüber liegende $= 360 - (2x + y)$, und sein Cosinus $= \mathrm{Cos.}\,(2x + y)$; folglich

$$a^2 + d^2 - 2ad\,\mathrm{Cos.}\,y = b^2 + c^2 - 2bc\,\mathrm{Cos.}\,(2x + y)$$

und hieraus

$$\frac{a^2 + d^2 - b^2 - c^2}{2} = (ad - bc\,\mathrm{Cos.}2x)\,\mathrm{Cos.}\,y + bc\,\mathrm{Sin.}2x\,\mathrm{Sin.}y,$$

aus welcher Gleichung, da x schon bekannt ist, ganz nach §. 390. XIV. der Werth einer goniometrischen Function von y bestimmt werden kann.

Um nun noch den Inhalt F des Vierecks zu finden, so hat man, wenn man sich die x gegenüber liegende Diagonale denkt,

$$F = \tfrac{1}{2}ab\,\mathrm{Sin.}\,x + \tfrac{1}{2}cd\,\mathrm{Sin.}\,x$$

$$= \frac{ab + cd}{2}\,.\,\mathrm{Sin.}\,x.$$

Es ist aber $\mathrm{Sin.}\,x = \sqrt{1 - \mathrm{Cos.}\,x^2}$

$$= \sqrt{(1 + \mathrm{Cos.}\,x)(1 - \mathrm{Cos.}\,x)};$$

oder den Werth für Cos. x substituirt und reducirt;

$$\mathrm{Sin.}\,x = \frac{\sqrt{(a+b+c+d)(a+b-c-d)(a+c-b-d)(b+c-a-d)}}{2(ab - cd)}$$

folglich

$$F = \frac{ab + cd}{4(ab - cd)}\sqrt{(a+b+c+d)(a+b-c-d)(a+c-b-d)(b+c-a-d)}.$$

Man erhält auch noch leicht:

$$\mathrm{Sin.}\,\frac{x}{2} = \sqrt{\frac{(a + c - b - d)(b + c - a - d)}{4(ab - cd)}}$$ und

$$\text{Cos.}\,\frac{x}{2} = \sqrt{\frac{(a+b+c+d)(a+b-c-d)}{4(ab-cd)}}$$

und aus der Formel für $\text{Cos.}\,\frac{x}{2}$ erkennt man am leichtesten die Gränzen der Möglichkeit.

Es muß nämlich

$a+b > c+d$ und zugleich
$a.b > c.d$, so wie auch
$(a-b)^2 < (c-d)^2$ sein.

Beispiel. Es sei $a=10$, $b=6$, $c=4$, $d=9$, so wird

$\text{Cos.}\,\frac{x}{2} = \sqrt{\frac{29}{32}}$; und also

$\frac{x}{2} = 17^0\ 49'\ 46\frac{1}{2}''$; folglich

$x = 35^0\ 39'\ 33''$.

Ferner ergiebt sich:

$$F = 3.\sqrt{87} = 27{,}9821.$$

Den Winkel y erhält man aber am leichtesten, wenn man die Diagonale durch y zieht, diese berechnet, und die Theile von y in den entstehenden beiden Dreiecken einzeln ausmittelt. Für diese Diagonale ergiebt sich der Ausdruck

$$\sqrt{\frac{(bd-ac)(ad-bc)}{ab-cd}},$$

welcher in diesem Zahlenfall

$$= \sqrt{\tfrac{77}{2}} = 6{,}204836 \text{ liefert.}$$

Setzt man nun den Winkel, welchen diese Diagonale mit $d=9$ bildet, $=z$, den, welchen sie mit $a=10$ einschließt, $=w$, so hat man

$4^2 = \frac{77}{2} + 9^2 - 2.9\sqrt{\frac{77}{2}}.\text{Cos.}\,z$ und
$6^2 = \frac{77}{2} + 10^2 - 2.10.\sqrt{\frac{77}{2}}.\text{Cos.}\,w$;

woraus

$$\text{Cos.}\,z = \frac{23}{2.\sqrt{154}}$$

$$\text{Cos.}\,w = \frac{41}{4\sqrt{154}} \text{ folgt.}$$

Hierzu erhält man

$$z = 22^0\ 4'\ 28''$$

$$w = 34^\circ\ 18'\ 47''$$
$$\text{also } y = 56^\circ\ 23'\ 15''.$$

V. Es sind zwei aneinander liegende Seiten eines Vierecks und die Winkel an ihnen gegeben; die beiden fehlenden Seiten und den Inhalt F des Vierecks dadurch auszudrücken.

Bei der in Fig. 225. angegebenen Bezeichnung ist nach §. 393.

$$b \operatorname{Sin.} \gamma + a \operatorname{Sin.} (\alpha + \gamma - 180^\circ) + x \operatorname{Sin.} (\alpha + \beta + \gamma - 360^\circ) = 0;$$

$$\text{also } x = \frac{a \operatorname{Sin.} (\alpha + \gamma) - b \operatorname{Sin.} \gamma}{\operatorname{Sin.} (\alpha + \beta + \gamma)}.$$

Ferner eben so:

$$a \operatorname{Sin.} \beta + b \operatorname{Sin.} (\alpha + \beta - 180) + y \operatorname{Sin.} (\beta + \alpha + \gamma - 4R) = 0;$$

und hieraus

$$y = \frac{b \operatorname{Sin.} (\alpha + \beta) - a \operatorname{Sin.} \beta}{\operatorname{Sin.} (\alpha + \beta + \gamma)}.$$

Dann

$$F = \tfrac{1}{2} a x \operatorname{Sin.} \beta + \tfrac{1}{2} b y \operatorname{Sin.} \gamma;$$

oder, die Werthe für x und y substituirt,

$$F = \frac{a^2 \operatorname{Sin.} \beta \operatorname{Sin.} (\alpha + \gamma) + b^2 \operatorname{Sin.} \gamma \operatorname{Sin.} (\alpha + \beta) - 2ab \operatorname{Sin.} \beta \operatorname{Sin.} \gamma}{2 \operatorname{Sin.} (\alpha + \beta + \gamma)}.$$

Beispiel. Ist $a = 10$, $b = 8$, $\alpha = 120^\circ$, $\beta = 70^\circ$, $\gamma = 80^\circ$; so wird

$$x = 10 \operatorname{Sin.} 20^\circ + 8 \operatorname{Sin.} 80^\circ = 11{,}298664$$
$$y = 8 \operatorname{Sin.} 10^\circ + 10 \operatorname{Sin.} 70^\circ = 10{,}786112$$
$$F = 50 \operatorname{Sin.} 20^\circ \operatorname{Sin.} 70^\circ + 32 \operatorname{Sin.} 10^\circ \operatorname{Sin.} 80^\circ + 80 . \operatorname{Sin.} 70^\circ \operatorname{Sin.} 80^\circ = 95{,}57533.$$

VI. Es sind zwei Seiten eines Vierecks = a und b, der eingeschlossene Winkel = γ, und die beiden Winkel α und β gegeben, welche von der Diagonale an der α gegenüber liegenden Ecke mit den Seiten gebildet werden; man soll die übrigen Größen des Vierecks bestimmen.

Setzt man Fig. 226. den einen unbekannten Winkel = x, so ist der gegenüber liegende =

$$360^\circ - \alpha - \beta - \gamma - x; \text{ oder}$$
$$360 - \alpha - \beta - \gamma \text{ durch } \delta \text{ ausgedrückt} = \delta - x.$$

Bezeichnet nun y die Größe der Diagonale, so ist

$$a \operatorname{Sin.} (\delta - x) = y \operatorname{Sin.} \alpha \text{ und}$$
$$b \operatorname{Sin.} x = y \operatorname{Sin.} \beta; \text{ folglich}$$

$$\frac{\text{Sin.}(\delta - x)}{\text{Sin.}\,x} = \frac{b\,\text{Sin.}\,\alpha}{a\,\text{Sin.}\,\beta};\ \text{oder,}$$

$$\text{weil}\ \frac{\text{Sin.}(\delta - x)}{\text{Sin.}\,x} = \frac{\text{Sin.}\,\delta\,\text{Cos.}\,x - \text{Cos.}\,\delta\,\text{Sin.}\,x}{\text{Sin.}\,x}$$

$$= \text{Sin.}\,\delta\,\text{Cotg.}\,x - \text{Cos.}\,\delta\ \text{ist};$$

$$\text{Sin.}\,\delta\,\text{Cotg.}\,x - \text{Cos.}\,\delta = \frac{b\,\text{Sin.}\,\alpha}{a\,\text{Sin.}\,\beta};\ \text{und hieraus}$$

$$\text{Cotg.}\,x = \text{Cotg.}\,\delta + \frac{b\,\text{Sin.}\,\alpha}{a\,\text{Sin.}\,\beta\,\text{Sin.}\,\delta}.$$

Ist hieraus in Zahlenfällen x bestimmt, so ergeben sich dann leicht die übrigen Linien der Figur, so wie auch der Inhalt des Vierecks.

Beispiel 1. Ist $a = 20$, $b = 22$, $\alpha = 15^\circ$, $\beta = 18^\circ$, $\gamma = 47^\circ$;

$$\begin{aligned}
\text{so ist}\ \delta &= 280^\circ;\ \text{also} \\
\text{Sin.}\,\delta &= -\ \text{Sin.}\ 80^\circ \\
\text{Cotg.}\,\delta &= -\ \text{Cotg.}\ 80^\circ;\ \text{folglich} \\
\text{Cotg.}\,x &= -\ \text{Cotg.}\ 80^\circ - \frac{1{,}1\,.\,\text{Sin.}\,15^\circ}{\text{Sin.}\,18^\circ\,\text{Sin.}\,80^\circ} \\
&= -\ 0{,}176327 - 0{,}935524 \\
&= -\ 1{,}111851;
\end{aligned}$$

und zu der Zahl 1,111851 als Cotg. gehört der spitze Winkel

$41^\circ\ 58'\ 6''$; so daß also

$x = 138^\circ\ 1'\ 54''$ ist.

Beispiel 2. Ist $a = 20$, $b = 30$, $\alpha = 28^\circ$, $\beta = 34^\circ$, $\gamma = 95^\circ$; so erhält man $x = 130^\circ\ 55'\ 49''$.

VII. Zu Bestimmung eines Vierecks sind gegeben: 2 gegenüber liegende Winkel von gleicher Größe α; die Theile a, b der ihre Spitzen verbindenden Diagonale, durch die andere Diagonale abgeschnitten; die Bedingung, daß sich beide Diagonalen rechtwinklig schneiden sollen. (Fig. **227.**)

Bei der in der Figur angegebenen Bezeichnung ergeben sich sogleich die beiden Gleichungen:

$$\begin{aligned}
&1)\quad a\,\text{tg.}(\alpha - x) = b\,\text{tg.}(\alpha - y) \\
&2)\quad a\,.\,\text{tg.}\,x = b\,\text{tg.}\,y,
\end{aligned}$$

und aus ihnen

$$\frac{\text{tg.}(\alpha - x)}{\text{tg.}\,x} = \frac{\text{tg.}(a - y)}{\text{tg.}\,y};\ \text{oder}$$

$$\frac{tg.\,\alpha - tg.\,x}{tg.\,x\,(1 + tg.\,\alpha\,.\,tg.\,x)} = \frac{tg.\,\alpha - tg.\,y}{tg.\,y\,(1 + tg.\,\alpha\,.\,tg.\,y)};$$

oder reducirt:

$$[tg.\,x - tg.\,y]\,[tg.\,x\,tg.\,y - 1 - tg.\,\alpha\,(tg.\,x + tg.\,y)] = 0,$$

welcher Gleichung Genüge geschieht, sowohl für $tg.\,x - tg.\,y = 0$, als auch für

$$tg.\,x\,.\,tg.\,y - 1 - tg.\,\alpha\,(tg.\,x + tg.\,y) = 0.$$

Aus $tg.\,x - tg.\,y = 0$ folgt aber
$tg.\,x = tg.\,y$, und diese Gleichung [mit der ursprünglichen $a\,tg.\,x = b\,tg.\,y$ verglichen] kann nur statt finden, wenn $a = b$ ist.

Im Allgemeinen ist also

$$tg.\,x\,.\,tg.\,y - 1 - tg.\,\alpha\,(tg.\,x + tg.\,y) = 0;$$

und setzt man, aus $a\,tg.\,x = b\,tg.\,y$, in sie $\frac{a\,tg.\,x}{b}$ für $tg.\,y$, so entsteht

$$tg.\,x^2 - \frac{a + b}{a}\,tg.\,\alpha\,.\,tg.\,x - \frac{b}{a} = 0;$$

woraus sich ergiebt

$$tg.\,x = \frac{(a + b)\,tg.\,\alpha \pm \sqrt{(a + b)^2\,.\,tg.\,\alpha^2 + 4ab}}{2a}.$$

Dann hat man auch:

$$tg.\,y = \frac{(a + b)\,tg.\,\alpha \pm \sqrt{(a + b)^2\,.\,tg.\,\alpha^2 + 4ab}}{2b}.$$

Folgende Auflösung ist schöner, und führt zu einer reinen Winkel-Vergleichung.

Man substituire aus §. 366. XXXVIII. für $tg.\,x + tg.\,y$ den Werth $tg.\,(x + y)\,(1 - tg.\,x\,.\,tg.\,y)$ in die Gleichung

$$tg.\,x\,tg.\,y - 1 - tg.\,\alpha\,.\,(tg.\,x + tg.\,y) = 0,$$

so läßt sich leicht folgende Form erzeugen:

$$[tg.\,x\,tg.\,y - 1]\,[1 + tg.\,\alpha\,tg.\,(x + y)] = 0,$$

und dieser Gleichung wird genügt sowohl für

$tg.\,x\,.\,tg.\,y - 1 = 0$, d. h. $tg.\,x = Cotg.\,y$, als auch für $1 + tg.\,\alpha\,.\,tg.\,(x + y) = 0$, woraus
$Cotg.\,\alpha + tg.\,(x + y) = 0$, oder, weil $x + y + z = 180^0$ ist, $tg.\,z = Cotg.\,\alpha$ folgt. Ersteres Resultat genügt nur dann den beiden ursprünglichen Gleichungen 1. und 2., wenn $a = b$ ist; letzteres, allgemein gültige, $tg.\,z = Cotg.\,\alpha$ giebt

$$\alpha + z = 90^\circ \qquad \text{oder auch} = 270^\circ\text{; also}$$

$$z = \begin{Bmatrix} 90 - \alpha \\ 270 - \alpha \end{Bmatrix} \text{ und } w = \begin{Bmatrix} 270 - \alpha \\ 90 - \alpha \end{Bmatrix},$$

woraus hervorgeht, daß α ein spitzer Winkel, und einer der beiden z, w ein einspringender oder erhabener sein muß.

Beispiel. Zwei Beobachter, deren Augen in einer Horizontalebene liegen, befinden sich in den Entfernungen 50 und 60 Fuß von einem lothrechten, in einerlei Verticalebene mit ihnen stehenden Gegenstand, und sehen denselben beide unter denselben Sehewinkel von 45°. Wie hoch ist sowohl der Fuß als die Spitze des Gegenstandes von der erwähnten Horizontalebene entfernt, und wie hoch ist der Gegenstand selbst?

Hier ist $a = 60$, $b = 50$, $\alpha = 45^\circ$; folglich

$$\text{tg. } x = \frac{11 + \sqrt{241}}{12} = 2{,}2103479,$$

wozu $x = 65^\circ\ 39'\ 26''$ gehört;
dann ist $y = 69^\circ\ 20'\ 34''$;
die Höhe $dk = 132{,}62087$
$ck = 60 \,.\, \text{tg. } 20^\circ\ 39'\ 26'' = 22{,}62615$,
folglich $dc = 109{,}99472$.

VIII. Zur Bestimmung eines Vierecks sind folgende fünf Bedingungen gegeben: das Viereck soll ein Trapez sein; die parallelen Seiten desselben sollen die Längen a, b haben; es soll in und um dasselbe ein Kreis gelegt werden können.

Ist cdfg **Fig. 229.** das verlangte Viereck $cg = a$, $df = b$, so muß, weil $cg \ddagger df$ sein soll und parallele Sehnen eines Kreises gleiche Bogen abschneiden, zu gleichen Bogen aber auch gleiche Sehnen gehören, $cd = fg$ werden. Setzt man also $cd = fg$ gleich x, so muß, weil das Viereck auch um einen Kreis liegen soll,

$$x + x = a + b$$

$$\text{also 1) } x = \frac{a + b}{2} \text{ sein.}$$

Bezeichnet man nun $\angle cgf = y$, so ist auch $\angle gcd = y$, und es entsteht die Gleichung

$$x \text{ Cos. } y + b + x \text{ Cos. } y = a\text{; und}$$

$$\text{hieraus 2) Cos. } y = \frac{a - b}{a + b},$$

$$\text{dann Sin. } y = \frac{2\sqrt{ab}}{a + b},$$

und demnach die Höhe des Trapezes

$$3)\quad tk = x \operatorname{Sin.} y = \sqrt{ab},$$

folglich der Halbmesser $mt = mk = mh = mp$ des inneren Kreises, oder

$$4)\quad \varrho = \frac{\sqrt{ab}}{2}.$$

Dann, aus den 4 jetzt bekannten Seiten des Vierecks der Halbmesser des äußeren Kreises Mg oder

$$5)\quad r = \frac{a+b}{8} \cdot \sqrt{\frac{(a+b)^2 + 4ab}{ab}}.$$

Ferner $Mt = \sqrt{r^2 - \left(\frac{b}{2}\right)^2}$; oder, nach Substitution und Reduction, $a > b$ gedacht,

$$6)\quad Mt = \frac{a^2 + 4ab - b^2}{8\sqrt{ab}};$$

dann auch

$$7)\quad Mk = \frac{b^2 + 4ab - a^2}{8\sqrt{ab}},$$

welcher Ausdruck negativ wird, wenn:

$$8)\quad a > b\,(2 + \sqrt{5}) \text{ ist.}$$

Nun ergiebt sich auch die Centrale, oder

$$9)\quad mM = \frac{a^2 - b^2}{8\sqrt{ab}};$$

und endlich der Inhalt des Vierecks, oder

$$10)\quad cdfg = \frac{a+b}{2} \cdot \sqrt{ab}.$$

Verlangt man a der Bedingung gemäß, daß M in k fällt, so muß

$$11)\quad a = b\,(2 + \sqrt{5}) \text{ sein.}$$

IX. Aus den vier Seiten und den Inhalt eines Vierecks dasselbe zu bestimmen.

Berechnen a, b, c, d die vier Seiten (Fig. 230.), F den Inhalt, so ist

$$1)\quad \frac{ab}{a} \operatorname{Sin.} x + \frac{cd}{2} \operatorname{Sin.} y = F \text{ und}$$

$$2)\quad a^2 + b^2 - 2ab \operatorname{Cos.} x = c^2 + d^2 - 2cd \operatorname{Cos.} y.$$

Wird $\frac{a^2+b^2-c^2-d^2}{2}$ durch h ausgedrückt, so folgt:

$$ab\,\text{Sin.}x = 2F - cd\,\text{Sin.}y$$
$$ab\,\text{Cos.}x = h + cd\,\text{Cos.}y.$$

Quadrirt man beide Gleichungen, und nimmt die Summe, so entsteht eine Gleichung von folgender Form

$$A\,\text{Sin.}y + B\,\text{Cos.}y = C,$$

welche nach §. 390. **XIV.** aufzulösen ist.

Beispiel. Ist $a=5$; $b=6$; $c=8$; $d=7$; $F=32$, so erhält man

$$y = 42^\circ\,49'\,12'' \text{ oder } = 92^\circ\,57'\,38''$$

und dann hinzu

$$x = 59^\circ\,49'\,59'' \text{ oder } = 164^\circ\,23'\,9''.$$

X. Es sind die vier an einer Diagonale liegenden Winkel α, β, γ, δ (**Fig. 231.**) eines Vierecks gegeben, man soll die vier Winkel, v, w, x, y, welche an der andern Diagonale liegen, bestimmen.

Es ist

$$x + w + \beta + \gamma = 180^\circ;\ \text{also}$$
$$w = 180^\circ - \beta - \gamma - x;\ \text{wofür } \lambda - x$$

geschrieben werden soll.

Dann hat man

$$ac : bc = \text{Sin.}(\alpha+\beta) : \text{Sin.}\alpha$$
$$bc : cd = \text{Sin.}x : \text{Sin.}(\lambda-x) \text{ und}$$
$$cd : ac = \text{Sin.}\delta : \text{Sin.}(\gamma+\delta);\ \text{also}$$

$$\text{Sin.}(\alpha+\beta)\,\text{Sin.}\delta\,\text{Sin.}x = \text{Sin.}\alpha\,\text{Sin.}(\gamma+\delta)\,\text{Sin.}(\lambda-x)$$

und hieraus $\text{Sin.}\lambda\,\text{Cotg.}x - \text{Cos.}\lambda = \frac{\text{Sin.}\delta\,\text{Sin.}(\alpha+\beta)}{\text{Sin.}\alpha\,\text{Sin.}(\gamma+\delta)}$

folglich $\text{Cotg.}x = \text{Cotg.}\lambda + \frac{\text{Sin.}\delta\,\text{Sin.}(\alpha+\beta)}{\text{Sin.}\lambda\,\text{Sin.}\alpha\,\text{Sin.}(\gamma+\delta)}$

$$= -\text{Cotg.}(\beta+\gamma) + \frac{\text{Sin.}\delta\,\text{Sin.}(\alpha+\beta)}{\text{Sin.}\alpha\,\text{Sin.}(\beta+\gamma)\,\text{Sin.}(\gamma+\delta)}.$$

Beispiel. Ist $\alpha=50^\circ$; $\beta=70^\circ$; $\gamma=40^\circ$; $\delta=60^\circ$; so erhält man

$$x = 35^\circ\,7'\,3'',\ \text{und dann auch}$$
$$w = 34^\circ\,52'\,57'';\quad v = 25^\circ\,7'\,3''$$
$$y = 44^\circ\,52'\,57''.$$

XI. Von einem Viereck bcde (**Fig. 232.**) durch eine Theilungslinie gf, welche mit der Richtung bc einen bestimmten Winkel α bilden soll, einen festgesetzten Inhalt Q abzuschneiden.

Es sei bc = a; $\angle$cbe = β; $\angle$bcd = γ; man setze bk = x; so ist der Inhalt des Dreiecks kcg

$$= \frac{(a+x)^2 \text{Sin.}\,\alpha \,\text{Sin}\,\gamma}{2\,\text{Sin.}(\alpha+\gamma)} \quad (\S.\ 389.\ \text{III.})$$

und der von kbf $= \dfrac{x^2 \text{Sin.}\,\alpha\ \text{Sin.}\,\beta}{2\,\text{Sin.}(\beta-\alpha)}$ folglich

$$\frac{(a+x)^2 \text{Sin.}\,\alpha\ \text{Sin.}\,\gamma}{2\,\text{Sin.}(\alpha+\gamma)} - \frac{x^2 \text{Sin.}\,\alpha\ \text{Sin.}\,\beta}{2\,\text{Sin.}(\beta-\alpha)} = Q$$

woraus sich x in den Fällen ergiebt,

$$\text{wo } Q > \frac{a^2 \text{Sin.}\,\alpha\ \text{Sin.}\,\gamma}{2\,\text{Sin.}(\alpha+\gamma)} \text{ ist.}$$

Ist $Q < \dfrac{a^2 \text{Sin.}\,\alpha\ \text{Sin.}\,\gamma}{2\,\text{Sin}(\alpha+\gamma)}$, so bezeichne man cn mit y, denke sich $\angle$cnt = α und $\triangle$cnt = Q, so ist die Gleichung

$$\frac{y^2 \text{Sin.}\,\alpha\ \text{Sin.}\,\gamma}{2\,\text{Sin.}(\alpha+\gamma)} = Q,$$

woraus sich leichter

$$y = \sqrt{\frac{2Q\,\text{Sin.}(\alpha+\gamma)}{\text{Sin.}\,\alpha\ \text{Sin.}\,\gamma}}$$

ergiebt.

Beispiel. Es sei a = 20, $\beta = 80°$, $\gamma = 70°$, $\alpha = 30°$, Q = 200, so ist

$$\frac{a^2 \text{Sin.}\,\alpha\ \text{Sin.}\,\gamma}{2\,\text{Sin.}(\alpha+\gamma)} = \frac{100\,\text{Sin.}\,70°}{\text{Sin.}\,80°}$$ also kleiner wie Q; man hat daher

$$\frac{(20+x)^2 \text{Sin.}\,30°\ \text{Sin.}\,70°}{2\,.\,\text{Sin.}\,80°} - \frac{x^2\ \text{Sin}\ 30°\,.\,\text{Sin.}\,80°}{2\,\text{Sin}\,50°} = 200$$

und hieraus

$$x = 20\,.\,\frac{0{,}954189 \pm 0{,}750939}{0{,}331386}$$

$$= 102{,}908 \text{ oder auch } = 12{,}266.$$

Für x = 102,908 schneidet kg oberhalb des Durchschnittspunkts von be und cd, so daß also dieses Resultat der Aufgabe nicht zugehört; man hat daher

$$x = 12{,}266.$$

XII. Es ist eine gerade Linie AB = a und die Richtungen der beiden AC, BD unter den Winkeln α, β gegeben, man soll in AB den Punkt F der Bedingung gemäß bestimmen, daß die durch F unter einem ebenfalls zu bestimmenden Winkel y gelegte Linie GH, das Dreieck $AFG = b^2$; das Dreieck FHB aber $= c^2$ abschneide. (Fig. 233.)

Bezeichnet man AF mit x, so ist $FB = a - x$ und die Gleichungen sind

$$1) \quad \frac{x^2 \operatorname{Sin.}\alpha \operatorname{Sin} y}{2 \operatorname{Sin.}(\alpha + y)} = b^2$$

$$2) \quad \frac{(a-x)^2 \operatorname{Sin.}\beta \operatorname{Sin.} y}{2 \operatorname{Sin.}(\beta + y)} = c^2 \text{ oder}$$

$$3) \quad \frac{x^2}{2b^2} = \operatorname{Cotg.} y + \operatorname{Cotg.}\alpha; \text{ und}$$

$$4) \quad \frac{(a-x)}{2c^2} = \operatorname{Cotg.} y + \operatorname{Cotg.}\beta$$

woraus

$$5) \quad \frac{x^2}{2b^2} - \frac{(a-x)^2}{2c^2} = \operatorname{Cotg.}\alpha - \operatorname{Cotg.}\beta = \frac{\operatorname{Sin.}(\beta - \alpha)}{\operatorname{Sin.}\alpha \operatorname{Sin.}\beta}$$

folgt.

Betrachtet man nun $b^2 > c^2$, so erhält man aus 5, wenn $b^2 - c^2$ durch d^2 ausgedrückt wird:

$$x = \frac{b^2}{d^2} \cdot a \pm \frac{bc}{d^2}\sqrt{a^2 + \frac{2d^2 \operatorname{Sin.}(\alpha - \beta)}{\operatorname{Sin.}\alpha \,.\, \operatorname{Sin.}\beta}}$$

wo, weil $\frac{b^2}{d^2}$ ein unächter Bruch ist, und $x < a$ sein muß, nur das Zeichen — gelten kann.

Man hat also

$$6) \quad x = \frac{b^2}{d^2} a - \frac{bc}{d^2}\sqrt{a^2 + \frac{2d^2 \operatorname{Sin.}(\alpha - \beta)}{\operatorname{Sin.}\alpha \operatorname{Sin.}\beta}}.$$

Dieser Ausdruck muß nothwendig positiv und auch $< a$ sein. Die erste Bedingung liefert

$$a^2 > \frac{2c^2 \operatorname{Sin.}(\alpha - \beta)}{\operatorname{Sin.}\alpha \operatorname{Sin.}\beta}$$

und diese findet immer statt, wenn $\beta > \alpha$ ist. Ist aber $\alpha > \beta$ so liefert sie

$$7) \quad c^2 < \frac{a^2 \operatorname{Sin.}\alpha \operatorname{Sin.}\beta}{2 \operatorname{Sin.}(\alpha - \beta)}.$$

Die 2te giebt

$$a^2 + \frac{2b^2 \operatorname{Sin.}(\alpha - \beta)}{\operatorname{Sin.}\alpha \operatorname{Sin.}\beta} > 0$$

und diese findet immer statt, wenn $\alpha > \beta$ ist. Ist aber $\alpha < \beta$, so giebt sie

$$8)\quad b^2 < \frac{a^2 \operatorname{Sin.}\alpha \operatorname{Sin.}\beta}{2 \operatorname{Sin.}(\beta - \alpha)},$$

welche Bedingungen 7) und 8) leicht in Worte zu übertragen sind. Für den besondern Fall $b^2 = c^2$ erhält man aus 5)

$$9)\quad x = \frac{a}{2} + \frac{b^2 \operatorname{Sin.}(\beta - \alpha)}{a \operatorname{Sin.}\alpha \operatorname{Sin.}\beta}.$$

Beispiel. Ist $a = 100$, $\alpha = 50^\circ$, $\beta = 40^\circ$, so muß

$$c^2 < \frac{100^2 . \operatorname{Sin.} 50 . \operatorname{Sin.} 40}{2 \operatorname{Sin.} 10}; \text{ oder}$$

$c^2 < 14179$ gewählt werden, wenn die Ausführung möglich sein soll.

Man nehme $c^2 = 12100$, $b^2 = 14400$, so erhält man

$$x = 7{,}3743$$
und $$y = 129^\circ\ 56'\ 11''.$$

XIII. Von einem Viereck durch eine gerade Theilungslinie, welche durch einen bestimmten Punkt p (Fig. 234.) gehen soll, einen gegebenen Inhalt P abzuschneiden.

Es sei df die verlangte Theilungslinie, also $cdfg = P$; man ziehe durch p, $nm \mp cg$, so sind $np = a$, $pm = b$, so wie die Winkel $pnd = \alpha$, $pmf = \beta$ bekannte Größen. Setzt man nun $\angle npd = mpf = x$, und den bekannten Inhalt von $cnmg = Q$, so hat man

$$cdpmg + dpn = Q,$$
$$cdpmg + pmf = P; \text{ also}$$
$$dpn - pmf = Q - P;$$

$Q - P$ durch c^2 bezeichnet,

$$\frac{a^2 \operatorname{Sin.}\alpha \operatorname{Sin.}x}{2 \operatorname{Sin.}(\alpha + x)} - \frac{b^2 \operatorname{Sin.}\beta \operatorname{Sin.}x}{2 \operatorname{Sin.}(\alpha + x)} = c^2 \text{ oder auch:}$$

$$\frac{a^2}{\operatorname{Cotg.}a + \operatorname{Cotg.}x} - \frac{b^2}{\operatorname{Cotg.}\beta + \operatorname{Cotg.}x} = 2c^2$$

und hieraus:

$$\operatorname{Cotg.}x^2 + \left[\frac{\operatorname{Sin.}(\alpha + \beta)}{\operatorname{Sin.}\alpha \operatorname{Sin.}\beta} - \frac{a^2 - b^2}{2c^2}\right] \operatorname{Cotg.}x$$

$$+ \operatorname{Cotg.}\alpha \operatorname{Cotg.}\beta - \frac{a^2 \operatorname{Cotg.}\beta - b^2 \operatorname{Cotg.}\alpha}{2c^2} = 0;$$

woraus Cotg. x zu entwickeln ist.

Beispiel. Ist $\alpha = 96^0$, $\beta = 82^0$, $a = 24$, $b = 20$, $P = 500$, $P = 540$, also $c^2 = 40$, so entsteht

$$\mathrm{Cotg.}x^2 - 2{,}1645634 \,.\, \mathrm{Cotg.}x - 1{,}5521868 = 0,$$

und hieraus sowohl

$$\mathrm{Cotg.}x = 2{,}7324908; \text{ als auch}$$
$$\mathrm{Cotg.}x = -0{,}5679274;$$

zum ersten Resultat gehört

$$x = 20^0\,6'\,4'', \text{ zum zweiten}$$
$$x = 119^0\,35'\,36''; \text{ oder}$$
$$= 60^0\,24'\,24''.$$

XIV. Es sind (Fig. 235.) die drei Winkel α, β, γ und in der geraden Linie cd die Stücke $cf = a$ und $gd = b$ gegeben; man soll das dazwischen liegende Stück $fg = x$ durch a, b, α, β, γ ausdrücken.

Aus $a : fk = \mathrm{Sin.}\alpha : \mathrm{Sin.}kcd$
$fk : b + x = \mathrm{Sin.}kdc : \mathrm{Sin.}(\beta + \gamma)$
$b : gk = \mathrm{Sin.}\gamma : \mathrm{Sin}\,kdc$ und
$gk : a + x = \mathrm{Sin.}\,kcd : \mathrm{Sin.}(\alpha + \beta)$

folgt, durch Multiplication

$$ab : (a + x)(b + x) = \mathrm{Sin.}\alpha\,\mathrm{Sin.}\gamma : \mathrm{Sin.}(\alpha + \beta)\,\mathrm{Sin.}(\beta + \gamma),$$

und hieraus

$$x = -\frac{a+b}{2} + \sqrt{\left(\frac{a-b}{2}\right)^2 + \frac{ab\,\mathrm{Sin.}(\alpha+\beta)\,\mathrm{Sin.}(\beta+\gamma)}{\mathrm{Sin.}\alpha\,\mathrm{Sin.}\gamma}}\,.$$

Ist x gefunden, so folgt nun leicht, aus dem Product der beiden ersten Proportionen

$$\mathrm{Cotg.}kcd = \frac{a\,\mathrm{Sin.}(\beta+\gamma)}{(b+x)\,\mathrm{Sin.}\alpha.\mathrm{Sin.}(\alpha+\beta+\gamma)} - \mathrm{Cotg.}(\alpha+\beta+\gamma).$$

Beispiel. Ist $a = 10$, $b = 12$, $\alpha = 30^0$, $\beta = 40^0$, $\gamma = 50_0$, so erhält man

$$x = 6,\ 87,$$
$$\angle kcd = 28^0\,25'\,48''; \text{ also}$$
$$\angle kdc = 31^0\,34'\,12''.$$

(Siehe Anmerk. §. 146.)

XV. Zu Bestimmung der Seiten und Winkel des Dreiecks hkm (Fig. 236.) ist in Beziehung auf den innerhalb liegenden Punkt g und die geraden Linien aus den Ecken durch ihn bis zu den gegenüber liegenden Seiten, gegeben: $gh = a$; $gi = b$; $gk = c$; $gl = d$; $gm = e$.

Diese Aufgabe betrifft ein Sechseck und die 9 gegebenen Bestimmungsstücke sind: die 5 Linien a, b, c, d, e; die 3 Winkel bei i, n, l jeder $= 2R$ und die Bedingung, daß die 3 Diagonalen gegenüber liegender Ecken sich in einem Punkt schneiden. (Siehe Anmerkung §. 146.)

Es sei $\angle hgi = x$; $\angle igk = y$; so ist
$\triangle hgi = \frac{1}{2} ab \, \text{Sin.} x$; $\triangle igk = \frac{1}{2} bc \, \text{Sin.} y$;
$\triangle hgk = \frac{1}{2} ac \, \text{Sin.}(x+y)$; also

$$1) \quad ab \, \text{Sin.} x + bc \, \text{Sin.} y = ac \, \text{Sin.}(x+y).$$

Ebenso erhält man aus $\triangle gkl + glm = kgm$;

$$2) \quad cd \, \text{Sin.}(x+y) + de \, \text{Sin.} x = ce \, \text{Sin.} y.$$

Eliminirt man Sin.$(x+y)$, so entsteht

$$3) \quad \text{Sin.} y = \frac{ad(b+e)}{c(ae-bd)} . \text{Sin.} x,$$

und wird dieser Werth nach Auflösung der Klammern in 1) substituirt, so ergiebt sich $\frac{ad(b+e)}{c(ae-bd)}$ durch n ausgedrückt,

$$4) \quad \text{Cos.} y = \frac{bc(a+d)}{c(ae-bd)} - n \, \text{Cos.} x.$$

Bezeichnet man nun $\frac{be(a+d)}{c(ae-bd)}$ durch m, so hat man also:

$$\text{Sin.} y = n \, \text{Sin.} x$$
$$\text{Cos.} y = m - n \, \text{Cos.} x$$

und hieraus, wenn man beide Gleichungen quadrirt und addirt

$$\text{Cos.} x = \frac{n^2 + m^2 - 1}{2nm}; \text{ dann auch}$$

$$\text{Cos} \, y = \frac{m^2 + 1 - n^2}{2m}.$$

Soll auch $gn = z$ bestimmt werden, so ist

$$ez \, \text{Sin.} y + az \, \text{Sin.}(x+y) = ae \, \text{Sin.} x$$

und substituirt man in diese Gleichung für Sin.$(x+y)$ seinen Werth aus 1, oder 2; für Sin.y aber den, $n \, \text{Sin.} x$, so entsteht:

$$z = \frac{c(ae-bd)}{ab+de+2bd} \text{ oder}$$

$$z = \frac{c(ae-bd)}{b(a+d)+d(b+e)}.$$

Durch x nnd y sind nun die Winkel und Seiten des Dreiecks alle bestimmt.

Beispiel. Ist a = 10, b = 7, c = 12, d = 6, e = 8, so erhält man

$$z = \frac{228}{101};\quad \text{Cos.}\, x = \frac{17561}{20160};$$

$$\text{Cos.}\, y = \frac{12547}{51072};\quad \text{also } x = 29^0\, 24'\, 56'';$$

$$y = 75^0\, 46'\, 43'';\ \text{ferner}$$

$$hi = \sqrt{10^2 + 7^2 - 2.10.7.\text{Cos.}\,x} = 5{,}2008$$

$$ik = \sqrt{7^2 + 12^2 - 2.7.12\,\text{Cos.}\,y} = 12{,}3177$$

u. s. w.

XVI. Es sind zwei Dreiecke def und ghk (Fig. 237) gegeben; man soll ghk so in def legen, daß g einen Punkt in de, h einen in df, k einen in fe trifft.

Stellt Fig. 238. die verlangte Lage vor, so sind zur Bestimmung des Sechsecks d, h, f, k, e, g folgende neun Bestimmungsstücke gegeben; 3 fürs $\triangle def$; 3 fürs $\triangle ghk$ und die Winkel bei g, h, k jeder = 2R. Es sei de = a; $\angle d = \alpha$; $\angle e = \beta$; gh = b; gk = c; $\angle hgk = \gamma$. Man setze $\angle dhg = x$: so ist $\angle gke = 180^0 - \alpha + \gamma - \beta - x$; oder $180^0 - \alpha + \gamma - \beta$ durch δ bezeichnet, $\angle gke = \delta - x$; und man erhält

$$dg = \frac{b\,\text{Sin.}\,x}{\text{Sin.}\,\alpha};\quad ge = \frac{c\,\text{Sin.}\,(\delta - x)}{\text{Sin.}\,\beta};$$

$$\text{folglich}\ \frac{b\,\text{Sin.}\,x}{\text{Sin.}\,\alpha} + \frac{c\,\text{Sin.}\,(\delta - x)}{\text{Sin.}\,\beta} = a;\ \text{oder}$$

$$[b\,\text{Sin.}\,\beta - c\,\text{Sin.}\,\alpha\,\text{Cos}\,\delta]\,\text{Sin.}\,x + c\,\text{Sin.}\,\alpha\,\text{Sin.}\,\delta\,\text{Cos.}\,x$$
$$= a\,\text{Sin.}\,\alpha\,\text{Sin.}\,\beta;\ \text{also nach §. 390. XIV.}$$

$$tg\,\varphi = \frac{c\,\text{Sin.}\,\alpha\,\text{Sin.}\,\delta}{b\,\text{Sin}\,\beta - c\,\text{Sin.}\,\alpha\,\text{Cos.}\,d}\ \text{gesetzt,}$$

$$\text{Sin.}\,(\varphi + x) = \frac{a\,\text{Sin.}\,\alpha\,\text{Sin.}\,\beta}{b\,\text{Sin.}\,\beta - c\,\text{Sin.}\,\alpha\,\text{Cos.}\,\delta}\,\text{Cos}\,\varphi.$$

Beispiele. Ist a = 20; b = 14; c = 12; $\alpha = 70^0$; $\beta = 50^0$; $\gamma = 60^0$;

also $\delta = 120^0$; so erhält man

$\varphi = 30^0\, 49'\, 46''$ oder auch

$\varphi = 210^0\, 44'\, 46''$,

und dann $x = 18^0\, 14'\, 32''$,

so wie auch $x = 100^0\, 5'\, 56''$

welche beide Resultate gültig sind.

XVII. Aus a, b, α, β, γ, δ, φ, sollen die übrigen Größen des Fünfecks cdefg (Fig. 239.) bestimmt werden. Setzt man

$\angle def = x$, so ist $\angle dcg = 540^\circ - \alpha - \beta - \gamma - \delta - \varphi - x$; oder $540^\circ - \alpha - \beta - \gamma - \delta - \varphi$ mit ϱ bezeichnet, $dcg = \varrho - x$; und

$$a : dg = \text{Sin.}\beta : \text{Sin.}(\varrho - x)$$
$$dg : df = \text{Sin.}\varphi : \text{Sin.}\gamma$$
$$df : b = \text{Sin.}x : \text{Sin.}\delta; \text{ also}$$
$$a : b = \text{Sin.}\beta \,\text{Sin.}\varphi \,\text{Sin.}x : \text{Sin.}\delta \,\text{Sin.}\gamma \,\text{Sin.}(\varrho - x)$$
$$= \frac{\text{Sin.}\beta \,\text{Sin.}\varphi}{\text{Sin.}\delta \,\text{Sin.}\gamma} : \text{Sin.}\varrho \,\text{Cotg.}x - \text{Cos.}\varrho, \text{ folglich}$$
$$\text{Cotg.}x = \frac{b \,\text{Sin.}\beta \,\text{Sin.}\varphi}{a \,\text{Sin.}\delta \,\text{Sin.}\gamma \,\text{Sin.}\varrho} + \text{Cotg.}\varrho.$$

Die übrigen Seiten und Diagonalen ergeben sich nun, nachdem x bestimmt ist, ganz nach den vier Grund-Aufgaben.

Beispiel. Ist $a = 100$, $b = 110$, $\alpha = 124^\circ$, $\beta = 32^\circ$, $\gamma = 61^\circ$, $\delta = 43^\circ$, $\varphi = 59^\circ$, so erhält man
$$x = 97^\circ \, 12' \, 20''.$$

XVIII. Es sind in einer Richtung die aneinander hängenden geraden Linien $kl = a$ (Fig. 240.), $ln = b$, $nm = c$ gegeben; man soll den Punkt p der Bedingung gemäß bestimmen, daß die Winkel kpl, lpn, npm alle drei gleich groß werden.

Man bezeichne diese Winkel, welche gleich werden sollen, aber noch unbekannt sind, durch x, die bei k und m durch y und z, so hat man

$$a : pl = \text{Sin.}x : \text{Sin.}y$$
$$pl : b + c = \text{Sin.}z : \text{Sin.}2x$$
$$c : pn = \text{Sin.}x : \text{Sin.}z$$
$$pn : a + b = \text{Sin.}y : \text{Sin.}2x; \text{ also}$$
$$ac : (a+b)(b+c) = \text{Sin.}x^2 : \text{Sin.}2x^2; \text{ oder}$$
$$ac : (a+b)(b+c) = 1 : 4\,\text{Cos.}x^2; \text{ also}$$

$$1. \quad \text{Cos.}x = \sqrt{\frac{(a+b)(b+c)}{4ac}}$$

und die Auflösung ist also nur dann möglich, wenn
$$(a+b)(b+c) < 4ac, \text{ also}$$
$$2. \quad c > \frac{(a+b) \,.\, b}{3a - b} \text{ ist.}$$

Aus
$$a : b = pk : pn$$
$$= \text{Sin.}(2x + y) : \text{Sin.}y$$
$$= \text{Sin.}2x \,\text{Cotg.}y + \text{Cos.}2x : 1$$
folgt dann auch:
$$3. \quad \text{Cotg.}y = \frac{a - b\,\text{Cos.}2x}{b\,\text{Sin.}2x}.$$

XIX. Den Sinus so wie auch den Cosinus des vielfachen Winkels durch die Potenzen des Sinus und Cosinus vom einfachen Winkel auszudrücken.

Es ist

$$\left.\begin{aligned}\mathrm{Sin}.2.\alpha &= 2\,\mathrm{Sin}.\alpha\,\mathrm{Cos}.\alpha\\ \mathrm{Cos}.2.\alpha &= \mathrm{Cos}.\alpha^2 - \mathrm{Sin}.\alpha^2\end{aligned}\right\}\ \text{§. 366. V. und VI.}$$

und hieraus folgt leicht nach den Formeln §. 366. I. und III.

$$\mathrm{Sin}.3.\alpha = 3.\mathrm{Cos}.\alpha^2\,\mathrm{Sin}.\alpha - \mathrm{Sin}.\alpha^3.$$
$$\mathrm{Cos}.3.\alpha = \mathrm{Cos}.\alpha^3 - 3\,\mathrm{Cos}.\alpha\,\mathrm{Sin}.\alpha^2.\ \text{Ferner:}$$
$$\mathrm{Sin}.4.\alpha = 4\,\mathrm{Cos}.\alpha^3\,\mathrm{Sin}.\alpha - 4\,\mathrm{Cos}.\alpha\,\mathrm{Sin}.\alpha^3,$$
$$\mathrm{Cos}.4.\alpha = \mathrm{Cos}.\alpha^4 - 6\,\mathrm{Cos}.\alpha^2.\,\mathrm{Sin}.\alpha^2 + \mathrm{Sin}.\alpha^4,$$
$$\mathrm{Sin}.5.\alpha = 5\,\mathrm{Cos}.\alpha^4\,\mathrm{Sin}.\alpha - 10\,\mathrm{Cos}.\alpha^2\,\mathrm{Sin}.\alpha^3 + \mathrm{Sin}.\alpha^5,$$
$$\mathrm{Cos}.5.\alpha = \mathrm{Cos}.\alpha^5 - 10\,\mathrm{Cos}.\alpha^3\,\mathrm{Sin}.\alpha^2 + 5\,\mathrm{Cos}.\alpha\,\mathrm{Sin}.\alpha^4,$$

und hieraus ergeben sich mit Wahrscheinlichkeit, wenn unter m eine ganze positive Zahl verstanden wird, folgende 2 Gesetze:

$$\text{I. } \mathrm{Sin}.m\alpha = m\,\mathrm{Cos}.\alpha^{m-1}.\,\mathrm{Sin}.\alpha - m_3\,\mathrm{Cos}.\alpha^{m-3}\,\mathrm{Sin}.\alpha^3 + m_5\,\mathrm{Cos}.\alpha^{m-5}\,\mathrm{Sin}.\alpha^5 - m_7\,\mathrm{Cos}.\alpha^{m-7}\,\mathrm{Sin}.\alpha^7\ \text{u. s. w.}$$
$$\text{II. } \mathrm{Cos}.m\alpha = \mathrm{Cos}.\alpha^m - m_2\,\mathrm{Cos}.\alpha^{m-2}.\,\mathrm{Sin}.\alpha^2 + m_4\,\mathrm{Cos}.\alpha^{m-4}\,\mathrm{Sin}.\alpha^4 - m_6\,\mathrm{Cos}.\alpha^{m-6}\,\mathrm{Sin}.\alpha^6\ \text{u. s. w.}$$

Die Allgemeingültigkeit dieser Gesetze erhellet, *wenn aus der Annahme: sie finden für die ganze Zahl* m *statt:* gefolgert werden kann, daß eben so gebildete Formen für die nächstfolgende positive ganze Zahl $m + 1$ gültig sind. Es ist aber

$$\mathrm{Sin}.(m+1)\alpha = \mathrm{Sin}.m\alpha\,\mathrm{Cos}.\alpha + \mathrm{Cos}.m\alpha\,\mathrm{Sin}.\alpha$$
$$\mathrm{Cos}.(m+1)\alpha = \mathrm{Cos}.m\alpha\,\mathrm{Cos}.\alpha - \mathrm{Sin}.m\alpha.\,\mathrm{Sin}.\alpha;$$

und setzt man nun für Sin. mα und Cos. mα die vorausgesetzten Formen, so entsteht, da $m_n + m_{n+1} = (m+1)_{n+1}$ ist:

$$\mathrm{Sin}.(m+1)\alpha = (m+1)\,\mathrm{Cos}.\alpha^m\,\mathrm{Sin}.\alpha - (m+1)_3\,\mathrm{Cos}.\alpha^{m-2}.\,\mathrm{Sin}.\alpha^3 + (m+1)_5\,\mathrm{Cos}.\alpha^{m-4}.\,\mathrm{Sin}.\alpha^5\ \text{u. s. w.}$$
$$\mathrm{Cos}.(m+1)\alpha = \mathrm{Cos}.\alpha^{m+1} - (m+1)_2\,\mathrm{Cos}.\alpha^{m-1}\,\mathrm{Sin}.\alpha^2 + (m+1)_4\,\mathrm{Cos}.\alpha^{m-3}.\,\mathrm{Sin}.\alpha^4\ \text{u. s. w.},$$

welche beide Formeln dieselben Gesetze ausdrücken, wie die angenommenen.

XX. Es sei **Fig. 241.** der Winkel bei β ein rechter, $\alpha\beta = 1$; man soll auf der Linie $\beta\varphi$ von β ab, m Stücke $\beta\gamma$, $\gamma\delta$ u. s. w. der Bedingung gemäß bestimmen, daß sämmtliche Winkel in α, nämlich $\beta\alpha\gamma$, $\gamma\alpha\delta$ u. s. w. gleich groß, jeder $=$ x werde.

Setzt man $\beta\gamma = a$, $\gamma\delta = b$ u. s. w. den m — 1sten Theil $= p$, den mten $= q$; so ist $a = \mathrm{tg}.x$, $b = \mathrm{tg}.2x - \mathrm{tg}.x$, $c = \mathrm{tg}.3x - \mathrm{tg}.2x$ u. s. w.

$$q = \mathrm{tg.}\, mx - \mathrm{tg.}\,(m-1)\,x$$
$$= \frac{\mathrm{Sin.}\, mx}{\mathrm{Cos.}\, mx} - \frac{\mathrm{Sin.}\,(m-1)\,x}{\mathrm{Cos.}\,(m-1)\,x}$$
$$= \frac{\mathrm{Sin.}\, x}{\mathrm{Cos.}\, mx\, \mathrm{Cos.}\,(m-1)\,x};$$

und nach dieser allgemeinen Formel ist also:

$$a = \mathrm{tg.}\, x$$
$$b = \frac{\mathrm{Sin.}\, x}{\mathrm{Cos.}\, 2x\, \mathrm{Cos.}\, x}$$
$$c = \frac{\mathrm{Sin.}\, x}{\mathrm{Cos.}\, 3x\, \mathrm{Cos}\, 2x}$$
$$d = \frac{\mathrm{Sin.}\, x}{\mathrm{Cos.}\, 4x\, .\, \mathrm{Cos.}\, 3x}$$
$$e = \frac{\mathrm{Sin.}\, x}{\mathrm{Cos.}\, 5x\, .\, \mathrm{Cos.}\, 3x} \text{ u. s. w.}$$

Ist der erste Theil a gegeben, und sollen durch ihn alle übrigen ausgedrückt werden, so hat man den m ten, oder

$$q = \frac{\mathrm{Sin.}\, x}{\mathrm{Cos.}\, mx\, .\, \mathrm{Cos.}\,(m-1)\,x}$$
$$= \frac{\mathrm{Sin.}\, x}{(\mathrm{Cos}\, x^m - m_2 \mathrm{Cos}\, x^{m-2} \mathrm{Sin}\, x^2 + \ldots)[\mathrm{Cos}\, x^{m-1} - (m-1)_2 \mathrm{Cos}\, x^{m-3} \mathrm{Sin}\, x^2 \ldots]}$$

oder, mit $\mathrm{Cos.}\, x^m\, .\, \mathrm{Cos.}\, x^{m-1}$ gehoben:

$$q = \frac{\dfrac{\mathrm{Sin.}\, x}{\mathrm{Cos.}\, x\, .\, (\mathrm{Cos.}\, x^{m-1})^2}}{[1 - m^2 . \mathrm{tg.} x^2 + m_4 . \mathrm{tg.} x^4 \ldots][1 - (m-1)_2 . \mathrm{tg.} x^2 + (m-1)_4\, \mathrm{tg.} x^4 \ldots]}$$
$$= \frac{\mathrm{tg.}\, x\, .\, (\mathrm{Sec.}\, x^2)^{m-1}}{[1 - m_2\, \mathrm{tg.}\, x^2 + \ldots\ldots][1 - (m-1)_2\, .\, \mathrm{tg.}\, x^2 \ldots\ldots]}$$
$$= \frac{a\, .\, (1 + a^2)^{m-1}}{[1 - m_2 . a^2 + m_4\, a^4 \ldots][1 - (m-1)_2\, a^2 + (m-1)_4\, a^4 \ldots]}$$

also nach dieser allgemeinen Formel:

$$a = a$$
$$b = \frac{a\,(1 + a^2)}{1 - a^2}$$
$$c = \frac{a\,(1 + a^2)^2}{(1 - 3a^2)\, .\, (1 - a^2)}$$

$$d = \frac{a(1+a^2)^3}{(1-6a^2+a^4)(1-3a^2)}$$

$$e = \frac{a(1+a^2)^4}{(1-10a^2+5a^4)(1-6a^2+a^4)}$$

u. s. w.

oder kürzer: die Länge der ersten m Theile

$$= tg.\, mx = \frac{Sin.\, mx}{Cos.\, mx}$$

$$= \frac{m\, Cos.^{m-1} x\, Sin.\, x - m_3\, Cos.^{m-3} x\, Sin.^3 x + \ldots\ldots}{Cos.^m x - m_2\, Cos.^{m-2} x\, Sin.^2 x + \ldots\ldots}$$

$$= \frac{m\, tg.\, x - m_3\, tg.^3 x + m_5 .\, tg.^5 x - \ldots\ldots}{1 - m_2\, tg.^2 x + m_4\, tg.^4 x - \ldots\ldots}$$

$$= \frac{ma - m_3 .\, a^3 + m_5 .\, a^5 - \ldots\ldots}{1 - m_2\, a^2 + m_4 .\, a^4 - \ldots\ldots}$$

XXI.* Es ist ein Dreieck ABD, in einer seiner Seiten, in BD, ein Punkt C durch $CD = a$ und $BC = b$ und die drei Winkel α, β, γ gegeben, unter welchen in D, C, B eine auf die Ebene des Dreiecks in A normal gesteckte Linie AE zu sehen ist; $AE = x$ zu bestimmen, also durch a, b, α, β, γ auszudrücken.

Es ist $AD = x\, Cotg.\, \alpha$, $AC = x\, Cotg.\, \beta$, $AB = x\, Cotg.\, \gamma$,

$$Cos.\, ACD = \frac{AC^2 + CD^2 - AD^2}{2 .\, AC .\, CD}$$

$$= \frac{x^2\, Cotg.^2 \beta + a^2 - x^2\, Cotg.^2 \alpha}{2ax\, Cotg.\, \beta}$$

$$Cos.\, ACB = \frac{AC^2 + CB^2 - AB^2}{2AC .\, CB}$$

$$= \frac{x^2\, Cotg.^2 \beta + b^2 - x^2\, Cotg.^2 \gamma}{2b\, Cotg.\, \beta};$$

ferner $Cos.\, ACD + Cos.\, ACB = 0$, woraus, wenn die Werthe für beide Cos. substituirt werden,

$$x^2 = \frac{ab(a+b)(Sin.\, \alpha .\, Sin.\, \beta .\, Sin.\, \gamma)^2}{a\, Sin.^2 \alpha\, Sin.(\beta+\gamma) Sin.(\beta-\gamma) + b\, Sin.^2 \gamma\, Sin.(\beta+\alpha) Sin.(\beta-\alpha)}$$

folgt.

XXII.* Es ist ein Kreis zum Halbmesser r und Mittelpunkt M, und in der Ebene desselben sind drei Punkte P, Q, R durch $MP = a$, $MQ = b$, $MR = c$ und $\angle PMQ = 2\alpha$,

QMR $= 2\beta$ und RMP $= 2\gamma = 360 - 2\alpha - 2\beta$ gegeben; in diesem Kreis ein Dreieck zu bestimmen, dessen Seiten durch P, Q, R gehen (§. 285).

Sind D, E, F die Eckpunkte dieses Dreiecks in der Peripherie des gegebenen Kreises, geht die Sehne DF durch P, die DE durch Q und die EF durch R, und bezeichnen 2x, 2y, 2z die zu bestimmenden Winkel PMD, QME und RMF, so ergeben sich leicht die erforderlichen drei Gleichungen:

$$\begin{aligned} MP.\mathrm{Sin}.\,MPD &= MD.\mathrm{Sin}.\,MDP \\ MQ.\mathrm{Sin}.\,MQE &= ME.\mathrm{Sin}.\,MEQ \\ MR.\mathrm{Sin}.\,MRF &= MF.\mathrm{Sin}.\,MFR; \text{ oder} \end{aligned}$$

$$\begin{aligned} a\,\mathrm{Cos}.\,(x + z - \gamma) &= r\,\mathrm{Cos}.\,(z - x - \gamma) \\ b\,\mathrm{Cos}.\,(x + y - \alpha) &= r\,\mathrm{Cos}.\,(x - y - \alpha) \\ c\,\mathrm{Cos}.\,(y + z - \beta) &= r\,\mathrm{Cos}.\,(y - z - \beta). \end{aligned}$$

Drückt man nun durch Auflösung der Klammern sämmtliche trigonometrischen Functionen durch Sin. und Cos. der einzelnen Winkel α, β, γ, x, y, z aus, dividirt dann jede Gleichung durch das Product der Cosinusse der in ihr vorkommenden Winkel, und bezeichnet $\frac{a + r}{a - r}$, $\frac{b + r}{b - r}$, $\frac{c + r}{c - r}$ durch A, B, C, so nehmen dieselben folgende Form an:

$$\begin{aligned} A\,tg.\,x\,tg.\,z &= A\,tg.\,\gamma\,tg.\,x + 1 + tg.\,\gamma\,.\,tg.\,z \\ B\,tg.\,x\,tg.\,y &= B\,tg.\,\alpha\,.\,tg.\,y + 1 + tg.\,\alpha\,tg.\,x \\ C\,tg.\,y\,tg.\,z &= C\,tg.\,\beta\,tg.\,z + 1 + tg.\,\beta\,.\,tg.\,y. \end{aligned}$$

Eliminirt man nun zwei dieser Tangenten, etwa tg. y und tg. z, so entsteht zu Bestimmung von tg. x eine unreine quadratische Gleichung, also eine Gleichung von der Form

$$G.tg.^2 x + H.tg.x + K = 0, \text{ worin}$$

$$G = A[BC\,tg.\beta\,tg.\gamma + B - C\,tg.\alpha\,tg.\gamma + tg.\alpha\,tg.\beta]$$

$$H = -ABC\,tg.\alpha\,tg.\beta\,tg.\gamma - AB\,tg.\alpha - AC\,tg.\gamma + BC\,tg.\beta + A\,tg.\beta - B\,tg.\gamma - C\,tg.\alpha - tg.\alpha\,tg.\beta\,tg.\gamma; \text{ und}$$

$$K = -BC\,tg.\alpha\,tg.\beta + B\,tg.\alpha\,tg.\gamma - C - tg.\beta\,tg.\gamma \text{ ist.}$$

Beispiel. Ist $a = b = c = \frac{1}{2}r$; $\alpha = \beta = \gamma = 60^\circ$, also $tg.\alpha = tg.\beta = tg.\gamma = \sqrt{3}$, $A = B = C = -3$; so entsteht $tg.^2 x - 2.\sqrt{\tfrac{1}{3}}.tg.x + \tfrac{1}{3} = 0$, und hieraus $tg.x = \sqrt{\tfrac{1}{3}}$, folglich $x = y = z = 30^\circ$.

XXIII.* Bezeichnen α, β, γ .... ϱ, φ beliebige Winkel, so ist

1) $\mathrm{Sin}.(\alpha + \beta)\,\mathrm{Sin}.(\alpha - \beta) + \mathrm{Sin}.(\beta + \gamma)\,\mathrm{Sin}.(\beta - \gamma) + \ldots + \mathrm{Sin}.(\varphi + \alpha)\,\mathrm{Sin}.(\varphi - \alpha) = 0;$

2) $\text{Cos.}(\alpha+\beta)\,\text{Sin.}(\alpha-\beta)+\text{Cos.}(\beta+\gamma)\,\text{Sin.}(\beta-\gamma)+\ldots.$
$+\text{Cos.}(\varphi+\alpha)\,\text{Sin.}(\varphi-\alpha)=0.$

Man hat nämlich nach §. 366. XLIX.

$$\text{Sin.}(\alpha+\beta)\,\text{Sin.}(\alpha-\beta)=\text{Sin.}^2\alpha-\text{Sin.}^2\beta$$
$$\text{Sin.}(\beta+\gamma)\,\text{Sin.}(\beta-\gamma)=\text{Sin.}^2\beta-\text{Sin.}^2\gamma$$
u. s. w.
$$\text{Sin.}(\varrho+\varphi)\,\text{Sin.}(\varrho-\varphi)=\text{Sin}^2\varrho-\text{Sin.}^2\varphi$$
$$\text{Sin.}(\varphi+\alpha)\,\text{Sin.}(\varphi-\alpha)=\text{Sin.}^2\varphi-\text{Sin.}^2\alpha;$$

und die Summe dieser Gleichungen giebt das erste Gesetz. Ferner hat man, wenn die Formeln II. und III. in §. 366. mit einander multiplicirt werden,

$$\text{Cos.}(\alpha+\beta)\,\text{Sin.}(\alpha-\beta)=\text{Sin.}\,\alpha\,\text{Cos.}\,\alpha-\text{Sin.}\,\beta\,\text{Cos.}\,\beta$$
$$\text{Cos.}(\beta+\gamma)\,\text{Sin.}(\beta-\gamma)=\text{Sin.}\,\beta\,\text{Cos.}\,\beta-\text{Sin.}\,\gamma\,\text{Cos.}\,\gamma$$
u. s. w.
$$\text{Cos.}(\varrho+\varphi)\,\text{Sin.}(\varrho-\varphi)=\text{Sin.}\,\varrho\,\text{Cos.}\,\varrho-\text{Sin.}\,\varphi\,\text{Cos.}\,\varphi$$
$$\text{Cos.}(\varphi+\alpha)\,\text{Sin.}(\varphi-\alpha)=\text{Sin.}\,\varphi\,\text{Cos.}\,\varphi-\text{Sin.}\,\alpha\,\text{Cos.}\,\alpha$$

und die Summe dieser Gleichungen giebt das zweite Gesetz.

Setzt man $\beta=2\alpha$, $\gamma=3\alpha\ldots.$ $\varrho=(m-1)\alpha$, $\varphi=m\alpha$, so folgt aus 1)

3) $\text{Sin.}\,3\alpha+\text{Sin.}\,5\alpha+\ldots.+\text{Sin.}(2m-1)\alpha$

$$=\frac{\text{Sin.}(m+1)\alpha\,\text{Sin.}(m-1)\alpha}{\text{Sin.}\,\alpha}$$

und aus 2)

4) $\text{Cos.}\,3\alpha+\text{Cos.}\,5\alpha+\ldots.+\text{Cos.}(2m-1)\alpha$

$$=\frac{\text{Cos.}(m+1)\alpha\,\text{Sin.}(m-1)\alpha}{\text{Sin.}\,\alpha}=\frac{\text{Sin.}\,2m\alpha-\text{Sin.}\,2\alpha}{2\,\text{Sin.}\,\alpha}$$

$$=\frac{\text{Sin.}\,2m\alpha}{2\,\text{Sin.}\,\alpha}-\text{Cos.}\,\alpha \quad (\S.\ 366.\ \textbf{XXI.}\ \text{und}\ \textbf{V.});$$

und daher ist auch

5) $\text{Cos.}\,\alpha+\text{Cos.}\,3\alpha+\text{Cos.}\,5\alpha+\ldots.+\text{Cos.}(2m-1)\alpha$

$$=\frac{\text{Sin.}\,2m\alpha}{2\,\text{Sin.}\,\alpha}.$$

XXIV.* Die Seite des regulären 17 Ecks im Kreise zum Halbmesser = 1 algebraisch auszudrücken.

(Die folgende Ausführung ist von Gauß.)

Es ist der Mittelpunkts-Winkel des regulären 17 Ecks = $\frac{360^\circ}{17}$; wird daher $\frac{180^\circ}{17}$ durch α ausgedrückt, so hat man die verlangte Seite $=2\,\text{Sin.}\,\alpha$, und es ist also nur erforderlich,

$2\,\text{Sin.}\,\alpha = 2\,\text{Sin.}\,\frac{180^\circ}{17}$ algebraisch darzustellen. Weil nun $\text{Sin.}\left(\frac{p-1}{p}\,.\,180^\circ\right) = \text{Sin.}\left(\frac{1}{p}\,.\,180^\circ\right)$ ist, so folgt aus 5) XXIII, unter α den Winkel $\frac{180^\circ}{17}$ verstanden, wenn $m = 8$ gesetzt wird,

1) $\text{Cos.}\,\alpha + \text{Cos.}\,3\alpha + \text{Cos.}\,5\alpha + \ldots + \text{Cos}\,13\alpha + \text{Cos.}\,15\alpha = \frac{1}{2}$,

und kann man hieraus $\text{Cos.}\,\alpha$ entnehmen, so hat man dann auch die verlangte Seite $= 2\sqrt{1 - \text{Cos.}^2\,\alpha}$.

Zu diesem Zwecke werde

2) $\text{Cos.}\,3\alpha + \text{Cos.}\,5\alpha + \text{Cos.}\,7\alpha + \text{Cos.}\,11\alpha = x$ und

3) $\text{Cos.}\,\alpha + \text{Cos.}\,9\alpha + \text{Cos.}\,13\alpha + \text{Cos.}\,15\alpha = y$ gesetzt, so giebt das Product beider Gleichungen, wenn die Formel

$$2\,\text{Cos.}\,A\,\text{Cos.}\,B = \text{Cos.}\,(A+B) + \text{Cos.}\,(A-B)$$

angewendet, und berücksichtigt wird, daß für unsern Werth von α,

$$\begin{aligned} 26\alpha + 8\alpha &= 360^\circ; \\ 24\alpha + 10\alpha &= 360^\circ \\ &\text{u. s. w., also} \\ \text{Cos.}\,26\alpha &= \text{Cos.}\,8\alpha \\ &\text{u. s. w. ist,} \end{aligned}$$

4) $xy = 2\,.\,(\text{Cos.}\,2\alpha + \text{Cos.}\,4\alpha + \text{Cos.}\,6\alpha + \ldots + \text{Cos.}\,16\alpha)$.

Es ist aber für $17\,.\,\alpha = 180^\circ$;

$$\begin{aligned} \text{Cos.}\,16\alpha &= -\text{Cos.}\,\alpha \\ \text{Cos.}\,14\alpha &= -\text{Cos.}\,3\alpha \\ &\text{u. s. w.} \\ \text{Cos.}\,2\alpha &= -\text{Cos.}\,15\alpha; \end{aligned}$$

und daher nach 1) der Factor in den Klammern gleich $-\frac{1}{2}$, und demnach nicht nur $x + y = \frac{1}{2}$, sondern zugleich auch $xy = -1$, aus welchen beiden Gleichungen

$$x = \frac{1 \pm \sqrt{17}}{4} \text{ und } y = \frac{1 \mp \sqrt{17}}{4}$$

folgt, und daher die Gleichungen 2) und 3) übergehen in

5) $\text{Cos.}\,3\alpha + \text{Cos.}\,5\alpha + \text{Cos.}\,7\alpha + \text{Cos.}\,11\alpha = \frac{1+\sqrt{17}}{4}$ und

6) $\text{Cos.}\,\alpha + \text{Cos.}\,9\alpha + \text{Cos.}\,13\alpha + \text{Cos.}\,15\alpha = \frac{1-\sqrt{17}}{4}$.

Wird nun $\text{Cos.}\,3\alpha + \text{Cos.}\,5\alpha = u$

$\text{Cds.}\,7\alpha + \text{Cos.}\,11\alpha = v$

$$\begin{aligned} \text{Cos.}\,\alpha + \text{Cos.}\,13\alpha &= w \\ \text{Cos.}\,9\alpha + \text{Cos.}\,15\alpha &= z \end{aligned}$$ gesetzt, so erhält man genau auf dem vorigen Wege, weil $\text{Cos.}\,28\alpha = \text{Cos.}\,6\alpha$ und $\text{Cos.}\,22\alpha = \text{Cos.}\,12\alpha$ ist,

7) $u + v = \frac{1 + \sqrt{17}}{4}$, wofür x geschrieben werden soll;

8) $u \cdot v = -\frac{1}{4}$;

9) $w + z = \frac{1 - \sqrt{17}}{4}$, wofür y gesetzt werden soll; und

10) $w \cdot z = -\frac{1}{4}$; und aus diesen vier Gleichungen folgt:

11) $$\left\{ \begin{aligned} u &= \frac{x + \sqrt{1 + x^2}}{2}; \quad v = \frac{x - \sqrt{1 + x^2}}{2} \\ w &= \frac{y + \sqrt{1 + y^2}}{2}; \quad z = \frac{y - \sqrt{1 + y^2}}{2} \end{aligned} \right\}.$$

Weil nun noch $\text{Cos.}\,\alpha \,.\, \text{Cos.}\,13\alpha = \frac{1}{2}[\text{Cos.}\,14\alpha + \text{Cos.}\,12\alpha] = \frac{1}{2}[-\text{Cos.}\,3\alpha - \text{Cos.}\,5\alpha] = -\frac{1}{2}u$ ist, so geben jetzt die beiden Gleichungen

$$\begin{aligned} \text{Cos.}\,\alpha + \text{Cos.}\,13\alpha &= w \quad \text{und} \\ \text{Cos.}\,\alpha \,.\, \text{Cos.}\,13\alpha &= -\tfrac{1}{2}u \end{aligned}$$

$\left.\begin{matrix}\text{Cos.}\,\alpha \\ \text{Cos.}\,13\alpha\end{matrix}\right\} = \frac{w \pm \sqrt{w^2 + 2u}}{2}$, wo, wie sogleich zu erkennen, das obere Zeichen + für $\text{Cos.}\,\alpha$ paßt. Man hat somit

$$\text{Cos.}\,\alpha = \frac{w + \sqrt{w^2 + 2u}}{2},$$

$$\text{worin } w = \frac{y + \sqrt{1 + y^2}}{2}$$

$$u = \frac{x + \sqrt{1 + x^2}}{2}$$

$$y = \frac{1 - \sqrt{17}}{2} \quad \text{und}$$

$$x = \frac{1 + \sqrt{17}}{2} \quad \text{ist.}$$

XXV.* Es ist eine Seite a eines Dreiecks, die Summe b der beiden andern Seiten und das Verhältniß der ihnen gegenüber liegenden Winkel wie 2 zu 3 gegeben; diese Winkel zu bestimmen.

Bezeichnen y, z die beiden andern Seiten und 6x, 4x die ihnen gegenüber liegenden Winkel, so ergeben sich die Gleichungen:

$$y + z = b; \quad y \operatorname{Sin.} 4x = z \operatorname{Sin.} 6x \text{ und}$$
$$y \operatorname{Cos.} 4x + z \operatorname{Cos.} 6x = a, \text{ aus welchen}$$

$$\frac{\operatorname{Sin.} 6x \operatorname{Cos.} 4x + \operatorname{Cos.} 6x \operatorname{Sin.} 4x}{\operatorname{Sin.} 6x + \operatorname{Sin.} 4x} \text{ oder } \frac{\operatorname{Sin.} 10x}{2 \operatorname{Sin.} 5x \operatorname{Cos.} x} \text{ oder}$$

$$\frac{\operatorname{Cos.} 5x}{\operatorname{Cos.} x} \text{ oder } 16 \operatorname{Sin.} x^4 - 12 \operatorname{Sin.} x^2 + 1 = \frac{a}{b}$$

und hieraus

$$\operatorname{Sin.} x = \sqrt{\frac{1}{8}\left[3 \pm \sqrt{5 + 4 \cdot \frac{a}{b}}\right]} \text{ folgt.}$$

XXVI.* Einige Resultate berührende Kreise betreffend.

1. Sollen zwischen den Peripherien zweier concentrischen Kreise, den Halbmessern r und ϱ angehörig, n diese Peripherien und sich unter einander der Folge nach berührende Kreise ohne Lücke beschrieben werden können, so muß

$$\varrho = r \cdot tg.^2\left(\frac{n-2}{n} \cdot 45^0\right) \text{ sein.}$$

2. Berühren sich zwei Kreise zu den Halbmessern r, ϱ innerhalb, denkt man sich in den Raum zwischen den Peripherien beider, alle Kreise, welche sie und zugleich sich der Folge nach berühren, betrachtet denjenigen als den ersten, dessen Mittelpunkt mit den Mittelpunkten der beiden gegebenen Kreise in eine gerade Linie fällt, wählt diese als Abscissen-Axe und den Berührungspunkt der Kreise zu den Halbmessern r und ϱ als Anfangspunkt, so ist $r + \varrho$ durch δ, $r - \varrho$ durch d, $r\varrho$ durch p^2 ausgedrückt, für den Mittelpunkt des $n + 1$sten Kreises:

$$\text{die Abscisse} = \frac{\delta \cdot p^2}{p^2 + n^2 d^2};$$

$$\text{die Ordinate} = 2n \cdot \frac{dp^2}{p^2 + n^2 d^2};$$

$$\text{und der Halbmesser selbst} = \frac{dp^2}{p^2 + n^2 d^2}.$$

3. Wird der Kreis als der erste betrachtet, welcher die Abscissen-Axe tangentirt, so ist, $\frac{2n+1}{2}$ durch m ausgedrückt, für den Mittelpunkt des $n+1$sten Kreises:

$$\text{die Abscisse} = \frac{\delta p^2}{p^2 + m^2 d^2};$$

$$\text{die Ordinate} = 2m \cdot \frac{dp^2}{p^2 + m^2 d^2};$$

$$\text{und der Halbmesser selbst} = \frac{dp^2}{p^2 + m^2 d^2}.$$

4. Berühren sich die Kreise außerhalb, und wird der Kreis als der erste betrachtet, welcher beide und die gemeinschaftliche Tangente derselben berührt, so erhält man für den Mittelpunkt des $n$ten Kreises

$$\text{die Abscisse} = \frac{d}{n\delta} \cdot \frac{p^2}{n\delta + 2p};$$

$$\text{die Ordinate} = \frac{2p^2}{n\delta} \cdot \frac{n\delta + p}{n\delta + 2p}; \text{ und}$$

$$\text{den Halbmesser selbst} = \frac{p}{n} \cdot \frac{p}{n\delta + 2p};$$

auch wird die gemeinschaftliche Tangente zwischen den Berührungspunkten im Berührungspunkt des ersten eingeschriebenen Kreises in zwei Theile getheilt, welche sich wie $\sqrt{r} : \sqrt{\varrho}$ verhalten.

5. Sind im letztern Fall beide Kreise gleich, so hat man für den Mittelpunkt des $n$ten Kreises

$$\text{die Abscisse} = 0;$$

$$\text{die Ordinate} = \frac{2n+1}{2n(n+1)} \cdot r \text{ und}$$

$$\text{den Halbmesser selbst} = \frac{1}{2n(n+1)} \cdot r.$$

Sämmtliche Durchmesser aller dieser unendlich vielen Kreise addirt, müssen die Summe r geben, d. h. es ist

$$\frac{1}{1.2} + \frac{1}{2.3} + \frac{1}{3.4} + \frac{1}{4.5} + \ldots \text{ in inf.} = 1.$$

6. Im gleichschenkligen Dreieck, wenn $2a$ die ungleiche Seite, und 2α jeden der beiden ihr anliegenden Winkel bezeichnet, ist, den Kreis, welcher die 3 Seiten berührt, als den ersten gezählt, der Halbmesser des $n$ten Kreises $= a\,\mathrm{tg.}^{2n-1}\,\alpha$.

7. Bezeichnen α, β, γ die drei Winkel eines Dreiecks, r den Halbmesser des in demselben beschriebenen Kreises, so ist,

diesen als den ersten betrachtet, der Halbmesser des n ten berührenden Kreises in dem Raum des Winkels α

$$= r . tg.^{2(n-1)} \frac{180 - \alpha}{4};$$

in dem zu β

$$= r\ tg.^{2(n-1)} \frac{180 - \beta}{4};$$

und in dem zum Winkel γ

$$= r\ tg.^{2(n-1)} \frac{180 - \gamma}{4}.$$

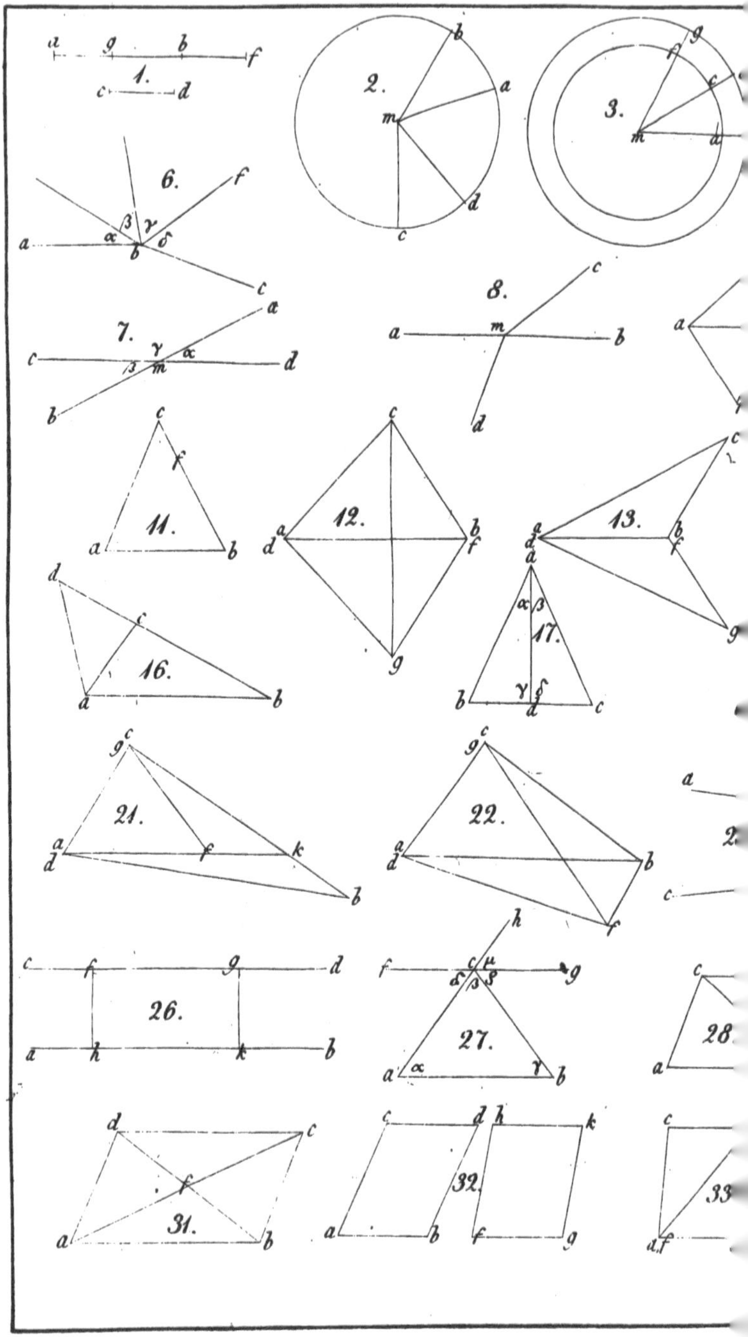

Lehmus Geom. I.

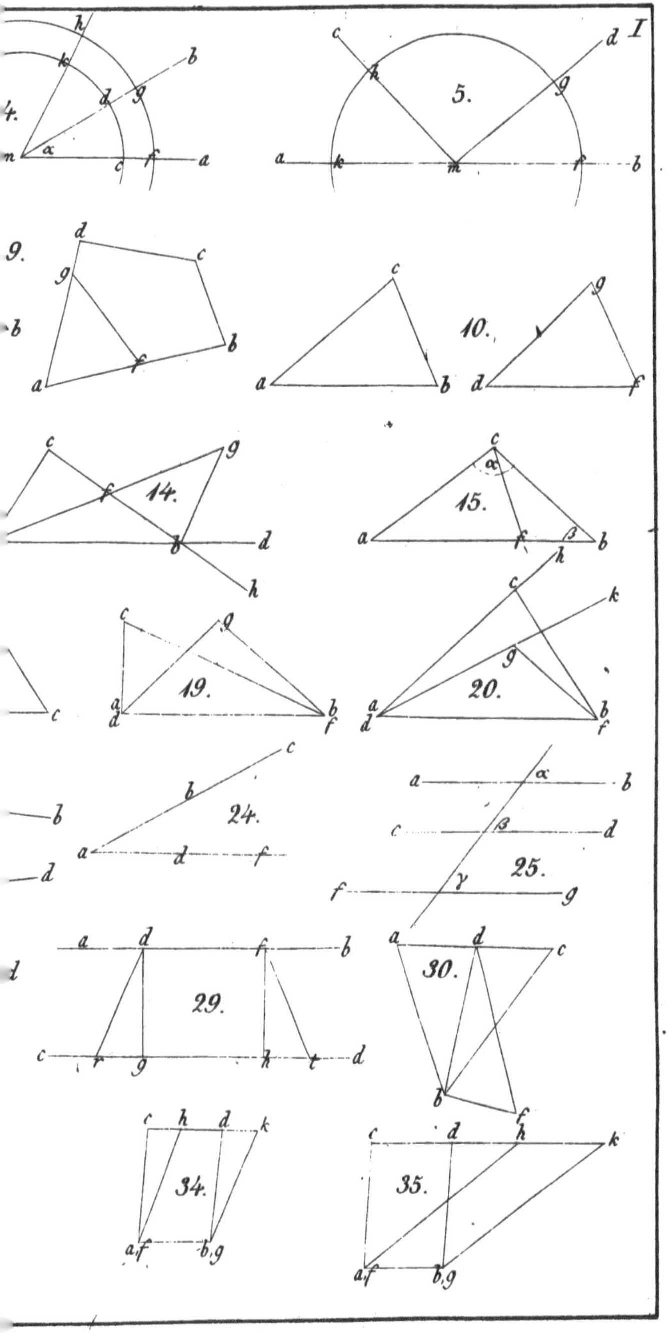
I
4.
5.
9.
10.
14.
15.
19.
20.
24.
25.
29.
30.
34.
35.

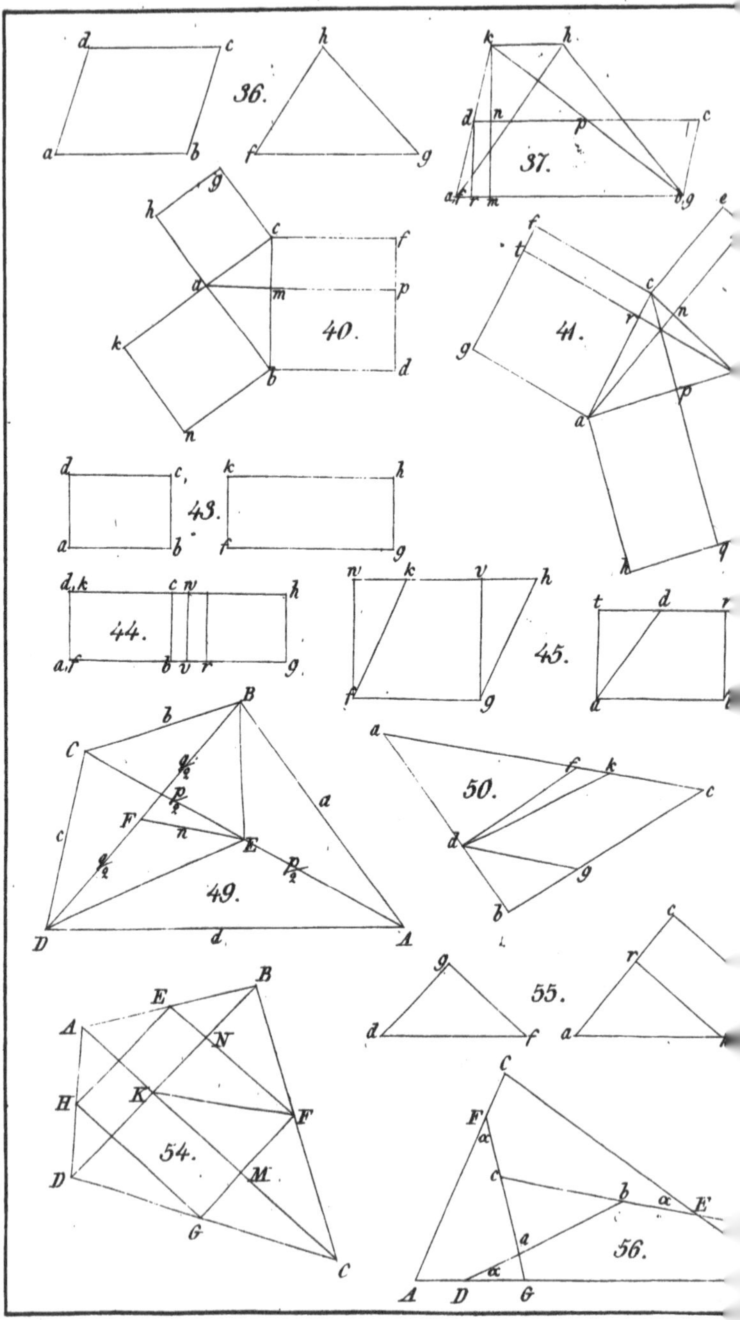
36.
37.
40.
41.
43.
44.
45.
49.
50.
54.
55.
56.

II

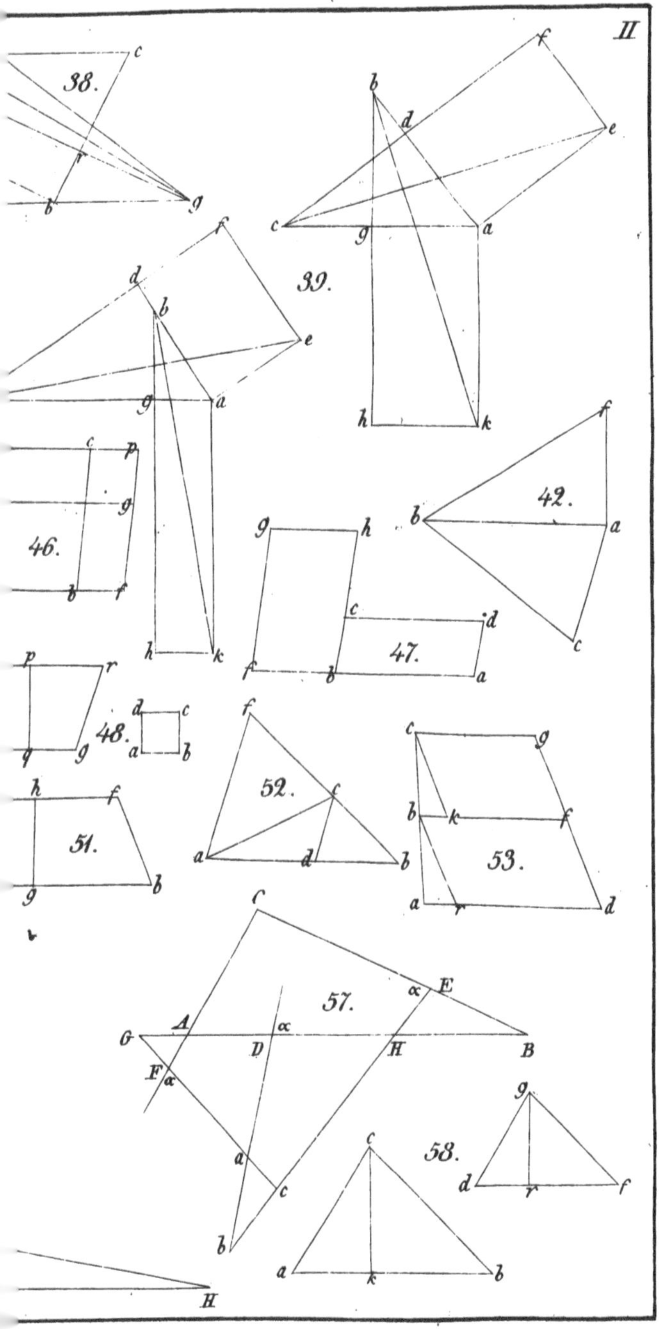

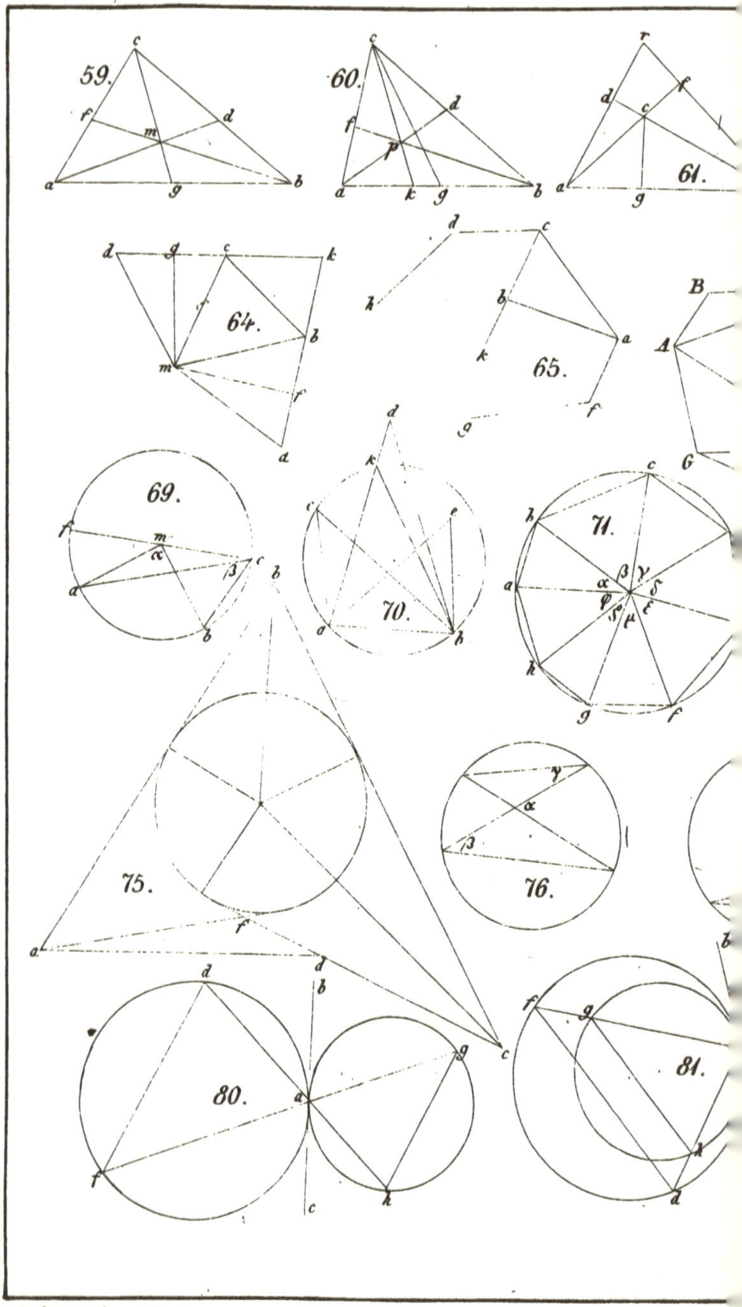
59.
60.
61.
64.
65.
69.
70.
71.
75.
76.
80.
81.

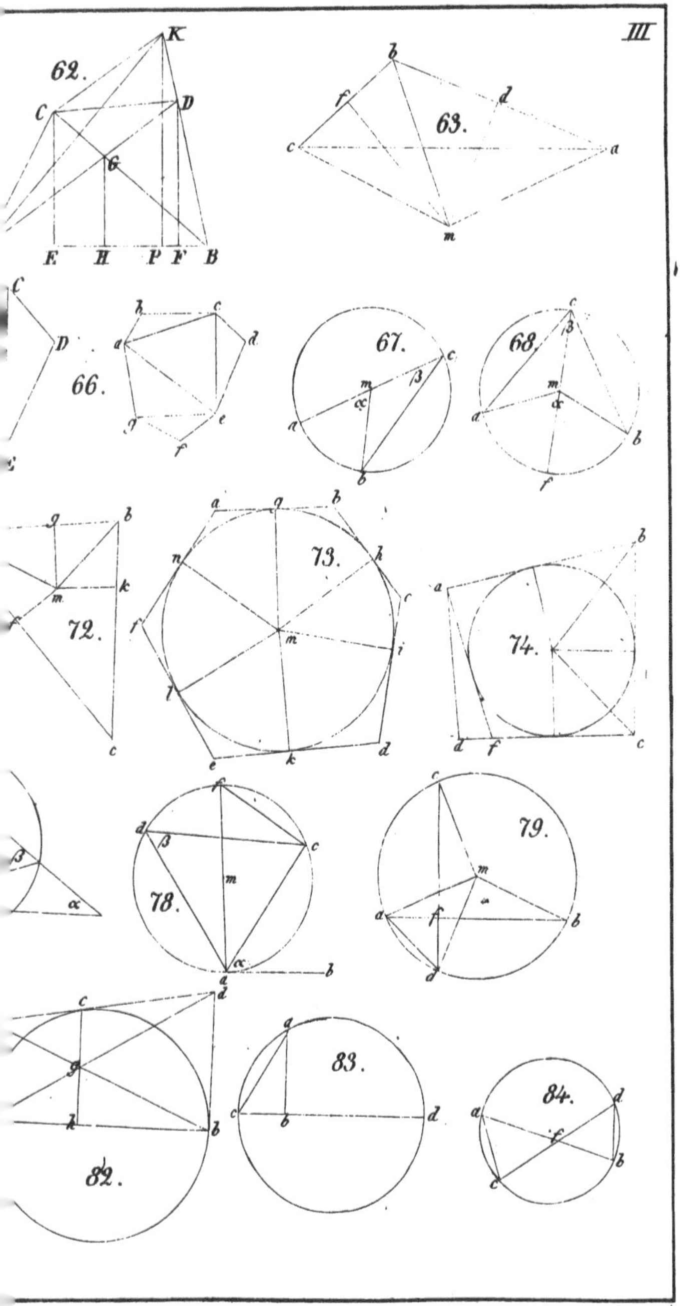

Gest. bei C. Mare.

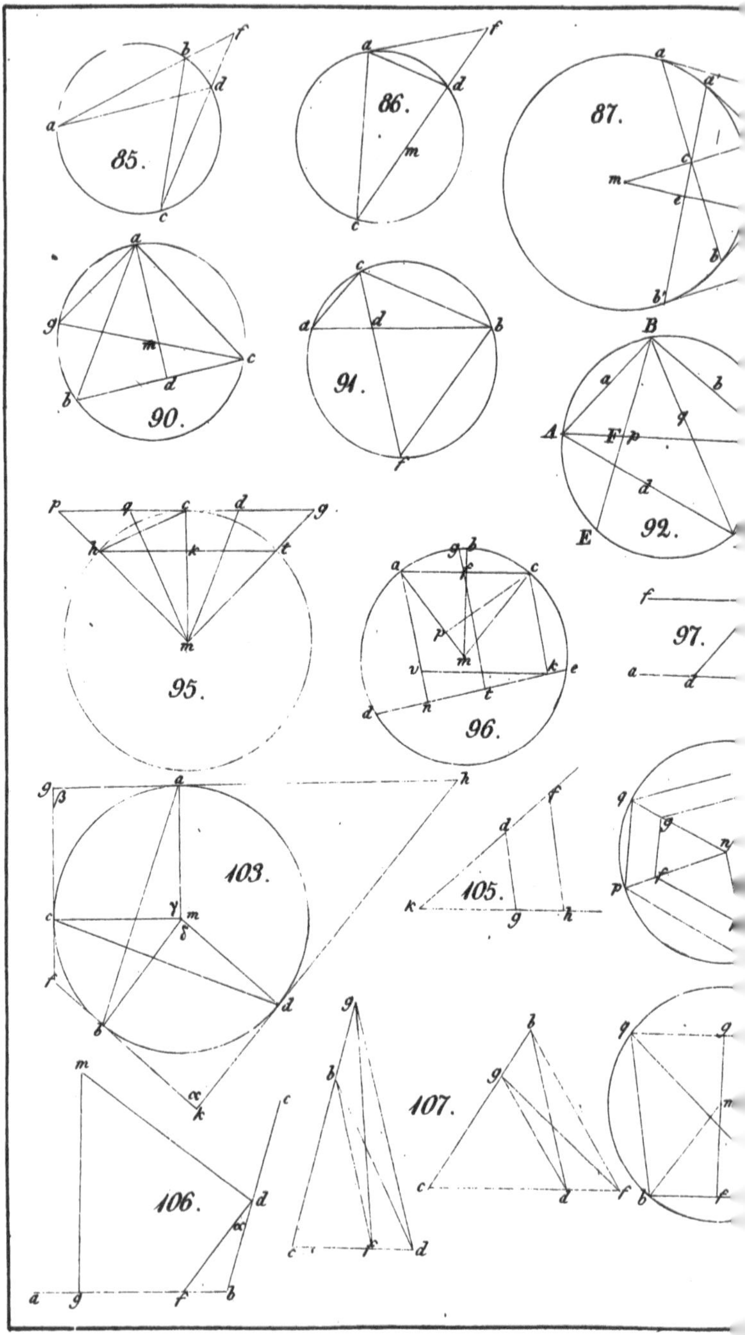
85.
86.
87.
90.
91.
92.
95.
96.
97.
103.
105.
106.
107.

IV

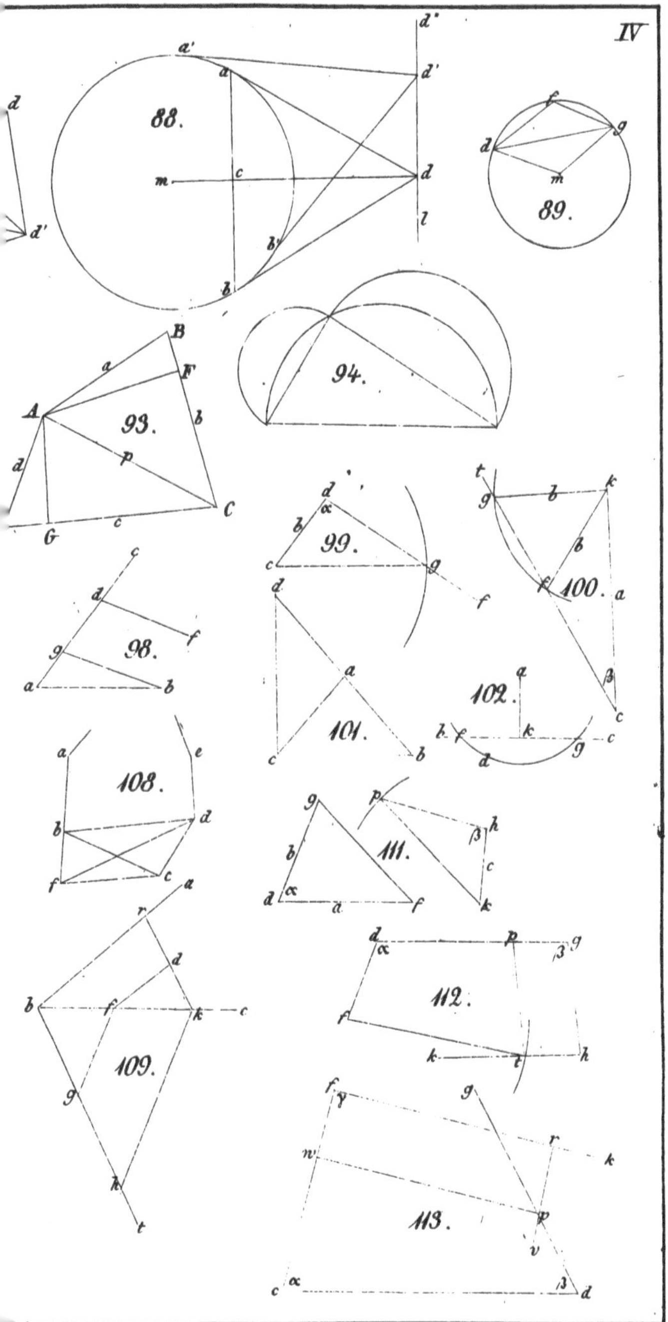

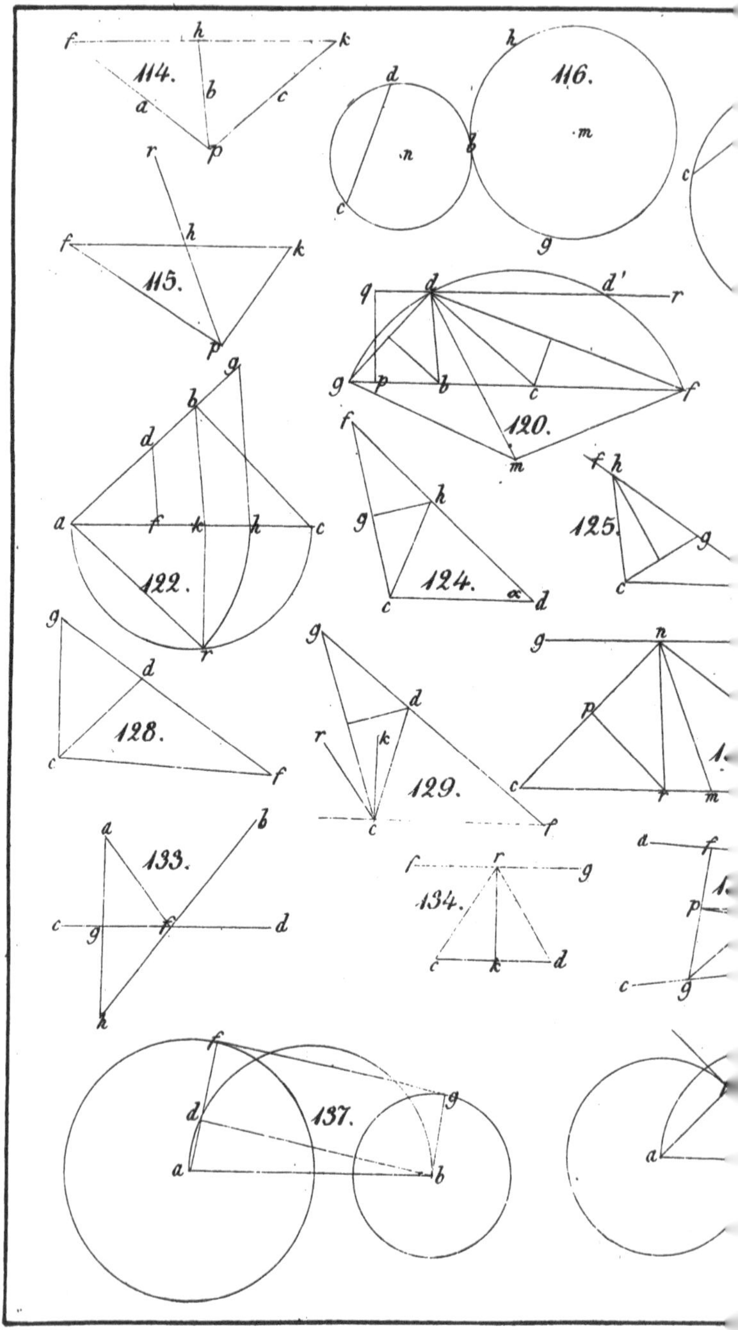
114.
116.
115.
120.
122.
124.
125.
128.
129.
133.
134.
137.

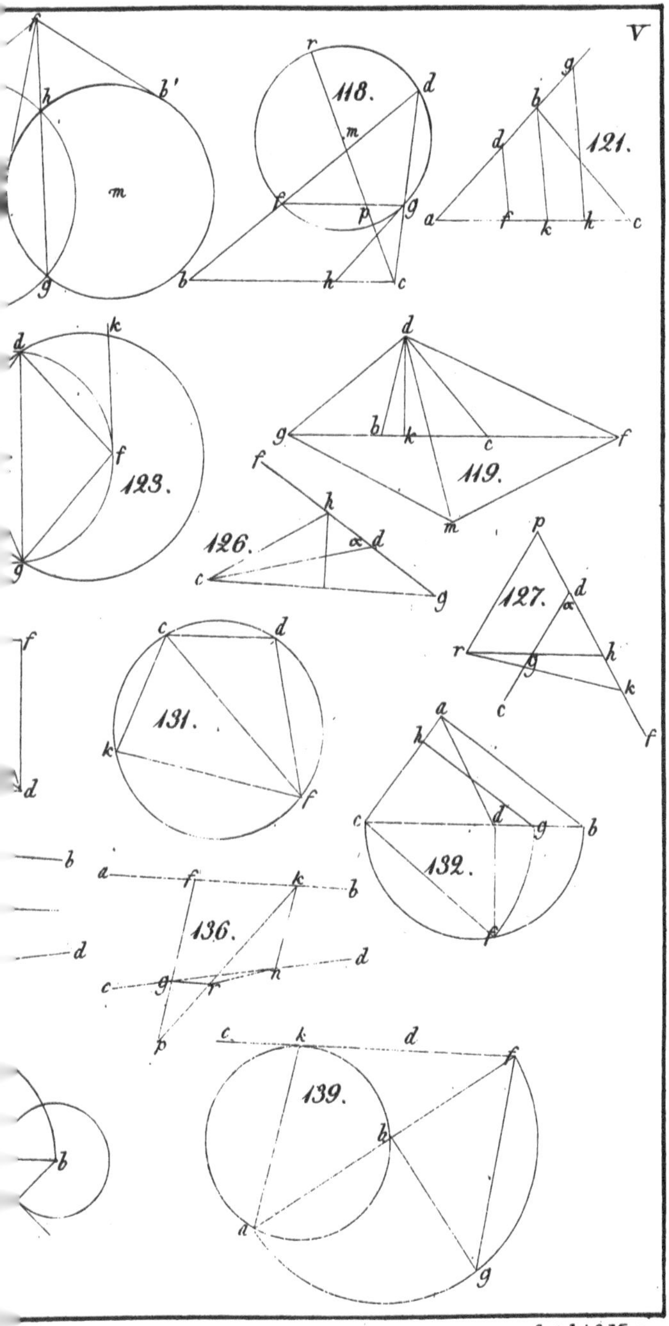

Gest. bei C. Mare.

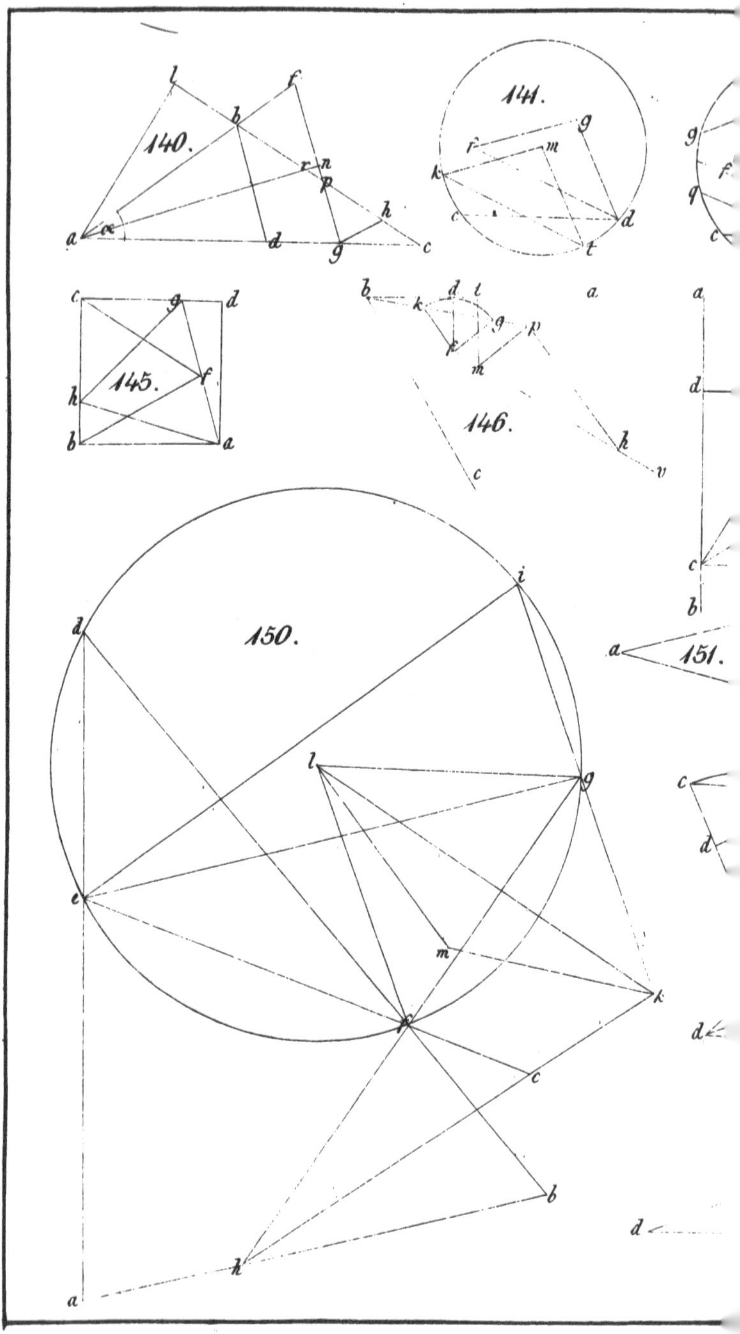
140.
141.
145.
146.
150.
151.

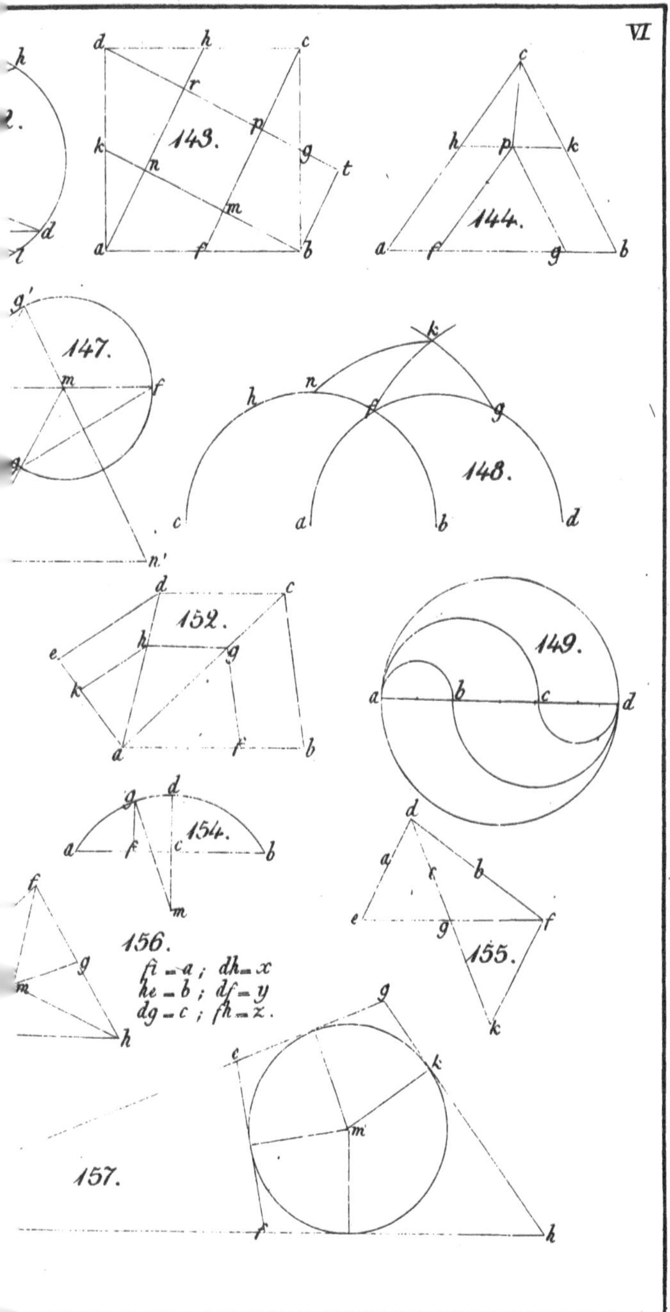
VI
143.
144.
147.
148.
149.
152.
154.
155.
156.
fi = a ; dh = x
he = b ; df = y
dg = c ; fh = z.
157.

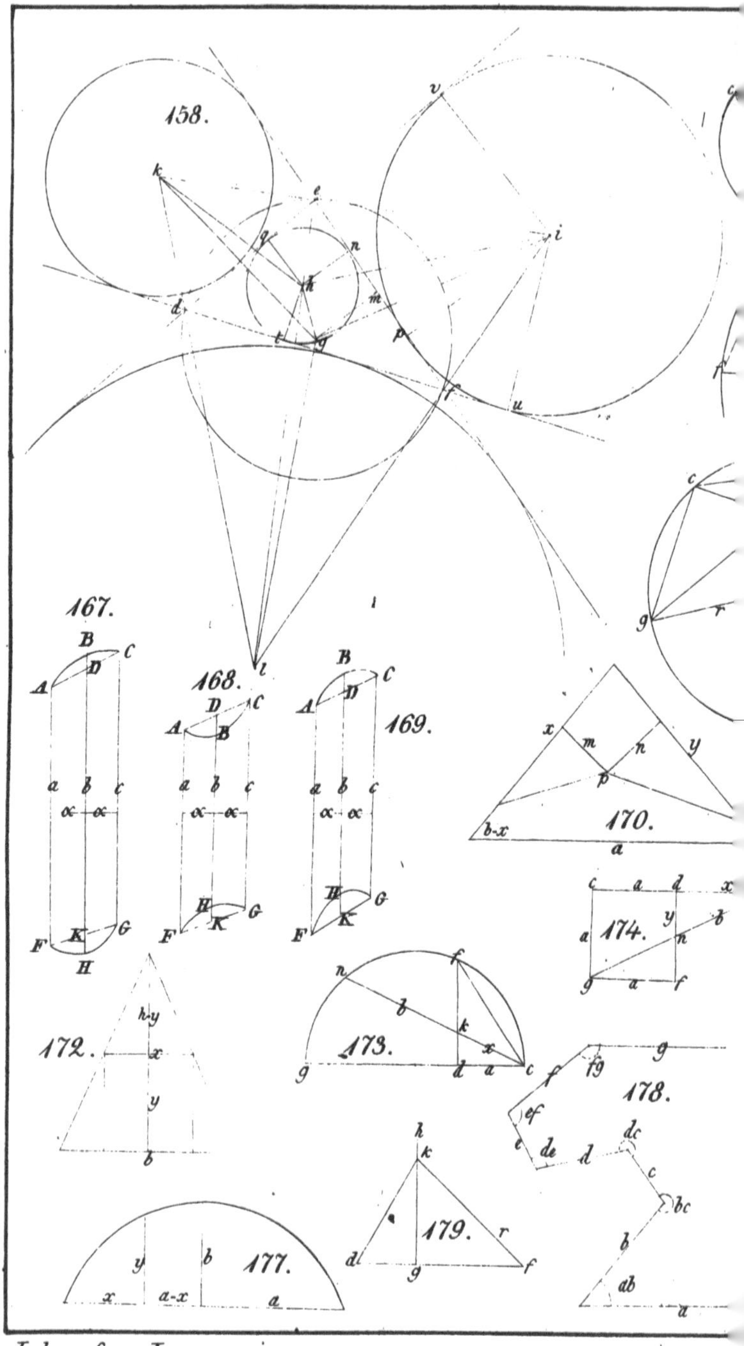

Lehmus Geom. I.

VII

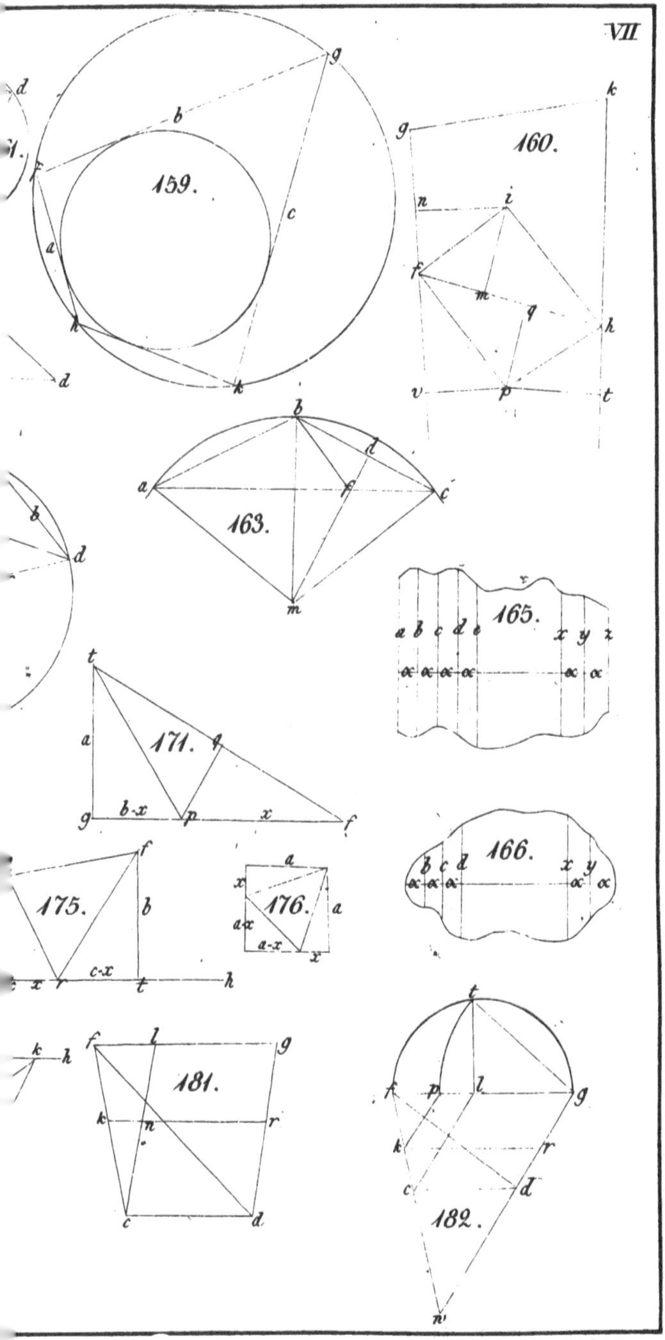

Gest. bei C. Mare.

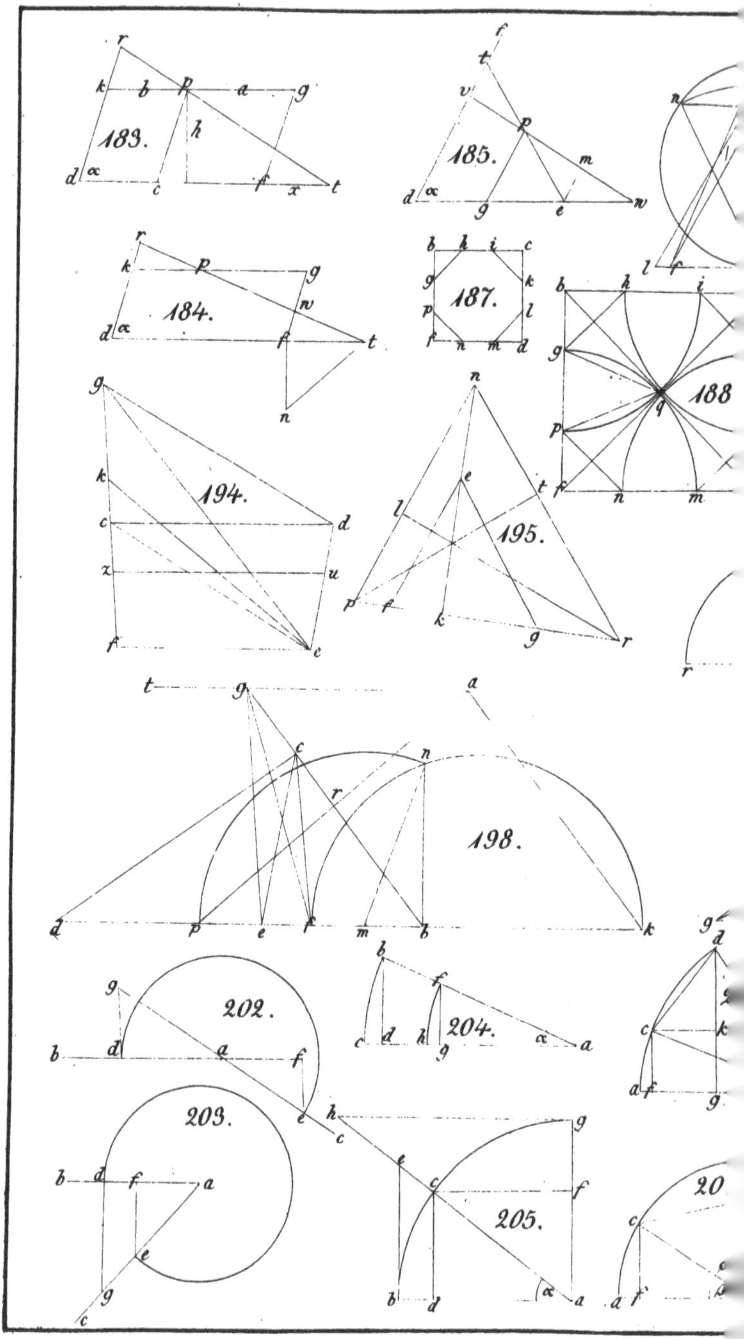
183.
185.
184.
187.
188
194.
195.
198.
202.
204.
203.
205.

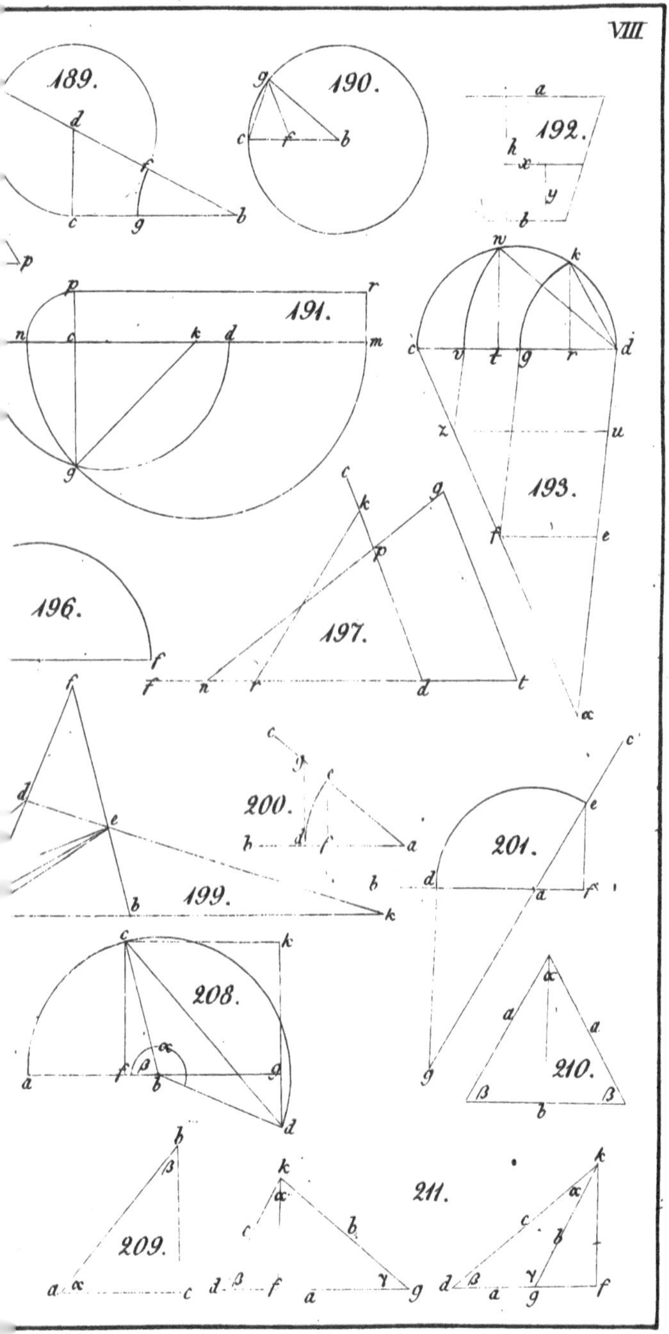
VIII
189.
190.
192.
191.
193.
196.
197.
200.
201.
199.
208.
210.
209.
211.

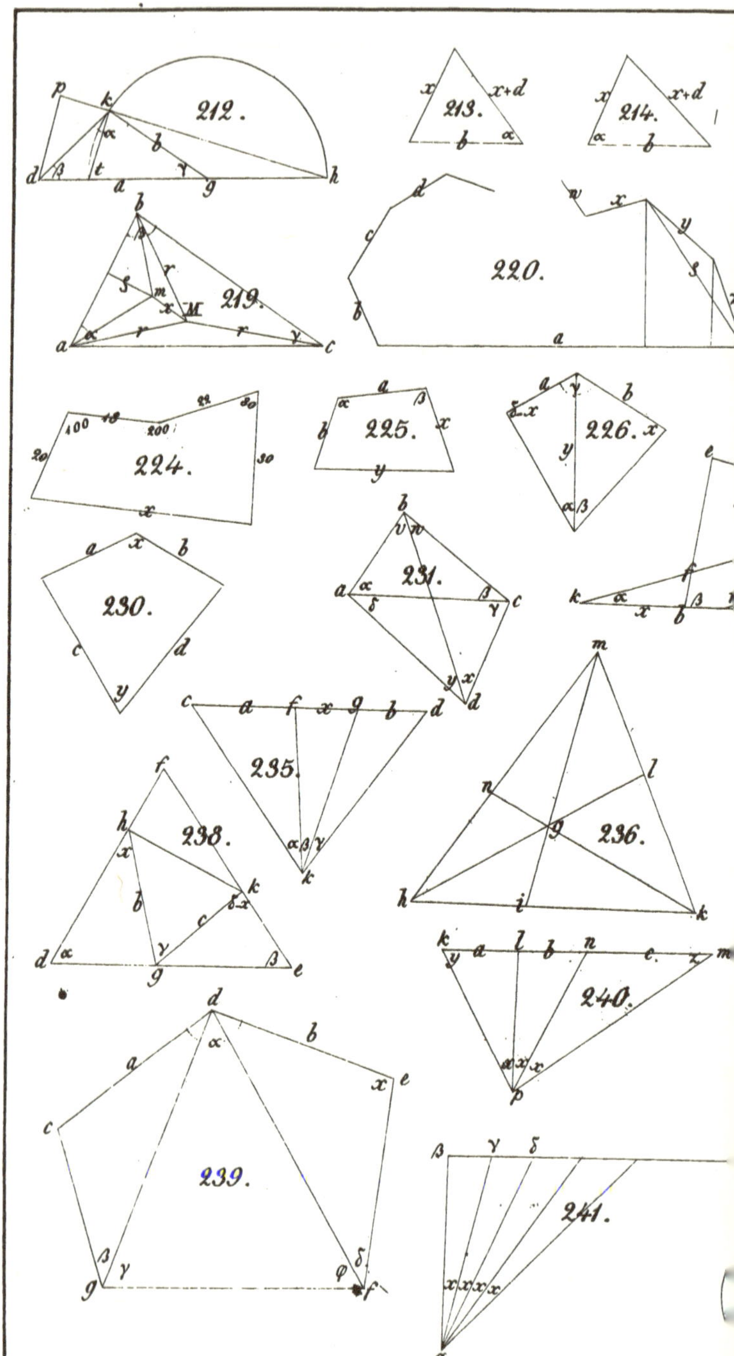

Lehmus Geom. I.

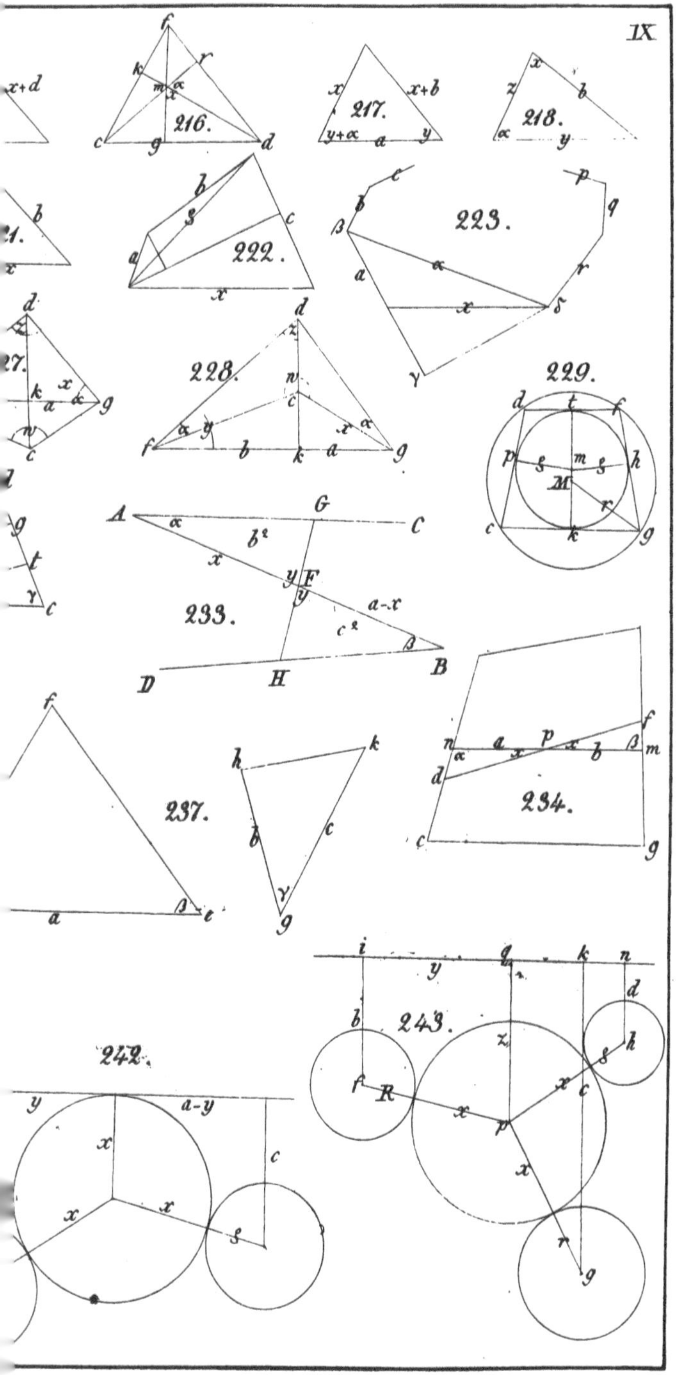

Gest. bei C. Mare.

www.ingramcontent.com/pod-product-compliance
Lightning Source LLC
LaVergne TN
LVHW091038021026
849161LV00002BA/84
9783112668597